# 利益均衡下生态水利项目社会投资的模式创新研究

何楠 著

中国水利水电出版社

www.waterpub.com.cn

·北京·

## 内 容 提 要

本书在界定生态水利项目基本概念、属性及特征的基础上，对社会投资模式创新的必要性、可行性进行阐释，将 PPP 模式视为生态水利项目社会投资的主要创新模式，对其利益相关者、风险分担、绩效评价、特许权期等进行了深入、系统的研究，进而提出 PPP+ABS、PPP+P2G、PPP+C、PPP+APP（或公众号）等创新模式。本书不仅有专门的实证研究篇，且将实证研究穿插于主要章节，并且篇、章中的实证研究均围绕同一个案例，从不同视角体现、应用、检验了本书的基本思想、概念模型和观点等。

本书既适合生态水利项目的建设者和管理者阅读，也适合致力于基础设施或公共服务领域 PPP 模式创新的研究者参考。

**图书在版编目（ＣＩＰ）数据**

利益均衡下生态水利项目社会投资的模式创新研究 /
何楠著. -- 北京 ： 中国水利水电出版社，2019.3
ISBN 978-7-5170-7531-8

Ⅰ．①利… Ⅱ．①何… Ⅲ．①水利工程－社会投资－
研究 Ⅳ．①TV512②F830.59

中国版本图书馆CIP数据核字(2019)第051393号

策划编辑：时羽佳　　责任编辑：张玉玲　　加工编辑：王开云　　封面设计：李　佳

| 书　　名 | 利益均衡下生态水利项目社会投资的模式创新研究<br>LIYI JUNHENG XIA SHENGTAI SHUILI XIANGMU SHEHUI<br>TOUZI DE MOSHI CHUANGXIN YANJIU |
|---|---|
| 作　　者 | 何楠　著 |
| 出版发行 | 中国水利水电出版社<br>（北京市海淀区玉渊潭南路 1 号 D 座　100038）<br>网址：www.waterpub.com.cn<br>E-mail：mchannel@263.net（万水）<br>　　　　sales@waterpub.com.cn<br>电话：（010）68367658（营销中心）、82562819（万水） |
| 经　　售 | 全国各地新华书店和相关出版物销售网点 |
| 排　　版 | 北京万水电子信息有限公司 |
| 印　　刷 | 三河市元兴印务有限公司 |
| 规　　格 | 184mm×260mm　16 开本　20.75 印张　505 千字 |
| 版　　次 | 2019 年 4 月第 1 版　2019 年 4 月第 1 次印刷 |
| 定　　价 | 104.00 元 |

# 前　　言

2005 年 8 月,时任浙江省委书记的习近平同志在浙江湖州安吉考察时,就提出了"绿水青山就是金山银山"的科学论断。生态水利项目是以生态环境保护为目标,在追求经济利益的同时,重视对周围生物活动、气候、地质的影响,是一种人水和谐的水利工程模式,具有投资规模巨大、建设期长、复杂程度高、涉及面广,且投资不可逆等特点。在我国经济高速发展阶段,因水利工程兴建的盲目性及不科学,造成流域水资源的过度开发利用、流域地下水位下降、地表河流与湖泊萎缩、植被干枯、生态环境严重恶化等。随着我国经济社会转型,水利工程项目建设逐步科学化、理性化,在追求工程质量、经济效益的同时,将社会效益、环境效益作为重要的考核目标,不仅注重新建工程的生态投资,而且不惜重金对已有工程的生态进行修复和完善。

党的十九大报告提出,中国特色社会主义进入新时代,我国社会主要矛盾已经转化为人民日益增长的美好生活需要和不平衡不充分发展之间的矛盾。在经济高速增长向高质量发展转型、地方财政普遍吃紧、新型城镇化、人口老龄化等多重压力下,仅靠政府财政已无法满足多方资金需求。我国水利事业更是长期滞后于经济发展且欠账太多,仅靠中央财政投资无法满足水利工程建设及相关配套设施的资金需求,只有充分调动社会投资才能解决经济、社会发展与生态间的不平衡、不充分问题。水利项目按照其属性可分为公益性、准公益性和非公益性三种类型,一般来说,公益性和准公益性项目应该由政府投资或由政府与社会资本联合投资,美国在 20 世纪 70 年代后,针对生态水利项目 80% 以上的投资来自各级政府财政,欧盟对社会资本投资公共产品或公共服务的项目补贴力度很大。由此可见,生态水利项目应采取政府投资为主,或者为减轻政府的财政压力,由社会资本投资建设、运营、管理,但政府要按照一定的收益率给予社会资本方补贴,即采用政府分期购买服务的方式。然而,在何种条件下、采用何种投资模式才能让社会资本放心地进来、安心地经营、开心地收益?本书从利益均衡视角揭示生态水利项目社会投资的模式创新,不仅是一个值得研究的理论命题,而且是一个亟待解决的现实问题。

2014 年以来,政府大力推行公私合作模式(Public-Private-Partnerships,PPP),该模式被认为是通过政府公共部门与社会资本方合作来提升公共产品与服务质量的重要模式。同时,PPP 模式也成为生态水利项目社会投资的创新模式,但由于生态水利项目具有涉及面广、类型多样、参与主体复杂等特点,本书认为 PPP 模式是解决中国当前公共产品及服务供给的社会投资创新模式,但绝非唯一模式。本书结合生态水利项目的特点,首先对 PPP 模式中的利益相关者、风险分担、特许权期及绩效评价等进行研究,在此基础上提出 PPP+ABS、PPP+P2G、PPP+APP、PPP+C 等创新模式,并对各模式的基本内涵、必要性与可行性、模型构建、应用价值等进行系统、深入的研究,最后以许昌市生态水利 PPP 项目为载体,对其建设规划、财政承受能力、物有所值、公众参与运管维激励机制、综合信息管理平台的开发与应用等进行研究,实现本书理论研究与实践应用的有机结合。

本书以生态水利项目为载体,以社会投资模式创新为目标,以当今中国政府在公共服务领域推行的 PPP 模式为抓手，对利益均衡下生态水利项目社会投资模式的创新进行系统研究，实现理论研究与实践应用的有机结合。

本书的研究思路：提出问题－分析问题－解决问题。重要观点有：PPP 创新模式不仅是一种社会融资模式，更是一种社会治理模式；PPP 模式是生态水利项目社会投资的创新模式，但不是唯一模式；生态水利项目 PPP 模式是不断发展的创新模式；构建公众参与激励机制是决定生态水利项目 PPP 模式成败的关键；综合信息管理平台的开发与应用是生态水利项目 PPP 模式高效运营与维护的保障。对策建议为：公共产品与公共服务项目必须坚持"政府出思路，社会投资者出方案"的基本原则。PPP 模式的发展之路：融资导向→绩效导向→可持续发展导向。

本书的社会影响和效益主要概括为两个方面：

（1）PPP 学术届的影响。本书有一个相对稳定的研究团队，成员先后成功立项国家社科基金 1 项、自然科学基金 1 项、教育部人文社科项目 1 项；培养了一批 PPP 人才，其中博士生 3 人、研究生 4 人、本科生多人；使华北水利水电大学成为首届 PPP 论坛成员高校，主要成员应邀参加了清华大学组织的国内首期 PPP 师资研讨班。

（2）PPP 实务届的影响。生态水利已成为许昌市的名片，将一个长期缺水的城市打造成河道纵横，湖泊、湿地错综交互的水上乐园，尤其是生态水利项目综合管理平台的应用，不仅提升了其 PPP 项目的管理质量与水平，而且成为展示、提升、宣传许昌市的窗口与手段。

由于时间所限，本书疏漏之处在所难免，恳请广大读者批评、指正。

作　者
2018 年 12 月

# 目　　录

# PPP 模式创新篇

## PPP+模式创新篇

## 实证篇

# 绪 论 篇

# 第 1 章　导论

## 1.1　研究背景及意义

生态水利项目是以生态环境保护为目标，不仅追求经济利益，而且重视对周围生物活动、气候、地质的影响，是一种人与水和谐并存的水利项目模式，具有投资规模巨大、建设期长、复杂程度高、涉及面广且投资不可逆的特点。在我国经济高速发展阶段，由于水资源开发工程被大量建造，导致流域内的水资源开发利用过度，水位下降明显，植被枯萎、湖泊萎缩、生态环境遭到严重破坏。随着我国经济社会转型，水利项目建设开始逐步向科学化、理性化发展，在追求工程质量、经济效益的同时，把社会效益、环境效益作为重要的考核指标。不仅注重新建工程的生态投资，而且不惜重金对已有工程的生态进行修复和完善。2016 年，全国新建 20 项重大水利项目，投资额达到 8000 亿元以上，与 2015 年目标基本持平，相比 2014 年的 4881 亿元实现大幅增长。

在地方政府财政吃紧、新型城镇化、人口老龄化等多重压力下，仅靠政府财政资金已远远不能满足多方需要。由于我国经济飞速发展，我国水利事业长期滞后于经济发展且历史欠账太多，仅靠中央财政投资无法满足水利项目建设及相关配套需求，只有充分调动社会投资才能平衡经济、社会、生态的协同发展。水利项目按照其属性可分为公益性、准公益性和非公益性三种类型，一般来说，公益性和准公益性项目应该由政府投资或由政府与社会资本联合投资，美国在 20 世纪 70 年代后，针对生态水利项目 80%以上的投资来自各级政府财政；欧盟对社会资本投资公共产品或公共服务的项目，补贴力度很大。由此可见，生态水利项目应采取政府投资为主，或者由社会资本投融资建设、运营、管理，政府按照一定的收益率给予社会资本补贴，即政府分期购买服务的方式。然而，在何种条件下、采用何种组织模式才能让社会资金放心地进来、安心地经营、开心地收益？利益冲突是一切矛盾的根源，从利益均衡视角揭示生态水利项目社会投资的模式创新，不仅是一个值得研究的理论命题，而且是一个亟待解决的现实问题。

社会投资的含义是指那些以产生财务回报和社会回报为目的从而使用资本的行为。社会投资者们会针对他们预期的各种回报用不同的方式去衡量，为了产生更大的社会影响，他们通常会在权衡之下接受财务回报较低的结果，也即提供社会资本的企业或组织通过开展产生收益的项目或活动获得合理、适当的盈利或回报。本书所指的社会投资是除政府财政投资之外的各类投资，包括资金投资、实物投资、人力投资等，其投资主体可以概括为公共投资者、专业投资者、财务投资者及社会公众参与者，其中公共投资者是指以财政部门为代表的政府部门及事业单位、政府控股的国有企业、公共部门主导的投资基金等，目的是实现社会公共效益的最大化；专业投资者是指建筑商、设备提供商和运营商等，通过项目投资可以实现与自身主营业务的协同发展，实现自身商业利益的最大化；财务投资者是指以获取财务回报为导向，通过参与项目投资获得投入资金的增值回报，财务投资者通常只适度参与项目建设与运营等方面的决策，通过风险控制机制、重大事项的投票权或否决权等方式保护自身利益；社会公众参与者是指社会公益性团体、居民委员会、村民小组、居民个人等，以较少资金、人力资本出资或提供服务等行为参与项目，其目的是获得一定的投资回报或劳动报酬。由此可见，社会投资模式多种多样，并且可以结合实际不断创新。

由上述论述可知，传统的生态水利项目大多是由政府出资。但近些年，水利项目中的盲目建设不断出现严重增加了政府的财政负担，且造成了诸多环境污染及生态破坏，随着全球经济下行，迫使政府不得不转变观念、调整思路、创新发展模式。2014 年以来，为解决地方债务巨大、新型城镇化发展资金缺乏及人口老龄化等问题，政府大力推行公私合作 PPP 模式（Public-Private Partnerships），其被认为是政府通过公共部门与社会资本方合作来提升公共服务水平的重要模式，同时，PPP 模式也成为生态水利项目社会投资的主要模式。但由于生态水利项目具有涉及面广、类型多、参与主体多样化等特点，本书认为 PPP 模式仅是中国当前时期的主要社会投资模式，但绝非唯一模式。本书综合生态水利项目、PPP 模式形式多样、我国新农村建设、新型城镇化建设、海绵城市建设和绿色水系建设等特点，以及我国供给侧结构改革和财税体制改革等的需要，以契约式和股权式社会投资模式创新为载体，对生态水利项目建设中社会资本再投资及再融资、退出机制、契约的优化与设计、资金基金化模式、信贷模式、担保模式等进行研究，并提出切合实际的应对措施。

纵观已有的研究成果，国外虽然没有形成生态水利项目的成熟概念与系统理论，但其侧重于实际工程的生态评价研究，尤其注重多主体合作逻辑分析，即不关注参与人的具体决策，而是从总体上分析所有参与人都选择特定的合作策略时所能达成的最终结果，强调团体理性，但针对不同条件下采用何种社会投资模式才能实现多方主体的利益均衡问题研究不够。国内关于生态水利项目的研究滞后于国外，多集中于内涵、理念、原则、目标、属性界定、技术设计、资金来源与管理等方面，尽管政府及学术界已认识到社会投资是制约生态水利项目建设的瓶颈，但如何调动社会投资则是一个极其复杂的问题。本书以契约式、期权式社会投资模式创新为研究目标，建立政府－金融机构－社会投资主体间的多方利益主体博弈模型，阐释生态水利项目社会投资的必要性与可行性，揭示利益均衡机制下社会投资主体的具体策略与政府、金融机构决策的关联性，构建我国生态水利项目合理的、科学的社会投资结构与体系。本书的理论和实践意义可以概括如下：

（1）理论意义。将新公共管理理论、博弈理论、项目投资决策原理与方法、契约理论等应用于生态水利项目社会投资模式研究中，结合生态水利项目的社会投资特点、我国当前经济发展现状、供给侧改革和财税体制改革等需要，充分发挥政府投资之"四两"拨动社会投资之"千斤"的作用，调动广大民众参与生态水利项目建设的积极性，以 PPP 模式中存在的问题为抓手，对社会投资中的激励机制、投融资再谈判与退出机制、契约优化设计机制、资产证券化机制等进行研究与创新，形成中国特色生态水利项目社会投资的理论体系，为全面推进我国公益性事业的发展提供参考和服务。

（2）实践意义。本书收集了国内外典型的生态水利项目社会投资案例，总结其成功与失败的经验、教训，结合我国新型农村社区、新型城镇化、海绵城市及绿色水系的建设指标，提出不同的投融资模式。为了系统地将理论研究与实践应用相结合，本书以许昌市生态水利PPP项目为载体，对其投融资情况及投融资模式进行分析，并对其未来的财务效益、经济效益、社会效益、环境效益进行预测，形成生态水利项目社会投资 PPP 模式创新的典型案例，为我国水生态文明及社会文明建设尽微薄之力。

## 1.2 国内外研究综述

### 1.2.1 生态水利项目相关文献综述

水利建设和管理直接改变水的自然运行规律，在实践中，人们对生物多样性减少和水利项目建设、生态环境恶化以及水体污染加重之间关系的认识越来越深刻，生态水利建设逐步成为学者关心的重要问题。

（1）生态水利的提出及理论研究。传统的水利项目以水兴利，通过建设各自水利项目和水工建筑物，来满足人们对供水、发电、防洪、灌溉和航运等的生产生活要求。在这个过程中，人们通过利用水流的动力，对水的自然生态系统进行了改变和改造，甚至将水从水生态系统中独立出来，这种强调水能利用的水利项目往往忽视了水作为生物群落的重要因子，降低了水的自净能力，甚至可能会加剧供水紧缺。Seghs（1997）提出，只要经济发展忽视生态问题，环境恶化的问题将一直持续。在这种认识的基础上，20 世纪 70 年代开始，生态水利问题的研究就引起了国外的重视。Zalewski 等（1997，2000）认为通过建造生态水利项目的方式可以增强河道对环境的缓冲能力和抵抗力，因此可以将其作为持续开发利用水资源的一种有效工具。Vorosmarty（2010）研究了水电开发对河流下游生态系统的影响以及对区域水安全的胁迫效应。Lovett（2014）和 O'Connor（2015）等研究了大坝拆除及河流生态系统重建。从国外学者的研究来看，他们多集中在水污染防治、水利项目建设、河流河道治理、水流对生物的影响等角度对水利项目进行研究与分析。

国内研究方面，刘昌明（1999）提出了水资源评价的基础就是水转化，他建议要把生态水利和环境水利两者放在一起进行研究，并将其融入水资源供需平衡的框架中去研究。董哲仁（2002）提出了生态水工学，也即人与自然和谐工程学，它是指水体和生物群落互相依存在一个健全的生态环境系统中，在这个系统中的河流湖泊都具有自净能力，这些研究理论为生态水利的研究与发展奠定了一定的基础。

综上，生态水利就是指在人类文明进入"生态文明"时代后，人们对水资源进行利用的一种新的理念和方式。它的主旨是在尊重和保护生态环境的基础上开发水利设施和进行经济活动，从而为人类社会的可持续发展进行服务。生态水利发展模式与传统水利发展模式有着根本区别：生态水利的开发利用更强调应遵循生态经济学原理，用生态学观点指导水利项目规划和设计，以节约用水为长久之策，更强调资源、环境与经济的协调发展。

生态水利研究的理论基础可追溯到生态经济系统理论、水资源生态系统理论、生态水工学理论等方面。如冯尚友、梅亚东（1995）认为，生态经济系统就是把经济系统和生态系统结合在一起，从而赋予该系统新的结构和功能的一种复合系统。左其亭、夏军（2002）在对新疆伊犁河流域等河流的研究中建立了生态系统模型，用定量的方法对陆面水资源系统的水量和水质变化进行了系统研究与分析。程飞（2003）采用大系统递阶理论的方法，将水利项目施工管理的理论知识融合进该方法中，对水利项目施工过程中的生态系统进行了系统阐述。丁林、张新民等（2009）认为，水资源生态系统应综合考虑水资源系统、生态环境与社会经济的耦合，在生态系统基础上，以生态经济为依托，为自然与社会的多重目标服务。以董哲仁教授（2003）为代表的一批学者则对新的学科——生态水工学进行了研究,把河流湖泊等各种水体都看作是水生态系统的重要构成部分,不仅对水体在水循环和气候变化中的运行规律进行了研究,还对不同特定的生态系统中的生物和水体之间的依赖与共存关系进行了研究,且在水利项目建设中应注重供水、防洪、发电、航运效益与生态系统建设的关系,为江河湖泊的水生态系统恢复提供支撑。王玉娟等（2011）以大柳树水利项目区为研究对象，对工程区绿水资源消耗量进行定量模拟。管新建等（2013）采用能值理论的方法对生态经济进行了评价，并且以某地区的小型农田水利项目为例，分析了工程建设项目社会、经济、生态三方面的成本和效益。雷薇等（2015）运用 SPSS 软件和耦合度模型计算了贵州省水利建设、生态建设和石漠化治理的耦合性。高艳艳（2016）联系水利项目实际，从生态效应区域响应的机制与原理、分析与识别、评价指标体系构建等方面对水利项目的生态效应进行了理论研究。陈求稳（2016）则围绕着水电开发的生态环境效应模拟与调控，研究了生态水力学在水利项目生态环境效应模拟调控中的应用。王兴超（2017）从海绵城市的内涵出发，对海绵城市建设中的生态水利理念的应用进行了研究。

（2）生态水利项目的实践应用研究。在生态水利项目具体应用中，英国、美国、日本、澳大利亚等发达国家的生态水利项目较为成熟。随着社会的发展和文明的演进，人们在对自然进行改造的过程中不仅注重水量和水质的变化对社会和经济效益带来的改变，而且更加注重水利项目对生态环境造成的影响，因此，人们的研究就上升到了更加深刻和广泛的层次与高度，人们也意识到要想改善水质、恢复环境就需要对传统的习惯势力和思维方式进行改变。如英国科学家在设计河道时，在评价地形地貌的同时考虑了河道的生态意义，完成了威尔士河的一次全面的生物研究。

我国在 2000 年以后，很多媒体平台开始陆续出现有关生态水利项目建设的报道。刘汉桂（2000）认为要对水利项目不断进行完善并且对水系进行科学治理，从而完成工程水利向生态水利的转变。2003 年，生态水利专栏在水利部网站正式开通，各地政府也逐渐重视对生态水利的科学研究和实践探索，生态水利的概念与内涵也慢慢被公众所接受和熟悉。

传统的水利项目是通过建设水工建筑物来达到改造和控制河流的目的，进而满足人们对供水、发电、防洪和灌溉等多种生产和生活的要求。生态水利项目就是在满足传统的水利项目功能的基础上，还要着重兼顾流域内生态系统的可持续发展。董哲仁（2004）认为，对于那些已经修建完成的工程，生态水利项目就是指对流域内被破坏的植被和河流进行恢复。周世春（2007）认为，我国水利项目的设计与建设重点都在于对濒危物种的关注以及水利项目对其的影响，通过建立保护区以及对人工环境进行模拟来对重点的水生物进行保护。鲁春霞等（2011）则指出我国水利项目生态环境影响评价方面及生态调度的研究与实践中存在问题。衷海燕等（2013）以中山县平沙地区为中心，从农史的角度分析了民国时期珠江三角洲的水利生态与沙田开发。夏贵菊、赵永全等（2015）以银川平原的一系列水利设施为研究对象，通过植被调查分析，以原生湖泊为基准，建立一套基于植物多样性指数的水利设施生态化评价标准。贝丽克孜·亚森（2016）认为应从河道宽度、水深、通航能力、泄洪能力及安全性等方面总结生态水利项目的河道设计。周林（2016）认为，生态水利项目的设计与规划要按照反馈和调整的原则以及生态系统设计和恢复的原则，同时还要兼顾安全性和经济性的原则。李钦哲（2017）、陈志丹（2017）则对现代生态水利设计中的问题进行了研究，并提出了对应的优化策略。

### 1.2.2 水利项目社会投资模式文献综述

自20世纪80年代英国首次实施私人资本投资城市水务后，世界上越来越多的国家都采用了私人资本投资城市污水处理、水利基础设施和城市用水的模式。几十年来，已经发展衍生出了多种形式的社会投资模式。对水利项目社会投资模式的研究主要集中在以下几个方面。

#### 1.2.2.1 社会投资模式的分类研究

（1）PPP投资模式。PPP即公共部门与私人企业合作模式。萨瓦斯曾在《民营化和公私部门的伙伴关系》一书中提到：PPP是政府与私人部门之间为提供公共服务的多种安排，但结果表现的是私人部门承担了本该政府承担的公共活动。PPP源起20世纪80年代的英国，是为缓解政府财政压力提出的吸引私人投资进行经济建设的新思路。PPP模式的正式出现是在英国政府"私人融资计划"（Private Finance Initiative，PFI）中。也正因如此，英国是世界上应用PPP模式最为典型的国家。发展至今，PPP模式在项目投融资方面的应用最为广泛。

国外学者对PPP模式的研究涉及范围较广：Rashid等（1984）研究了在供水和卫生部门应用PPP方式吸引社会投资对居民福利的影响，得出了增加社会投资能够提升供水和医疗设施建设的效率的结论。Ibrahim等（1984）分析了私人资本在约旦水利部门应用PPP模式中的促进作用。Smyth等（2007）采用实证研究方法，揭示在特许期权下承包商、政府公共部门委托代理关系的管理。Daube等（2008）分别研究了德国PPP项目中的两种融资模式：项目融资和无追索权分期缴纳，并进行了比较分析，以探讨各自适用的情况。Lee等（2011）以中国台湾地区两个污水处理项目为例作出对比分析，又分别从投资者角度和政府角度提出了处理PPP模式的措施建议。Ng等（2012）以香港的PPP项目为例，以共赢的角度研究影响公共部门、私人财阀和普通社区利益均衡共赢的影响因素。

PPP模式在我国的兴起虽晚于国外，但发展速度很快，因而也出现了很多学者关于PPP模式的研究成果：李秀辉等（2002）最早在我国引入了PPP的概念，展望了其未来在中国大规模基础设施建设中发挥作用的可能。部分学者使用评价分析的方法研究PPP模式：如李红兵等（2008）使用了综合评价法，对PPP模式的合理性与可行性进行了评判。在此基础上，郭华伦（2008）运用AHP分析影响PPP模式选择的主要因素，并建立了该模式的模型。亓霞等（2009）从多个PPP项目的失败案例中总结出共同影响因素，分析其原因和内在规律，并提出了我国发展PPP模式的有效建议。李晶等（2012）总结了城市轨道交通和供水领域引入和应用PPP模式的经验，供基础设施市场融资及建设管理时借鉴，并强调保持政策稳定、完善法律的重要性。李艳茹等（2015）对农村的饮水安全工程产生的环境、经济和社会影响构建起了可持续的指标评价体系，并结合PPP融资模式下公私部门投资比重和投资期望的特点，建立了可持续性评价模型。陈然然等（2016）运用灰色系统理论对水利项目PPP模式的适用性进行了评价。王守清（2016）则分析了PPP模式合作期限的决定因素，并强调要对PPP项目进行物有所值的评价。刘小峰和张成（2017）对邻避型PPP项目的运营模式与居民环境行为进行了研究。夏立明、王丝丝等（2017）则利用扎根理论对PPP项目的谈判过程进行了研究。殷美丽（2017）对PPP模式环境下的投融资合作基本模式框架进行了设计。

综上，早期关于PPP的研究多通过理论探讨、实证分析的方法来分析其必要性、可行性和内外部动因等几方面。不少学者采用了实证分析的方法研究不同地区、不同水利项目PPP

模式的影响因素和绩效评价，此外还涉及 PPP 项目的风险识别、风险评价。随着 PPP 模式在我国应用的不断深入，近年来对 PPP 模式的研究也已经从探讨可行性深入到了项目应用的具体措施方面。PPP 模式在应用社会资本投资水利项目方面有很大的正面效益，弥补了公共资金不足的同时也提升了水利项目建设运营的活力，但由于其引入我国的时间尚短，在应用的过程中，仍存在一些问题及障碍，尤其是如何调动社会资本参与到生态水利项目建设中还需要更深的研究和探索。

（2）BOT 模式。BOT（Build Operate Transfer）指私人机构参与基础设施项目的开发经营。BOT 模式源起于 20 世纪 80 年代，最早由土耳其的前总理提出。随着投融资市场化脚步的加快，目前 BOT 模式已经在世界范围内得到了广泛的应用，也积累了大量基础设施建设投资、运营的经验。国内外学者在对 BOT 模式的探索和应用研究上，取得了很多成果。

通过对国内外已有 BOT 模式研究的梳理，目前对 BOT 模式的研究主要集中在 BOT 项目建设运营的风险研究和对 BOT 项目特许期权的研究。章昌裕（1994）最早把 BOT 模式作为一种新型投融资模式引入我国，并对 BOT 的概念、投资方式、特征和在中国基础设施建设中应用的对策等进行了介绍。Schmitz（2005）、孙慧（2007）、胡晓萍（2007）、Qiu 等（2011）分别从 BOT 项目的组织结构、服务效率、政府和项目公司之间的权力分配、项目成功的关键因素、项目投资机会、各方利益均衡等角度进行了研究。关于 BOT 模式在项目运营中的风险研究有很多，较多集中在风险因素识别、风险评价、风险分担等方面。刘东等（2005）采用 AHP 法对城镇供水 BOT 项目的风险进行评估，提出影响城镇供水 BOT 项目的风险涉及税收政策、贷款利率、水价和竞争性风险。宋金波等（2012）结合大连市某污水处理项目采用 BOT 模式的案例，进行特许期权调整的模拟分析，为政府和私人资本的风险分担提供帮助。吕萍等（2015）研究了考虑运营成本后的收费公路 Pareto 有效 BOT 合同决策问题。刘宏、孙浩（2017）对高速公路 BOT 项目可行性进行了评价。孙燕芳、鲁东昌（2017）则对污水处理 BOT 项目税收政策变动风险及应对措施进行了研究。

目前国内外学者对 BOT 项目特许期权的研究多通过定性的研究方法，研究方向多集中于特许期权的影响因素、特许期权决策调整和弹性特许期权等方面。王东波（2009）等认为国内部分污水处理 BOT 项目特许期的制定不合理，为此归纳和整理国际上 BOT 项目固定特许期权决策方法（博弈论、净现值法和蒙特卡罗模拟），为我国水利 BOT 项目特许期的合理界定提供参考。部分学者对 BOT 项目在不确定性条件下特许期权的研究有：简迎辉等（2013）对湖南洮水、重庆三江口等水利 BOT 项目的外生不确定性影响因素进行实证分析认为，建设期时长、投资运营收入、运营和维护成本是影响项目特许期权决策的重要因素，并使用蒙特卡罗模拟方法进行决策分析，为项目特许期决策提供参考。此外，针对不确定性条件下 BOT 项目特许期的研究，国内外学者引入了弹性特许期：Engel 等（2001）和 Nombela 等（2004）分别提出了弹性特许期决策的 LPVR 模型和 LPVNR 模型。贾革续等（2011）认为固定特许期决策模式往往使项目面临较高的需求风险，应考虑在不确定性条件下引入"弹性特许期"。宋金波等（2014）研究了公路 BOT 项目收费价格和特许期的联动调整决策问题。宋金波等（2016）则分析了高需求状态下交通 BOT 项目特许决策模型。陈通、吴正泓（2016）则研究了隐性违约风险的 BOT 项目特许期决策模型。

综合来看，目前关于 BOT 项目的风险问题大多采用层次分析法来研究其风险因素，但是对于如何规避风险和 BOT 项目建设单位选择方面的文献却并不多见；国内外学者在 BOT 项目特许期领域的研究已有一定的基础，但是对不确定条件下弹性特许期的研究还并不系统和深入。因此，从典型项目案例出发，探索 BOT 项目风险规避及弹性特许期的研究还需继续向前推进。就具体水利项目来说，必须结合项目属性，制定相应的政策法规和特许经营协议范本，建立水利项目 BOT 投融资模式匹配机制，以达到在项目运行中合理分担风险、均衡收益分配的目标。

（3）TOT 模式。TOT（Transfer Operate Transfer）模式是政府将已经建设好的工程项目移交给外商企业或者私营企业运营管理一定年限，该运营企业在此期限内获得经营收入，合约期限届满之后再将项目交回所建部门或单位的一种融资方式。国内外学者也对这个新兴的公私合营模式进行了多方面的研究，为生态水利项目的社会投资模式的多元化选择提供了有益的探索。张琰等（2011）分析了国内农田水利设施建设的投融资经验，认为在政府资金投入难以满足水利建设需求的情况下，TOT 模式对西部省份的农田水利建设而言是一种较为可行的融资方式。沈俊鑫等（2010）分析了 TOT 模式的风险影响因素并进行了分类。戴颖喆等（2015）以江西 78 家污水处理厂为例，研究了城市污水处理厂 TOT 模式实践。孙悦、荀志远等（2016）利用三叉树定价模型对 TOT 项目投资价值进行了研究。由此可见，TOT 模式实际上是 BOT 模式的一种新发展，是根据不同国家、不同地区的实际情况在 BOT 模式应用时所采取的变形模式。

（4）PFI 模式。英国政府于 1992 年首次提出了私人融资优先权（Private Finance Initiative，PFI），这是一种公共项目私人融资方式，目前在英国的应用最为广泛。英国曼彻斯特大学商学院的 Jean Shaoul 教授（2003）研究并且提出了公私合作伙伴关系（PPP）的各种形式，着重分析了公私合作伙伴关系的一种形式——私人融资优先权。Arrowsmith（2000）认为 PFI 模式为政府部门基础设施建设获取资本提供了新的渠道，私人部门所具有的先进技能、经验以及创新能力为 PFI 模式运用于医院、水利系统、交通道路等基础设施建设奠定了基础。

国内学者对 PFI 模式也进行了一些研究。陈红艳等（2003）对 PFI 模式在水利项目中的应用作了价值分析和可行性分析，认为我国民间社会资本具备承担水利建设的条件。朱庆元（2006）分析了公益性水利项目的投入机制，认为 PFI 模式可以完善公共财力投资体系，从而鼓励水利投融资体系多元化发展。李海凌等（2010）对水利项目中的利益相关者进行分析，认为对 PFI 项目要进行多视角风险分析，并针对 PFI 项目的利益相关者的多层次、多目标的特点建立了项目的风险体系。方晨曦等（2014）在研究英国、日本的 PFI 模式的基础上，从立法、项目遴选条件和流程、监督机制、绩效评价体系、政策支持和建立 PFI 项目转让平台等方面为我国引入 PFI 项目融资模式提供意见建议。陆路等（2015）利用群组决策理论分析了水利项目 PFI 模式的投资风险。秦伟等（2016）则利用灰色 Euclid 理论分析了建筑垃圾 PFI 项目的融资风险。卢梅、杨毅峰（2017）利用贝叶斯网络模型对智慧养老项目的 PFI 模式风险进行了研究。

总而言之，对于 PFI 模式的研究，国内外学者一般从其特征、风险和必要性入手。由于 PFI 在我国的应用时间不长，所以国内对于将 PFI 应用到具体的水利项目的研究较少，为了紧跟国际上对 PFI 模式研究的步伐，学者还需进行大量的探索为 PFI 项目的实施、运营提供理论和方法支持。

#### 1.2.2.2　社会投资模式下的项目风险与分配研究

社会投资模式（PPP 模式）下设定科学合理的风险分担体系是保证项目成功的一个必要条

件。一般情况下，需要社会资本参与的项目都具有投资规模大、期限长、利益主体复杂等特点，因此对项目进行融资风险分析与研究十分有必要。

（1）风险管理及评价方法研究。通常，社会投资模式下项目产生风险的一个重要因素是由于合作的公私双方利益发生了冲突。冯燕（2007）对项目融资中可能产生的主要风险因素以及应该要遵循的风险分配原则进行了分析归纳。张星等（2004）采用模糊综合评判的方法对BOT项目中的风险因素进行了分析和评估。叶晓甦、周春燕（2010）在全寿命周期理论、系统理论以及全面风险管理理论的分析基础上，结合PPP模式特点，构建了动态化风险管理模式。Jin等（2011）借鉴交易成本经济学，通过人工神经网络模型对PPP项目中风险分担问题进行分析研究。付洁、肖本林（2016）则对大型建设项目风险动态管理模式进行了研究。

（2）风险分担研究。不同学者从不同角度和方向对PPP模式可能产生的风险因素和如何分担进行了探索。王守清（2008）对PPP模式的风险研究较为全面和系统，提出了风险分担的原则，这对公私部门之间的项目谈判具有实际意义。邓小鹏等（2009）在问卷调查基础上总结了我国PPP项目的20个关键风险。尹贻林等（2013、2014）认为可以通过合同的设计来实现，并且指出风险分担的过程评价以及分担比例等是项目风险分担的薄弱环节。张曾莲、郝佳赫（2017）重点分析了国内文献中普遍涉及的46种PPP项目风险，并通过打分法得出合理且被接受的风险分担比例。

### 1.2.3　相关文献研究述评

（1）生态水利研究文献述评。纵观国内外研究，传统的水利项目多注重于强调水能利用，往往忽视了水作为生物群落的重要因子，降低了水的自净能力，甚至可能会加剧供水紧缺。因此，学者提出生态水利的概念。生态水利研究的理论基础可追溯到生态经济系统理论、水资源生态系统理论、生态水工学理论等方面。现阶段对生态水利实践问题的关注点集中于研究水利项目的生态影响，如水坝建设、河道治理、治河地带建设等对周边生物群落的影响。

（2）水利项目社会投资模式研究述评。

1）社会投资模式研究述评。现在提到项目的社会投资模式一般指的是PPP模式，从模式之间的关系上，PPP模式包括BOT、TOT、PFI等模式，还包括在此基础上的变形，如BT模式等。采用社会资本进行投资的优势主要有：减轻政府债务、降低财务风险和融资的风险，从而促进政府职能的转变；对于企业而言，可以降低参与公共领域项目的门槛，拓宽发展空间；对于社会资本而言，将专业的事情交给专业的人来做，可以极大地提高服务效率。但是由于PPP模式中涉及各方利益，利益纠纷、利益输送、寻租等可能会在此产生，项目运作中利益各方的风险分担与风险分配是各方项目合同契约设计的焦点。

2）社会投资模式下的项目风险与分配研究述评。纵观现有的研究，基本上都是将公私部门之间的合作作为一种统一的模式来进行研究，但是对于不同的模式之间风险分配应该具有何种不同并没有给出太具体的分析。另外，基本都认为PPP项目订立的合同是一种契约形式，而不是传统意义上单纯的一份商业合作合同，对风险的评价和研究基本上都是更加侧重于研究在理论上的可行性，而在实践中的可行性与可操作性研究尚不成熟。PPP项目在现实实践中遇到很多风险问题，政府如何推进与PPP项目有关的公共政策的可行性以及项目创新机制的研究都还不够。

由此可以看出，目前对生态水利项目的关注集中在基于生态理念的水利项目规划和设计，对生态水利项目本身的投融资问题研究并不多见。有关水利项目社会投资模式研究中所指的水利项目多数情况下指的是传统的水利项目，对公益性特点比较明显的生态水利项目投资模式研究关注较少。水利项目社会投资模式研究中，项目风险与分配研究是重点。在现代关系性契约形式下如何对其风险评价和风险分配进行创新，如何在利益均衡视角下对生态水利项目社会投资模式进行创新，在理论上是值得关注的问题。

## 1.3 研究思路及主要研究内容

本书的研究思路是：从现实问题中选择论题，确定本书要解决的问题；根据论题选择理论与方法，构造分析和解决问题的理论范式；运用理论工具进行实证分析，总结经验与规律，得出解决问题的结论。研究目标是回答我国生态水利项目社会投资的现状及其存在的问题：哪些理论可以支撑生态水利项目社会投资；生态水利项目社会投资的基本模式和常见模式有哪些？为什么说 PPP 模式是生态水利项目社会投资的创新模式；社会投资模式的创新应坚持的指导思想及原则；PPP+创新模式提出的依据及理论研究；理论研究成果如何与实际应用有机结合等。本书的主要研究内容分为 5 篇 14 章。

（1）绪论篇。主要介绍研究背景与意义；国内外研究现状；研究思路、方法及创新等。

（2）理论篇。由第 2、3 章构成，其中第 2 章为基本支撑理论，主要包括水利项目生态建设理论、新公共管理理论、合作博弈理论和项目投资决策原理与方法等，着重阐释每个理论所带来的启示；第 3 章为生态水利项目社会投资模式概述，在对其基本概念、特征、必要性、要求、类型等探究的基础上，重点阐释了生态水利项目社会投资 PPP 模式的必要性与可行性。

（3）PPP 模式创新篇。由第 4~7 章构成，在第 4 章生态水利项目社会投资 PPP 模式的利益相关者研究中，首先对生态水利 PPP 项目的利益相关者进行界定，分析其利益取向、冲突原因及其协调的必要性等，进而对其核心利益相关者的利益分配进行研究；第 5 章为生态水利项目社会投资 PPP 模式的风险研究，主要从社会资本供求关系、价值贡献、项目公司等视角对生态水利项目的风险进行分析，提出其风险防范的主要措施；第 6 章为生态水利项目社会投资 PPP 模式的特许权期研究，首先运用实物期权决策方法揭示生态水利项目 PPP 模式的优越性，在对特许权期决策影响因素分析的基础上构建决策模型，并进行实证检验与分析；第 7 章为生态水利项目社会投资 PPP 模式的绩效评价研究，首先对其概念、特征进行探究，在此基础上采用平衡计分卡方法构建生态水利 PPP 模式绩效评价的指标体系及模型，并对该模型进行实证应用与检验。

（4）PPP+模式创新篇。由第 8~11 章组成，第 8 章为生态水利项目社会投资 PPP+ABS 创新模式研究，主要研究 ABS（资产证券化）与 PPP 模式的关联性，在对资产证券化概念、发展理论等阐释的基础上，分析生态水利 PPP 项目资产证券化的特点、必要性、流程等，并通过实例研究对生态水利项目 PPP+ABS 模式进行应用；第 9 章为生态水利项目社会投资 PPP+P2G 创新模式研究，首先阐释 P2G 的概念及内涵，并将 P2G 与 P2P 的异同进行对比，在此基础上进一步分析 PPP+P2G 模式的必要性与可行性，并运用系统动力学模型分析了 PPP+P2G 的形成机理，最后提出该模式的实施对策与建议；第 10 章为生态水利项目社会投资 PPP+APP 创新模式研究，首先阐释运用多种现代信息技术手段，构建该模式的宗旨及优势性，通过设计 PPP+APP 模式平台，将生态水利项目全寿命周期中的不同需求与平台层级或模块功能对应，实现高质量、高效率管理目标；第 11 章为生态水利项目社会投资 PPP+C 创新模式研究，在对 PPP+C 模式概念进行界定的基础上，研究了 PPP+C 模式的实施条件与要求，并运用博弈模型揭示 PPP+C 模式的科学合理性，最后提出该模式实施的对策与措施。

（5）实证篇。本篇对许昌市生态水利项目社会投资 PPP 模式进行系统研究，由第 12～14 章构成。第 12 章为许昌市生态水利 PPP 项目建设研究，主要阐释项目建设背景、意义、必要性和可行性；第 13 章为许昌市生态水利 PPP 项目参与式激励机制研究，首先通过对样本数据处理，分析激励公众参与生态水利 PPP 项目的影响因素，运用二值型 Logistic 模型分析各因素的拟合性，在此基础上构建公众参与生态水利 PPP 项目的演化博弈模型，并根据实际数据进行求解分析，设计公众参与许昌市生态水利 PPP 项目的运管维激励机制；第 14 章为许昌市生态水利 PPP 项目综合管理信息平台研究，首先分析该平台开发的必要性与可行性，通过系统开发思路与原则设计，形成平台的基本构架和三大功能模块，并运用 APP 或微信公众号实现各子模块的需求，呈现出整个信息平台的综合管理效果。

# 1.4  主要研究方法与成果价值

## 1.4.1  主要研究方法

本书以实现主体利益均衡为主线，在继承前人研究成果的基础上，把博弈理论与方法应用于生态水利项目利益相关者的关系、风险分担、特许权期决策、运管维激励机制等研究中，充分论证 PPP 模式不仅是一种融资模式，更是一种社会治理模式；将层次分析法、模糊综合评价法、平衡计分卡法、问卷调查法等运用于生态水利项目 PPP 模式相关研究中，并非是对诸方法的简单套用，而是在结合生态水利项目公共物品属性和 PPP 模式公私合作特点的基础上，赋予其独特的内容及含义；采用了大数据、物联网、APP、公众号等现代技术手段，以许昌市生态水利 PPP 项目为载体，开发了综合信息管理平台且已投入试运营，实现了公共产品供给侧结构改革要求的高质量、高效率目标。

## 1.4.2  成果价值

### 1.4.2.1  学术价值

（1）拓展和丰富了 PPP 模式的基本理论。本书系统阐释了政府与社会资本合作的 PPP 模式为生态水利项目社会投资的创新模式；该 PPP 模式不仅打破了生态水利项目政府投资为主的观念，而且拉开了生态水利项目供给侧结构改革的序幕。本书将生态水利项目公益性属性与 PPP 模式特点有机结合，不仅对该领域社会投资 PPP 模式的基本概念、必要性、可行性等进行了界定，而且对其利益相关者、风险分担、特许权期、绩效评价等进行了系统、深入地分析，构建了生态水利项目社会投资 PPP 模式的基本理论体系。

（2）提出并研究了 PPP+创新模式。本书针对生态水利项目 PPP 模式建设—运营—维护中社会资本和民间资本参与积极性不高、融资与再融资渠道单一、退出机制不健全等问题，提出并研究了 PPP+ABS 和 PPP+P2G 创新模式，前者侧重激励投融资的内生动力，后者侧重于激励投融资的外部动力，二者为社会资本的进入和退出提供了有效途径；为解决生态水利项目 PPP 模式建设、运营、维护中的管理问题，提出并研究了 PPP+APP（公众号）创新模式，以实现生态水利项目 PPP 模式的高效运营、维护及现代化管理目标；针对生态水利项目 PPP 模式特许权期决策问题，提出并研究了 PPP+C 创新模式，即将固定的特许经营期设定为弹性特许经营期，并设定不同的绩效考核阶段和考核标准，根据考核效果以委托经营方式调整特许经营期。

### 1.4.2.2　应用价值

（1）理论研究成果的应用价值。本书从多种视角对 PPP 模式应用中的焦点问题进行研究，并提出解决融资、再融资、特许权期、综合高效管理的 PPP+创新模式，不仅丰富了 PPP 模式的基本理论，而且完善了 PPP 模式的实现形式。

（2）实证研究成果的应用价值。本书将理论研究思想及观点应用于许昌市生态水利项目 PPP 模式的建设、运营、维护中，开发了针对该项目的综合性信息管理平台，为打造大美许昌、智慧水系、健康河湖等提供参考与帮助。

# 理论篇

# 第2章 基本支撑理论研究

生态水利项目社会投资涉及的理论较多，本书仅对新公共管理理论、合作博弈理论、项目投资决策原理与方法等进行阐释，揭示在公共产品和公共服务领域为什么要广泛吸纳社会资本、政府在与社会资本合作中应该扮演什么角色、如何实现多方共赢的合作目标、生态水利项目社会投资的决策原理和方法有哪些。

## 2.1 水利项目生态建设理论

所谓生态水利（Ecological Hydraulic Engineering）是人类文明发展到"生态文明"时代，实现人水和谐的水利建设理念。它的主旨是在开发、建设和利用水利项目的过程中注重尊重和保护生态环境，重视经济利益的同时也重视社会利益，以可持续发展为目的。

### 2.1.1 水利项目建设对生态系统的影响

以往那些传统的水利项目是指人类在发展过程中为了满足生产生活需要而建设的对水资源进行调节和再分配的项目，其作用和功能一般有防洪、提供水源、防涝、提供清洁能源、生态旅游等。新中国成立以来，我国建立和开发了大量的水利项目，建立起了较为完整的防洪防涝、供水、灌溉、发电等水利项目体系，在我国工农业的持续稳定生产、水资源的保护和改善以及经济社会的安全方面发挥了巨大作用。但是，任何事物都具有正反两个方面，这些水利项目在发挥重要作用的同时，也不可避免地对环境和生态产生了一些负面影响，有些严重的甚至导致了不可挽回的后果。因此，要正确认识和分析水利项目的建设对环境和经济带来的影响，以促进水利项目和生态环境之间的和谐共存，实现可持续发展。水利项目对生态系统的影响大致可归纳为以下几个方面。

#### 2.1.1.1 对局部气候和大气的影响

水利项目库区内的气候条件和环境会随着水利项目的建设而发生微妙的变化，这些变化包括气温、湿度和降水等。有学者研究表明，成群的房屋上方的空气透明度要比水域上方的透明度低8%～10%；陆地上空和水域上空相比，紫外线辐射要低30%，气温升高4～5℃，相对湿度会降低10%～15%。一般地，大气环流会影响到地区性的气候变化，但是大中型的水利项目的建设使陆地变成了湿地或者水域，这就对局部的气候变化产生了影响，主要表现在以下几个方面：

（1）对降雨量方面的影响。首先，会增加降雨量，原因是水库形成了大面积的蓄水，这些水量在太阳光的辐射下会增加蒸发量，从而形成降水。其次，降水的地区分布也会发生变化。

这是由于水库会调节周围的气候，降低温度，主要表现在迎风坡降水多，背风坡降水少。最后，降水的时间分布也会发生变化。比如夏季水域表面的温度低于气温，减弱大气对流，因而降雨量就会减少，冬季则相反。

（2）对温度的影响。水利项目修建完成后，原本的陆地就会变成水域，空气间能量交换的频率、强度和方法都会产生相应的改变，从而带来温度的变化。

（3）对大气环境的影响。水利项目对大气环境的影响是生态水利修建过程中一个十分重要的方面，并且在整个世界范围内来看，这个问题都是非常突出的。目前来看，国内的这个问题还不是非常严重，主要原因在于虽然中国的水利项目数量非常多，但是大多都修建在高山峡谷之间，并且与国外相比，库区面积也不算特别大。

### 2.1.1.2 对水文情势和水温的影响

（1）对水文的影响。水利项目的修建会使原来的水文循环模式发生一定的改变，甚至会对整个库区和流域内的水文情况产生影响，这种影响是正反两个方面的，如库区蓄水之后，河流就会变成湖泊，水面面积增大的同时水位也抬高，蒸发量就会变大，从而影响到水循环的变化；岩层具有一定的透水性，水库的水发生渗透之后也会抬高地下水水位；拦河修建大坝会改变水文情况，具体来说主要表现在水流流速、流量和频率的变化上和水量的蒸发、渗透以及水循环模式等方面。

（2）对水温的影响。水温的变化主要是指由于水利项目的修建导致的温差变化。水温的变化是水利项目修建中最常见的一种现象，如从库区的上游到大坝坝址之间，水流的流速是慢慢变小的，水体的性质也会产生相应的变化，大气和库区内的水之间热量交换方式等的变化会对水温产生影响。

### 2.1.1.3 对水质的影响

水利项目的修建不可避免地会对水质产生影响。水利项目在修建完成之后，那些流入库区内的支流河道的自净能力较低，直接导致了库区内河道的污染加重，而在水库内的水体温度出现分层的情况下，水体就会出现富营养化现象。当然，这种现象会带来正反两个方面的影响。

（1）对土壤的影响。水库在建成蓄水后，库区周围的地下水位会升高，最终导致土壤的盐碱化，具体表现在以下几个方面：①浸没。土壤浸没区的透气性差，导致土壤中的微生物活动频率降低，土壤肥力也会下降，最终影响到农作物的生长。②沼泽化。土壤湿度过大就会导致植物根部呼吸困难、根系不发达，导致植物的包气带遭到破坏。③盐碱化。由于渗透作用，地下水受到补给之后再将水汽传至地表，在水汽的蒸发作用之下，水体中的盐分就会聚集于地表，这就造成了土壤的盐碱化。同时也不能以偏概全，土壤的盐碱化并不全部都是由于建设水利项目带来的，很多时候都是由设计和管理不合理造成的。

（2）对环境地质的影响。水利项目尤其是大型的大坝工程建设之后，可能会带来地震等地质灾害。①大型水库蓄水后诱发的地震。水利项目诱发的地震往往是由于蓄水量巨大导致难以承受的水压，在这种巨大的压力之下，岩层与地壳之间原有的力量平衡被打破，从而诱发了地震。②库岸产生滑塌。库区蓄水之后，水体水位被抬高，沿岸土体的抗灾害强度降低，滑坡、塌方等自然灾害发生的概率增高。③水库渗漏。由于渗透作用的存在，库区周围的水文环境发生改变，甚至会造成地下水和库区周边水体的污染。

#### 2.1.1.4 对生物多样性的影响

在一定的时间和空间内，所有的生物及其与之遗传变异相关的所有生态系统的总称就是我们通常提到的生物多样性。人类的经济和社会活动不当会导致生物多样性的减少。其中，水利项目的建设使大片的森林和湿地遭到了破坏，这是导致生物多样性减少的一个重要原因。

（1）对陆生生物的影响。主要体现在两个方面，如果库区对区域内的动植物造成了直接破坏，并且那些永久的建筑物带来的有些损害是无法挽回的，就产生了直接影响和永久性影响。水利项目在修建和蓄水过程中不可避免地会淹没大片的陆地，因此陆生生物的生存环境就会受到严重影响，从这个角度来看，水利项目的建设对陆生生物来说是有很大的负面影响。但现实中，水利项目在选址建设时，往往是选择那些河道周围的一些农田和坡地等地形，这些地区的动植物数量不是很多，因此，水利项目的建设对农业的影响是大于对动物的影响的。水利项目在建成运行之后，库区内的水体会相应提高区域内的相对湿度，对于库区内生态系统的稳定有积极意义。同时，水利项目的建设会增大湿地面积，这对两栖生物的生存也是有积极意义的。

（2）对水生生物的影响。水利项目的建设对水生生物的影响主要体现在以下几个方面：①阻隔了鱼类的洄游通道。水利项目中的大坝使江河被截断，这就导致这些鱼类的正常生活周期被打破。②改变鱼类区系的组成。水利项目在建成之后，水体的水文环境发生了变化，鱼类的栖息环境也发生了变化。③影响鱼类繁殖。水利项目的修建以及之后的运行都会对鱼类的正常生产生活产生影响，尤其是在水库蓄水之后，水位抬高、流速减缓、泥沙沉积等现象对鱼类的产卵活动产生巨大的干扰和影响；另外，水库在运行时，水位的频繁变动也对鱼类的繁殖活动产生了不利影响，比如水库内水位的涨落会使鱼类的卵暴露在库区库岸上而导致其死亡。

总而言之，人类当前面对的一个重大的全球性问题就是生态环境的恶化。随着社会的发展，人类对自然环境的改造以及对自然资源的利用和开发程度不断提高，但是同时，我们也要反思：如何实现人类活动和生态环境之间的平衡状态？水利项目带来的生态影响问题，从本质上看就是人与自然的关系应该如何更好地处理的问题。任何一个水利项目都应该是生态水利项目，都应该遵循生态要求，任何一个水利项目在建设以及之后的运行过程中都应该尊重自然、保护自然、深入贯彻落实科学发展观，遵循人与自然和谐共处的理念，正确认识和正视水利项目带来的生态环境影响问题，努力实现水利项目与生态环境之间的多赢。

### 2.1.2 生态水利项目概述

生态水利是指遵循生态学原理，尊重和保护自然环境，将生态理念贯穿于水利项目设计、建设和运行的各个环节之中，使建立起来的水利项目体系满足水资源和水生态系统的良性循环，达到可持续利用的目标，最终实现人与自然和谐共处。从宏观上看，生态水利主要研究水利项目和生态环境之间的关系；水利项目的建设、水资源的开发利用和流域内水生态系统之间的关系，并在对水资源合理、科学的开发利用中，保持流域内生态系统良好的自我修复能力，实现可持续发展。由此可见，生态水利就是要把任何水体都放进生态系统中去看待，通过采取措施建设有利于促进和维护水利项目的设计、建设和运行机制，达到人与自然和谐相处以及经济和社会的可持续发展。而要想实现人与自然和谐相处与可持续发展，就必须尊重自然环境，把生态理念融入水利项目建设和使用的全过程中，维护生态系统的生物多样性。对水资源的开发和利用不仅要考虑水量和水质的问题，还要对水生态系统的自我调节和修复能力予以充分考虑。

生态水利项目是以生态环境保护为目标,不仅追求经济利益,而且重视对周围生物活动、气候、地质的影响,是一种人与水和谐共处的水利项目模式。生态水利项目有别于传统的水利项目,更强调水利项目的主要服务目标是生态。生态水利项目可以定义为:对水利项目的建设以及运行对该流域内的生态环境产生的影响进行的研究,对水资源的开发和利用进行深层次探索,以期找到同时满足人类生产生活需求和保持水生态系统健康稳定、可持续发展的方法和措施。

生态水利项目有以下特征:①服务的目标有地域性和特定性。不同的水生态系统存在着地理区域上的差异性,这就决定了生态水利项目也必须因时因地制宜;②在设计中考虑到生态服务的目标,生态水利项目与传统水利项目相比,更加注重水利项目和沿岸生态景观的保护和修复,对水资源进行合理有效的应用和改善;③生态水利项目的建设一定要遵循生态经济学原理,通过科学利用高新技术和系统科学的方法,从而实现水利项目的高效发展。水利项目的优化目标由传统的"技术经济最优"改变为生态效益、经济效益和社会效益最优。

### 2.1.3 生态水利项目建设的基本原则

(1)生态水利项目的经济性和安全性原则。生态水利项目不仅要遵循生态学原理,还要符合水利项目学原理,同时还要符合水文学及力学等规律,这样才能保证项目的稳定性和安全性。另外,还要考虑到河道的泥沙输送、沉积、侵蚀等特征,将河流河势的变化放到动态过程中去研究,最大限度地保证水利项目的稳定性和安全性,生态水利项目的经济合理性则要遵循在投入最小的条件下实现生态效益和经济效益最大的目标。

(2)恢复和保护河流形态的空间异质性原则。从以往的大量研究中可以看出,生物群落的多样性和非生物环境的空间异质性之间有一种正相关的关系。一个区域内的生物环境的空间异质性越高,就会产生更多种多样的小的生物环境,这样更多的物种才能得以共存。相反,如果一个非生物环境十分单调,该区域内的生物多样性一定是下降的,从而生物群落的密度和性质都会产生退化,生态系统在某种程度上也会退化。

(3)生态系统的自我设计和自我恢复原则。生态系统具有自我组织功能,表现在生态系统的可持续性上。自我组织的机理是一种生物的自然选择结果,一些对环境适应性强的生物物种可以经受住自然环境的考验,从而在一个环境系统中生存下来。在这样的情况下,生物环境就可以对一个有足够数量并且具有繁衍能力的生物物种提供支持。通过生态环境系统的这种自我组织和自我设计的功能,自然界就会自然地选择各种合适和适应性强的物种,最终形成一个较为合理和稳定的结构。同时,在对外来物种进行引进时一定要慎重,防止出现生物入侵的现象。

(4)流域内的尺度和整体性原则。对河道的生态系统进行修复的规划设计要在流域内的尺度内进行,而不是仅仅靠拢河道或者局部的空间尺度和短期内进行。整体性原则是指要着眼于整个生态系统的功能和结构,在此基础上去认识生态系统内的各个生物物种和要素之间的相互影响和相互依存关系。流域内的水生态系统是一个大的综合系统,包括了生物系统、水文系统和水利项目系统等,因此一定要着眼于整体。

(5)反馈调整式设计原则。生态系统和社会系统一样,都是处在动态变化之中的,这种动态不仅体现在时间上,也体现在空间上。这种变化不仅来自于自然系统的自我更替,人类活动也对其施加了不可忽视的影响。这种被施加的影响具有不确定性，因此就要采取一种反馈调整式的方法来设计，这个方法包括"设计－执行－监管－评价－调整"等环节。在该过程中，监管是基础。这种监管包含了水文系统和生物系统，并且是长期和系统的，还必须建立起一套科学有效的评价体系，从而对河道的生态系统的内部功能和结构进行评价。

### 2.1.4　生态水利项目设计的基本理论和方法

水利项目不仅要满足人类的生产生活需要，还要考虑到系统内的生物多样性，这对生态水利项目的设计和建设提出了更高的要求。

（1）对水文过程的分析和计算要以生态和项目水文为基础。在目前国内的实践中，项目设计中融入生态水文理论的并不是特别多，其主要原因是：很多生态水文学的从业者并不同时从事生态水利项目的实际开发和设计，这就导致了理论和实践上的脱节，在今后的项目设计中应该要对生态水文学和项目建设的实际予以充分和足够的重视，这样才能为生态水利项目的成熟发展奠定基础。生态水利项目的服务对象是非常广泛的，包括湿地、农业、畜牧业以及河流湖泊等诸多对象，有时甚至同时涉及多个对象，因此，要想实现生态水利项目的科学、合理规划，就必须要弄清楚水资源的时空分布规律。

（2）要对关键的生态敏感目标进行识别。生态水利在设计初期就要对那些可能会受到水利项目较大影响的生态目标进行有效识别，并在设计过程中给予充分考虑。但当前很多水利项目在实际设计中并没有对流域内的一些较容易受影响的目标进行识别和充分重视，比如三江平原在早期的防洪、防涝项目中，有些地区就发生了跨流域排水的现象。

（3）生态水利项目的设计要与环境设计有机结合。生态水利的设计要充分借鉴环境科学的原理和技术，对水量和水质进行科学的调节和配置，尤其是水污染防治方面更需要融入设计中。为了减轻污染物进入下游湿地和湖泊的可能性和影响，可以在两者之间的过渡地区建设一些生态处理的设施，比如氧化塘等项目。水田和排水沟渠等设施可以充分有效地利用农作物的生长周期进行蓄水，通过建设这些人工沟渠设施来增加污染物的降解。因此，将生态水利项目的设计和对水污染进行防治相结合是生态水利项目发展的一个重要趋势。

## 2.2　新公共管理理论

20世纪60年代以后，西方国家的政府支出扩大、公共服务的效率低下问题越来越突出，社会各界对政府管理的怨声此起彼伏，因此，在这种背景下，政府适当放权就成为了当时社会达成的共识。公共管理部门就要采取办法去践行用最少的投入做到最好的管理路径，也就是说公共部门要想办法提高对公共资源的使用效率。要想达到这个目标，政府和公共部门就要从自身的管理模式的改变出发，并且将新的管理理念融入其中，从而提高政府和公共部门的管理能力和水平，西方政府在社会压力下不得不对以往的管理方式进行变革和创新，这被称为"新公共管理"运动，变革的内容和领域也不断扩大，这对世界上各国政府的体制改革都产生了深远的影响。

### 2.2.1　新公共管理的理论基础

纵观近些年来国内外学者对新公共管理理论的研究成果可以看出，新公共管理理论的指导思想是新自由主义和私营工商企业的管理理论,依托的基础主要是新型的信息技术,并随着这些学科的不断发展而不断得以充实和完善。

（1）新自由主义经济学的发展及其对新公共管理运动的影响。新自由主义学派的主张是尽可能减少甚至取消国家对经济的干预程度,它信奉市场是万能的。在这种思潮的影响下,新公共管理理论强调要在政府管理体制和公共服务体制中引入市场机制,以此作为激励来提高公共产品供给和服务的效率和水平。不可否认的,当经济学理论,尤其是以委托－代理理论和交易成本理论为代表的经济学理论融入了新公共管理理论中之后,传统的公共行政观念逐渐开始被取代。

理性经纪人的假设作为公共选择理论的基础,传统的公共行政管理理论面对难以跨出的困境,因此提出了公共服务不仅应该由政府来提供,也更应该由社会资本来参与,应给予公众"用脚投票"的机会。通过良性的竞争使公共部门的运转效率得以提高,使公共部门在和其他的公共服务提供者们进行对比,并在对比的过程中自我反思和自我约束,从而达到自我提升。

在公共服务领域,政府机构和民众之间形成了一种委托代理关系,其中,政府是代理人,他通过建立契约关系来负责提供公共服务,这应该是在尊重并忠诚于委托人意愿的基础上进行。但是,由于有限理性的存在,这其中也会存在机会主义的可能,所以就要想办法采取有效的方式使委托代理关系正常化。例如,通过把公共服务以签约的方式外包给有资质的社会资本来强化竞争;通过抑制代理人的机会主义动机来加强监管;通过采取多种方式来促进委托方和代理方的共赢来实现激励等措施。

（2）新公共管理理论体系中的社会科学基础——工商企业管理学。新公共管理理论的主要主张是政府要采取措施充分利用社会资本方的成熟管理经验,例如制定清晰明确的目标控制、放松规制、充分重视人力资源管理和全面质量管理理念等等。采取了这些企业化理念的政府既要制定宏观、系统的规则,还要最大程度激励员工充分发挥自身的主观能动性,具有积极性、主动性和创造性的员工会比传统组织中那些按章办事的组织工作效率更高,工作也更加有创新性和灵活性。在这种受成功的企业管理理念影响下的政府,他们信奉和尊重"顾客向导"的文化理念,这对于提升公共服务的质量和水平是极为有利的。当时,政府追求的目标和企业追求的目标是有本质区别的,因此,政府在借鉴企业的管理方式时要适可而止,不能模糊了自身定位。

（3）新公共管理理论体系中的自然科学理论基础——信息技术。当今时代是日新月异的,公共组织要想与时俱进,就必须要和新生事物进行结合,达到与时代共进步的改革和创新。其中,信息技术对公共事物管理的影响是非常显著的,一方面是因为信息技术在某种程度上影响甚至是左右着政府的决策。从理论上来看,政府进行决策的理性不足在很大程度上是由于认识上的不科学、不全面,因此通过信息技术的提高来提升政府获取信息的完整性和准确性对于政府作出科学的决策具有重大意义。另一方面是由于信息技术是公共管理进行流程改造和创新的重要基础和支撑。政府公共部门可以通过采用信息技术实现流程的变革和创新来提高工作效率。按照经济学中"经济人"的假设,政府的行政人员具有追求效益最大化和趋利避害的一种本能,所以,采用信息技术对政府行为进行有效监督,政府的不规范行为也会得到改善。

### 2.2.2 新公共管理理论的主要内容

（1）以人为本的"服务行政"。首先，新公共管理理论主张政府公共部门不应该采用"管治行政"，而应该采用以人为本的"服务行政"理念，在这种理念的指导下，政府不是以往的发号施令的机构，而是一个提供公共服务的角色，在这里政府就相当于一个负责任的企业家角色。但是不同的是新公共管理理论不是倡导政府要向企业家那样以营利为目的，而是倡议政府要吸取成功企业的先进做法，将经济资源的使用发挥到极致，大大提高资源的使用效率，以此来提高公共服务的水平和质量。新公共管理理论强调要把公众的参与作为评价公共服务的一个重要标准，要采取办法使公众积极主动地参与到公共服务的提供中，并且强调换位思考。其次，公众也不是单纯的政府命令的被动接受者，而是要把自己放在一个类似于企业中的客户位置，并且是具有尊贵地位的重要客户，所以，公众的需求就是政府提供公共服务的标准和出发点。因此，新公共管理理论认为政府公共部门的行政行为和行政权力应当遵循的方向就是公众的满意度。

（2）政府等公共部门具有"掌舵"而非"划桨"的职责。新公共管理理论把政策的制定和执行两个环节相分离，也就是说把政府公共部门的具体操作职能和管理职能相分离，因为该理论认为政府公共部门的最重要职能是制定、指导政策的执行，这就好像是一艘船行驶在水中，政府要做的是"掌舵"而不是"划桨"，换句话说，政府公共部门要担负起变革的责任。正像戴维·奥斯本在《改革政府》一书中提到的："他认为以前政府管理效率低下的重要原因就是没有理清自身的责任，没有将政策的制定和执行过程进行分离，相反，政府公共部门将大量精力投入了细枝末节，而没有意识到自身最主要的职责是什么"。

（3）政府等公共部门应引入竞争机制以提高效率。传统的公共行政行为都是采取建立等级制度严密的政府来强化和扩张政府对公共事物的干预。因此，新公共管理理论认为这一机制亟须得以改变，要引进广泛的市场竞争机制扩大市场资本的准入，让广泛的社会资本得以参与到公共服务的提供中，以此来提高公共部门服务的质量和水平。另外，新公共管理理论还认为通过一系列竞争体制的引入，政府还可以达到节约成本的目标，例如现在流行的服务外包形式就是一种规避风险的有效方式。最后，新公共管理理论强调政府公共部门要借鉴企业在提高效率方面的做法，这个目标的实现可以借鉴成功企业的做法，通过制定有针对性的绩效目标来实现。

通过以上对新公共管理理论知识的梳理和分析，可以看出新公共管理理论的重点在于将政府看成是公共服务的提供者、公共政策的制定者，同时对公共部门中引入竞争机制要予以充分重视，这也就强调在当前的社会治理以及转型期中要大胆革新，尝试与以往不一样的社会治理方式以及社会公共服务提供方式。

### 2.2.3 新公共管理理论的特征

（1）公共性。新公共管理理论主要是针对社会公共事物以及为社会提供的公共服务为主要研究对象的，其特点决定了新公共管理理论和处在社会中的每一个成员都有机会发生直接或者间接的联系。新公共管理理论的一个重要特征就是公共性，顾名思义，既然是公共管理，那么主体就具有复杂性，这也就决定了政府不可能以作为公共事物管理的唯一主体存在，需要激励和调动其他主体参与其中共同管理。并且随着社会经济的发展，市场化程度越来越高，新公共管理理论得公共性特征也会体现的越来越明显。另外，既然涉及管理，那么就离不开对公共权力的探讨，公共管理的权力和行政权力以及政治权力一样，权力的来源都是社会公众，因此，必须树立公众利益至上理念，否则就会发生执法不当的行为。因此，对公共权力的使用，公众具有监督的权力，始终都要围绕着为公众谋福利这一终极目标。

（2）公平性。在以往传统的行政价值体系中，效率所占的位置比公平更加重要，效率的高低是评价政府管理是否科学、有效、合理的一个重要标准。但是，当今信息技术发展迅速，政府和非政府组织与公众之间的交流沟通有了更加便利的条件和环境，公众对政府的公共事物管理的评价与了解也随着信息渠道的畅通变得更加透明，同时，这也对政府传统的管理模式和价值观发生了冲击，不再是以往的单纯强调效率的高低，而更多地强调效率与公平之间的平衡，也就是说政府采取的社会公共管理措施是否遵循了公平、公正的原则，措施实施的结果在提高效率的基础上是否有助于促进社会公平，政府是否把社会公众的利益置于政府自身的利益之上。

（3）合法性。新公共管理理论中的法制性特征主要是指是否严格恪守规则，这也就是说公共政策的制定和实施是否在宪法和法律允许的范围内进行。正如上文提到的，公共政策涉及的主体非常多元，与公众的联系也非常密切，稍不注意就会侵犯到公众的合法权益。鉴于此，采取措施使公共政策被限定在法律允许的范围内是十分有必要的，只有这样，政府所作出的公共政策才能真正符合公众的利益，最终才能够实现更好地为公众服务这一目标。

（4）效能性。效能的含义就是效率和功能的简称。效率是指政府对一个问题解决的速度以及所花费的成本之间的关系；效能包括了政府进行公共事物管理的科学性，效能应当源于公共政策制定整个流程的合理性，它依赖于政府对公共事物进行决策过程中的分工以及各部分之间的合作程度。

（5）适应性。任何一个系统都需要做到和周围环境的融合，这样才能高效地解决社会公共问题，从而促进社会的发展。以往那些传统的行政服务都是单向地传输和供给服务，公众更多的是被动接受而没有主动选择的权利，再加上政府在这些领域的垄断性，更多时候都是公众在努力地去适应政府行为，而不是政府根据公众需要去满足社会需求。而新公共管理理论更多地强调公共事务中参与主体的多元化，并且对他们之间的竞争关系给予了充分重视，这样才能更好地促使公众实现主动选择的权利。

（6）回应性。新公共管理理论中的回应性是指要随时对公众的关注和需求作出回应，并且在制定政策的过程中也倡导公众要积极参与，尽可能地体现和尊重公众的权力，公共管理的体制要通过积极的沟通和互动来保持对社会现象和事物的敏感，促进公共政策的制定以及执行更加具有开放性，系统更加具有活力。只有这样，公共管理的主客体之间才能实现良好的互动和交流。

### 2.2.4　新公共管理理论具有的借鉴意义

通过对新公共管理主要内容的分析，新公共管理理论更多的强调要将政府看成是服务的提供方，并且强调在公共部门中引入竞争机制的重要性。这也是在说政府作为公共事务的监督和管理方，我国正处在重要的社会转型期，更应该要借鉴新公共管理理论的思想内涵和精华，不断探讨和完善我国如何更好地发展社会主义市场经济，且更好地使用市场手段来提高社会公共事务的管理水平，提升政府提供社会公共事务管理的质量和效率，最终实现现代市场经济条件下政府行政管理的现代化。结合生态水利项目社会投资模式的特点，新公共管理理论可以提供以下有益的借鉴。

（1）强调政府的企业化管理及管理的高效率。水利项目如果仅从"生态"角度论证，它的基本属性是公益性的，既然是公益性，投资建设就应该主要由政府出资，这是一个不争的事实，已被许多发达国家所证实。但从所查资料可知，很多国家都采取各种措施，多渠道吸纳社会资本参与生态水利项目建设，通过对新公共管理理论的梳理，我们也要走出一个误区，即强调社会公众以及社会资本的参与并不是在诱导政府逃避责任，而是要充分借鉴现代企业成功的管理模式，来促进政府管理效率和管理水平的提高。现实中，我国的水利管理现状不是很乐观，管理水平和效率都需要提高，原因主要有以下几个方面：长期计划经济的影响带来的后果就是权力的高度集中，因此，政府在很多应该放手、放权的环节没有做到放手、放权；另外由于机构和组织的层级繁琐带来的职责不清晰，出现了互相扯皮的现象；最后，由于法制的不健全，在一些时期编制得到了过分扩大，造成了人浮于事的后果。在我国4万亿投资刺激的特殊时期，许多地方政府纷纷成立了自己的平台公司，以BT模式承接了大量的水利类公共基础项目，但由于BT模式政府付费的特点，使得政府监督失控或寻租，滋生了腐败现象，浪费了国家资源，损害了政府形象。

（2）将科学的企业管理方法引入生态水利项目建设。新公共管理理论把现代企业制度中的绩效评价、目标管理以及成本核算等概念和环节借鉴到了公共服务领域，这在提升管理效率方面是有巨大作用的。虽然政府公共管理和现代的企业管理并不能完全的画上等号，两者之间在管理内容、方法和对象等方面都有诸多差异，因此并不能完全照抄照搬企业的先进做法，但是现代企业管理制度中的科学性以及注重客户的需要与反馈等成功经验则可以被政府所参考。尤其适用于水利类公共服务项目的建设与管理，如生态水利项目建设必须引入现代企业管理制度中注重投入产出比和成本精益核算的要求，这样才可以提高政府管理人员的使命感和责任感，同时，对工作人员的工作绩效也可以进行更加具体和量化的衡量与评价。

（3）对政府和市场以及社会之间的关系予以充分重视。新公共管理理论对政府和市场以及社会公众之间的关系给予了充分重视，并且把竞争机制也借鉴到了政府的公共服务领域中。这样，政府通过鼓励和引导私人资本与社会资本参与到公共服务领域，一方面在打破政府垄断地位的同时，另一方面也极大提高了社会公共服务的质量和水平，在此过程中，政府的财政负担也得到了减轻，并且缓解了债务风险。由于我国地方政府债务高筑，财政资金普遍吃紧，这对整个国民经济发展的整体性和稳定性提出了考验。2014年以来，我国政府在水利基础设施等公共服务领域，借鉴西方国家的做法，大力推行政府与社会资本合作的PPP模式，在强调"产业管制"的时候，在社会公共服务领域引入竞争机制，将一些公共服务项目面对市场开放，在一定程度和范围内鼓励和引导社会资本方参与进来，从而改变我国长期以来在基础设施建设中存在的"瓶颈"现象，将由政府主导、建设、管理的生态水利公共基础及公共服务项目，改变为政府引导、社会资本投资、建设与管理的模式，这不仅有助于提高社会公共服务的效率和水平，而且能够凭借社会资本的力量实现水利建设的经济、社会、环境等综合效益的最大化。

（4）出台社会资本投融资法，完善现行法律法规及政策。公共管理理论认为要从最初的被动遵守法律法规制度，逐渐转向主动听取公众意见，满足社会需求的角度发展。社会投资需要制度与法律做保障。2014年以来，我国十分重视PPP模式的推广与应用，建立1800亿的

PPP 模式专项基金，要求广发银行、中国农业发展银行等银行提供低息贷款，建立项目入库资助奖励制度等，但调动民营企业的投资积极性并不好，其中的主要原因是：缺少 PPP 模式专门立法，现行法律及部门法冲突较多。PPP 模式不仅仅是一种投融资模式，而且是一种社会治理模式，制度体系是很好的一个保障措施。但是，制度毕竟只是一个硬性的手段，它的采用只是为了帮助政府达成公共管理的目标，另外，在制定法律法规的过程中，制度也要始终坚持以公众的根本利益为出发点，贴近市场需求和公众需求，使制定出的法律法规接地气、易落实。

## 2.3　合作博弈理论

### 2.3.1　合作博弈概述

（1）涵义。合作博弈也叫作正和博弈，这是指经过博弈过程后，博弈双方利益都增加，或者一方在另一方利益没有受到损失的提前下利益增加，从而使整体利益有所增加。合作博弈指的就是怎样在合作之后合理地分配赢得的利益，换句话说，研究的就是利益的分配问题。合作博弈采用的是一种合作的方式，也可以说是妥协的方式。通过双方的合作或者妥协增加了整个社会的利益，这部分利益又叫作剩余。这种剩余就来源于这种博弈关系，并且此剩余的多少取决于双方的合作程度。最终这种剩余如何进行分配，就依托于博弈各方之间的较量或者平衡。这往往要经过一个讨价还价的过程最后才能达成共识。

（2）特点合作博弈中最重要的一个前提就是团体理性的存在，这种理性是指公平与效率；合作博弈得以存在有两个基础：①就整体而言，整体最终的收益一定比每个博弈方独自行动时的收益要大。②就个体而言，是存在帕累托最优的，也就是说博弈的每一个个体在加入这个博弈整体之后获得的收益都要比不加入之前获得的收益要多。

（3）分类。按照博弈各方进行合作之后的收益之间的变化，可以把合作区分为本质性的和非本质性的。具体来看，那些在合作之后收益呈现增加的博弈就叫做本质性合作博弈，合作后收益不但没有增加甚至下降的就成为非本质性合作博弈。例如，一些效率低下的企业和经济合作组织之间的合作就属于非本质性合作，这是由于他们的合作并没有将整体的优势发挥出来，并没有创造出来各参与方在不合作、独自行动时更大的社会效益和经济效益。另外，根据参与博弈的人数多寡，还可以将合作博弈区分为两人合作博弈和 $n$ 人（$n>2$）合作博弈。除此之外，还可以按照博弈参与方的信息沟通交流程度的深浅、执行协议的受限制程度深浅、整体中合作的方式以及利益的分配方式的差异将合作博弈区分为众多类型。

（4）相关概念。定义 1：在 $n$ 人博弈中，参与人集用 $N=\{1,2,\cdots,n\}$ 表示，$N$ 的任意子集 $S$ 称为一个联盟（coalition）。空集 $\varnothing$ 和全集 $N$ 也可以看成是一个联盟，单点集 $\{i\}$ 也是一个联盟。

定义 2：对于合作博弈 $(N,v)$，$N=\{1,2,\cdots,n\}$，对每个参与人 $i\in N$，给予一个实值参数 $x_i$，形成 $n$ 维向量 $x=(x_1,\cdots,x_n)$，若其满足：

$$x_i \geq v(\{i\})，（i=1,2,\cdots,n），且 \sum_{i=1}^{n} x_i = v(N)$$

则称 $x$ 是联盟 $S$ 的一个分配方案。

### 2.3.2　几个解的概念

（1）核心（Core）。在一个 $n$ 人合作博弈$(N,v)$中，全体优分配方案形成的集合称为博弈的核心，记为 $C(v)$。

对策$(N,v)$有 $C(v) \neq \varnothing$ 的充分必要条件是：

对于满足 $s.t.\begin{cases} \sum\limits_{S \subseteq N} y_s = 1 \\ y_s \geqslant 0 \end{cases}$ 的向量$\{y_s\}$，有 $\sum\limits_{S \subseteq N} y_s v(S) \leqslant v(N)$。

但是要注意的是，很多博弈的核心并不是非空的，换句话说，那些以核心进行合作博弈的解有可能并不存在，即使存在，唯一性也是不能得到保证的。

（2）稳定集（Stable Set）。在一个 $n$ 人博弈中，联盟 $S \subseteq N$ 对于一个任意的分配 $x$ 是有效果的，当且仅当这个联盟的价值高于他们在 $x$ 分配下的支付的总和，即 $v(S) \geqslant \sum\limits_{i \in S} x_i$。也就是说，如果联盟 $S$ 对于 $x$ 分配是有效果的，那么 $x$ 分配便是不稳定的。有了"有效果"的概念，我们便可以介绍分配的占优，以下是它们的定义：

定义3：在一个支付可转移的联盟性合作博弈中，分配 $x$ 通过联盟 $S$ 占优分配 $y$，当且仅当：$x(N) = v(N)$ 且 $x_i \geqslant v_i$，当严格不等式成立时称分配 $x$ 通过联盟 $S$ 严格占优于分配 $y$。

定义4：支付可转移的联盟性合作博弈的解集符合内部稳定性，如果该集合内的任何分配都不会通过联盟 $S$ 占优于该集合内的其他分配。也就是说内部稳定性要求联盟内部的任意两个分配不存在占优关系。

定义5：支付可转移的联盟性合作博弈的解集符合外部稳定性，如果对于集合外的任意分配，联盟 $S$ 都存在某配置占优于该集合外的分配。

定义6：在支付可转移的联盟性合作博弈中，集合 $X$ 称为稳定集，当且仅当该集合既符合内部稳定性，也符合外部稳定性。

（3）核仁（Nucleolus）。为评估 $S$ 对 $x$ 满意性，定义如下一个被称作超出值（excess）的：

$$e(S,x) = v(S) - \sum_{i \in S} x_i$$

$e(S,x)$ 的大小反映了 $S$ 对 $x$ 满意性。$e(S,x)$ 越大，$S$ 对 $x$ 越不满意，因为 $S$ 中所有参与人的分配之和远没有达到其所创造的合作剩余 $v(S)$；$e(S,x)$ 越小，$S$ 对 $x$ 越满意，当 $e(S,x)$ 为负值时，$S$ 中所有参与人不但分配了其所创造的合作剩余 $v(S)$，还分配了其他联盟所创造的价值。

对于同一个 $x$，$S$ 共有 $2^n$ 个，可以表示为 $S_j$（$j = 1,2,\cdots,2^n$）。故可以计算出 $2^n$ 个 $e(S_j,x)$（$j = 1,2,\cdots,2^n$），联盟对 $x$ 的满意性取决于 $e(S_j,x)$ 中的最大值，故可以对 $2^n$ 个 $e(S_j,x)$ 由大到小排列，得到一个 $2^n$ 的向量：

$$\theta(x) = (\theta_1(x), \theta_2(x), \cdots, \theta_{2^n}(x))$$

联盟对 $x$ 的满意性取决于 $\theta(x)$ 的大小，$\theta(x)$ 越小，联盟对 $x$ 越满意。

对于两个不同的分配 $x$、$y$，分别计算出 $\theta(x)$、$\theta(y)$。如果是 $\theta(x)$ 较小，则联盟对 $x$ 的满意性大于联盟对 $y$ 的满意性，$x$ 自然优于 $y$。当然这种向量大小的比较不同于数字的比较，是采用字典序的比较方法。字典序的比较方法如下：

对 于 向 量 $\theta(x)=[\theta_1(x),\theta_2(x),\cdots,\theta_{2^n}(x)]$ 和 $\theta(y)=[\theta_1(y),\theta_2(y),\cdots,\theta_{2^n}(y)]$ 存 在 $k$，使 得 $\theta_j(x)=\theta_j(y)$（$1\leqslant j\leqslant k-1$），$\theta_k(x)<\theta_k(y)$，则称 $\theta(x)$ 字典序小于 $\theta(y)$，用符号表示 $\theta(x)\prec_L \theta(y)$。

定义 7：对于合作博弈 $(N,v)$，核仁 $\tilde{N}$ 是一些分配的集合，即使得任取一个 $x\in\tilde{N}$，$\theta(x)$ 都是字典序最小的，即 $\tilde{N}=\{x\in E(x):\forall y\in E(x),y\neq x,\theta(x)\prec_L \theta(y)\}$。

定理 1：对于合作博弈 $(N,v)$，其核仁 $\tilde{N}\neq\varnothing$ 且 $\tilde{N}$ 只包含一个因素 $x$。

定理 2：对于合作博弈 $(N,v)$，如果核心 $C\neq\varnothing$，则有 $\tilde{N}\subseteq C$。

（4）核（Kernel）。记 $\Gamma_{ij}$ 为合作博弈 $(N,v)$ 中含 $i$ 而不含 $j$ 的联盟的全体，即 $\{\Gamma_{ij}=S\subset N\,|\,i\in S,j\notin S\}$，定义：$S_{ij}=\max_{s\in\Gamma_{ij}} e(S,x)$，并称之为 $x$ 处局中人 $i$ 超出 $j$ 的最大值。

设 $(N,v)$ 是合作博弈，$x\in E(v)$。如果存在 $i,j\in N$ 使得

$$\begin{cases} S_{ij}(x)>S_{ji}(x) \\ x_j>v(\{j\}) \end{cases}$$

则称在 $x$ 处 $i$ 胜过 $j$。

定义 8：合作博弈 $(N,v)$ 的核是指使得任何两个局中人都在 $x$ 处平衡的全体，记为 $K(v)$，即

$$K(v)=\{x\in E(x)\,|\,(S_{ij}(x)-S_{ji}(x))(x_j-v(\{j\}))\leqslant 0,\forall i,j\in N,i\neq j\}$$

性质 1：设 $(N,v)$ 是合作博弈，则 $Nu(v)\subseteq K(v)$。

性质 2：对于有些博弈来说，核是空的。

（5）谈判集（Bargaining Set）。设 $(N,v)$ 是合作博弈，对于 $x\in E(v)$，可能某两个局中人 $i$ 和 $j$ 之间存在争议：$i$ 觉得自己应不止得这么多，现在却让 $j$ 占了便宜。从而 $i$ 可能阻止一个联盟 $s=\{l_1,l_2,\cdots,l_n\}\in\Gamma_{ij}$。使得

$$\begin{cases} y_k>x_k,\forall k\in S \\ y(S)=v(S) \end{cases}$$

称这样一个二元组 $(s,y)$ 为 $i$ 对 $j$ 关于分配 $x$ 的异议（Objection）。即 $i$ 可以组织一个没有 $j$ 参加的联盟，在这个联盟中，可以将其总收入分配得使各参加者所得比在分配 $x$ 中的所得更多。

局中人 $j$ 针对 $i$ 的异议 $(s,y)$ 可能有能力组织联盟 $D\in\Gamma_{ij}$，以及代表 $D$ 中个人所得支付的向量 $z$，使得

$$\begin{cases} z_k\geqslant y_k,\forall k\in D\cap S \\ z_k\geqslant x_k,\forall k\in D\setminus S \\ z(D)=v(D) \end{cases}$$

这样一个二元组 $(D,z)$ 称为 $j$ 针对 $i$ 关于 $(s,y)$ 的反异议（Counter-objection）。反异议是指 $j$ 能组织一个没有 $i$ 参加的联盟 $D$，在 $D$ 中可以将其总的支付分配得满足：$D$ 中参与人所得至少不比他在 $x$ 中少，对于那些参加过 $S$ 的局中人，他们每人所得至少有参加联盟 $S$ 那么多。

定义 9：谈判集（Bargaining Set）：合作博弈 $(N,v)$ 的一个分配 $x$ 称为谈判点（Bargaining Point），如果 $\forall i,j\in N$，$i$ 对 $j$ 关于 $x$ 的任何异议都会遭到 $j$ 对 $i$ 的反异议。$(N,v)$ 的所有谈判点组成的集合称为谈判集。

性质：对合作博弈 $(N,v)$ ，有 $C(v) \subseteq M(v)$ 。

（6）Shapley 值（Shapley Value）。上文提到的概念都是以一个集合的方式存在的，那些都称为是合作博弈的占优解法，代表是核。但是从上文的分析中也可以看出，这些解法都有一个明显的不足，或者说是解的唯一性不能被保证，它们都没有探索出一个可以被通用的求解方法，这就给我们的实际计算和应用带来了限制。下面介绍另外的一个常用求解方法：Shapley 值的解概念。

Shapley 于 1953 年基于三条公理，提出了一种称为 Shapley 值的解概念。

定义 10：对于联盟博弈 $(N,v)$ ，如果有联盟 $T \in 2^N$ ，满足： $v(S) = v(S \cap T), \forall S \in 2^N$ ，则称为博弈 $(N,v)$ 的载体（carrier），也称为承载或支柱。

定义 11：合作 $n$ 人博弈即联盟博弈的 Shapley 值是指满足以下三条公理的向量 $\psi(v) = (\psi_1(v), \psi_2(v), \dots \psi_n(v))$ ，其元素 $\psi(v)$ 称为参与人 $i$ 的 Shapley 指数，三条公理分别为：

1）有效性公理（efficiency axiom）：对于 $v$ 的任何承载 $T$ ，有 $\sum_{i \in T} \psi_i(v) = v(T)$ ；

2）对称性公理（symmetry axiom）：如果存在 $N$ 的某个排序 $\pi$ ，使得 $v(\pi s) = v(s)$ ， $\forall S \in 2^N$ ；

3）可加性公理（additivity axiom）：设 $u$ 和 $w$ 是合作 $n$ 人对策，则 $\psi_i(u+w) = \psi_i(u) + \psi_i(w)$ ， $\forall i \in N$ 。

定理 3：（Shapley）对每个具有有限载体的博弈，存在满足上述三条公理的唯一值函数，由下面公式给出：

$$\psi_i(v) = \sum_{S \subseteq N} \gamma_n(S)[v(S) - v(S - \{i\})] \quad (i \in U)$$

式中： $\gamma_n(S) = \dfrac{(s-1)!(n-s)!}{n!}$ ； $U$ 为博弈所有局中人组成的集合； $N$ 为 $v$ 的任意有限载体， $|S| = s, |N| = n$ 。

定理 3 中， $v(S) - v(S - \{i\})$ 表示局中人 $i$ 对联盟 $S$ 的贡献。 $\gamma_n(S)$ 表示联盟 $S$ 出现的概率， $\psi_i(v) = \sum_{S \subseteq N} \gamma_n(S)[v(S) - v(S - \{i\})]$ （ $i \in U$ ）则表示局中人 $i$ 对联盟贡献的期望值，也可称为局中人的"力量"。Shapley 值很好地将每一个局中人之间的力量对比或者是贡献大小之间的对比关系表现出来，联盟按照这个比例进行最终的利益分配是非常合理的。

Shapley 值也可以这样理解：在联盟符合均匀分布时，参与人对其所在联盟贡献的期望所对应的标准差就表示参与人期望收益的波动大小，也就是不确定性，用 $R_i(G)$ 表示。因而有下面定义：

定义 12：记联盟 $S$ 出现的概率为 $f_i(S) = \gamma_n(S) = \dfrac{(s-1)!(n-s)!}{n!}$ ，参与人 $i$ （ $i \in S$ ）对联盟 $S$ 的贡献记为 $d_i G(S) = v(S) - v(S - \{i\})$ 。则 Shapley 值的不确定性公式为：

$$R_i(G) = \mathrm{var}^{1/2} \{d_i G \circ f_i\} 。$$

### 2.3.3　合作博弈理论对生态水利项目社会投资研究的启示

通过对合作博弈基本理论的概述可以看出，合作博弈是一个复杂的、反复多次的过程，其中合作强调的是正和博弈，合作谈判的焦点是收益分配，合作的基础是团体理性，合作的结果是按照局中人的力量或贡献的对比关系，得到一个合理解。因此，合作博弈理论对生态水利项目社会投资研究有诸多启示。

（1）主体地位明确。一般来说，生态水利项目既具有社会公共物品的特征，同时也具有天然垄断的特征，这是由水利项目的建设和运营的特点决定的，这些大型社会基础设施以往是由政府垄断的，但是尤其是在政府财政负担较大的情况下，这种模式的弊端就凸现出来了。PPP 模式是一种社会化和市场化的提供社会公共产品和服务的方式，它改变了以往那种由政府主导的投资模式，鼓励和引导社会资本参与到社会公共设施的建设和运营中来，这种做法不仅减轻了政府压力，也极大地激发了社会资本的活力，提高了公共产品与服务的供给效率和服务水平。从 2014 年以来，PPP 模式在中国改革过程中发挥着重要作用，推动着中国行政体制、财政体制和投融资体制的改革。在此，本书要强调的是：在生态水利项目社会投资中，政府与社会资本是平等的合作博弈关系，而非以往的管理与被管理关系，主体地位明确是合作的前提和基础。

（2）以契约精神为宗旨。"契约精神"被称为文明社会的主流精神，这种精神代表着平等、守信和自由。对生态水利项目社会投资来说，就是允许社会资本方对是否进行投资、投资方案达成及方式等进行选择。其中，契约精神的核心是契约的信守精神，这一精神已经把契约从习惯性上升到了伦理的基础，强调契约的缔结双方要将守信作为最重要的基础，在履行契约时要将彼此的主要义务和附随义务都完全履行，这一精神对生态水利项目社会投资来说是十分重要的，契约信守精神不仅要由社会资本方来信守，政府方也要坚持恪守，尤其不因政府换届、人员调动而违约或毁约；契约救济精神是一种补救措施，即当契约履行中出现问题，甚至一方违约，此时必须从法律或政策方面给予解决方法与路径等，对生态水利社会投资的 PPP 模式来说，由于项目的特许经营期一般都为 20～30 年之间，无论政府和社会资本方在特许经营协议签订时经过多少轮博弈，经营期间仍有可能发生特许协议签订时预想不到的问题或情形，如再谈判、再融资等。总之，契约精神是生态水利项目社会投资的宗旨。

（3）合理的风险分担原则。所谓的合理风险分担原则，就是按照局中人的收益大小及风险控制能力进行风险划分，即承担的风险越大，收益应越大，任何一种风险都由有最优控制力的一方控制，这与 Shapley 得到的合理解是完全吻合的。从合作博弈理论可知，风险的分担是合作博弈的基础，也是合作博弈的结果，对生态水利 PPP 项目来说，政府追求的目标是为公众提供高质量、高规格的公共产品和服务，社会资本追求的是在进入基础设施及公共服务行业的同时，获得一定的投资收益；政府是政策、法律的制定者和执行者，尤其是高一级政府对低一级政府具有管理和监督权力，因此应承担政策、法律变动等方面的风险，而社会资本方是项目的建设者、运营者、管理者，当然应承担建设、运营、管理的风险。由此可见，在生态水利 PPP 项目中，政府与社会资本的合作是正和博弈，是在团体理性的基础上追求 1+1>2 的结果，在物有所值评价和财政承受能力论证的稳定集下，最终达成谈判集，形成 Shapley 值。

（4）动态合作博弈。动态合作博弈是一种有效的多主体之间进行合作的方式，该联盟中的每一个成员都充分发挥自身的优势和能力，并遵循彼此已达成共识的利益和风险的分担方式，联盟内的每个成员都认可共同制定的原则，将利益进行最优化的分配，达到彼此间的互惠互利，来促进整个系统内的合作能够稳定并且高效。在生态水利 PPP 项目中，其主要主体是政府、社会资本方，但社会资本方可能是一个集合体，与社会资本方签订协议的有银行、施工方、保险公司、材料供应方、公众等，无论有多少个主体，各成员都发挥着各自的优势和核心能力，在利益共享、分担风险的原则下，形成决策互动、互惠互利的最优化分配方案，即实现各主体的利益均衡。

## 2.4 项目投资决策原理与方法

### 2.4.1 项目投资决策的定义

项目投资决策是指各种项目投资主体为了实现既定的投资目标，从其自身的利益角度出发，根据投资项目性质特征和客观实际条件，遵循"先论证后决策"的原则，在调查研究、掌握一定信息资料的基础上，运用科学决策手段（包括决策理论和方法），对具体投资项目的投资方向、投资规模和项目规划方案（如建什么项目？在何处建？采用何种投资方案？）等一些根本性问题，按照国家规定的投资建设程序和标准，在完成分析预测、项目评估以及在技术和经济上的可行性论证之后，投资者或者决策者和机构对一个具体项目作出的投资决定。项目投资决策是一个过程，其核心工作是项目技术经济分析论证和项目评估。对项目决策的概念应把握以下要点：

（1）项目决策很好地体现了人的主观能动性，这是人们在具体的投资实践活动中的一种主观认识。如果项目投资决策失误，就会带来重大的损失和不良后果，所以应根据项目的性质特点和当时的客观实际情况，经过认真周密的调查研究，收集足够的基础信息资料，运用现代科学技术分析论证手段，采用科学和民主的方法，充分调动各方面的积极性，尊重科学，广泛征求各方面专家意见，注意听取各方面的观点，把决策变成集思广益、有科学依据、有制度保证的过程，防止和杜绝凭少数人的主观臆断盲目作出决策。

（2）项目投资决策是指对一个具体的项目投资方案进行完整的设计、规划、分析和评价等全过程活动，目的是实现既定的预期投资目标，其中最核心的步骤就是可行性评估。可行性评价的关键点就是对经济性的评估，尤其是对国民经济的评估结果非常重要，所以，项目前期的可行性研究工作是保证一个项目的投资决策是否科学、合理的重要前提和基础。

（3）项目投资决策是一种不断渐进、反复完善的动态过程。在项目投资决策前期的主要工作是进行投资机会研究、初步可行性研究、详细可行性研究和项目评估与决策工作这四个由浅入深的投资决策分析论证和决策阶段，而且每个阶段工作都是按照我国政府制定的投资项目建设程序和评价判别标准，在采用动态指标进行多次反复分析论证和评估的基础上，作出最后的项目抉择和投资决定。因此，项目投资决策过程是一个不断创新、修正和完善的动态决策过程。

### 2.4.2 投资决策系统的基本要素

项目的投资决策是属于项目投资领域的一种决策活动，投资决策系统由投资决策者和决策对象在一定条件下合二为一构成的一个特殊的对立统一体。投资决策系统由投资决策者、决策信息、决策手段（包括决策理论与方法）、决策对象以及决策结果（目标）等五个基本要素构成，项目投资决策系统的基本结构如图2-1所示。

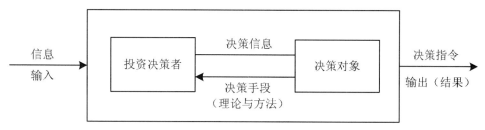

图 2-1　项目投资决策系统的基本结构

（1）决策者。项目投资决策系统的决策者是指各类投资主体。对于责权利相统一的投资主体，应具备的基本条件：具有独立的投资决策权；独立地向政府、金融机构、银行和社会筹集资金。这样可以实现对投资活动的监督和控制，还可较为独立地承担起项目投资的职责、风险以及收益。投资主体不同，项目可行性研究的要求、目的和方法也不同，决策指令的输出结果受决策主体的主观因素影响很大。因此，投资决策系统的正常运行、科学决策指令的输出效果目标，离不开高素质的投资决策者，离不开投资决策者的科学与民主精神。

（2）决策对象。决策对象即为决策客体，是指投资项目（或投资规模，投资结构）。决策对象是在人的意志指导下，能对之施加影响且具有明确边界的系统。投资项目具有其自身的特点，如果项目投资决策出现错误，则会造成不可逆转的较大损失，有时甚至还将直接影响到整个国民经济的发展。因此，项目投资决策时应从项目本身的特点和客观实际出发，作出决定。

（3）决策信息。信息是决策的重要要素，决策者和决策对象之间是通过信息而发生相互影响、相互制约和相互作用的。决策信息包括各种经济技术情况、国内外市场动态、投资环境状况、投资资金来源等各方面有关的信息。项目投资决策离不开上述投资决策信息，只有通过认真客观地进行调查研究，收集信息、情报资料，过滤意见、去伪存真、去粗存精、科学地论证分析评价和比较利弊，才能做出正确的投资决策。

（4）决策手段。决策手段指项目投资决策系统的理论和方法。主要有科学预测的理论与方法，工程规划的理论与方法，可行性研究和项目评估的理论与方法，以及决策分析的理论与方法。决策手段是科学方法，即是经济的、技术的、定性的和定量的，诸如，数学模型、计算机及其他现代化技术经济、数量经济分析和现代管理科学技术等方法与手段。

（5）决策的目的。决策的目的指投资决策者的意图和决策要取得的决策效果（或结果）。投资决策系统的决策结果是指投资方案及有关技术经济评价指标。项目投资决策主要是从投资主体的预期目标出发，要求达到宏观社会经济效益和微观经济效益的统一。宏观经济效益是指投资项目在全国范围内从整个国民经济（或某一地区）的预期社会经济目标出发，通过对投资规模、投资结构、投资方向和布局以及投资分配等一系列重要问题进行分析研究和决断，使项目投资决策达到宏观经济效益目标。而微观经济效益就是项目的财务效益，并通过项目财务费用效益分析（即项目财务盈利能力与偿债能力分析）做出对项目投资的选择和决策。

总之，在构成项目投资决策系统的五个基本要素中，投资主体是主导性要素，它通过对各方面收集到的与项目投资活动有关的信息处理，拟订出若干个项目投资规划方案，并对各种投资方案进行技术经济分析和判断，最后作出投资决策结果指令，使其主观意图得到最终体现。除了投资主体以外的四个决策要素属于从属性地位，是对投资主体主观意图所作用的对象、目的、手段与结果，但它们也能反过来制约着投资主体，使其必须按照客观经济规律办事。

### 2.4.3 项目投资决策的一般程序

根据我国现行投资管理和决策机制的要求，一个投资项目的决策程序可以划分为提出项目建议书（项目立项）、可行性研究、项目评估决策、项目监测反馈和项目后评价等五个阶段，如图 2-2 所示。

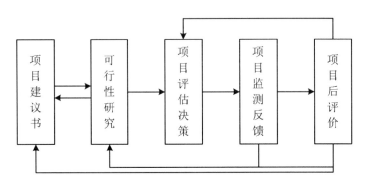

图 2-2 项目投资决策程序

（1）项目建议书阶段。项目主管部门及投资主体根据国家经济和社会发展规划，结合地区发展目标、产业结构、资源条件和市场需求预测，对投资建设项目的必要性和可行性进行分析，撰写项目建议书，提交给项目部门和银行对项目的建设投资初步进行决策和立项。此阶段实际上重点是确定项目投资的目标，论证项目投资建设的必要性和可能性。

（2）可行性研究阶段。项目建议书获得批准立项后，纳入投资前期中的贷款计划。项目业主委托设计单位或者咨询公司对项目的经济技术需求进行可行性研究，对比选择合适方案，撰写可行性研究报告，提交相关机构进行项目投资决策。在这个阶段的主要工作是，为实现第一阶段确定的投资目标，进行深入细致的调查研究，收集分析和处理详尽的信息资料，进行科学的预测分析，提出若干个实现目标的备选方案，深入进行多方案的技术经济分析、论证和优选，做好项目详细可行性研究，提出拟建项目在技术上的先进性、经济上的合理有效性、应用上的可行性等总体投资建设方案，同时通过本阶段的分析研究结果，不断修理和完善上一阶段确定的目标。

（3）项目评估决策阶段。此阶段由项目决策者或决策机构委托咨询机构或者组织专家小组，对提交的项目可行性研究报告进行审查、评估、测算、分析，衡量项目全过程的效益，对可行性研究阶段的投资方案进行综合评价，提出项目评估报告。最终由决策部门依据项目评估报告，对项目的投资作出决策，并对最后确定的投资方案付诸实施。此阶段是投资决策程序中最为关键的环节，在决策实施过程中如果发现投资方案有问题，则需通过信息反馈，对项目可行性研究提出修正。

（4）项目监测和反馈阶段。当项目通过投资决策进入建设实施阶段后，必须对项目投资方案实施过程进行监测、管理和控制，对方案实施中出现的问题及时进行信息反馈，并对项目投资原方案提出修改调整，使项目按照预期的目标发展下去，这就是这个阶段进行反馈控制的主要目的和任务。它能使决策与环境在大系统中，通过决策、实施、反馈和修正这个循环运动，让项目投资决策方案始终保持其正确性，并沿着预期目标方向持续地发展下去。

（5）项目后评价阶段。项目后评价是在项目建成投产后并进行正常生产运营一段时间，再针对项目投资决策带来的具体结果进行全面科学的分析与评价，以方便对项目投资决策的经验和教训进行总结，客观分析项目失败的原因，提出改进措施和建议，提高项目投资决策水平和项目管理水平，促使项目更好地发挥投资效率。

### 2.4.4 项目投资决策的基本原则

（1）市场导向原则。项目投资的目的是生产出社会需要的产品（或服务），并通过市场实现价值，回收投资，保证增值，实现投资主体的预期目标。因此市场是体现项目生命力的决定因素。在项目投资决策时，必须把市场调查和预测放在首位，随时关注市场变化，及时调整项目投资方案。

（2）符合国家产业政策原则。产业政策是各国政府在一个较长时期内对社会经济发展具有战略意义的资源优化配置的宏观经济指南。在推行产业政策的同时还相应地制定与其配套的财税政策、货币信用政策和进出口政策等。明确对行业的优惠政策和限制政策，不仅指明未来市场的需求状况，而且直接关系到投资者享受优惠政策或受到限制的风险。项目投资应与产业政策保持一致。

（3）系统化原则。以效益为核心的投资项目是一个庞大的社会体系。项目投资决策质量的好坏、投资决策水平的高低，必须取决于以项目系统的整体优化为出发点，正确处理好系统各部门之间的关系（如经济与技术关系、进度、成本、质量的关系等），从项目内部各要素之间的相互关系中引导出总体效益的最优化。

（4）定量与定性分析相结合的动态分析原则

定量与定性分析必须结合起来综合运用。一般来讲，项目财务评价和国民经济评价应以定量分析为主，而社会评价则以定性分析为主。在定量分析中应重视资金的时间价值，重视资金的机会成本，对项目资金在利率发生变化的情况下获得的收益进行动态的跟踪和分析，以此对项目在经济上的可行性进行判定，使资金利用效果达到最大。

（5）责任、风险、利益对称的原则。一个项目作出的投资决策中，它的责任、风险以及相对应的利益都是对称的。如果一个项目的责任和利益之间不能达到平衡，那么这个项目的投资主体就不会真正地担负起该项目的风险，利益也更加无从谈起。要真正明确实行和贯彻"谁决策、谁受益"，同时要明确"谁投资，谁受益"和"谁受益，谁承担风险"的三者相对称的原则。只有坚持这几条原则，才会充分激发项目投资者和管理者在项目决策整个过程中的积极性和主动性。

（6）决策程序科学化、民主化原则。建立项目投资决策的民主机制、监督机制，坚决避免少数领导随意决策的现象。需要贯彻民主的原则，要充分听取群众的意见，广泛征求专业领域专家的意见和建议，以实现项目投资决策的民主化和科学化。

（7）决策机构专业化、专家化、职业化原则。现代投资项目管理制度要求在投资决策领域建立专门的决策咨询机构，专门从事项目可行性研究和项目评估工作；其中必须拥有专业配套、知识层次高、经验丰富的专家集体；而且要求这些专家逐步走职业化道路，实行职业资格制度；要求决策咨询机构作为独立中介机构，建立承担决策失误的责任制。

### 2.4.5 项目投资决策方法

#### 2.4.5.1 单项目决策方法

单项目投资决策根据不同的标准可分为多种类型，例如按照被决策问题的影响范围大小和程度深浅可分为局部决策和总体决策。局部决策是指针对一个系统内部的每一个子系统作出的决策；总体决策是指针对项目这个整体的系统发生重要影响甚至是决定作用的决策。若按照决策目标的数量划分，可分为单一目标和多目标的决策，前者以单一目标的优劣为准进行决策，后者是以两个目标以上进行择优决策；根据决策问题所处条件不同可分为确定型决策、非确定型决策和风险型决策。本书根据生态水利项目的投资实际，仅对决策问题所处条件不同进行分析。

（1）确定型决策。确定型决策是指未来可能发生的及与之相关的信息和数据是已知的，或者是可以采用一些方法和手段加以控制和调节的拟建项目，针对这些拟建项目在多个方案之间做出的一个最优选择结果。这是一种较为简单的决策方法，在进行决策时只需对每一个方案在自然状态下的收益进行求解之后再分析比较，然后从这些结果之中选择出一个收益最大而损失最小的方案即可。确定型决策的显著特点是这个自然状态只有一个，多个具体方案的收益或者损失都可以进行量化。

（2）非确定型决策。非确定型决策对项目及方案的各种结果发生的可能性难以预知和估测，而与各种可能结果有关的经济数据却可以获取，根据决策者工作作风不同，可以分为等概率法、最大最小收益值分析法、最小最大后悔值分析法、最大收益率法及折中分析法等。

等概率法，也称为完全平均法。这是指存在不止一个自然状态，这些自然状态出现的概率大小都是一样的，用每一个方案在它们各自的自然状态下的收益和损失与最初假设出的一个概率作出乘积，求解出每一个项目方案的收益率，再根据计算结果选出最优解。

最大最小收益值分析法（即小中取大标准），亦称悲观法，即求出各方案在各种自然状态下的最小收益值（率），其中的最大值所属方案即为较优方案。

最小最大后悔值分析法（即大中取小标准），即求出各方案在不同自然状态下的各后悔值（即在某一自然状态下各方案收益值与其中最大者之差，也即因未选最优方案而导致的损失值）中的最大者，然后可判断其中最小者所属方案为较优方案。这种方法常为性格内向的决策者采用，因为他们常因失败而后悔，因而往往追求自己后悔程度最小的结果。

最大收益率法也称为乐观法，是指对每一个项目方案在每一个自然状态下的最大收益进行计算并比较，从结果中选择出一个最大的方案，也就是"大中取大"的原则，那些性格特质中喜欢冒险和心理承受能力较强的投资者比较适合采用此种方法。因为一旦情况于之有利，采用这种方案可以最大限度地获利。

折中分析法，又称为乐观系数法，也是一种指数平均的方法，该种方法的评价标准是介于最大收益率和最小收益率两者之间的，但是对最大收益率可以赋予其一个大的权数，这也就是相当于增加了在比较中最大收益率的影响。在具体的计算过程中往往使用加权平均的方法对每一个方案的折中收益率进行计算，最后根据计算结果选择最优方案。其计算公式为

$$R_i = \alpha \max(A_i) + (1 - \alpha) \min(A_i)$$

式中，$R_i$ 为各方案的折衷收益率；$\max(A_i)$ 为最大收益值（率）；$\min(A_i)$ 为最小收益值（率）；$\alpha$ 为折中系数，在 0 和 1 之间。

（3）风险型决策。亦称随机型决策或概率型决策，其特点是对项目的未来状况信息不足，但能估测各种自然状态可能发生的概率，即某种自然状态将以某一概率随机地出现。求出每一方案的期望收益值，其中较大者所属方案为较优方案。风险型决策的主要特点是：存在不止一个的自然状态，并且某一个自然状态出现的概率都是已知的；已知两个或两个以上行动实施方案及其在不同状态下的收益值和损失值，或计算这些数值的条件。

**2.4.5.2 多项目（项目群）的评价决策**

在实际中，常会面临多个项目的对比筛选、相互组合和投资次序排列等决策问题，一般将在经济技术上相互关联的多个项目称为项目群。

（1）多项目（项目群）评价决策的含义与特点。独立方案和完全互斥方案的评价方法是不能适用到关系复杂的项目方案中的。实际中，如果项目数量很多并且关系比较复杂，此时就不能采用"互斥方案组合法"进行比较计算，因为常规的互斥方案组合法会因为组合方案过多，造成工作量巨大而难以使用。所以，这时候就要对技术进行优化以使技术更加有效，方便作出更好的选择和评价。而项目群的优化和选择技术是通过建立起来一个数学模型进行量化计算来实现的。项目群的评价与选择的特点是采用项目群优化选择技术，这样所选择的项目才能在最大程度上提高资源的使用效率。

（2）项目群的评价与决策的步骤。完成一个具体的项目可能会有不同的方案，这些方案均可称为项目方案，而这些方案之间是互斥的，也就是说一个项目具有多个项目方案，而我们只能从这些方案中选择一个，这些方案组成项目群方案。项目群的评价及选择在项目群方案中进行。项目群评价与选择的步骤如下：明确决策目标和条件；获取各方案数据；确定各项目之间关系；构建相关数学模型并进行运算；对运算结果进行分析，得出优选结论。

（3）项目群评价与选择的数学模型。对项目群进行选择和评价的关键在于数学模型的构建。常运用整数规划和线性规划，其中整数规划应用最为普遍。整数规划数学模型由目标函数和约束方程组成。在项目群选择上，目标函数从整体上反映项目的最优经济效果。目标函数的表达形式有两种：一种是所选项目的净现值是最大的、另一种是所选项目的费用现值是最小的，这要在满足系统需求的前提下才能达成。约束方程是运用数学等式或者不等式对约束条件进行描述，对资源、经济、社会环境及技术等条件因素进行限制和表示。

0-1 整数规划模型的一般形式可表现为

目标函数：

$$\max A = \sum_{j=1}^{n} C_j \cdot X_j \text{（净现值总和最大）或} \min Z = \sum_{j=1}^{n} C_j \cdot X_j \text{（总费用现值最小）}$$

约束方程：

$$\sum_{j=1}^{n} a_{ij} X_j \leqslant (=, \geqslant) b_j$$

式中，$i = 1, 2, \cdots, m; j = 1, 2, \cdots, n$。$X_j$ 为第 $j$ 个项目方案的决策变量，$X_j$ 的取值为 1 或 0。$C_j$、$b_j$、$a_{ij}$ 均为已知模型参数，$C_j$ 为第 $j$ 个项目方案的净现值或费用现值；$b_j$ 为第 $i$ 种资源约束或其他约束的界限值；$a_{ij}$ 为第 $j$ 个项目方案耗费第 $i$ 种资源的数量或反映与其他约束条件的关系。

0-1 整数规划模型在项目群优化选择中的使用原理和互斥方案的组合方法是一致的，采用该方法可以在具有可行性的不同方案组合中选择出最优的方案，但要注意的是，两者在对项目的具体问题进行描述及进行计算时是存在差异的。

### 2.4.6 项目投资决策原理与方法的启示

通过研究项目投资决策原理与方法可知，项目投资是有科学定义的，是项目投资人为实现预期目标而进行的一系列投资分析、论证、决策的过程；项目投资决策由其决策者、决策对象、信息、手段、目的等基本要素组成；项目的投资决策必须严格按照项目建议书、可行性研究、评估决策、检测反馈、项目后评价等程序进行；项目投资决策的基本原则包括市场导向原则、符合国家产业政策原则、系统化原则、定量与定性分析相结合的动态分析原则、责任利益风险对称的原则、决策程序科学化民主化原则、决策机构专业化专家化职业化原则等；项目决策方法分为单项目决策方法和多项目（项目群）的评价决策。对于生态水利 PPP 项目来说，政府和社会投资方都有自己的投资目标，其投资决策的基本要素完全符合项目投资决策的要求，因此生态水利项目社会投资必须按照项目投资决策的原则进行分析与论证，在此基础上进行物有所值的评价和政府财政承受能力的论证，如果该项目是单项目类型，则应选择采用确定型决策、不确定型决策或风险型决策，如果该项目是海绵城市、河道环境综合治理、水系连通等多项目（项目群）类型，则应按照项目群投资的步骤和方法进行决策。

# 第3章　生态水利项目社会投资模式概述

本书将社会投资模式与社会投融资模式视同一个概念，其原因是任何一个项目，尤其是诸如生态水利类的公共基础设施项目，动辄就是需要上亿元、甚至达到近百亿千亿的资金投入，任何一个、几个投资者、甚至政府都需要以其投资为杠杆，撬动大量的融资资金。生态水利项目社会投资模式属于项目投融资模式的范畴，其模式选择是项目融资中最为核心的部分，具体说来，就是指如何通过投融资方式的安排，来实现出资人对项目发起者的有限追索权和合理分配项目风险。因此，在具体实践中，根据不同项目的特点和条件进行投融资模式的选择是项目能否成功的关键。

## 3.1　生态水利项目社会投资概述

### 3.1.1　社会投资的概念及特征

具体而言，以获取社会回报和经济回报为目的使用资本的行为就是常说的社会投资。对于投资带来的社会回报和经济回报，社会投资者们会采用不同的方法对财务回报进行衡量。需要说明的是，本书中的社会投资不包括投资者提供资本而不期望任何财务回报的行为，这叫无偿捐赠，强调的是企业的社会责任。这里的社会投资指的是以产生社会效率为主要目的、但同时也期待产生一定财务回报的投资，强调社会投资的资本增值。

2014 年 11 月 26 日，国务院发布《国务院关于创新重点领域投融资机制鼓励社会投资的指导意见》（国发〔2014〕60 号）（以下简称《指导意见》）。《指导意见》中提出国家要采用多种措施鼓励社会资本，尤其是民间资本参与到农业、水利项目、市政基础设施、生态环保、能源设施投资等诸多领域，并且这些被投资领域都会有相应的价格改革配套措施。社会投资是利用社会资本进行投资，是相对于政府投资的一类投资，是指社会经济主体将其拥有的货币资源或者其他类型的资源，投入到一定的项目载体中以获得经济效益，进而将其转化为金融资产或者其他实物资产的经济活动，其特征是社会资本主体自行建设、运营或管理、追求微观上的盈利性。

### 3.1.2　生态水利项目社会投资的概念及特征

生态水利项目社会投资是指在坚持"人水和谐"的原则下，吸引广大社会资本投入水利项目建设。生态水利项目是兼容社会需求和生态需求的水利项目，既要具备防洪、发电、生活用水和水运的能力，又要符合生态平衡和可持续发展要求的水利项目。定义表明生态水利项目大多具有营利性和公益性，带有明显的准公益性特征，生态水利项目的建设需要大量的资金，社会投资显得尤为重要。社会投资指的是社会经济主体为获得预期的经济效益而垫支货币或其他资源，进而转化为实物资产的经济活动。社会投资是可偿还的，偿还时往往需支付一定的利息或更高的投资回报，它提供的资本使生态水利项目能够开展产生收益的活动，这些活动获得的盈余用于偿还投资者。这正适合生态水利项目建设周期长、投资回报较低的特点。因此。利用社会投资可更好地发展生态水利项目的建设。

生态水利项目社会投资是指利用社会资本进行生态水利项目建设、运营或管理的一系列活动，其特征是政府与社会资本是完全平等的社会主体；政府与社会资本方的合作周期长；生态水利项目属于准公益性民生工程，不仅要考虑经济收益，更要考虑社会收益。

提高水利事业管理水平的一个重要手段就是采用社会投资，生态水利的发展不仅关系到国家大计，它涉及面非常广泛，参与主体众多，与社会诸多领域关系都很密切。生态水利的显著特征有公共性、服务性以及合作共治性，这也是生态水利的基本属性，这些属性决定了生态水利项目在实际过程中要坚持的原则，并且已经达成国际共识。近年来，我国政府在生态水利项目的发展上已经取得了一定的进展和成效，但国内生态水利项目的社会投资度仍然较低，这一点在我国已经引起了政府部门以及专家学者的重视。2011 年的中央一号文件《关于加快水利改革发展的决定》中就反复强调了生态水利项目的公益性特点，并且明确规定了"吸引社会资本参与水利建设""政府社会协同治水"等工作方针。2012 年 1 月 12 日国务院发布了《关于实行最严格水资源管理制度的意见》（国发〔2012〕3 号），对水资源开发利用和控制红线进行确立。2013 年至今，我国政府在公共基础领域大力推行社会资本与政府合作的 PPP 模式，推动了生态水利项目的快速发展。

### 3.1.3　生态水利项目社会投资的必要性

社会资本参与生态水利项目的过程其实也是公众和政府部门之间进行互动和交流的过程，最核心和最关键的环节就是政府部门和社会资本之间的互动。政府部门利用开放的渠道获取社会公众的信息和意见，社会公众将自己在水资源方面的利益诉求充分、全面且深刻地进行表达，这不同于以往的那种自上而下的命令式的管理模式，而是双向的，既有自上而下的信息沟通，也有自下而上的利益诉求表达，这样，政府部门的工作也会更好地得到公众的监督和制约。社会投资参与生态水利项目建设一方面确保了政府部门可以在生态水利项目中坚持公共利益的价值取向，同时，社会资本将自己在管理方面的优势和先进经验引入到水资源管理过程中，也会使社会公共事务的管理水平和效率得到提高。

#### 3.1.3.1　社会投资有助于确立生态水利项目的公共利益趋向

（1）社会投资有助于维护用水公平性。①水资源是人类生存不可缺的重要资源，这是人应该享有的最基本的一项权利。按照联合国指定的标准，每个人每一天至少应该享受能使用 20L 清洁水资源的权力，这项权利各国政府应当在法律中明确规定。在中国这一点还没有得到法律保障的实施，并且现实情况可能更为严峻，我国很多地区的居民用水都非常紧张，与联合国规定的这一标准还有很大距离，虽然这个标准应该因地制宜，但是之所以提出这项标准，也说明了水权是人类应该享有的一项最基本的人权。因此，每个公民都有义务参与到生态水利项目的维护与保护中。②从更大的角度来看，水资源关系到人类自身的繁衍，中国是人口大国，允许社会资本参与到生态水利项目的建设，这也是为后代谋福利的一种形式，这有利于形成代际之间的可持续发展的理念以及树立为后代谋福利的伦理观念。从经济意义上来看，社会资本参与到生态水利项目的建设和运营中，这可以对政府行为进行有效的制约和监督，会有效减少腐败行为，也会遏制部分利益集团以公众的名义将水资源过度占用，从而提高水资源的使用效率，使水资源得到更加优化的合理配置，在一定意义上可以减少财富的两极分化。③公众对社会管理的理解通常是落脚在对公平感的寻求上，对生态水利项目的社会管理的理解也不例外。水资源毫无疑问属于公共物品，它属于全社会，而生态水利项目的参与主体众多，利益关系十分复杂，因此对各个利益相关者之间的关系梳理一定要慎之又慎。例如，项目中的个体利益是否与团体利益、社会利益甚至是国家利益发生了冲突，又如，我国城市和农村在水资源的使用上虽然存在着明显差异，但应该从大局着眼，个体和小团体利益应该让步于整体利益，城市在水资源使用的某些方面享受了一些优厚条件，从深层次上看，这也是出于维护社会整体稳定发展的需要，因此，水资源配置的不公平现象是不可避免的一个问题，但是可以通过设计一些科学合理且具有可行性的补偿机制，促进生态水利在水资源使用方面的公平性。

（2）社会资本参与投资有助于维护水体生态。水资源作为一种被广泛使用的自然资源，极强的日用性往往会淡化水资源的系统再生性，这也是常常被管理者所忽略的一点。在我国的具体实际中表现为水资源的系统生态没有得到足够的尊重。2007 年中国科学院可持续发展战略研究组在一次专题研究报告中提出：当前我国的水污染已经成为中国最严重的水问题。在这种严峻的形势下，大力倡导水利项目的公益性，而社会投资生态水利项目就成为应有之义：①我国的江河湖泊保护涉及的利益相关方众多，尤其是在按区域划分的管理模式下，更应该要通过对话和交流的方式形成统一、稳定的治水方案，不能只依靠强硬的行政命令。②造成我国水污染严重的一个重要原因是企业的不达标的生产活动，但是企业又是政府主要的税收来源和国家的经济支柱所在，因此，行政治污的命令很多时候执行不到位。但是社会资本一旦参与进来就能够对其形成有效的制约，因为从公众利益的立场看，水生态的坚定维护者一定是社会公众，只有社会资本参与到生态水利项目的建设和运营中，水体的生态立场才能成为真正有价值的一种宝贵的社会资源。

（3）社会投资有助于维护自然环境。人们常说水是万物之源，生态水利项目在设计、投资、建设以及使用时都要始终坚持人水和谐的要求和原则。可以形成共识的是：人类和水资源之间的关系，绝对不可以简单的理解为利用和被利用、征服和被征服的关系，而是要在利用之中找到平衡、达成和谐，征服中顺势而行、尊重自然。人们在利用水资源的同时，也有义务保护好水资源的生态性，不能打破大自然自身的平衡与和谐，这也是为子孙后代负责任的一种态度。从自然角度来看，水资源属于大地的一部分，水资源的开发和人之间是具有伦理道德存在的，人类对水资源的开发行为应该受到一定的道德约束。从艺术的角度来看，水具有极大的审美教育的内涵，水也是世界上各民族艺术创作的丰富源泉。从管理学的角度来看，鼓励公众在水资源的伦理道德上形成共识是全社会的责任，这并不是由政府一己之力就可以做到的，需要众多参与主体以及全社会的共同努力。社会资本参与到生态水利项目的投资中，可以把众多对水资源持有敬意并且具有审美趣味的人群聚集在一起，从而形成具有强大影响力的社会群体，通过一些具体的社会活动来使人们保持对自然的热爱与敬畏，这也是生态水利项目必须持有的一个立场。

### 3.1.3.2 社会投资是提高生态水利项目效率的现实需要

我国的生态水利项目在理念以及实际操作中都取得了一定的成绩，但是毕竟实践的时间不长，在理论深度上还有待提升，对社会资本的利用以及管理还需要更为深层次的探索。在水资源的管理中，一方面要把水资源当作是公共物品，由政府公共部门以公共信托的方式加以管理；另一方面要把水资源当作是一种商品，充分发挥市场作用来对水资源进行优化配置。在这两种属性共同作用下，生态水利项目需要以具备现代观念的制度设计、法律基础以及监督机制等条件作为保障，而这些目标的实现都离不开社会资本的投资。

（1）国外生态水利项目社会投资的经验借鉴。社会投资生态水利项目在国际上已经有很多成功的范本，比如美国的水资源保护和利用方面的立法体系，以及其在开发密西西比河时的宝贵经验等。在全球化的时代，生态水利项目的发展受到世界各国的重视，将其列为重点关注的公共事务之一，那些对水利项目投资不足的国家在国际上往往会面临着不同的舆论压力，国家形象也会打折。我国水利项目数量虽然不少，但是在公众的参与度上却还远远不够，尤其在水利项目环境影响评价上和拆迁补偿价格评估方面都严重缺乏公众的参与。这也说明了一个国家对水利项目的投资情况可以对其社会整体发展水平在一定程度上作出反映，这也是一个国家的政府对公共事务的管理在国际上能否得到认可的一个重要衡量指标。

（2）社会资本参与生态水利项目可以减少水资源浪费，并大大提高其实用效率。我国水资源匮乏与浪费之间的矛盾十分凸显，例如，中国有一半的城市是处于缺水状态的，但与这种情况不协调的是洗浴业和景观业等个别行业用水十分奢侈，用水量巨大，且水资源的二次利用率非常低。又如，由于我国农业灌溉技术不先进，农业灌溉用水的有效利用率只有30%~40%左右，这个数字听起来是触目惊心的。在市场经济环境下，人们崇尚消费自由，而这些对水资源的浪费行为却无法得到遏制实在是令人痛心，但是难点又在于这些浪费行为往往无法通过具体的强制措施来勒令停止，这时，只有让社会资本参与到生态水利项目的投资中来，节约用水才有可能在全社会中形成一种风气，也就是说，鼓励公众参与到生态水利项目中是生态水利项目发展的一种必然趋势。

（3）社会投资是我国生态水利项目水平不断提升的必然要求。这体现在两个方面：其一，随着我国经济的快速发展和国民素质的极大提升，推进公民积极参与各种公共事务管理既是社会发展的需要，也是公众的一种生活方式和基本权利。而生态水利项目作为社会公共事务管理的一个重要方面，也需要公众的积极参与。其二，我国水资源匮乏，一半的城市缺水，基于这种现实的压力，我国部分地区需要对生态水利项目进行革新，在社会投资方面也要不断吸取先进经验，积极召开水价听证会等，主动加强与民众的沟通，虚心接受和考虑他们的意见。因此，社会投资我国生态水利项目，不仅在理论上是可行的，而且在实践上也是必要的。

（4）社会投资有助于维护社会和谐。不可否认，我国经济多年的高速发展是以自然环境和资源破坏为代价的。不当的生产方式造成了水体污染，水污染对民众的身体健康造成了一定的危害，也影响了民众的生活质量，而水资源的分配不均又侵犯了一些个体的利益，对环境和生态的破坏使我国的水资源安全面临着威胁，而最后承担这些不良后果的却还是那些生活在最底层的群众。因为，底层群众虽然在经济发展中受益，但是从经济发展中获得的益处与他们在水资源方面承担的损失相比，有一部分人是得不偿失的，这种得不偿失的情绪如果不能及时得到安抚，长久以后再加上对社会财富分配不均的不满，就会滋生出更严重的社会问题，甚至导致不利于生态水利项目建设和运营的社会风险。从国家利益和社会经济发展视角看，如果将民众当作水资源可持续发展系统建设中的主体，不仅能够大大提高我国水资源的管理水平，而且能够通过社会投资的方式，形成大家普遍接受的生态水利项目运行机制。

# 3.2 生态水利项目社会投资 PPP 模式概述

### 3.2.1 生态水利项目社会投资模式的概念和特点

生态水利项目社会投资模式是指以生态水利项目为载体，由政府或其职能部门发起，社会投资者进行建设、运营，以期得到相应的经济效益和社会效益的投资模式。在此需要解释的是：社会投资者严格意义上讲不能涵盖我国的国企和央企，仅仅指私人企业、民营企业、外资企业、公民个人等，但财政部、中华人民共和国国家发展和改革委员会（以下简称国家发改委）在对政府与社会资本合作的 PPP 模式定义时，结合我国的实际情况，将国企和央企列入社会投资者范畴，也就是说我国的 PPP 模式可以笼统地称为政府与企业合作模式（Public Enterprise Partnership，PEP），PEP 模式又分政府与国企或央企合作模式（Public State-owned Enterprises Partnership，PSP）和政府与私人资本合作模式（Public Private Partnership，PPP）。由此可见，我国的 PPP 模式与真正意义上 PPP 模式的不完全相同之处在于：泛化了社会投资者的范围。本书针对生态水利项目 PPP 模式与一般项目社会投资模式的主要区别概述如下。

（1）项目的发起人与实际投资者不同。生态水利项目的发起人通常是政府或其职能部门，而项目的实际投资者往往是国内外的私人部门。

（2）项目发起人和投资者的目标不同。在生态水利项目中，政府的投资比例不能超过50%，也即以社会资本投资为主，政府与社会资本签订一定期限的特许经营协议后，由社会资本方建设、运营和维护，其间政府及其职能部门主要发挥监督作用，其主要目标是通过项目的建设和运行获得社会效益及环境效益，而社会投资方则是该项目的直接控制者，且以追求直接经济效益为首要目标。

（3）项目社会投资以政府让渡一定的生态水利项目权利为基础。对生态水利项目社会投资来说，政府一般通过转让特许权让私人参与项目的建设、运营与维护，也被称为"公共工程特许权"。以特许权协议（Concession Agreement）为基础的公私合作形式是生态水利项目的最主要方式，即特许权是政府与社会资本合作的纽带，一方面，如果没有特许权，社会资本不可能涉足公共基础设施等政府垄断专营的领域；另一方面，没有政府特许权的赋予，社会投资者也无法筹集到支撑项目运营所必需的巨额资金。

### 3.2.2 生态水利项目社会投资 PPP 模式设计的基本原则

#### 3.2.2.1 有限追索的实现

项目投融资模式设计必须遵循的一项最基本原则：实现项目融资人对项目投资者（借款人）的有限追索。有限追索是项目融资区别于传统企业融资的一个显著特点。在无追索的项目融资（也称纯粹的项目融资）情形下，项目的经营效益是贷款还本付息的唯一依靠，而在有追索的项目融资情形下，除了以贷款项目的经营收益作为还款来源和取得物权担保外，还可以要求由项目实体以外的第三方提供担保，但担保人承担债务的责任仅以其提供的担保金额为限。因此，无论采取何种形式的项目融资，追索责任都是有限的。

项目评价是贷款的前提，评价内容包括项目所处行业的风险系数、投资规模、投资结构、市场安排以及项目投资者的组成、财务状况、生产技术管理等因素，针对上述因素不同程度的差异性，应当有不尽相同的投融资模式安排。设计一个行之有效的项目投融资模式，应当在为融资人提供较强收益预期的同时，尽可能限制项目融资人对项目投资人的追索责任。因此，以下两方面的问题必须考虑：一是项目的经济强度是否足以支持债务偿还。一般情况下项目本身的经济强度越高，其收益偿还债务的能力越强，即越能对追索条件和追索程度进行较严格的限制，直至实现纯粹项目融资无追索。二是能否找到强有力的外部信用支持，如果能找到信用卓著的第三方作为外部信用支持，无疑对限制融资人的追索权是相当有用的筹码。

#### 3.2.2.2　项目风险的分担

项目投融资模式设计的另一项基本原则是保证项目投资者不承担项目的全部风险责任，实施这一原则的关键是：如何实现项目风险在投资者、贷款人和其他利益相关者之间的合理有效划分。

从项目的全寿命周期来说，建设期的风险一般由项目投资者全部承担，但到运营期投资者所承担的风险责任就应当被限制在一个特定的范围内，而项目贷款人在完全或部分丧失对借款人和投资者的追索权时，必须全部或部分承担在项目不能产生足够现金流量情况下的风险。由于采用项目融资的一般都是基础设施项目、公用设施项目等，他们的产品或服务一般都是国民经济发展所急需的，因而面对的市场比较稳定，由于购买者（多为政府机构）迫切需要项目产品（服务），通常愿意与项目投资者签订长期购买合同。

#### 3.2.2.3　融资成本的降低

在大部分情况下，项目融资所需的资金数额十分巨大，而且资本的密集程度很高、建设周期较长，因而在项目运作期间，资金的时间成本是很可观的，有时会影响到整个项目建设的质量和效率。所以，在项目融资的结构设计和模式选择的过程中，如何降低项目融资的成本是一个十分重要的问题。在具体选择和实施项目投融资模式时，应该尽量从以下几点来考虑：必须优化项目投资结构的设计，增强项目资金来源的安全性；必须合理选择项目的融资渠道和资金来源；为充分发挥财务杠杆的巨大作用，必须加大杠杆资金的利用率。目前，许多国家都制定和推出了一系列的投资鼓励政策，刺激经济发展，其中税收优惠政策在项目融资模式中最为重要，如杠杆租赁投融资模式。

## 3.3　生态水利项目社会投资 PPP 模式的必要性与可行性

### 3.3.1　必要性

水利项目是为人民服务的公益性工程，传统的水利项目主要是以调控国家水资源为目的，尽可能地使水资源按照人们的意愿分布，从而实现对水资源的分配，使水资源更加方便人类的使用而修建的大、中、小型水利项目。在传统的水利建设过程中，重点放在社会的实际需求方面，忽视了施工过程带来的生态环境问题，因此对周边的生态环境造成了不同程度的破坏，例如对江河湖泊的走势、深度等都有很大影响，进而会影响到生物种类、数目等，最终对生态平衡造成严重破坏。生态水利 PPP 项目的建设理念，不仅仅适用于一些还未建设的水利项目，而且还包括已经建成的水利项目。对已经建成的项目中存在的河流污染、生态环境破坏等进行修复，通过采用一定的防治措施等进行管理，也是生态水利 PPP 项目建设中的内容。2012 年 1 月 12 日国务院发布了《关于实行最严格水资源管理制度的意见》（国发〔2012〕3 号），确立到 2030 年全国用水总量控制在 7000 亿 m³ 以内的水资源开发利用控制红线；确立到 2030 年用水效率达到或接近世界先进水平的用水效率控制红线，要求将万元工业增加值用水量（以 2000 年不变价计，下同）降低到 40m³ 以下，将农田灌溉水有效利用系数提高到 0.6 以上；确立到 2030 年主要污染物入河湖总量控制在水功能区纳污能力范围之内，将水功能区水质达标率提高到 95% 以上，详见表 3-1。

表 3-1　各阶段最严格水资源管理目标

| 指标<br>年份 | 用水总量<br>/亿 m³ | 万吨工业增加值用水量<br>/m³ | 农田灌溉水有效利用系数 | 水功能区水质<br>达标率/% |
|---|---|---|---|---|
| 2010 | 6022 | 124 | 0.5 | 46 |
| 2015 | 6350 | 87 | 0.53 | 60 |
| 2020 | 6700 | 65 | 0.55 | 80 |
| 2030 | 7000 | 40 | 0.6 | 95 |

数据来源：由国发〔2012〕3 号文整理。

为实现上述目标，对用水总量、万吨工业增加值用水量、农田灌溉水有效利用系数、水功能区水质达标率等制定了阶段性控制目标。如图 3-1～3-4 所示。

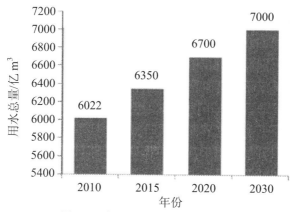

图 3-1　全国用水总量分阶段控制目标

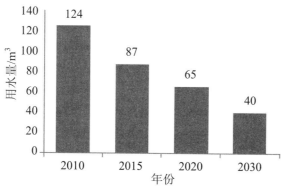

图 3-2　万元工业增加值用水量分阶段控制目标（以 2000 年不变价计）

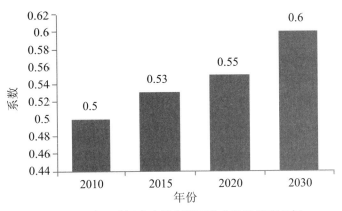

图 3-3　农田灌溉水有效利用系数分阶段控制目标

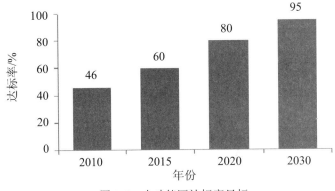

图 3-4　水功能区达标率目标

由此可见，"水安全"已成为与"国防安全、经济安全、金融安全"有同等重要的战略地位，是国家安全的一个重要内容。这一切都表明我国人和水的关系十分紧张，生态水利问题已成为制约和谐社会建设、影响经济快速发展的短板。在生态文明大潮流的推动下，生态水利方面的理论与实践取得了较大成就，但与生态水利的发展目标还相差甚远，主要矛盾表现为三个方面：①公众健康饮用水需求和水污染形势严峻的矛盾；②公众日益增长的水质量需求与不尽理想的水质量供给之间的矛盾；③公众参与生态水利管理事务的强烈愿望与公众参与生态水利管理事务的机会有限之间的矛盾。

从我国过去水利建设投融资结构来看，资金来源主体大概可以分为三类：①财政性资金占 87%以上，其中包括国家预算内拨款、财政专项资金、水利建设基金、水资源费、农田水利建设资金等；②金融贷款占比 6%以上，其中包括银行业金融机构贷款等；③社会资本占比6%左右，其中国内企业（私人）直接投资、控股持股、国外资金、自筹资金等。2014 年 5 月21 日，李克强总理主持召开国务院常务会议，部署加快重大水利项目建设，经初步测算，扣除重复计算项目后，2014～2020 年全国水利建设投资需求约为 4.2 万亿～4.3 万亿元，其中，中央投资约 2.1 万亿，地方投资约 2.2 万亿。

按照以上测算的水利投资需求和资金落实规模的预测判断，估算水利投资缺口：2014～2020 年总缺口约为 1.3 万亿～1.4 万亿元，年均缺口为 1800 亿左右，其中中央缺口约为 3500亿左右，年均缺口为 500 亿左右；地方缺口约为 1 万亿左右，年均缺口为 1400 亿左右。为解决水利投资问题，从 2011 年中央 1 号文件首度聚焦水利项目开始，10 年 4 万亿元的投资规模开启了近年来水利投资高峰。而随着水利成为国家稳增长的重要抓手之一，业内认为，大力发展 PPP 模式将有望开启水利投资下一个"黄金十年"。

2014 年 11 月，国家发改委明确将粮食、水利、生态环保等七个重大工程承包作为定向调控抓手。在国务院常务会议上，政府明确提到在 2020 年前分步建设纳入规划的重大农业节水、重大引调水、重点水源、江河湖泊治理骨干工程、大型灌区建设等方面的 172 项重大水利项目。

2015 年 4 月 1 日，国家发改委、财政部、水利部共同出台了《关于鼓励和引导社会资本参与重大水利项目建设的实施意见》，意见明确重大水利项目建设运营一律向社会资本开放。对新建项目，要建立健全政府和社会资本合作（PPP 模式）机制，鼓励社会资本以特许经营、参股控股等多种形式参与重大水利项目建设运营。社会效益较好的 PPP 模式重大水利项目，政府可对工程维修养护和管护经费等给予适当补贴。2015 年 5 月，国家发改委、财政部、水利部联合印发了《关于开展社会资本参与重大水利项目建设第一批试点工作的通知》；2015 年 8 月 26 日，李克强总理主持召开国务院常务会议，会议指出加快棚改、铁路、水利等重大工程建设，设立 PPP 模式引导资金，等等。

新常态下，伴随着"一带一路"战略构想的提出，经济发展方式和经济结构发生改变，必然给水利发展的外部环境和内生动力带来深刻变化。李克强总理在 2016 年的政府工作报告中阐述了要做好 8 个方面的工作，其中提到"'适度扩大财政赤字'、'创新财政支出方式，优化财政支出结构'、'努力改善产品和服务供给'"，从中不难看出，水利建设投资规模较大，仅靠政府财政投入无法满足建设资金需求，此外，水利行业长期存在运行管护水平不高等问题也亟待解决，引入社会资本是解决这两个问题的重要抓手和手段。

在 2017 年的政府工作报告中，再次提到了 2016 年部分地区特别是长江流域发生严重洪涝等灾害，着重提到农村饮水安全保证率问题，在 2017 年重点任务中，强调积极扩大有效投资，引导资金更多投向补短板、调结构、促创新、惠民生的领域，其中向公路水运投资 1.8 万亿元，再开工 15 项重大水利项目等。提出要加强深化政府和社会资本合作，完善相关价格、税费等优惠政策，政府要带头讲诚信，决不能随意改变约定，决不能"新官不理旧账"。由此可见，生态水利项目建设的重要性。我国水利项目生态化修复和建设任务十分艰巨，仅仅依靠政府财政投入几乎不可能完成，完全依赖社会资本进行市场化运作，有悖生态水利项目公共物品属性，因此，选择政府与社会资本合作的 PPP 模式十分必要。

因此，将 PPP 模式引入生态水利建设过程中，首先，减轻了政府资金短缺的压力，突破了资金瓶颈，还可以把私营部门的管理能力和创新能力引入项目中，以提高质量和效率。其次，水资源是有限的，它的开发、利用与国民经济发展联系很大，同时，它的价格与人民的生活消费关系也很紧密。因而，政府必须对水资源有所有权，水资源必须在政府的控制之下。民营投资和直接融资方式都容易让政府丧失所有权，而 PPP 模式下的融资方式，将最终保留政府对水资源的控制权利，从而保证国家对水产品价格的宏观调控能力。再次，PPP 模式具有科学的风险转移机制，由政府和企业分别承担各自最能控制风险的部分。有利于减少整体风险，促进项目成功完成。最后，PPP 模式不仅能够拓展水利建设融资途径，而且能够通过对项目风险管理和财务安全保障等多方面的严格要求，对生态水利投资与建设管理体制的改革起到积极作用。

### 3.3.2 可行性

（1）生态水利项目的社会性特征。生态水利项目是以生态环境保护为目标，不仅追求经济利益，而且重视对周围生物活动、气候、地质的影响，是一种人与水和谐的水利项目模式。长期以来，人们无视人与自然的和谐，只关注眼前利益，大量兴建的水资源开发工程造成流域水资源的过度开发利用、流域地下水位下降、地表河流与湖泊萎缩、植被干枯、生态环境严重恶化。究其原因发现社会投资不足是制约生态水利项目可持续发展的根源。由于我国水利事业长期滞后于经济发展且欠账太多，中央财政投资远远不能满足水利项目建设及相关配套需求，只有充分调动社会投资才能平衡经济、社会、生态的协同发展，并且这一事实已被发达国家生态水利项目社会投资占 70%所佐证。由此可见，虽然生态水利项目大多具有公益性和准公益性特点，是一个国家发展程度的象征和标志，是政府为广大民众提供的一项福利，但需要社会公众广泛参与。在中国经济社会全面转型的今天，市场力量参与公益性项目建设是非常必要的，同时这些项目所提供的私人边际效用小于社会边际效用，说明市场行为不能完全替代公共投资，因此，PPP 模式成为公私合作的有效契合模式。在大力推进 PPP 模式应用于生态水利项目的同时，必须设计合理的投融资方案，以保证社会投资者有盈利的空间，激励其积极参与的热情。

（2）政府政策支持。随着国家投融资体制改革的推进，私人资本投资水利项目建设的壁垒逐渐被消除。国务院出台了一系列激励民间资本投入水利事业的政策和措施，如《国务院关于鼓励和引导民间投资健康发展的若干意见》（国发〔2010〕13 号）、《中共中央国务院关于加快水利改革发展的决定》（中发〔2011〕1 号）、《国务院关于创新重点领域投融资机制鼓励社会投资的指导意见》（国发〔2014〕60 号）等，都明确指出鼓励民间资本参与水利项目建设，吸引民间资本投资建设农田水利、跨流域调水、水资源综合利用、水土保持等水利项目；水利部、财政部、国家发改委等职能部门也出台了引导社会资本参与水利项目的文件，如水利部《关于深化水利改革的指导意见》（水规计〔2014〕48 号）、《关于加快推进农业科技创新持续增强农产品供给保障能力的若干意见》（银发〔2012〕51 号）、由发改委、水利部、财政部共同发布的《关于鼓励和引导社会资本参与重大水利项目建设运营的实施意见》（发改农经〔2015〕488 号）等，均明确了水利改革的关键任务就是完善水利投资增长机制。2015 年 5 月水利部对外发布的《水利部深化水利改革领导小组 2015 年工作要点》（水规计〔2015〕213 号），明确了水利部在水利改革十大领域的 42 项任务，力求在水权、水价改革和创新水利投融资方面取得成效。

《中共中央国务院关于深化投融资体制改革的意见》（中发〔2016〕18 号）明确指出要打通投融资渠道，拓宽投资项目资金来源，充分挖掘社会资金潜力，让更多储蓄转化为有效投资，有效缓解投资项目融资难、融资贵问题。《财政部、水利部关于印发<中央财政水利发展资金使用管理办法>的通知》（财农〔2016〕181 号）提到鼓励采用政府和社会资本合作模式开展水利项目建设，创新项目投资运营机制。《国土资源部　发展改革委　财政部　住房城乡建设部　农业部　人民银行　林业局　银监会关于扩大国有土地有偿使用范围的意见》（国土资规〔2016〕20 号），提出要完善公共服务项目用地政策，对可以使用划拨土地的项目，鼓励以出让、租赁方式供应土地，支持市、县政府以国有建设用地使用权作价出资或者入股的方式提供土地，与社会资本共同投资建设。《国务院批转国家发展改革委关于 2017 年深化经济体制改革重点工作意见的通知》（国发〔2017〕27 号）、《国务院办公厅关于创新农村基础设施投融资体制机制的指导意见》（国办发〔2017〕17 号）指出要持续深化投融资体制改革，出台政府投资条例，促进创业投资持续健康发展，大力推行政府和社会资本合作模式。《国务院办公厅关于进一步激发民间有效投资活力促进经济持续健康发展的指导意见》（国办发〔2017〕79 号）、《国家发展改革委关于鼓励民间资本参与政府和社会资本合作（PPP）项目的指导意见》（发改投资〔2017〕2059 号）指出当前民间投资增长仍面临着不少困难和障碍，部分鼓励民间投资的政策尚未落实到位，融资难、融资贵问题仍然存在，应进一步激发民间有效投资活力，促进经济持续健康发展。

（3）生态水利项目的可融资性。生态水利项目全寿命周期都需要大量的资金和人力投入。《关于进一步做好水利改革发展金融服务的意见》（银发〔2012〕51 号）指出，加大金融机构对创新水利模式的支持力度，进一步拓宽水利建设项目的抵（质）押物范围和还款来源，允许以水利、水电、供排水资产以及项目自身收益和借款人其他经营性收入作为还款来源，探索以水利项目收益相关的权利作为担保财产的可行性，这在一定程度上能够为水利融资项目带来合法且相对稳定的现金流。截至 2017 年 3 月，中央政府 PPP 项目数据库已登记了 12000 多个项目，排在前三位的是能源、交通、水资源，预计投资总额达 13 亿美元。由此可见，PPP 模式已在水利项目中得到应用，但由于生态水利项目除具有一般项目投资大、规模大等特点外，还难以在短期内产生项目的投资回报，并且有些有稳定但不丰厚的收益，有些公益性强的水利项目几乎没有现金流收入，较多地体现社会效益和环境效益，所以政府的补助以及相关优惠政策的出台，已成为生态水利 PPP 项目成功与否的关键。

（4）社会资本雄厚。国际经验证明，社会投资是平衡经济与社会发展的基本杠杆。我国私营企业、港澳台商投资企业以及外商投资企业的个数与资产总额在 2004 年、2009 年、2014 年的三次全国经济普查中情况整理见表 3-2，可见我国有充足的社会资本加入生态水利建设中。

表 3-2　三次全国经济普查中民间资本总量对比表

| 年份 | 私营企业 | | 港、澳、台商投资企业 | | 外商投资企业 | |
|---|---|---|---|---|---|---|
| | 个数 | 资产总额 | 个数 | 资产总额 | 个数 | 资产总额 |
| | /万个 | /万亿元 | /万个 | /万亿元 | /万个 | /万亿元 |
| 2004 | 198.2 | 8.7 | 7.4 | 4.2 | 7.8 | 6.2 |
| 2009 | 359.6 | 25.7 | 8.4 | 8 | 10.2 | 13.5 |
| 2014 | 560.4 | 9.7 | | | 10.6 | |

资料来源：第一次、第二次、第三次全国经济普查数据公报。

我国城乡居民储蓄存款余额在逐年增多，居民资本积累呈现出增大的趋势，这为私人资本参与到农村水利设施建设中提供了条件，如图 3-5 所示。

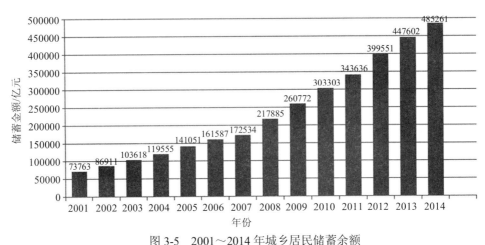

图 3-5    2001～2014 年城乡居民储蓄余额

资料来源:《中国统计年鉴》(2004, 2009, 2015)

## 3.4    生态水利项目社会投资 PPP 模式的创新之处

### 3.4.1    合作主体及要求特殊

社会投资 PPP 模式即公共政府部门与民营企业合作模式,它以参与方双赢和多赢为合作理念,通过引入社会资本将市场竞争机制引入基础设施建设,以给予私企长期的特许经营权和收益权,鼓励社会资本与政府进行合作,从而加快基础设施建设并有效运营。PPP 模式中的公共部门指的是政府或政府职能部门,所谓的民营企业在 PPP 模式实践中包括央企、国企、外资企业、私营企业、公众等,以及这些企业或组织的联合体(以下简称社会资本或社会资本方)。对诸如生态水利项目的基础设施来说,之所以将公私合作视为创新模式,是因为这些项目传统上大都采用政府财政投资为主,社会资本占比很少或几乎为零,究其原因是:①因为基础设施项目的投资额比较大,要求拥有强大的资金实力;②社会资本应以追求长期稳定回报为目标,而非短期超额利润;③社会资本应该具有较强的项目管理能力。因此,银团、养老基金、保险基金等与经营丰富的央企、国企或大型私营企业组建的项目联合体是真正意义上参与 PPP 模式的社会资本方,PPP 模式典型结构如图 3-6 所示。

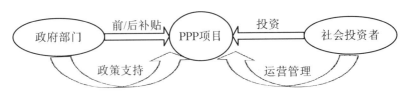

图 3-6    PPP 模式典型结构

### 3.4.2    模式结构特殊

在传统的生态水利投资模式中,从项目可行性研究到项目立项,都是由政府组织的。项目批准后,政府将成立专门的项目公司开展投融资活动,包括财政拨款、金融机构贷款等。项目建成后，向用户收取费用以收回投资成本。传统的生态水利项目投资模式如图 3-7 所示。

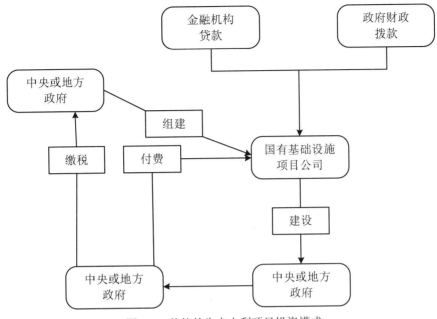

图 3-7 传统的生态水利项目投资模式

在 PPP 模式下，项目由政府发起，在竞争环境下引导社会资本进入项目全过程。为了更好地促进生态水利项目的建设和维护，该项目将由参与特殊目的公司（SPV）形成的组织负责融资、建设和运营，SPV 公司负责整个过程，并承担风险。在特许经营的一定期限内，SPV 公司向项目用户收取一定的费用，用于回收建设成本并取得一定利润；特许期满后，SPV 公司将项目移交给政府；在某些特殊情况下，SPV 公司还拥有该项目的产权。PPP 模式下投融资过程如图 3-8 所示。

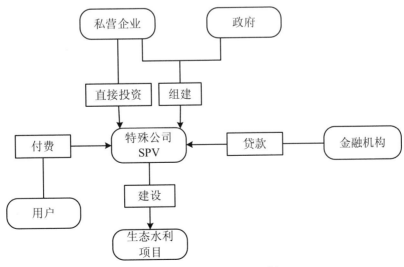

图 3-8 PPP 模式下投融资过程

### 3.4.3　PPP 模式核心要素不同

PPP 模式是政府和社会资本合作，传统意义上政府就是行政决策、政策执行、监督和管理部门，与社会资本是先天不平等的主体，如果不进行特别规定，合作协议当然会显失公平，因此，在 PPP 模式中必须对其核心要素进行特殊规定。

（1）伙伴关系。PPP 模式的第一要素是伙伴关系，这是 PPP 模式最为首要的问题，而伙伴关系的首要表现是具有共同的项目目标。PPP 模式中的伙伴关系，主要强调的是主体地位平等，尤其强调政府的角色转变。一般情况下，政府行为可分为两大类，一类是日常办公需要的政府购买商品和服务，如果不形成法律意义上的供求合同，则是一种简单的或口头形式的买卖关系；如果形成法律意义上的供求合同，也仅仅是一种复杂的或书面形式的买卖协议，与 PPP 模式下的伙伴关系不完全相同，一般的供求协议仅仅是为了满足主体双方各自的利益需求，而 PPP 模式的独特之处还在于项目主体的目标一致；另一类是政府基于权利的授权、征收税费和收取罚款等，这是一种管理与被管理、监督与被监督的关系，并不必然表明合作伙伴关系的真实存在和延续。就某个具体 PPP 项目来说，政府部门的目标是以最少的投资或资源，实现最多、最好的产品或服务的供给，实现其公共福利和公共利益的最大化，而社会资本方的目标则是追求企业的稳定发展，实现其投资利益的最大化，尽管两者的追求不同，但因合作的载体是公共基础设施，服务的对象是广大公众，所以 PPP 项目合作伙伴关系形成的前提必须以公众利益为目标。伙伴关系是利益共享和风险分担的前提，如果不能形成目标一致的伙伴关系，利益共享和风险分担就可能成为无源之水、无本之木。

（2）利益共享。PPP 模式下公共部门与社会资本方不是简单的分享利润。对于政府部门，公众所享有的利益就是其最大效益，为吸引社会资本参与诸如生态水利类公共基础项目，政府可以采用参股和不参股两种形式，即使参股也应是劣后股，但无论参股与否，政府都应采取积极的态度支持社会资本方开展 PPP 项目的各项工作，为社会资本方搭建平台，出台促进与保障措施等；对于社会资本方，在政府充分考虑其企业特点外，需要控制社会资本方在项目执行过程中不能形成超额利润，其主要原因是，任何 PPP 项目都具有公益性特点，不能以利润最大化为追求目的。由此可见，除政府与社会资本方共享 PPP 模式的社会成果外，原则上政府方不能与社会资本方分享利润。利益共享是 PPP 模式伙伴关系的基础之一，如果没有利益共享，也就没有可持续的 PPP 模式。

（3）风险共担。市场经济规则兼容的 PPP 模式是以伙伴关系作为机制的，由于利益与风险的对应性，伙伴关系除利益共享外，风险的合理分担是必须考虑的，只有这样才能形成健康而可持续的伙伴关系。因此，公共部门与社会资本方合理分担风险是 PPP 项目的重要特征之一，也是其区别于其他交易形式公共部门与社会资本方合作的显著标志。对 PPP 模式来说，更加强调：每种风险都能由最善于应对该风险的合作方承担，如公共部门尽可能承担法律、政策变动等方面的风险；社会资本方则主要承担建设、运营、维护等方面的风险；当然有些风险则需要双方共同承担。由此可见，公私合作 PPP 模式风险承担的基本原则是：最优应对、最佳分担双方的风险，使整体风险最小化。事实证明，整个项目风险最小化，要比合作双方各自追求风险最小化的结果更优。所以，在 PPP 模式推行中必须强调"1+1>2"的机制效应。

### 3.4.4 PPP 模式应用领域特殊

从发达国家的实践经验来看，规模较大、现金流稳定、长期合同关系清楚、比较适合"谁使用谁付费"是 PPP 模式应用最广的领域。

在经济基础设施中，有公路、桥梁、铁路、电信等设施，不实行收费的交通设施（如海南地区）可以通过政府对流量付费的方式实现收益。在社会基础设施方面，有体育场、医院、学校、政府办公楼、会议中心、供水、排污、监狱、歌剧院、保障房、旅游设施等，这些项目大多可以通过消费者付费形成闭环，不足部分亦可采用政府差额补贴形式。在此要强调的是，对非经营性项目一般不采用 PPP 模式，如果必须采用 PPP 模式，就必须将非经营性项目与经营性项目或准经营性项目捆绑，找到项目的赢利点，不能以政府购买服务的形式变相推行 PPP模式。PPP 模式的主要应用范围详见表 3-3。

表 3-3 PPP 模式的主要应用范围

| 分类 | 主要应用范围 |
|---|---|
| 经营性项目 | 污水处理、固废处理、城市供水等环保类项目<br>收费公路、铁路、机场、码头、交通场站、城市轨道交通等交运类项目 |
| 准经营性项目 | 医院、学校、体育场、公共停车场、艺术剧院、博物馆、儿童活动中心、文化生活广场、湿地公园等民生类项目<br>地下管网、公共沟等地下工程<br>保障房、公租房、安置房、养老设施等 |
| 非经营性项目 | 城市道路、快速干线、河湖整治工程、桥梁、免费公园等市政类项目 |

### 3.4.5 中国 PPP 模式的特色

#### 3.4.5.1 中国 PPP 模式应用的背景与意义

经过多年的高速发展，中国经济发展进入了新常态，迫切需要新的引擎拉动经济发展，包括新型城镇化建设、增加公共产品与公共服务的供给、促进新兴产业发展等，这为 PPP 模式发展提供了契机。党的十九大明确提出，"使市场在资源配置中起决定性作用，更好发挥政府作用"，PPP 模式的精髓是双方遵守契约精神、平等合作、分担风险、共享收益等。政府由项目运营者转为政策制定者和实施监管者，吸引社会资本进入公共产品和公共服务领域，让专业的人做专业的事，这些与全面深化改革的核心精神高度一致。在新的形势下，国家提出供给侧结构性改革的战略部署，要求政府进一步简政放权，提高全要素生产力，实现去产能、去库存、去杠杆、降成本和补短板五大任务。PPP 模式通过创新合作机制，可以提高投资质量和效率；PPP 模式是以供给侧结构性改革为主，促进需求拉动为辅的体制机制变革。具体来说，PPP模式既能够盘活存量资产，化解地方政府债务，又能够拓宽政府提供基础设施和公共服务的融资渠道，促进新型城市化建设进程。

#### 3.4.5.2 中国 PPP 模式的内涵及配套改革

（1）PPP 模式的定义体现了新理念。从公共服务供给角度看，PPP 模式是对公共服务供给方式的创新；从政府需求角度看，PPP 模式是相对于传统采购方式而言的一种采购方式的创新，是公共采购的一种高级和复杂形态；从投融资角度看，PPP 模式构建了公共产品及服务的以政府投资之"四两"拨社会投资之"千斤"的多主体、多渠道共建共治模式。PPP 模式是一个舶来品,1997 年,世行在总结全球经验的基础上正式提出了 PPP 模式的概念,到目前,全球对 PPP 模式并无统一的定义。2014 年我国推行新一轮 PPP 模式改革时,把 PPP 模式看作是一种创新的公共产品和公共服务供给的管理模式,其核心是通过引进市场竞争机制,有效增加、改善和优化公共产品和公共服务。在国办发〔2015〕42 号文中对 PPP 模式的定义是:政府采取竞争性方式择优选择具有投资、运营管理能力的社会资本,双方按照平等协商原则订立合同,明确责权利关系,由社会资本提供公共服务,政府依据公共服务绩效评价结果向社会资本支付相应对价,保证社会资本获得合理收益。由此可见,在新一轮 PPP 模式改革中,不仅仅是把 PPP 模式当作政府融资的一种手段,更是一种新的公共产品和服务市场化供给管理的方式。

（2）PPP 模式是一次体制机制性的变革。从宏观层面看,PPP 模式是国家治理现代化的一次变革,是在法制框架下的政府与社会资本平等合作,其目的是市场能做的一定要以市场为主,政府职能主要是规则制定和市场监管;从中观层面上,PPP 模式改革需要行政体制、财政体制、投融资体制改革的联动,需要以顶层设计为主,强调改革的整体性、系统性、协同性,如财政体制不改革,政府在合同中的支付责任就不能和预算管理相衔接,社会资本合理回报在机制上就会得不到很好的保障;如果投融资制度不改革,市场能做的,政府依然自己投,挤出效应必然发生。改革开放以来,我国基础设施投资发生了翻天覆地的变化,但效率和创新问题依然没有很好地解决,特别是在当前财政收入情况下,改革的迫切性更为突出。市场能做的,政府应该放手,要发挥社会资本在资金、技术、管理等方面的优势,提高基础设施在建设、运营等方面的效率;从微观层面来看,PPP 模式是一种追求物有所值的管理模式,倡导平等合作、充分竞争,采用绩效付费,推行公开透明管理,最终实现项目全生命周期整体优化。

（3）PPP 模式更强调全生命周期、全方位管理的理念。新一轮 PPP 模式始于 2014 年,按照党中央、国务院的部署,财政部统筹推进 PPP 模式改革,PPP 模式被赋予新的内涵,它是一种市场化供给公共产品和服务的新渠道。之所以成为新一轮 PPP 模式,是因为 PPP 模式在我国 20 世纪八九十年代就已被引用,但前两个阶段的共同点都是仅仅注重其融资功能,而当前的 PPP 模式推行则强调从建设到运营全生命周期的整体服务优化;前期多以 BOT 模式为主,特许期较短,但真正 PPP 模式的特许期则一般在 20～30 年期间,甚至更长;前期的以特许经营 BOT 模式,适用行政法进行调节,而当前的 PPP 模式则坚持民商法和行政法并重原则;前期的 BOT 模式仅仅是一种项目投融资模式,而当前的 PPP 模式则已成为国家的重要战略。

# PPP 模式创新篇

# 第 4 章　生态水利项目社会投资 PPP 模式的利益相关者研究

利益冲突是一切问题的根源。生态水利项目社会投资 PPP 模式更是一个公众服务面广、利益主体多元化、投资期限长且额度大等复杂而系统的问题。本章从利益相关者理念入手，对生态水利 PPP 项目利益相关者的冲突形成与协调、利益分配原则及影响因素等进行深入研究。

## 4.1　生态水利项目 PPP 模式利益相关者理念

生态水利 PPP 项目利益相关者间的首要任务是达成共识、形成理念，即要建立开放式的交流渠道，充分调动其共同参与的积极性，培养其相互信任与合作的精神，促使各方利益主体组成战略联盟，形成生态水利 PPP 项目的协同共治机制，从而抑制各利益相关者的行为短视，避免其机会主义行为，促使项目总体目标的最大化，实现双赢或多赢目标。

（1）共同参与理念。共同参与理念是生态水利 PPP 项目的属性决定的，要求利益相关者各自行为的外部性内部化，共同参与并促进其相互交流与合作，并共同承担与其能力相匹配的合理风险，从而保证生态水利 PPP 项目的成功。换句话说，共同参与是一个过程，期间不仅强调共同参与的权利，而且要承担共同参与的义务。

（2）项目伙伴理念。项目伙伴关系是 PPP 模式的特点之一，强调合作的公平与平等，具体来说，要求政府及其职能部门应转变观念，将原先的指令、规定、管理等功能转变为指导与监管的功能；将社会资本原先的服从与被动地位，转变为平等与主动地位；各参与主体应本着相互信任与合作的态度，在项目活动中消除各种争端，形成一种彼此信任、轻松和谐的关系，谋求共同的可持续发展。

（3）项目协作理念。项目协作理念对生态水利 PPP 项目来说尤为必要，是其公益属性的必然选择，要求项目参与各方必须站在全局高度，充分考虑生态水利 PPP 项目复杂性、长期性、投资规模大等特点，在相互信任、相互尊重的基础上达成协议，在各方资源优化配置的基础上，实现项目整体利益最大化。

## 4.2　生态水利项目 PPP 模式利益相关者冲突的形成

生态水利 PPP 项目的组织结构是一个复杂的网络关系，是由多个独立的利益相关者形成的特定的生态水利项目服务团体，各利益相关者有共同的团队目标，但也有各自的利益诉求。

### 4.2.1 生态水利项目 PPP 模式利益相关者的界定和分类

#### 4.2.1.1 利益相关者的界定

利益是任何合作的基础和目标。所谓利益就是指一定的客观对象在满足主体需求分配时所形成的一定性质的社会关系形式,利益是由主体、客体和中介三个要素构成。对生态水利 PPP 项目来说,利益主体主要包括公共部门、社会投资者、项目公司、社会公众等;利益客体是利益主体权利、义务共同指向的对象,本书的利益客体即为具体的生态水利项目;利益中介是把利益主体与利益客体联系起来的中间要素,本书主要指政府与社会资本方签订的 PPP 特许经营协议、以及项目公司与各利益相关者签订的各类合同或协议等。从广义上讲,生态水利 PPP 项目的利益相关者即指因项目的建设活动而受益或受损,能够影响项目目标实现或因项目目标实现而受影响的人或团体。

#### 4.2.1.2 利益相关者的分类

生态水利 PPP 项目涉及五个阶段 10 多个环节,整个过程中涉及项目发起人、公共部门、社会投资者、项目公司、金融机构、最终用户等利益相关者,其中项目发起人可以是各级政府、也可以是社会资本方;公共部门可以指地方政府或其职能部门,是项目特许经营权的提供者,并且是项目的最终拥有者;社会投资者是项目公司的主要股东,可以是央企、国企、民营企业、外资企业、及各类企业的联合体等;项目公司是由政府和社会投资者共同成立的,负责项目的建设、运营、管理等;金融机构是生态水利 PPP 项目主要融资机构,一般是指银行、保险公司、财团等;最终用户是产品或服务购买者、使用者。此外由于大多数项目公司是生态水利项目的总承包者或实际实施者,它将与保险公司、承包商、建设商、供应商、运营商等发生各种业务往来,如果把上述主体称为直接利益相关者,那么项目公司涉及的主体就可称为间接利益相关者,两者共同构成了生态水利 PPP 项目的利益相关者。图 4-1 主要从所有权和经营权层面对生态水利 PPP 项目的利益相关者进行汇总。

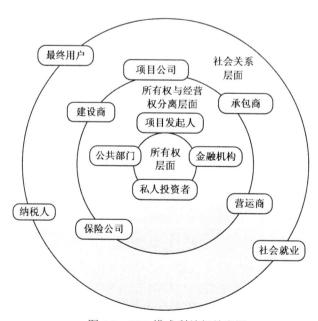

图 4-1　PPP 模式利益相关者图

从图 4-1 中可以看出，众多的利益相关者在生态水利 PPP 项目中是以合同、协议等方式形成一个完整的系统，他们各自承担着不同的角色，并通过合同或协议形成了复杂而明确的互相协作关系，这些协作关系是否顺畅决定着生态水利 PPP 项目的成败得失。

在对利益相关者管理理论发展的新成果研究中发现，米切尔分类法比较适合生态水利 PPP 项目利益相关者的实际情况，因此，拟将契约性、重要性、风险性、利益所在四个维度的评价指标作为其利益相关者的分类依据。契约性是判断某一群体是否与该项目存在直接关系；重要性是判断某一群体影响该项目成功或失败的程度；风险性是指某一群体对其投资所承担的风险程度；利益所在是指利益相关者的主要利益诉求。因此，本书根据利益相关者在生态水利 PPP 项目中的参与及影响程度，将公共部门、社会投资者、项目公司、社会公众划分为生态水利 PPP 项目的核心利益相关者；将签订特许权期以外的项目发起人、银行、承包商、经营商、供应商、担保公司、基础设施使用者等划分为生态水利 PPP 项目的一般利益相关者；将纳税人、社会就业等划分为生态水利 PPP 项目的边缘利益相关者，见表 4-1。

表 4-1　PPP 模式利益相关者分类

| 核心利益相关者 | 政府、社会投资者<br>项目公司<br>社会公众 |
| --- | --- |
| 一般利益相关者 | 项目发起人、银行<br>承包商、经营商、供应商、担保公司等<br>基础设施使用者 |
| 边缘利益相关者 | 纳税人、社会就业 |

核心利益相关者是对项目不可缺少的群体，是项目的直接利害关系人；一般利益相关者仅次于核心利益相关者，承担着项目的某个方面的任务与风险，与项目某一环节的成败有着较为密切的关系；边缘利益相关者无论是项目对自己的影响还是自己对项目的影响都很小。从生态水利 PPP 项目的和谐可持续发展来看，尽管核心利益相关者、一般利益相关者、边缘利益相关者的重要程度和发挥的作用不同，但是这三个层次都要兼顾考虑，不能顾此失彼。反过来说，既然直接利益相关者是创造和影响利益的关键主体，是左右成败和利益协调问题的关键，对其进行全面、深入研究与分析就尤为重要，如生态水利 PPP 项目就是必须先由核心层政府授权部门与社会投资者进行磋商、谈判，在充分协商的基础上签订特许经营协议，由于生态水利项目的公益性特点，政府和社会资本方谈判中都会将社会公众利益作为重要考虑因素；在特许协议形成后可商议是否成立项目公司（一般情况下要成立），再由项目公司与一般利益相关者（银行、建设商、运营商、担保公司等）进行谈判，签订融资协议、施工承包协议、运营协议、担保协议等，此后再考虑边缘利益相关者（纳税人和社会就业）问题。因此，在研究生态水利 PPP 项目时首先应将利益相关者层级划分清楚。

## 4.2.2　生态水利项目 PPP 模式核心利益相关者的利益取向

核心利益相关者的利益取向分析是生态水利 PPP 项目研究的基础。所谓的利益取向分析是指在协调各方利益要求的基础上，对核心利益相关者的利益进行分配，经过反复、多次博弈后最终实现其利益均衡。充分理解各利益相关者的利益取向，有助于为生态水利 PPP 项目利益相关者的利益分配提供依据,如公共部门关注的利益焦点与社会投资者明显不同,公共部门则更多地以宏观利益的实现作为自身的利益目标,而社会投资者则以其自身的经济收益为主要目标,其主要项目角色与利益要求详见表4-2。

表4-2　PPP模式核心利益相关者项目角色及利益要求

| 核心利益相关者 | 项目角色 | 利益要求 |
| --- | --- | --- |
| 公共部门 | 合作者、促进者参与者、监管者 | （1）基础设施服务提供的持续性；<br>（2）项目产品或服务的适当价格；<br>（3）对客户、用户的非歧视与公平对待；<br>（4）满足环境保护、健康安全及质量标准；<br>（5）项目适应现在及将来国家经济发展的状况；<br>（6）对未来条件变化的适应弹性 |
| 社会投资者 | 项目主要股东 | （1）完善的法律法规；<br>（2）对私人投资的保护；<br>（3）及时从公共部门获得建设和运营项目的同意或认可文件；<br>（4）可实施的协议；<br>（5）良好的冲突解决机制 |

#### 4.2.2.1　公共部门的利益要求

在某种意义上,政府或公共部门代表着公众利益,因此,在生态水利PPP项目特许经营协议签订时,政府被赋予了选择社会资本方并确定是否与其合作的权利,究其原因是:政府之所以将公共服务项目提供给社会资本方来做,减轻政府财政压力是其原因之一,但最主要动机是利用社会资本方市场运作的经验及技术,提升公共产品及服务的质量和效率。另外,在生态水利PPP项目中,政府公共部门与社会资本方是一种平等的合作关系,不再是授权者、管制者、监督者、推动者、支持者等角色,具体来说,公共部门的作用表现在两个方面:一是作为生态水利PPP项目的重要开发和运营者;二是作为生态水利PPP项目公众利益的代表者和监督者。由此可见,公共部门具有双重身份,一是作为生态水利PPP项目的实际参与者,它注重的目标是宏观层面上国民经济和社会影响之类的相关指标,期望在不增加财政负担的情况下进行公用设施建设,二是作为广大民众的委托代理人,发挥的是规制、监督的作用。

#### 4.2.2.2　社会投资者的利益要求

社会投资者是生态水利PPP项目的主要股东,也是特许经营协议的一方主体,对社会投资者利益要求的理解和满足,是确保PPP项目成功的关键。从生态水利PPP项目实践来看,所谓的社会资本方大多是央企和国企,民营企业参与的积极性较低,究其原因是:担心利益要求不能实现,具体来说,社会投资者参与生态水利PPP项目的主要动机是为了寻求与风险相匹配的项目收益,为更好地进入某一领域的市场奠定基础,但这些愿望的实现需要寻求各种法律、政策环境方面的保护,需要有开拓进入新市场的机制与体制,从而就产生了围绕法律、法规、政策、机制、体制等方面的利益要求等,详见表4-2。

### 4.2.3 生态水利项目 PPP 模式核心利益相关者的利益冲突及原因

在生态水利 PPP 项目中，社会投资者的投资收益是以产品或服务收入得以体现。而生态水利项目大多是纯公益和准公益性的，其产品或服务的收入来源只能有两种方式：一种是政府购买服务，即由政府全部承担，这种形式政府不提倡采用 PPP 模式；一种是政府与消费者共同承担，即对消费者收入不能满足社会资本方投资收益的部分，采用缺口财政补贴形式，由此可见，社会投资者的项目投资收益来源于两个渠道：要么消费者承担，要么消费者和政府共同承担。对生态水利 PPP 项目来说，主要采用后者。但生态水利 PPP 项目核心利益相关者利益冲突的关键是：社会投资者希望其投资收益越大越好，公共部门则希望社会成本越低越好，两者是相向而行、此长彼消的，即社会投资者的投资收益增加势必造成社会成本的同时上升，即政府财政补贴越多。因此，生态水利 PPP 项目核心利益相关者之间存在利益冲突问题，这就要求在社会投资者利益收入和公共社会利益之间进行权衡。

经过上述分析可知，生态水利 PPP 项目核心利益相关者利益冲突的原因：一是合作伙伴目标的不完全一致。所谓不完全一致是指社会投资方在追求投资利益最大化的同时，也同样关注社会成本的降低，正因为目标不完全一致，才给利益双方解决利益冲突提供了条件；二是合作契约的不完备性。政府和社会资本方签订的特许经营协议是一个合作博弈关系，合作契约的不完备性直接导致契约各方利用的不均衡，也就是说，生态水利 PPP 项目的执行过程就是利益相关者之间的利益冲突、协调过程，冲突的解决和共识的达成是其实现利益均衡的结果。

## 4.3 生态水利项目 PPP 模式利益相关者利益协调的必要性

所谓的利益协调是指各利益主体的收益分配尽可能达到均衡。利益协调的实质是协调项目过程中的利益分配关系，保证各利益相关者利益不受损害，而利益分配行为的主要标准是收益。利益协调是生态水利 PPP 项目利益相关者的意愿和目标，但如何协调各方利益成为 PPP 项目效率改进的关键。

本书引用囚徒困境博弈模型对生态水利 PPP 项目中公共部门与社会投资者的利益冲突进行分析。假设公共部门与社会投资者双方积极合作可得到的收益为 3，消极合作可得到的收益为 4，一方消极合作而自己积极合作得到的收益为 1，双方消极合作的收益为 2，支付矩阵详见表 4-3。

表 4-3　PPP 模式中公私双方的囚徒困境博弈

| 公共部门 ＼ 社会投资者 | 积极合作 | 消极合作 |
| --- | --- | --- |
| 积极合作 | 3,3 | 1,4 |
| 消极合作 | 4,1 | 2,2 |

从表 4-3 可以看出，若政府和社会投资者都采取积极合作的态度，则支付矩阵为[3,3]，结果达到 Pareto 最优；如果社会投资者采取积极合作的态度，则公共部门的最佳反应则是消极合作，这样公共部门的报酬是 4，大于同样采取积极合作态度的 3，即支付矩阵为[1,4]；若社

会投资者采取消极合作的态度，公共部门的反应应该还是消极合作，其报酬是 2，大于采取积极合作的 1，即支付矩阵为[2,2]，由此可见，[2,2]是生态水利 PPP 项目公私双方博弈的 Nash 均衡，即公私双方都会选择消极合作。将[2,2]和[3,3]这个均衡进行比较，显然[2,2]博弈双方的报酬都降低了，这说明此均衡是个低效率的均衡点，[2,2]这个博弈结果是现实中最常见的结果，是博弈双方个体理性与集体理性发生冲突的结果，即生态水利 PPP 项目公共部门和社会投资者都想利用对方的积极合作获得额外报酬的结果，这个结果必然引发相互的不信任、不努力，最终导致合作项目严重亏损。

对表 4-3 中[2,2]进行经济学解释可知，要避免这一低效率结果博弈的途径有三个：第一，采用无限重复博弈策略。根据博弈理论中的"无名氏定理"，在博弈次数无限重复的情况下，公共部门和社会资本方将会更加看重长远利益，从而选择从长远看待自己很有利的博弈结果[3,3]，即最终可以达到帕累托最优均衡解。第二，如果博弈公共部门和社会资本方更加注重长远利益，充分信任、积极合作，以实现决策、协调、约束和简化各自的行为目标，利用双方的积极合作避免低效率均衡的产生，从而获得额外收益，达到帕累托最优。第三，公共部门和社会资本方应该从长远利益着想，重视公私双方的利益协调，形成良好的合作伙伴关系。就生态水利 PPP 项目来说，由于其基本架构既包括所有权层次的利益相关者，也包括所有权与经营权相分离层面的利益相关者，还包括社会关系层面的利益主体，是一个相当复杂的系统。

生态水利 PPP 项目的优势在于：合作各方最大程度地发挥各自的独特优势，从而实现项目利益最大化。由于公共部门和社会资本方各自的角色不同，其利益目标并非完全一致，利益相关者的最终利益取决于公共部门和社会资本方的共同付出。利益相关者框架下生态水利 PPP 项目利益方的合作逻辑为：利益均衡是合作的前提条件和目标。只有各利益相关者之间形成利益均衡，才能使得合作各方共同努力完成项目的目标。如果生态水利 PPP 项目中利益相关者单方利益偏离了整体目标，则表明其合作的机制不协调，有可能影响合作目标的完成。因此，在协调各相关者的利益时，既要保证生态水利 PPP 项目整体利益最大化，也要保障其利益相关者单方有利可图，并尽可能减少各利益相关者偏离的程度，即尽可能减少图 4-2 中 $\gamma$ 角的数值，生态水利 PPP 项目利益相关者利益协调的必要性归纳如下。

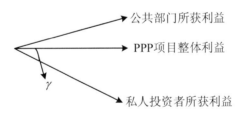

图 4-2　PPP 模式整体利益与个体利益相关者单方利益示意图

（1）可保证项目既定目标的完成。在具体的生态水利 PPP 项目中，项目各利益相关者形成了一个目标协调一致的临时组织，该组织中每个项目成员都有参与项目的目的，有着各自的期望与需求。如政府或其职能部门追求的是社会效益最大化，而社会投资者则过多地关注其经济收益最大化。因此，只有形成各利益相关者间良好的合作机制，才能促使其相互信任、相互协作，实现与各利益相关者单独行动相比更为有利的结果，实现社会效益和经济效益的帕累托最优。协调好生态水利 PPP 项目利益相关者的利益关系，既是一个管理方法问题，也是一个理念创新问题，所谓的管理方法就是明确各利益相关者的工作、范围和行为准则，界定相互之间的责、权、利关系等，建立一个良好的运营管理模式，以保证项目既定目标的顺利完成；所谓理念创新就是强调生态水利是生态文明建设的重要组成部分，是生态水利 PPP 项目各利益主体的责任和义务。

（2）有利于风险分担及规避。生态水利 PPP 项目涉及多个主体、多层关系，与非 PPP 项目相比，由于其组织结构较为复杂，导致各方面的关系协调相对困难。生态水利 PPP 项目是多方利益主体在风险合理分担、资源优化配置等原则指导下，经过无数次反复博弈的结果，在博弈过程中，政府为了减轻财政压力、提供公共服务质量及水平，在生态水利项目中引入社会投资者，同时将政府承担的生态水利建设、运营风险转移给更有能力承担的社会投资者，以期利用资源的高效配置来实现经济、社会及环保等综合价值最大化；社会投资者则期望找到新的投资领域，在得到合理的投资回报利益的同时，承担与其收益相匹配的风险，并能够利用政府的扶持将部分风险转移到纳税人身上。由此可见，生态水利 PPP 项目利益相关者的利益协调，有利于项目风险的合理分担及规避。

（3）有利于提高项目绩效。利益相关者参与生态水利 PPP 项目的最大的动机就是利益，因此，如何构建合理的利益分配体系就显得至关重要。由于各利益相关者在参与生态水利 PPP 项目时，有着不同的需求、行为、动机和目标，即使在没有外在强制的情况下，各利益相关者也愿意自觉实施有利于项目整体的行动，但是如果生态水利 PPP 项目各个利益相关者能够树立双赢的观念，以互利为基础构建合理的利益分配体系，更能保持生态水利 PPP 项目的长久稳定性。因此，只有保证生态水利 PPP 项目的协同效应最大化，才能提高合作项目的绩效。

总之，本书在归纳以往利益相关者研究成果的同时，结合生态水利 PPP 项目的特点，对其利益相关者的定义和分类进行研究，并对各类利益相关者对项目影响程度的差异性进行分析，在此基础上，将本书范围界定于生态水利 PPP 项目核心利益相关者的利益分配，即公共部门和社会投资者公私双方的利益取向及利益关系，通过对其"囚徒困境"分析，得出结论：生态水利 PPP 项目核心利益相关者之间必然存在利益冲突。

## 4.4　生态水利项目 PPP 模式核心利益相关者的利益分配研究

PPP 模式形成的基本准则是"风险共担，利益共享"，而生态水利项目 PPP 模式参与者的目标是实现各自利益的最大化，因此，追求各方利益共同最大化成为 PPP 模式各参与方合作的前提；这需要公私双方就特许经营合同中的利益分配问题达成一致，避免因利益不均衡导致合作的失败，而利益公平分配作为一种激励机制，能够促进参与各方利益冲突的解决。

### 4.4.1　生态水利项目 PPP 模式核心利益相关者利益分配的基本原则

收益分配问题是项目合作中矛盾最为突出的问题，究其原因：由于项目参与者之间信息的非对称性，导致在利益分配上呈现出一定程度的不对称，即项目各参与方对收益分配方案的满意度不高。因此，公平、合理的分配原则是降低信息不对称性的有效措施。

（1）互惠互利原则——遵循双赢规则，实现利益最大化是项目各参与方共同的追求，这种利益主要包括经济效益和社会效益，各参与方应通过协商，达成一个各方都能接受的方案，使各参与方都有利可图，从而保障合作的顺利进行，利益分配方案应以保证各利益方的基本利益为前提，以不破坏各利益相关者的合作伙伴关系为最低标准，保证合作的稳定性。

（2）投入、风险与收益对称原则——"高风险、高收益"这是市场经济的基本原则，在制定生态水利项目 PPP 模式的利益分配方案时，不仅要以各利益相关者资源的投入量为依据，还需要考虑各利益相关者承担的风险比例，遵循收益与风险一致原则，也即承担风险高的利益相关者获得的收益也应较高。相反，承担风险低的利益相关者获得的收益也应较低。

（3）结构利益最优原则——为实现各利益相关者的最佳合作和协调发展，在进行利益分配时应该综合考虑各种影响因素，确定最优的利益分配方案。监督机制和激励机制在生态水利项目 PPP 模式中起着重要的作用，合理的监督能够促使合作双方努力程度的最大化，进而影响着项目的收益。因此，在制定生态水利项目 PPP 模式的收益分配方案时应充分考虑投资比例、风险分担程度、监督力度和努力程度等综合因素。

（4）公平兼顾效率原则——适度的公平能够促使各利益相关者之间合作精神的培养，有利于各利益相关者相互之间的紧密合作，但过度的公平只能导致利益相关者不思进取，从而不利于节约成本、提高效率，因此，在制定利益分配方案时既要保证公平也要兼顾效率。

（5）信息透明原则——信息沟通不畅容易导致各利益相关者之间的矛盾，不利于保证合作的顺利进行，在制定生态水利项目 PPP 模式利益分配方案时，各利益相关者之间要尽可能保持信息共享。

### 4.4.2　生态水利项目 PPP 模式核心利益相关者利益分配的影响因素

利益分配的影响因素体现在多个方面，生态水利项目 PPP 模式的利益分配以"风险分担，利益共享"为基础，在考虑各利益相关者投资比例和承担风险比例的基础上，充分考虑了各利益相关者的努力程度以及对彼此的监督力度，最终形成生态水利项目 PPP 模式利益分配影响因素，如图 4-3 所示。

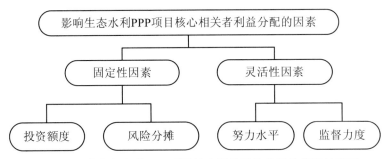

图 4-3　影响生态水利 PPP 项目核心利益相关者利益分配的因素

#### 4.4.2.1　公私双方的努力水平

生态水利项目 PPP 模式的基础是公私双方的合作，项目的效益受到公私双方合作程度的影响，而公私双方的合作程度由双方的努力程度决定，只有公私双方共同提高努力程度，才能更好地提高整个生态水利项目 PPP 模式的效益。

#### 4.4.2.2　公共部门的监督力度

在生态水利项目 PPP 模式建设和运营过程中，因合作双方可能存在信息不对称，缺乏直接管控项目能力等问题，容易发生项目参与方的投机行为，因此，公共部门对合作方的监督就显得十分必要，加大监督力度，能够减小投机行为的发生概率，保证生态水利项目 PPP 模式的健康运行。

#### 4.4.2.3 公私双方的投资额度

资本具有追利性,投资者投入项目的资本越多,对回报的期望就越高。生态水利项目 PPP 模式的目标是合作双方都达到满意的收益。当投资者追加投资时,其希望能得到更多的收益。$Ig$、$Ip$ 表示公私双方采取的初始投资策略,$Eg(Ig)$、$Ep(Ip)$ 表示期望报酬,相互信任的公私合作关系的建立,能够增加投入 $\Delta Ig$、$\Delta Ip$,即

$$
\left.
\begin{array}{l}
Ig' = Ig + \Delta Ig > Ig, Ip' = Ip + \Delta Ip > Ip \\
Eg'(Ig) = Eg(Ig') > Eg(Ig), Ep'(Ip) = Ep(Ip') > Ep(Ip) \\
\Delta Eg(Ig) = Eg'(Ig) - Eg(Ig), \Delta Ep(Ip) = Ep'(Ip) - Ep(Ip)
\end{array}
\right\}
\tag{4-1}
$$

式中,$\Delta Ig(Ig)$、$\Delta Ep(Ep)$ 为积极合作的附加收益。

（简化分析,暂不考虑风险因素）

依据公平分配原则,增加投入带来的附加收益的分配应该与投入增加的比例对等,即

$$
\begin{array}{l}
\Delta Ig/(Ig + \Delta Ig) = \Delta Eg(Ig)/Eg'(Ig) \\
\Delta Ip/(Ip + \Delta Ip) = \Delta Ep(Ip)/Ep'(Ip)
\end{array}
\tag{4-2}
$$

故,应该有

$$
\begin{array}{l}
\partial Eg(Ig)/\partial Ig > 0 \\
\partial Es(Is)/\partial Is > 0
\end{array}
\tag{4-3}
$$

因此,该期望报酬函数是一个递增函数,公私双方要求收益在投资大小这一单因素影响下随着投资的增加而增加。

#### 4.4.2.4 公私双方的风险分摊

在传统的水利项目中,政府部门不仅负责项目的建设和运营,还需要承担整个过程中的风险,由于缺乏专业技术和先进的管理经验,承担的风险成本是比较高的,而在生态水利项目 PPP 模式中,社会投资者一般拥有相关领域的专业技术和管理经验,可以降低项目建设和运营中部分风险的发生概率,以降低其风险成本,进而降低项目的全部成本,增加项目的收益。由于承担的风险与获得的收益是正相关的,在生态水利项目 PPP 模式中,承担风险较高的一方,获得的收益也应该相对较高,因此,风险分摊也直接影响着收益的分摊。

### 4.4.3 生态水利项目 PPP 模式核心利益相关者的利益分配分析

生态水利项目 PPP 模式是以公私双方签订特许协议为基础的,在特许权协议中应明确项目收益的分配方案与项目各方应承担的风险,且参与各方获得的收益应与其承担的风险相匹配,公平原则有助于提高项目参与各方的工作和投资积极性。

生态水利项目 PPP 模式利益相关者的利益要求取决于各自的效用函数,不同利益相关者的效用函数不同,这就导致他们在实现自身利益时出现矛盾。如在既定总收益条件下,构建某个生态水利 PPP 项目的收益分配函数并进行分析,找出公共部门与投资者满意程度最大的收益分配方案,并协调解决参与各方的利益冲突。

#### 4.4.3.1 基本假设

（1）环境情况稳定,无大的决策变动等。

（2）视利益均衡为一个相对静态状态。

（3）假设生态水利项目 PPP 模式的总收益既定。

（4）假定公私双方经过有效沟通,有积极合作的意向。

（5）视风险分担情况和合作投资比例为利益分配的决定性变量。

#### 4.4.3.2 基于风险调整的利益分配模型的建立

$$
\left.
\begin{aligned}
V_{\mathrm{g}} &= V_{\mathrm{total}}[\lambda \cdot (I_{\mathrm{g}} - b) + (1 - \lambda) \cdot X] \\
V_{\mathrm{p}} &= V_{\mathrm{total}}[\lambda \cdot (I_{\mathrm{p}} + b) + (1 - \lambda) \cdot Y] \\
I + I_{\mathrm{p}} &= 1, X + Y = 1 \\
0 &\leqslant \lambda \leqslant 1, 0 \leqslant b \leqslant 1
\end{aligned}
\right\}
\tag{4-4}
$$

式中，$V_{\mathrm{total}}$ 为生态水利 PPP 项目的总收益现值；$V_{\mathrm{g}}$ 为公共部门的收益现值；$V_{\mathrm{p}}$ 为社会投资者的收益现值；$\lambda$ 为利益分配中的投资重要程度系数；$1 - \lambda$ 为利益分配中的风险重要程度系数；$I_{\mathrm{g}}$ 为公共部门投入在项目总投入中的比重；$I_{\mathrm{p}}$ 为社会投资者投入在项目总投入中的比重；$X$ 为公共部门所承担的风险在项目总风险中的风险比重；$Y$ 为社会投资者所承担的风险在项目总风险中的风险分摊比重。$b$ 为公共部门对社会投资者的转移支付调整系数。

当项目实际总收益 $V_{\mathrm{total}}$ 小于项目预期总收益 $V_{\mathrm{e}}$ 时，公共部门应当为社会投资者的风险厌恶提供一定的补偿机制以吸引社会投资者的参与，即 $b$ 的取值应当为：

$$
\begin{aligned}
&当 V_{\mathrm{total}} < V_{\mathrm{e}} \text{ 时}, 0 < b \leqslant 1 \\
&当 V_{\mathrm{total}} \geqslant V_{\mathrm{e}} \text{ 时}, b = 0
\end{aligned}
\tag{4-5}
$$

#### 4.4.3.3 参数的确定方法

（1）投资重要程度系数与风险重要程度系数分析。不同的生态水利项目的投资结构和风险特点不同，不同的投资结构和风险特点对收益分配的影响程度不同，因此，我们在制定生态水利项目 PPP 模式的收益分配时，应该具体问题具体分析，首先要确定具体的生态水利 PPP 项目，然后再分析它的投资和风险重要程度系数。

（2）转移支付调整系数。由于政府部门以追求社会利益最大化为目标，一般认为其属于风险中立者，而社会投资者则是以获得利润为最终追求，因此认为其属于风险厌恶者。任何一种投资都存在风险，生态水利 PPP 项目的社会投资者也不例外，投资收益的不确定性导致社会投资者必然依据风险大小来做出决策，也即如果承担的收益风险较大，就会要求提高收益率来获得相应的补偿，这种补偿也就是风险溢价。投资者的项目投资的收益与风险的效用函数可用式（4-6）表示：

$$
U = E(r) - A\sigma^2
\tag{4-6}
$$

式中，$r$ 为市场的无风险收益；$E(r)$ 和 $\sigma$ 分别为投资的预期收益和风险；$A$ 为投资者的风险厌恶指数。如果投资者是风险厌恶者，则 $A$ 为正值，其厌恶程度越大，$A$ 值就越大。而公共部门的风险厌恶指数 $A = 0$，则 $U = E(r)$。

由此可见，公共部门要求的风险溢价基本等于自身承担的风险，而投资者却承担了高于其自身应承担的风险，因此，社会投资者要求的效用应高于公共部门。为了吸引社会资本参与到生态水利项目建设中来，政府方应保证当社会资本方从项目中获得的收益低于预期收益时，给予其一定的缺口补贴。在本书中，通过转移支付调整系数 $b$ 来构建收益函数，其中 $b$ 的取值由公私双方在项目前期根据项目风险的实际情况共同协商决定。

（3）投入比重。生态水利项目 PPP 模式中的投入是指在整个项目建设和运营中公私双方投入的资金、场地、设备、技术等，投资额的确定方法有事前确定和事后确定两种，即依据预算来确定的称为事前确定，依据各方在项目建设实际中投入的资金来确定的称为事后确定。

（4）风险分摊系数。对于风险分摊系数的确定，根据生态水利项目 PPP 模式风险分配的原则，采用风险评价方法——基于层次分析的模糊数学评价来确定风险的分摊。首先，假设 $X$、$Y$ 为公私双方的风险分摊系数，项目的风险共有 $m$ 种，其编号分别为 $1,2,\cdots,m$，同一种风险有 $x_i + y_i = 1$。$X$、$Y$ 为公私双方风险总系数：

$$\left. \begin{array}{l} X = \alpha_1 x_1 + \alpha_2 x_2 + \alpha_3 x_3 + \cdots + \alpha_m x_m \\ Y = \alpha_1 y_1 + \alpha_2 y_2 + \alpha_3 y_3 + \cdots + \alpha_m y_m \end{array} \right\} \tag{4-7}$$

式中，$\alpha_i$ 为各类风险的权重系数。

综上所述，生态水利项目 PPP 模式的核心利益相关者收益分配应坚持一定的分配原则，且是一个复杂的系统工程，应充分考虑公私双方的投资比例、风险分担、努力程度及监督力度等，构建基于风险调整的生态水利项目 PPP 模式收益分配模型，为核心利益相关者及其他利益相关者的收益量化分配提供具体参考。

# 第 5 章   生态水利项目社会投资 PPP 模式的风险研究

风险分配是 PPP 模式研究的主要内容之一，生态水利 PPP 项目的风险及其特征有哪些？如何进行风险分配及评价？本章以利益均衡理论为指导，从社会资本供求管理、价值贡献、项目公司等视角对生态水利 PPP 项目的风险问题进行深入、系统地研究，试图通过多视角、多方法的风险识别与评价，提出针对性的风险防范措施。

## 5.1   基于社会资本供求关系的生态水利项目 PPP 模式风险分配博弈研究

用灰数表征对社会资本供需状况的主观判断，并作为地位非对称条件下公共部门向私人部门转移额外风险的调整系数，建立 PPP 模式风险分配的讨价还价模型。通过博弈方程的转换，按照无限回合讨价还价模型算法求解子博弈精炼纳什均衡。对比社会资本供求状况对 PPP 模式风险分配的影响，为 PPP 模式风险分配实践提供借鉴，并以某水利 PPP 项目的风险分配为例进行分析。

### 5.1.1   研究背景与思路

生态水利项目 PPP 模式是由公共部门和社会资本方通过风险合作共同完成的公共或准公共工程。实现自身价值的增值是社会资本方参与 PPP 模式的根本目标，利益均衡是私人部门和公共部门达成 PPP 模式并进行长期合作的前提，而风险的合理分配，是 PPP 模式多方合作实现利益均衡的重要组成。

目前，PPP 模式风险分配方法主要有：第一类，调查问卷收集基础上的人为指定法和基于合同的风险分配法，这两种方法的最大缺陷是主观性较强；第二类，风险分配矩阵，该方法操作性强但分配结果相对粗糙；第三类，基于数理模型的风险分配法，该方法引入了定量分析模型，可弥补风险分配矩阵法的不足，得到精确的分配结果。基于数理模型的风险分配法的典型代表是博弈模型风险分配法，它从博弈的视角描述社会资本方与公共部门的合作，符合 PPP 模式各方利益诉求不同而又有强烈意愿实现均衡、达成合作的客观事实。

随着对 PPP 模式认识的深入，基于博弈模型的 PPP 模式风险分配方法也日益丰富和完善。已经有很多学者关注到项目风险分配双方存在的地位不对等性,证实了公共部门在风险分配谈判中处于主导地位的客观事实。然而，不容忽视的是：在 PPP 模式风险分配谈判过程中，公共部门强势地位的作用程度直接受社会资本供求关系的影响。社会资本越充足，参与该项目的私人部门潜在竞争者越多，公共部门有更多的选择主动权，倾向于采取更强势的谈判策略，反之，则倾向于采取更保守的谈判策略。因此，本书将社会资本供求状况反映在风险分配讨价还价谈判中，构建基于社会资本供求关系的 PPP 模式风险分配博弈模型。

### 5.1.2 基于社会资本供求关系的 PPP 模式讨价还价模型

#### 5.1.2.1 社会资本供需关系判别的白化权函数

公共部门和私人部门对社会资本供给关系的判定具有模糊性和信息不完全性，因此，用 $e$ 表示对社会资本供求关系的主观判别，$e$ 可取"优""良""中""差""劣"。社会资本供给越充足，$e$ 取值越接近于"优"，反之，越接近于"劣"。记 $\theta$ 为供求关系判别系数，判别系数的白化权函数记为 $f(\theta)$，$e$ 取"优""良""中""差""劣"时，白化权函数分别用 $f_1(\theta)$、$f_2(\theta)$、$f_3(\theta)$、$f_4(\theta)$、$f_5(\theta)$ 表示。

$$f_1(\theta) = \begin{cases} 0 & , 0 \leqslant \theta < 0.7 \\ \dfrac{10(\theta - 0.7)}{3} & , 0.7 \leqslant \theta < 1 \end{cases}$$

$$f_2(\theta) = \begin{cases} 0 & , 0 \leqslant \theta < 0.5 \\ 5(\theta - 0.3) & , 0.5 \leqslant \theta < 0.7 \\ 5(0.5 - \theta) & , 0.7 \leqslant \theta < 0.9 \\ 0 & , 0.9 \leqslant \theta < 1 \end{cases}$$

$$f_3(\theta) = \begin{cases} 0 & , 0 \leqslant \theta < 0.3 \\ 5(\theta - 0.3) & , 0.3 \leqslant \theta < 0.5 \\ 5(0.5 - \theta) & , 0.5 \leqslant \theta < 0.7 \\ 0 & , 0.7 \leqslant \theta < 1 \end{cases}$$

$$f_4(\theta) = \begin{cases} 0 & , 0 \leqslant \theta < 0.1 \\ 5(\theta - 0.3) & , 0.1 \leqslant \theta < 0.3 \\ 5(0.5 - \theta) & , 0.3 \leqslant \theta < 0.5 \\ 0 & , 0.5 \leqslant \theta < 1 \end{cases}$$

$$f_5(\theta) = \begin{cases} \dfrac{10(0.3 - \theta)}{3} & , 0 \leqslant \theta < 0.3 \\ 0 & , 0.3 \leqslant \theta < 1 \end{cases}$$

白化权函数曲线如图 5-1 所示。

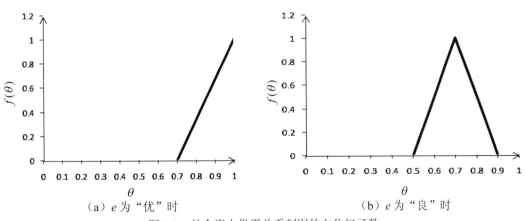

（a）$e$ 为"优"时　　　　　　　　　（b）$e$ 为"良"时

图 5-1　社会资本供需关系判别的白化权函数

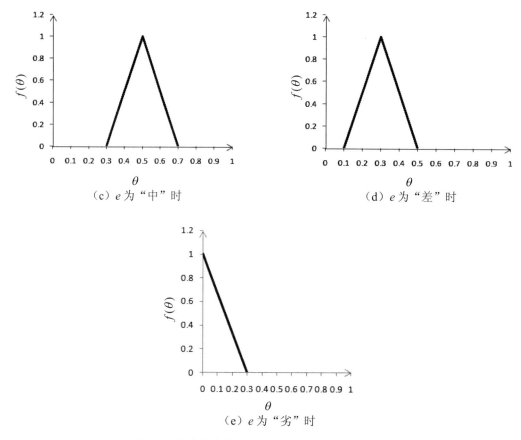

图 5-1　社会资本供需关系判别的白化权函数（续）

### 5.1.2.2　基本假设

假设 1：公共部门和私人部门都是理性人，他们均不希望谈判破裂。

假设 2：第 $i$ 个讨价还价回合，公共部门承担的风险为 $k_i$，私人部门承担的风险为 $1-k_i$，双方对 $k_i$ 展开讨价还价。

假设 3：鉴于公共部门的主导地位，公共部门先出价。

假设 4：社会资本的供需关系影响到社会资本方参与 PPP 模式的外部竞争环境，公共部门和社会资本方对社会资本供需关系的判别结果影响讨价还价策略。

### 5.1.2.3　模型参数

（1）讨价还价损耗系数。讨价还价损耗系数指公共部门和社会资本方在谈判过程中消耗的成本，它反映双方所付出的时间、信息成本，以及谈判回合次数增加带来的失败风险和机会成本。PPP 模式谈判中，公共部门和社会资本方之间的谈判具有"一对多"的特征，一定程度上讲，二者处于"选"和"被选择"的地位，加之政府掌握更多的信息，私人部门的讨价还价损耗系数往往更大。

（2）风险转移和供需关系判别系数。在 PPP 模式的风险谈判中，公共部门具有强势地位，存在动机利用自己主导地位使处于弱势地位的社会资本方接受额外的风险，从而降低自身对风险的承担比例。如前所述，若社会资本越充足，公共部门的潜在合作者就越多，社会资本方的竞争压力就越大，私人部门接受额外风险的可能性就越大，为此，将供需关系判别系数 $\theta$ 作为公共部门额外风险转移的调节系数。

### 5.1.2.4  模型建立

记公共部门和社会资本方的谈判损耗系数分别为 $\delta_1$ 和 $\delta_2$。双方地位对等的情况下，按照"收益共享、风险共担"原则，$k_1$ 为公共部门的风险承担比例，$1-k_1$ 为社会资本方的风险承担的比例。双方针对 $k_1$，展开讨价还价。

（1）第一回合。记公共部门对社会资本供需关系的判断值为 $\theta$。$\theta$ 取最大值 1 时，说明社会资本充足，该 PPP 模式有较多潜在合作者，此时，政府部门将提出转移尽可能多的风险 $r$ 给私人部门。$\theta$ 取最小值 0 时，说明除了谈判对象之外，没有参与 PPP 模式的潜在竞争者，对公共部门而言，谈判破裂损失极大，公共部门因此提出不转移额外风险给私人部门。当 $0<\theta<1$ 时，公共部门将提出转移 $\theta r$ 给社会资本方。此时，公共部门风险减少 $\theta r$，私人部门风险增加 $\theta r$，公共部门和社会资本方承担的风险 $p_1$ 和 $p_2$ 分别为

$$p_1 = k_1 - \theta r$$
$$p_2 = 1 - k_1 + \theta r$$

如果社会资本方接受承担风险 $p_2$，则讨价还价结束，否则，社会资本方提出分配给公共部门的风险比例 $k_2$，针对 $k_2$ 进行第二轮讨价还价。

在第二轮讨价还价之前，对第一轮讨价还价的结果 $p_1$ 和 $p_2$ 进行等价变换，有

$$p_1 = \theta(k_1 - r) + (1-\theta)k_1$$
$$p_2 = \theta(1 - k_1 + r) + (1-\theta)(1-k_1)$$

从上式可以看出，第一轮讨价还价结果相当于公共部门以概率 $\theta$ 提出转移额外风险 $r$ 并以 $1-\theta$ 概率不提出风险转移时，风险分配的期望值。按照这个思路进行第二轮讨价还价分析。

（2）第二回合。社会资本方提出公共部门应承担的风险为 $k_2$，政府部门根据社会资本供需关系数修正讨价还价策略：在 $k_2$ 的基础上，以概率 $\theta$ 提出向社会资本方转移风险 $r$，$1-\theta$ 概率不提出风险转移。此时，公共部门和社会资本方承担的风险 $p_1'$ 和 $p_2'$ 分别为

$$p_1' = \theta\delta_1(k_2 - r) + \delta_1(1-\theta)k_2$$
$$p_2' = \theta\delta_2(1 - k_2 + r) + \delta_2(1-\theta)(1-k_2)$$

当公共部门接受上述风险分配结果时，不需进行第三回合的讨价还价，否则，谈判进入第三回合。

（3）第三回合，公共部门提出承担风险 $k_3$ 的基础上，以概率 $\theta$ 向社会资本方转嫁风险 $r$，风险分配结果为

$$p_1'' = \theta\delta_1^2(k_3 - r) + \delta_1^2(1-\theta)k_3$$
$$p_2'' = \theta\delta_2^2(1 - k_3 + r) + \delta_1^2(1-\theta)(1-k_3)$$

### 5.1.2.5  模型求解

经过风险分配表达式的转换可以看出，基于社会资本供求关系的 PPP 模式讨价还价模型，在形式上类似不完全信息下无限回合的讨价还价模型。基于夏克德和萨顿（1984）提出的思路，选择第三回合作为该讨价还价逆推的起始点。

首先，风险分配谈判进入第三回合的前提是 $p_1' > p_1''$，否则，公共部门在第三回合分配到的风险比第二回合高，将不愿意进入第三回合。因此，社会资本方为尽可能在第二回合接受谈判，且最小化自身风险，只需令：

$$p_1' = p_1''$$

对应的，

$$k_2^* = \theta r + \delta_1 k_3 - \theta \delta_1 r k \delta_2^2$$

此时，风险分配双方博弈的结果为

$$p_2' = \delta_2(1 - \delta_1 k_3 + \theta \delta_1 r)k_3$$
$$p_2'' = \delta_2^2(1 - k_3)r + \theta r \delta_2^2$$

当 $\delta_1 > \delta_2$ 时，显然 $p_2' < p_2''$，社会资本方也不愿意进行第三回合。

同理，分析第一轮讨价还价，公共部门的最优策略是 $p_2 < p_2'$，即

$$k_1^* = 1 + \theta r - \delta_2(1 - \delta_1 k_3 + \theta \delta_1 r)$$

对于无限回合博弈来讲，无论哪一个回合，博弈双方讨价还价承担的份额相等，令 $k_2^* = k_1^*$。

从而，风险分配双方博弈的子博弈精炼纳什均衡解分别为

$$K^* = \frac{\delta_2 - 1}{\delta_1 \delta_2 - 1} + \theta r$$

$$1 - K^* = \frac{\delta_1 \delta_2 - \delta_2}{\delta_1 \delta_2 - 1} - \theta r$$

式中，$\dfrac{\delta_2 - 1}{\delta_1 \delta_2 - 1}$、$\dfrac{\delta_1 \delta_2 - \delta_2}{\delta_1 \delta_2 - 1}$ 分别为公共部门和社会资本方承担的名义风险比例；$\theta r$ 为风险转移比例。

### 5.1.3 算例分析

假设对某综合水利项目枢纽 PPP 模式进行调研，通过对政府立项审批部门，公司董事长、总经理，项目经理和工程师等咨询和问卷调查，得到各类风险下该项目的讨价还价因子表（表5-1）。

表 5-1 某工程风险分配讨价还价影响因子表

| 风险类别 | $\delta_1$ | $\delta_2$ | $r$ |
|---|---|---|---|
| 通货膨胀风险 | 1.14 | 1.21 | 0.1 |
| 信用风险 | 1.21 | 1.23 | 0.15 |
| 成本超支风险 | 1.08 | 1.15 | 0.12 |
| 延工或停工风险 | 1.12 | 1.23 | 0.12 |
| 市场价格风险 | 1.15 | 1.19 | 0.09 |
| 市场竞争风险 | 1.33 | 1.38 | 0.03 |
| 不可抗力风险 | 1.33 | 1.06 | 0.08 |

用三参数区间灰数表示供需关系判定系数 $\theta = [\theta^L, \theta^*, \theta^U]$，其中 $\theta^L$ 为判定系数 $\theta$ 的下界，$\theta^U$ 为判定系数 $\theta$ 的上界，$\theta^*$ 为判定系数在对应白化权函数下的白化值。当公共部门对社会资本供需状况判定结论为"中"时，$\theta = [0.4, 0.5, 0.6]$，此时，按照博弈分析结果，公共部门和私

人部门的风险分配系数见表 5-2。

同理可得不同社会资本供需关系判定结果下公共部门和社会资本方的风险分配。社会资本供给越充足，公共部门将越大程度发挥自身强势，经过讨价还价博弈，转移更多的风险给私人部门。

表 5-2 社会资本供需状况判定结论为"中"时的风险分配

| 风险类别 | 公共部门风险 | 私人部门风险 | 风险转移 |
|---|---|---|---|
| 通货膨胀风险 | [0.494,0.504,0.514] | [0.486,0.496,0.506] | [0.04,0.05,0.06] |
| 信用风险 | [0.381,0.396,0.411] | [0.589,0.604,0.619] | [0.06,0.075,0.09] |
| 成本超支风险 | [0.548,0.56,0.572] | [0.428,0.44,0.452] | [0.048,0.06,0.072] |
| 延工或停工风险 | [0.537,0.549,0.561] | [0.439,0.451,0.463] | [0.048,0.06,0.072] |
| 市场价格风险 | [0.462,0.471,0.48] | [0.52,0.529,0.538] | [0.036,0.045,0.054] |
| 市场竞争风险 | [0.437,0.44,0.443] | [0.557,0.56,0.563] | [0.012,0.015,0.018] |
| 不可抗力风险 | [0.098,0.106,0.114] | [0.886,0.114,0.106] | [0.032,0.04,0.048] |

备注：考虑社会资本供求关系判定模糊性，风险转移也用三参数区间灰数表示

### 5.1.4 得出的结论

从社会资本供需关系的视角，建立了 PPP 模式风险分配的博弈模型。将社会资本供需关系判定系数作为博弈模型中风险转移的调整系数，并通过博弈方程转换，将资本供需关系判定系数等同于不完全信息下讨价还价模型中的概率，采用无限回合讨价还价模型算法求解子博弈精炼纳什均衡解，为生态水利项目 PPP 模式风险分配实践提供借鉴。由此可见，用灰数表示生态水利项目 PPP 模式社会资本供需关系，进而基于讨价还价模型进行 PPP 模式风险分配建模，体现了公共部门和社会资本方进行博弈时主观模糊性和有限理性。

## 5.2 基于价值贡献与风险分担的生态水利项目 PPP 模式利益分配

公私合营（PPP 模式）是解决人们生态水利需求与政府财力不足矛盾的有效建设模式，公平合理的利益分配是保证 PPP 模式顺利实施的关键。本书从公私双方的价值贡献和风险承担视角，首先按照价值贡献利用 Shapley 值方法对 PPP 模式总利润进行初始分配，然后依据"高风险，高收益"原则对初始分配进行调节，设计了一种 PPP 模式利润的分配方法，为促进 PPP 模式的顺利实施提供指导。

### 5.2.1 研究背景与意义

生态水利项目是以生态环境保护为目标，不仅追求经济利益，而且重视对周围生物活动、气候、地质的影响，是一种人与水和谐的水利项目模式。长期以来，生态水利建设为我国经济社会的发展提供着各方面的支撑和服务，不断满足着人们对生态水利的"安全性需求""经济性需求""舒适性需求"。随着我国经济的快速发展和居民收入水平由中等收入水平向高收入水平的过渡，人们对生态水利的需求也不断增长。然而，生态水利项目建设通常需要大量的资金，

仅凭政府的财力难以支撑生态水利建设的长期发展。近年来兴起的公私合作模式为生态水利建设提供了新的思路。PPP 模式泛指政府相关部门与私营企业合作,吸引私营企业将资金投入公共基础设施建设,共担风险与共享收益。生态水利项目 PPP 模式一方面能够减轻政府财政负担,提高生态水利项目的建设和运营效率,更快更好地满足人们不断增长的生态水利需求。另一方面,私营企业通过 PPP 模式可以进入生态水利公共基础设施建设领域,拓展其投资范围和获利渠道。PPP 模式是财政不足条件下解决人们生态水利需求现实矛盾的有效途径之一,然而,其顺利实施还有诸多问题值得研究。Schmidt(2008)认为信息沟通和激励机制有利于促进公私双方之间的协同。杜杨等(2015)认为保证激励约束效果是公私双方良性合作机制建立的基础和先决条件。孙慧(2014)研究认为合理有效的控制权配置和激励措施能够促进 PPP 模式的效率,实现社会总效益最大化。何涛等(2011)基于随机博弈理论研究了 PPP 模式中的风险分担问题,确定公私双方风险分担比例,提高合作效率。段世霞等(2015)研究了 PPP 模式的利益分配问题,从价值贡献、投资比重、承担风险、合作性四个维度加权平均分配合作利益。在诸多影响因素中,公平合理的利益分配是 PPP 模式顺利实施的关键。本书把政府与企业之间生态水利项目 PPP 模式的利益分配看作双人联盟博弈利益分配问题,首先基于双方的价值贡献,按照"贡献越大,收益越多"原则,利用 Shapley 值方法确定双方的初始利益分配。其次,基于双方在 PPP 模式建设及运营期间承担风险的大小,按照"高风险,高收益"原则,对初始利益分配方案进行调整。从而建立生态水利项目 PPP 模式的利益分配模型。

### 5.2.2 利益分配方案设计

(1)基于价值贡献的初始分配方案设计。针对联盟博弈中的利益分配问题,Shapley L.S. 在 1953 年提出了一种基于联盟成员价值贡献的利润分配方法(Shapley 值方法)。利用 Shapley 值方法,PPP 模式建设模式的局中人有两个:政府相关部门(记为 $a$)和私人企业(记为 $b$)。从而,局中人集合可表示为 $N=\{a,b\}$,局中人集合 $N$ 的幂集为 $S=\{\{a\},\{b\},\{a,b\},\Phi\}$,这里 $\Phi$ 表示空集。局中人集合 $N$ 的任意子集 $s$ 都对应着一个实值函数 $v(s)$,满足:$v(\Phi)=0$,$v(\{a\})>0$,$v(\{b\})>0$,$v(\{a,b\})\geqslant v(\{a\})+v(\{b\})$,这里 $v(s)$ 表示子集联盟 $s$ 的收益。从而,$(N,v)$ 构成 PPP 模式的合作对策。记 $v(s\setminus k)$ 表示子集联盟 $s$ 中去掉参与人 $k$ 后可取得的收益。记 $|s|$ 表示子集 $s$ 中参与人的个数,$s_k$ 表示包含参与人 $k$ 的子集联盟,$w(|s|)=\dfrac{(2-|s|)!(|s|-1)!}{2}$,从而,PPP 模式合作模式下按照"贡献越大,收益越大"原则,参与人的利益分配为

$$\varphi_k=\sum_{s\in s_k}w(|s|)[v(s)-v(s\setminus k)],\quad k=a,b$$

(2)考虑风险因素的分配调节。PPP 模式实施过程中会面临多种风险因素,而用传统的 Shapley 值方法分配 PPP 模式利润时相当于是把公私双方承担的风险均看作 1/2,没有体现出公私双方承担风险大小的不同。从维护 PPP 模式合作稳定性视角出发,需要按照"高风险,高收益"原则对上述 Shapley 值方法分配方案进行调节。PPP 模式风险因素可粗略分为建设风险、运营风险、其他风险,各项风险具有相应的权重,见表 5-3。具体生态水利项目 PPP 模式的实际风险的大小及权重可由专家评估后确定。利用表 5-3,可算得政府与私营企

业的归一化风险承担比例 $R_a^* = \dfrac{R_a}{R_a + R_b}$ 与 $R_b^* = \dfrac{R_b}{R_a + R_b}$ 。设 PPP 模式合作总利润为 $v(\{a,b\})$ ，承担风险大于（小于）1/2 的参与人应按其承担风险超过（小于）平均风险的比例分配更多（更少）的利润，则考虑风险情形下公私双方的利润分配可在 Shapley 值方法分配基础上按如下公式调节

$$\varphi_a^* = \varphi_a + \left( R_a^* - \frac{1}{2} \right) \cdot v(\{a,b\})$$

$$\varphi_b^* = \varphi_b + \left( R_b^* - \frac{1}{2} \right) \cdot v(\{a,b\})$$

式中，$\varphi_a^*$ 为调节后政府部门分配的利润；$\varphi_b^*$ 为调节后私营企业分配的利润。

表 5-3　PPP 模式风险因素及其权重

| 类别 | 建设风险 | 运营风险 | 其他风险 | $\sum$ |
|---|---|---|---|---|
| 政府相关部门承担的风险（$R_a$） | $R_{a1}$ | $R_{a2}$ | $R_{a3}$ | $R_a = \sum\limits_{k=1}^{3} w_k R_{ak}$ |
| 私营企业承担的风险（$R_b$） | $R_{b1}$ | $R_{b2}$ | $R_{b3}$ | $R_b = \sum\limits_{k=1}^{3} w_k R_{bk}$ |
| 风险权重（$w$） | $w_1$ | $w_2$ | $w_3$ | $w = \sum\limits_{k=1}^{3} w_k = 1$ |

### 5.2.3　算例分析

设某生态水利项目获批准由政府有关部门 A 和一家社会资本方 B 采用 PPP 模式建设。项目总投资 3000 万元，公私双方经多次协商，决定政府部门 A 出资 1000 万元，社会资本方 B 出资 2000 万元，项目建成后预期年收益 480 万元。如果不采用 PPP 模式建设，政府部门 A 单独完成建设的预期年收益为 150 万元，社会资本方 B 单独完成建设的预期年收益为 185 万元。经评估，该项目在建设和运营过程中，政府部门 A 和社会资本方 B 所承担的归一化风险分别为 0.45 和 0.55。利用上文所述利益分配模型，计算过程如下：

（1）基于政府部门 A 和社会资本方 B 对该生态水利项目的贡献，利用 Shapley 值算法计算初始利益分配方案。Shapley 值计算相关数据见表 5-4。由表 5-4 可知，政府部门 A 的初始利益分配为 222.5 万元，私营企业 B 的初始利益分配为 257.5 万元。

表 5-4　Shapley 值计算相关数据

| 政府部门 A | | | 私营企业 B | | |
|---|---|---|---|---|---|
| $s$ | $\{a\}$ | $\{a,b\}$ | $s$ | $\{b\}$ | $\{a,b\}$ |
| $v(s)$ | 150 | 480 | $v(s)$ | 185 | 480 |
| $v(s \setminus a)$ | 0 | 185 | $v(s \setminus b)$ | 0 | 150 |
| $v(s) - v(s \setminus a)$ | 150 | 295 | $v(s) - v(s \setminus b)$ | 185 | 330 |

| 政府部门 A | | | 私营企业 B | | |
|---|---|---|---|---|---|
| $\lvert s \rvert$ | 1 | 2 | $\lvert s \rvert$ | 1 | 2 |
| $\dfrac{(n-\lvert s \rvert)!(\lvert s \rvert-1)!}{n!}$ | $\dfrac{1}{2}$ | $\dfrac{1}{2}$ | $\dfrac{(n-\lvert s \rvert)!(\lvert s \rvert-1)!}{n!}$ | $\dfrac{1}{2}$ | $\dfrac{1}{2}$ |
| Shapley 值 | 222.5 | | Shapley 值 | 257.5 | |

（2）依据政府部门 A 和社会资本方 B 在建设和运营该生态水利项目过程中所承担的风险对初始利益分配进行调整，即

$$222.5 + (0.45 - 0.5) \times 480 = 198.5 \text{（万元）}$$
$$257.5 + (0.55 - 0.5) \times 480 = 281.5 \text{（万元）}$$

从而，政府部门 A 调整后应分利益 198.5 万元，社会资本方 B 调整后应分利益 281.5 万元。

### 5.2.4　得出的结论

合理公正的利益分配方案是生态水利项目 PPP 模式能够顺利实施的关键。Shapley 值方法以政府部门 A 和社会资本方 B 对生态水利项目的贡献大小为依据确定初始利益分配方案是公正的。此外，考虑到生态水利项目 PPP 模式的建设和运营具有一定的风险，按照"高风险，高收益"原则，依据政府部门 A 和社会资本方 B 所承担风险的大小对初始分配方案进行调节是合理的。本书把风险因素引入政府部门 A 和社会资本方 B 的利益分配中，对 Shapley 值方法加以改进，建立了生态水利项目 PPP 模式的利益分配模型，这对于促进生态水利项目 PPP 模式的顺利实施具有一定的指导意义。

## 5.3　项目公司视角的生态水利项目 PPP 模式的风险评价研究

### 5.3.1　PPP 模式项目公司的风险特征

在一个 PPP 模式中，政府部门一般充当的是项目发起人的角色，项目公司作为政府部门和私人部门共同出资设立的企业，负责项目的融资、建设、运营、利润分配以及债务偿还全过程，一方面负责帮助私人部门收回投资、实现预期利润，另一方面协助政府部门实现公益目标，维护公众利益。

（1）具有明显的阶段性。前期调研立项、建设、运营、移交等一系列工作是建设 PPP 模式融资项目的主要过程。项目公司作为 PPP 模式的重要参与方，在项目的不同阶段扮演的角色不同，因此所承担的风险也略有差异。PPP 模式阶段性特征主要体现在各个阶段所面临的风险大小和风险因素都不完全相同，不同阶段面临不同的风险因素，例如政治因素、环境因素、经济因素等都在影响着项目发展的始终，而像完工风险等因素只是影响项目的某一阶段。

（2）具有复杂性。PPP 模式自身的特质决定着项目公司风险的复杂性，一方面是由于 PPP 模式的建设期和运营期都很长，这也就造成了所面临的风险更为复杂多变，例如随着项目不断推进，政治因素、经济因素、市场因素、环境因素等可能存在一定的变化。另一方面由于建设

投资成本多、规模大，参与主体众多，因此风险的分担就更为复杂，各参与方之间必须要通过谈判之后将风险的分担和责任与义务以合同条款的方式明确下来。

（3）受政府风险影响较大。首先，对于涉及社会公众利益的 PPP 模式，政府在立项之初均比较谨慎，主要表现在项目特许经营权的获得存在较大风险。其次，在获得特许经营的较长时间里，为在一定程度上控制因政治经济环境等变化带来的影响，政府在签订协议时还会保留相对应的监管权及介入权等。政府作为发起人和主要的监管机构，任何时候均有权修改或终止特许协议，通过制定相关的法律法规调整和约束项目的行为。

（4）风险保障程度较低。与其他融资方式相比，PPP 模式一般采用的都是有限追索的融资形式，也就是说，PPP 模式下的融资是主要依靠项目自身及未来可能现金流作为偿还贷款保障进行贷款融资的，这样，项目公司作为贷款方无形中就承担了融资的债务风险。

## 5.3.2 PPP 模式下生态水利项目公司的风险识别及分析

通过对多个 PPP 模式的实际案例进行分析，了解到 PPP 模式中的风险一般是从政治、经济、市场、完工、运营等角度进行识别，具体的风险因素如下：

### 5.3.2.1 政治风险

政治风险包括：①主权风险。项目所在的国家发生内乱、政权更迭、政治制度改革和领导人更迭带来的不稳定性所导致的风险。②土地、项目获准风险。项目所在地土地获取困难，土地获得成本超出预算，这将导致项目成本大幅度增加或者项目工期延长。若项目获批程序过于复杂，会额外花费更多时间成本，增加建设和运营成本。③政策变动风险。项目所在地在土地、税收和价格等政策上的稳定性不够给项目带来的风险。④项目公有化风险。项目被中央或地方政府强行收归国有。⑤政府信用风险。政府部门部分履行或不履行已经在合同中约定需承担的责任和义务，导致项目进展不顺利而造成损失。⑥政府干预风险。政府部门出于不同的考虑，对项目直接进行干预、越位、跨部门管理等带来的风险，影响项目公司的自主决策。⑦腐败风险。腐败风险是指一些国家机关的工作人员及其亲属依靠关系向项目的发起人或者管理者索取不合法的财物，这样就造成了成本的上升，同时也导致了可能面临政府违约的情况出现。⑧法律变更风险。项目所在国或所在地区当地政府法律法规的变动带来的风险。⑨不可抗力风险。合同签订的双方都无法预知和控制，在风险发生之后又无法采取有效措施避免受到影响，比如宏观经济环境的变化、战争动乱、社会动荡和自然灾害等。

### 5.3.2.2 经济风险

经济风险包括：①市场风险。在运营过程中使用的原材料、设备和人工等价格上涨导致的项目成本增加。②利率风险。在项目的建设或者经营过程中，银行利率浮动会对项目造成直接或间接的影响，在长期借款中，利息是计入到项目成本中的，而利率大小能够直接影响利息，因此利息上调会导致项目的建设和运营成本增加。③汇率风险。国际 PPP 项目一般大多使用硬通货，而前期投入中不使用或只使用很少一部分当地国家的货币，但是项目后期的运营收入都是当地货币，因此项目的各个参与方都十分关注外汇率变动导致的风险问题。④税率调整风险。包括中央或者地方政府的税收政策变更导致的税率上下浮动给项目带来的影响。⑤融资风险。金融市场不够健全、融资结构不合理、融资资金到位不及时等带来的风险，该风险的具体表现是项目筹集资金困难。⑥通货膨胀风险。项目所在地区的设备和原材料供应价格会因通货膨胀而大幅度上涨，提高项目成本或降低项目实际收入。

### 5.3.2.3 完工风险

完工风险包括：①设计变更风险。由于设计方案或者施工方案不合理、项目现场勘查信息不准确等原因导致的项目设计变更以及工程事故的发生带来的风险。②技术风险。技术使用不稳定、不可靠、不成熟，或使用那些还未经过验证可靠性的技术手段，导致项目公司后期不得不追加额外的投入进行技术更新和改造。③建设成本超支风险。项目在建设期由于工程设计变更、工期延长、利率变化、通货膨胀等原因导致费用超出预算。④建设工期延长风险。由于自然环境、天气状况、事故伤亡等原因导致工期延长。⑤停建风险。在极端的条件下，主要是由于宏观环境发生极大变化、资金链断裂或者技术难题无法突破导致的项目无法继续进行。⑥项目建设质量风险。因原材料和设备供应商未按合同质量要求提供原材料、承建商偷工减料、监理方未监管到位导致项目的建设质量不符合标准。

### 5.3.2.4 运营维护风险

运营维护风险包括：①项目盈利风险。是否有足够的现金流注入到项目中，包括项目门票收入和沿线地皮、物业开发等。②管理风险。在运营过程中，由于人员专业性不够、管理措施落实不到位等原因造成的设备安装和使用不当、管理混乱、效益低下等后果，导致项目公司整体协调能力差，影响整体运营效率。③财务风险。因项目公司经营不善或监理公司监管不足造成的项目运营效益差，资金链断裂等财务问题发生。④违约风险。项目的某一个或某几个参与方出于自身利益考虑，延迟或者拒绝履行当初在合同中约定的责任和义务。⑤配套设施风险。与项目有直接或间接关系的配套设施落实不到位或产生故障影响项目的正常运营，或者降低项目的运营效率带来的风险。⑥残值风险。在项目建设和运营阶段，设备过度使用而遭到损坏等原因，导致运营期结束移交项目时，项目资产、设备和材料所剩无几，影响移交后的项目正常运营。⑦费用支付风险。因基础设施自身经营情况或运营过程中的诸多因素影响，导致政府或使用者不能按时按量缴纳费用。⑧收费变更风险。定价不合理（过高或过低）、收费机制调整不够弹性等原因造成项目公司的效益欠佳。⑨运营变更风险。因项目建设期发生建造设计差或不清晰、建造标准改变、业主变化、参与方之间合同有变更等多种原因导致的项目运营权发生变化的风险。⑩运营效率低风险。运营过程中各种管理措施不当、协调不到位造成的管理运营效率低，给项目收益带来直接的负面影响。⑪高运营成本风险。在运营过程中使用的原材料、设备、人工成本等价格升高导致的运营成本超出预算。⑫项目唯一性风险。项目落成规定期限内当地新建功能类似的项目，或者重建年久失修的同类项目，导致该项目运营情况不佳，收益不足。

### 5.3.2.5 市场风险

市场风险包括：①价格风险。在 PPP 模式中价格风险在建设阶段表现在价格变化会提高建设成本，在运营阶段体现在基础设施提供的产品或服务的价格的波动，有可能会影响到项目的收益。②需求风险。除了项目唯一性风险之外的其他原因导致的市场对项目所提供的产品或服务的需求产生变化，包括宏观经济环境、法律法规和人口规模的变化等。③竞争风险。项目落成规定期限内当地新建功能类似的项目，或者重建年久失修的同类项目，导致对该项目造成商业竞争，影响收益。④市场预测风险。PPP 模式前期进行决策主要依靠市场调研和市场预测，如果预测结果与实际情况发生偏差，有可能会给项目经营带来困难。

### 5.3.2.6 公众风险

公众风险包括：①公众/社会环保要求提高。政府部门或公众对项目的环保标准提高而引起项目的成本、工期发生变化带来的损失。②公众监督有效。对于一个生态水利项目，如果项目所在地群众对项目带来的生态环境改善的效果进行监督，若监督的结果为环境不达标，即没有达到所要求的生态环境标准，那么项目就有可能面临工期延长、停滞整改的风险。③公众利益受损而反对。项目由于多种原因得不到公众的满意，没有满足公众的利益需求，造成公众反对项目建设和运营而带来的损失。

PPP 模式风险的阶段性强，风险因素众多且部分风险可能只存在于特定阶段，如完工风险、市场风险等，但是有些风险存在于项目的整个生命周期，如经济、政治风险等。为了能对项目公司的风险有一个整体层面的了解，本书归纳了 PPP 模式中项目公司在各阶段面临的风险，见表 5-5。

表 5-5　项目公司在 PPP 模式各阶段面临的风险分布情况

| | 风险因素 | 立项阶段 | 建设阶段 | 运营阶段 | 移交阶段 |
|---|---|---|---|---|---|
| 政治风险 | 主权风险 | √ | √ | √ | √ |
| | 土地、项目获准风险 | √ | | | |
| | 政策变动风险 | √ | √ | √ | √ |
| | 项目公有化风险 | √ | √ | √ | |
| | 政府信用风险 | √ | √ | √ | √ |
| | 政府干预风险 | √ | √ | √ | √ |
| | 腐败风险 | √ | √ | √ | √ |
| | 法律变更风险 | √ | √ | √ | √ |
| | 不可抗力风险 | √ | √ | √ | √ |
| 经济风险 | 市场风险 | | √ | √ | |
| | 利率风险 | | √ | √ | |
| | 汇率风险 | | √ | √ | |
| | 税率调整风险 | | √ | √ | |
| | 融资风险 | √ | | | |
| | 通货膨胀风险 | | √ | √ | |
| 完工风险 | 设计变更风险 | | √ | | |
| | 技术风险 | | √ | | |
| | 建设成本超支风险 | | √ | | |
| | 建设工期延长风险 | | √ | | |
| | 停建风险 | | √ | | |
| | 项目建设质量风险 | | √ | | |
| 运营风险 | 项目盈利风险 | | | √ | |
| | 管理风险 | | | √ | |
| | 财务风险 | | | √ | |
| | 违约风险 | | | √ | |

续表

| 风险因素阶段 | | 立项阶段 | 建设阶段 | 运营阶段 | 移交阶段 |
|---|---|---|---|---|---|
| 运营风险 | 配套设施风险 | | | √ | |
| | 残值风险 | | | √ | √ |
| | 费用支付风险 | | | √ | |
| | 收费变更风险 | | | √ | |
| | 运营变更风险 | | | √ | |
| | 运营效率低风险 | | | √ | |
| | 高运营成本风险 | | | √ | |
| | 项目唯一性风险 | | | √ | |
| 市场风险 | 价格风险 | √ | | √ | |
| | 需求风险 | | | √ | |
| | 竞争风险 | | | √ | |
| | 市场预测风险 | | | √ | |
| 公众风险 | 公众/社会环保要求提高 | | √ | √ | |
| | 公众监督有效 | | √ | √ | |
| | 公众利益受损而反对 | | √ | √ | |

依据表 5-5，项目公司在项目各阶段面临的风险大小可用图 5-2 表示。

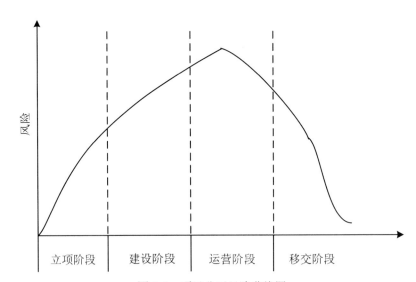

图 5-2　项目公司风险曲线图

　　通过上述的分析可以清晰看出，在 PPP 项目初期的立项阶段和后期的移交阶段，所面临的风险因素相对较少一些，但是在项目的建设期和运营期，尤其是运营维护阶段所面临的风险因素最多，而由于项目公司是在项目获得立项之后就成立的，是项目的直接管理者，因此，项目公司实际上是这些风险的直接承担者，其面临的风险因素最多、最复杂，从项目公司视角对

PPP 模式生态水利项目风险进行分析和管理十分有必要。

### 5.3.3 项目公司视角的生态水利项目 PPP 模式的风险评价体系构建

在项目公司视角下对生态水利项目 PPP 模式进行综合评价和管理的基础上，提出指标体系构建原则及风险评价指标体系。

#### 5.3.3.1 风险指标体系构建的原则

建立一个客观、科学、全面的风险评价指标体系是项目进行风险评价的必要前提，也是构建风险评价模型的基础，如果评价指标体系不能体现全面、科学等原则，那么后期的评价模型再好再完善，最终得出的评价结果也是没有实际意义的。本书的项目公司视角的 PPP 模式风险评价指标体系是在对生态水利项目的风险进行模糊综合评价基础上，结合生态水利项目 PPP 模式的特征及项目公司特点提出的，指标体系构建应遵循如下原则：

（1）全面性原则。生态水利项目 PPP 模式风险评价指标体系要尽量囊括项目可能遇到的所有风险因素，特别是对项目风险评价有重要影响的风险因素。如果构建的风险指标体系不能全面地概括项目的所有风险，项目最终的风险评价结果可信度下降。

（2）科学性原则。科学性原则是指不能为了片面地追求全面性而把那些前因后果之间没有任何关联的、对风险评价结果没有实际影响的指标列入风险评价指标体系，这只会使整个指标体系失去意义，其评价结果将不符合科学有效性。

（3）层次性原则。一般来说，生态水利项目 PPP 模式的风险指标体系中的每一个指标对风险综合评价的重要程度是不尽相同的，指标之间也存在包含和被包含的关系，因此，要注意指标之间的层次性，将所有的风险指标分等级进行逐级评价，本书构建的指标体系为两级。

（4）差别性原则。PPP 模式的应用范围十分广泛，由于项目的类型和实际情况不同，所面临的风险也有所差别，所以针对不同行业领域的 PPP 模式，在构建其风险评价指标体系时要有足够的灵活性，根据实际项目的所在地区和行业领域、参与主体等多方面来选取评价指标。例如本书是基于项目公司的视角，因此其风险评价指标就应侧重于运营方面，另外所处领域是生态水利项目，因此其生态指标选取理应是评价体系的重点。

#### 5.3.3.2 风险评价指标体系构建

项目公司视角的生态水利项目 PPP 模式的风险识别来自于对以往研究成果的总结。风险识别环节是风险管理的基础，风险识别就是指风险管理者在收集资料和调查研究的基础上，辨识出来一个项目中可能存在的和已经发生的风险因素。

本书在对风险进行识别的过程中，通过查阅以往学者在 PPP 模式和风险管理领域的研究成果，借鉴柯永健对风险层级归纳的思路，认为国家级风险是指从某一国家的政治、社会、人文、环境等角度思考存在的潜在风险；市场级风险是指在全球或某一国家内的经济市场、水利市场及项目所在行业市场的潜在风险；项目级风险是指在特定项目中可能面临的潜在风险。从"国家""市场"和"项目"三个层级来看，项目公司视角的风险更为复杂，不能单一地使用这三级的任何一级简单概括，即使是已有学者对"项目级"风险的归纳看似与项目公司视角的风险更为接近，实际上此角度更偏重的是对项目完工和建设质量风险的考虑，因此，根据柯永健（2010）的分层思路，本书考虑到项目公司参与项目的全生命周期，形成了初始的包括 40 个风险指标的调查问卷，修改前的风险指标体系见表 5-6。

表 5-6　项目公司视角的 PPP 模式生态水利项目风险指标体系

| | 风险因素 | |
|---|---|---|
| | 一级指标 | 二级指标 |
| PPP 模式生态水利项目中项目公司风险指标体系 | 政治风险 | 1. 主权风险 |
| | | 2. 土地、项目获准风险 |
| | | 3. 政策变动风险 |
| | | 4. 项目公有化风险 |
| | | 5. 政府信用风险 |
| | | 6. 政府干预风险 |
| | | 7. 腐败风险 |
| | | 8. 法律变更风险 |
| | | 9. 不可抗力风险 |
| | 经济风险 | 10. 市场风险 |
| | | 11. 利率风险 |
| | | 12. 汇率风险 |
| | | 13. 税率调整风险 |
| | | 14. 融资风险 |
| | | 15. 通货膨胀风险 |
| | 完工风险 | 16. 设计变更风险 |
| | | 17. 技术风险 |
| | | 18. 建设成本超支风险 |
| | | 19. 建设工期延长风险 |
| | | 20. 停建风险 |
| | | 21. 项目建设质量风险 |
| | 运营风险 | 22. 项目盈利风险 |
| | | 23. 管理风险 |
| | | 24. 财务风险 |
| | | 25. 违约风险 |
| | | 26. 配套设施风险 |
| | | 27. 残值风险 |
| | | 28. 费用支付风险 |
| | | 29. 收费变更 |
| | | 30. 运营变更风险 |
| | | 31. 运营效率低风险 |
| | | 32. 高运营成本风险 |
| | | 33. 项目唯一性风险 |

续表

| | 风险因素 | |
|---|---|---|
| 一级指标 | 一级指标 | |
| PPP 模式生态水利项目中项目公司风险指标体系 | 市场风险 | 34. 价格风险 |
| | | 35. 需求风险 |
| | | 36. 竞争风险 |
| | | 37. 市场预测风险 |
| | 公众风险 | 38. 公众/社会环保要求提高 |
| | | 39. 公众监督有效 |
| | | 40. 公众利益受损而反对 |

为提高指标体系的科学性和合理性，在选取上述 40 个指标的基础上，同时发放了调查问卷获取专家意见对指标体系进行修改和完善。发放的多次问卷调查中，均附有各指标的含义解释，保障受访专家对问卷中的风险因素理解无争议。

问卷发放对象：河南省水利投资集团有限公司 11 份；洛阳水利项目局 13 份；洛阳中交第二公路工程局四公司 7 份；中铁六局太原铁建公司 16 份；北京中铁咨询 14 份；水利、建筑、风险管理相关专业老师、同学 61 份，共回收问卷 122 份。

此次调查问卷中关于风险的重要程度和影响程度采用 5 级量表：1-很不重要（很不严重）；2-不重要（不严重）；3-一般重要（一般严重）；4-重要（严重）；5-很重要（很严重）。

对回收问卷中的数据进行处理一般有三种比较常用的方法：

（1）平均值法。以本问卷为例，平均值法就是将那些平均得分在 3 分以上的风险因素作为评价体系的指标，将那些平均得分小于 3 分的剔除指标体系。

（2）最大频率法。以 5 级量表为例，将那些得分为 3、4、5 分的频率大于 50%的风险因素纳入风险评价指标体系，将得分为 1 分或者 2 分的频率大于 50%的剔除出风险评价指标体系。

（3）模糊数学法。由于被访者打分主观性都比较强，为了抵消这种主观性对风险评价的影响，可采用模糊数学的方法求出用绝对值表示的模糊数。

本书处理相关数据主要采用平均值法。为了保证指标的合理性和可靠性，并对回收的问卷的数据用 SPSS20.0 统计软件对问卷数据进行信度和效度验证。

信度（Reliability）即可靠性，描述的是问卷调查结果的稳定性和一致性是否符合要求，在分析结果中就是看数据输出结果的可靠性统计量的阿尔法值是否大于 0.7，大于就认为信度很好，小于 0.5 就不能接受。效度（Validity）即有效性，它是指测量工具或手段是否可以准确测出所需测量的事物的程度。KMO 的值如果大于 0.5，则说明因子分析的效度可以接受，指标适合用来做模型分析，得到表 5-7、表 5-8。

表 5-7　问卷数据的信度检验结果

| 可靠性统计量 | |
|---|---|
| Cronbach's Alpha | 0.949 |
| 基于标准化项的 Cronbach's Alpha | 0.954 |
| 项数 | 40 |

结果显示：信度指数=0.949>0.7，证明数据可信度高。

表 5-8    问卷数据的效度检验结果

| KMO 和 Bartlett 的检验 | |
|---|---|
| 取样足够的 Kaiser-Meyer-Olkin 度量 | 0.717 |
| 近似卡方 | 5719.702 |
| Bartlett 的球形度检验 df | 0.780 |
| Sig. | 0.000 |

结果显示：KMO=0.717>0.5，证明指标适合做模型分析。

通过对 122 份调查问卷的数据进行分析计算，平均值小于 3 分的风险有配套设施风险、残值风险、收费变更风险，应将这 3 种风险从风险清单中剔除，另外，根据大多数反馈意见，发现第 10 个指标市场风险和一级指标的市场风险含义有重复，因此，删除掉了第 10 个指标市场风险；第 22 个指标项目盈利风险、第 33 个指标项目唯一性风险和第 36 个指标竞争风险是重复的，因此将其合并为项目唯一性风险；第 23 个指标管理风险和第 31 个指标运营效率低重复，因此合并为管理风险；另外，根据专家意见，公众对环境的监督风险仅是生态风险的一个方面的体现，应将生态环境风险单列，需补充生态风险作为一级指标；另外，在考虑到本书具体案例的基础上，新增了该生态水利项目在实际中面临的具体风险指标；并将专家反馈意见中对生态水利项目风险反映不明显的一些指标，例如主权风险、腐败风险等从风险清单中剔除。最终得到的风险指标体系见表 5-9。

表 5-9    项目公司视角的 PPP 模式生态水利项目最终风险指标体系 U

| 一级指标 | 风险因素 | 风险含义 |
|---|---|---|
| 政治风险 $U_1$ | 1. 政策变动风险 $U_{11}$ | 项目所在地在土地、税收和价格等政策上的稳定性不够给项目带来的风险 |
| | 2. 政府干预风险 $U_{12}$ | 政府部门出于不同的考虑，对项目直接进行干预、越位、跨部门管理等带来的风险，影响项目公司的自主决策 |
| | 3. 土地征收补偿程序和方案风险 $U_{13}$ | 按照国家和当地法规规定的程序开展土地和房屋的征收以及补偿工作，补偿方案不征求公众意见，有违公平公正带来的风险 |
| | 4. 法律变更风险 $U_{14}$ | 项目所在地区当地政府法律法规的变动带来的风险 |
| 经济风险 $U_2$ | 5. 利率调整风险 $U_{21}$ | 在长期借款中，利息计入到项目成本中，而利率直接影响利息，因此利率的上浮会导致项目投资和运营成本增加；若采用固定利率的方式进行融资，若利率下降就会导致机会成本的提高 |
| | 6. 融资风险 $U_{22}$ | 金融市场不健全、融资结构不合理、融资资金到位不及时等带来的风险，此风险最主要的表现为资金筹集困难 |
| 经济风险 $U_2$ | 7. 通货膨胀风险 $U_{23}$ | 项目所在地区发生通货膨胀，项目的设备和原材料供应价格大幅度上涨，提高项目成本或降低项目实际收入 |
| | 8. 土地征收征用补偿标准风险 $U_{24}$ | 没有弄清土地征收和征用之后应当按照何种标准进行补偿，以及补偿方案制定的依据来源，确定补偿的实物和货币标准时未参考市场价格和同时期内与项目所在地地块类似的土地征收价格和补偿标准，不能达到最公平和最优的补偿，影响多方共赢 |

第 5 章
生态水利项目社会投资 PPP 模式的风险研究 77

续表

| 一级指标 | 风险因素 | 风险含义 |
|---|---|---|
| 完工风险 U₃ | 9. 技术风险 U₃₁ | 技术使用不稳定、不可靠、不成熟，或使用那些还未经过验证可靠性的技术手段，导致项目公司后期不得不追加额外的投入进行技术更新和改造 |
| | 10. 建设成本超支风险 U₃₂ | 项目在建设期由于工程设计变更、工期延长、利率变化、通货膨胀等原因导致费用超出预算 |
| | 11. 建设工期延长风险 U₃₃ | 由于自然环境、天气状况、工程设计变更、事故伤亡等原因导致工期延长 |
| | 12. 停建风险 U₃₄ | 在极端的条件下，主要是由于宏观环境发生极大变化、资金链断裂或者技术难题无法突破导致的项目无法继续进行 |
| | 13. 项目建设质量风险 U₃₅ | 设备或原材料供应商未按照工程建设质量标准提供、承建商偷工减料、监理方未监管到位导致项目的建设质量不符合标准 |
| 运营风险 U₄ | 14. 管理风险 U₄₁ | 在运营过程中，由于人员专业性不够、管理措施落实不到位等原因造成的设备安装和使用不当、管理混乱、效益低下等后果，导致项目公司整体协调能力差，影响整体运营效率 |
| | 15. 财务风险 U₄₂ | 由于公司经营不善或者监理公司监管不到位，造成项目运营效益差，资金链断裂等财务问题发生 |
| | 16. 违约风险 U₄₃ | 项目的某一个或某几个参与方出于自身利益考虑，延迟或者拒绝履行当初在合同中约定的责任和义务 |
| | 17. 配套设施风险 U₄₄ | 与项目有直接或间接关系的配套设施落实不到位或产生故障影响项目的正常运营，或者降低项目的运营效率带来的风险 |
| | 18. 运营变更风险 U₄₅ | 由于前期项目的建造设计差、设计不清晰或错误、建造标准发生改变、参与方之间合同有变更、业主变化等多种原因导致的项目运营权发生变化的风险 |
| | 19. 高运营成本风险 U₄₆ | 在运营过程中使用的原材料、设备、人工成本等价格升高导致的运营成本超出预算 |
| | 20. 项目唯一性风险 U₄₇ | 项目落成规定期限内当地新建功能类似的项目，或者重建年久失修的同类项目，导致该项目运营情况不佳，收益不足 |
| 生态风险 U₅ | 21. 植物配置、绿化风险 U₅₁ | 植物选择和配置不合理，绿化长度与水体岸线长度比低，景区景观观赏性差 |
| | 22. 水土流失风险 U₅₂ | 植被覆盖率低，人工森林植被、水土保持林不到位，没有定期开展护坡、护岸工程等 |
| | 23. 生物多样性破坏风险 U₅₃ | 项目建设和运营中施工或管理不当导致当地生物多样性受到影响 |
| 生态风险 U₅ | 24. 水体污染物排放风险 U₅₄ | 厂界内、沿线、物料运输过程中各污染物排放超出环保排放标准限值，对人体生理指标产生危害，破坏人群感受，包括施工期、运营期两个阶段 |
| | 25. 固体废弃物及其二次污染风险（垃圾臭气、渗沥液等）U₅₅ | 是否将固体废弃物纳入环卫收运体系、是否能做到垃圾每日清理回收，对于大件的建筑垃圾、工程废土以及包括医疗废弃物在内的固体废弃物是否按照有关要求和标准进行规范处理 |
| | 26. 公众对生态水利建设的认知和参与度低风险 U₅₆ | 群众对生态水利的内涵了解不够、缺乏良好的水资源节约保护意识、参与过或愿意参加节水护水公共活动的人数比例低 |

### 5.3.4 基于项目公司视角的生态水利项目 PPP 模式的风险评价方法

#### 5.3.4.1 指标权重确定

美国运筹学家、匹兹堡大学 T.L. Saaty 教授在 20 世纪 70 年代初提出了层次分析法(Analytic Hierarchy Process,AHP)。该方法保留了决策过程与原则的一贯性,但在很大程度上简化了系统分析和计算的过程,尤其是当涉及的所有变量均需实现量化有困难时,能够得出令人相对满意的结果。因此该方法在提出后就引起国内外学者的广泛关注和研究。

层次分析法分析问题的原理与步骤如下:

(1)建立问题的递阶层次结构模型。在深入分析研究对象的基础上,把研究对象所包含的所有因素划分为目标层、准则层、指标层等若干层,并明晰各个层次之间的结构关系和指标之间的从属关系。

(2)构造两两比较判断矩阵。将人们对每层中各个因素做出的判断用相关数值以矩阵形式表示出来,此数值矩阵即为判断矩阵。

(3)层次单排序及其一致性检验。单排序是对本层各因素针对上层某一因素的重要性进行排序,以判断矩阵的特征向量表示。一致性检验也称计算随机一致性比率,是为保证层次单排序的可信性,用一致性指标 $CI = \dfrac{\lambda_{\max} - n}{n-1}$ 表示,$CI$ 越大,判断矩阵的一致性就越差,只有当 $CR = \dfrac{CI}{RI} < 0.10$ 时,判断矩阵才能通过一致性检验,否则必须对判断矩阵进行适当调整,直到通过一致性检验。

本书的参与评价的人员都是 PPP 模式领域的专家或者是水利项目领域的技术管理人员、参与过 PPP 模式落地的政府官员和专家学者,尤其是参与过项目公司运作的人员,以及项目管理方面的学者,最终收回有效问卷 16 份,其数据来源基本上真实可信。假定所有受访专家与其他人员给出的数据是同等有效的,对构造的判断矩阵进行一致性检验后,证明得出的权重向量是符合要求的。本书通过 MATLAB 软件计算指标层、准则层及次准则层各项指标的权重,计算结果见表 5-10 至表 5-15。

表 5-10 一级指标判断矩阵与结果

| 一级指标判断矩阵 | | | | | | 结果展示 |
|---|---|---|---|---|---|---|
| U | $U_1$ | $U_2$ | $U_3$ | $U_4$ | $U_5$ | CI: 0.01384 |
| $U_1$ | 1 | 2 | 2 | 1/4 | 1/3 | CR: 0.012357 |
| $U_2$ | 1/2 | 1 | 1 | 1/5 | 1/4 | 最大特征值: 5.0554 |
| $U_3$ | 1/2 | 1 | 1 | 1/5 | 1/4 | |
| $U_4$ | 4 | 5 | 5 | 1 | 2 | 权重向量 $T$=[0.12288  0.073198  0.073198  0.44169  0.28904] |
| $U_5$ | 3 | 4 | 4 | 1/2 | 1 | |

表 5-11　准则层政治风险判断矩阵与结果

| 准则层政治风险判断矩阵 | | | | | 结果展示 |
|---|---|---|---|---|---|
| $U_1$ | $U_{11}$ | $U_{12}$ | $U_{13}$ | $U_{14}$ | CI：0.010931 |
| $U_{11}$ | 1 | 5 | 1/2 | 1 | CR：0.012146 |
| $U_{12}$ | 1/5 | 1 | 1/6 | 1/5 | 最大特征值：4.0328 |
| $U_{13}$ | 2 | 6 | 1 | 2 | 权重向量 $T_1$=[0.25079　0.05699　0.44144　0.25079] |
| $U_{14}$ | 1 | 5 | 5 | 1 | |

表 5-12　准则层经济风险判断矩阵与结果

| 准则层经济风险判断矩阵 | | | | | 结果展示 |
|---|---|---|---|---|---|
| $U_2$ | $U_{21}$ | $U_{22}$ | $U_{23}$ | $U_{24}$ | CI：0.0092463 |
| $U_{21}$ | 1 | 1/5 | 1 | 1/4 | CR：0.010274 |
| $U_{22}$ | 5 | 1 | 5 | 2 | 最大特征值：4.0277 |
| $U_{23}$ | 1 | 1/5 | 1 | 1/4 | 权重向量 $T_2$=[0.089446　0.50299　0.089446　0.31812] |
| $U_{24}$ | 4 | 1/2 | 4 | 1 | |

表 5-13　准则层完工风险判断矩阵与结果

| 准则层完工风险判断矩阵 | | | | | | 结果展示 |
|---|---|---|---|---|---|---|
| $U_3$ | $U_{31}$ | $U_{32}$ | $U_{33}$ | $U_{34}$ | $U_{35}$ | CI：0.0024901 |
| $U_{31}$ | 1 | 2 | 1/2 | 2 | 2 | CR：0.0022233 |
| $U_{32}$ | 1/2 | 1 | 1/3 | 1 | 1/894 · | 最大特征值：5.01 |
| $U_{33}$ | 2 | 3 | 1 | 3 | 3 | |
| $U_{34}$ | 1/2 | 1 | 1/3 | 1 | 1 | 权重向量 $T_3$=[0.2341　0.12398　0.39397　0.12398　0.12398] |
| $U_{35}$ | 1/2 | 1 | 1/3 | 1 | 1 | |

表 5-14　准则层运营风险判断矩阵与结果

| 准则层运营风险判断矩阵 | | | | | | | | 结果展示 |
|---|---|---|---|---|---|---|---|---|
| $U_4$ | $U_{41}$ | $U_{42}$ | $U_{43}$ | $U_{44}$ | $U_{45}$ | $U_{46}$ | $U_{47}$ | CI：0.060156 |
| $U_{41}$ | 1 | 5 | 3 | 5 | 6 | 4 | 1 | CR：0.045572 |
| $U_{42}$ | 1/5 | 1 | 1/3 | 1 | 2 | 1/2 | 1/5 | 最大特征值：6.6391 |
| $U_{43}$ | 1/3 | 3 | 1 | 3 | 4 | 2 | 1/3 | |
| $U_{44}$ | 1/5 | 1 | 1/3 | 1 | 2 | 1/2 | 1/5 | 权重向量 $T_4$=[0.33226　0.061457　0.077343 |
| $U_{45}$ | 1/6 | 1/2 | 1/4 | 1/2 | 1 | 1/3 | 1/6 | 0.061457　0.036242　0.098988　0.33226] |
| $U_{46}$ | 1/4 | 2 | 1/2 | 2 | 3 | 1 | 1/4 | |
| $U_{47}$ | 1 | 5 | 3 | 5 | 6 | 4 | 1 | |

表 5-15　准则层生态风险判断矩阵与结果

| 准则层生态风险判断矩阵 | | | | | | | 结果展示 |
|---|---|---|---|---|---|---|---|
| $U_5$ | $U_{51}$ | $U_{52}$ | $U_{53}$ | $U_{54}$ | $U_{55}$ | $U_{56}$ | CI：0.0361 |
| $U_{51}$ | 1 | 3 | 1 | 1/3 | 1/2 | 2 | CR：0.029113 |
| $U_{52}$ | 1/3 | 1 | 1/3 | 1/5 | 1/4 | 2 | 最大特征值：6.1805 |
| $U_{53}$ | 1 | 3 | 1 | 1/3 | 1/2 | 2 | |
| $U_{54}$ | 3 | 5 | 3 | 1 | 2 | 4 | 权重向量 $T_5$=[0.13689　0.064663　0.13689 |
| $U_{55}$ | 2 | 4 | 2 | 1/2 | 1 | 3 | 0.3651　0.23249　0.063971] |
| $U_{56}$ | 1/2 | 1/2 | 1/2 | 1/4 | 1/3 | 1 | |

本书运用层析分析法求解出指标的权重，指标权重详细汇总信息见表 5-16。

表 5-16　指标权重详细汇总信息表

| 目标层 | 准则层 | 权重 | 指标层 | 权重 |
|---|---|---|---|---|
| 目标 | 政治风险 $U_1$ | 0.12288 | 1．政策变动风险 $U_{11}$ | 0.25079 |
| | | | 2．政府干预风险 $U_{12}$ | 0.05699 |
| | | | 3．土地征收补偿程序和方案风险 $U_{13}$ | 0.44144 |
| | | | 4．法律变更风险 $U_{14}$ | 0.25079 |
| | 经济风险 $U_2$ | 0.073198 | 5．利率调整风险 $U_{21}$ | 0.089446 |
| | | | 6．融资风险 $U_{22}$ | 0.50299 |
| | | | 7．通货膨胀风险 $U_{23}$ | 0.089446 |
| | | | 8．土地征收征用补偿标准风险 $U_{24}$ | 0.31812 |
| | 完工风险 $U_3$ | 0.073198 | 9．技术风险 $U_{31}$ | 0.2341 |
| | | | 10．建设成本超支风险 $U_{32}$ | 0.12398 |
| | | | 11．建设工期延长风险 $U_{33}$ | 0.39397 |
| | | | 12．停建风险 $U_{34}$ | 0.12398 |
| | | | 13．项目建设质量风险 $U_{35}$ | 0.12398 |
| | 运营风险 $U_4$ | 0.44169 | 14．管理风险 $U_{41}$ | 0.33226 |
| | | | 15．财务风险 $U_{42}$ | 0.061457 |
| | | | 16．违约风险 $U_{43}$ | 0.077343 |
| | | | 17．配套设施风险 $U_{44}$ | 0.061457 |
| | | | 18．运营变更风险 $U_{45}$ | 0.036242 |
| | | | 19．高运营成本风险 $U_{46}$ | 0.098988 |
| | | | 20．项目唯一性风险 $U_{47}$ | 0.33226 |
| | 生态风险 $U_5$ | 0.28904 | 21．植物配置、绿化风险 $U_{51}$ | 0.13689 |
| | | | 22．水土流失风险 $U_{52}$ | 0.064663 |
| | | | 23．生物多样性破坏风险 $U_{53}$ | 0.13689 |

续表

| 目标层 | 准则层 | 权重 | 指标层 | 权重 |
|--------|--------|------|--------|------|
| 目标 | 生态风险 $U_5$ | 0.28904 | 24. 水体污染物排放风险 $U_{54}$ | 0.3651 |
| | | | 25. 固体废弃物及其二次污染风险（垃圾臭气、渗沥液等） $U_{55}$ | 0.23249 |
| | | | 26. 公众对生态水利建设的认知和参与度低风险 $U_{56}$ | 0.063971 |

#### 5.3.4.2　评价步骤

本书采用模糊综合评价法进行风险评价。设有评价对象 P：$U=\{u_1,u_2,\cdots,u_m\}$，评价等级为 $V=\{v_1,v_2,\cdots,v_n\}$。分别根据评价集中的等级指标对 $U$ 中的每一个因素进行模糊评价，得到判断矩阵：

$$H=(r_{ij})_{m\times n}$$

其中，$r_{ij}$ 表示 $u_i$ 对 $v_j$ 的隶属程度。$(U,V,H)$ 是一个模糊综合评价模型。确定各因素的重要性指标，即权重后，将其记为 $T=\{z_1,z_2,\cdots,z_m\}$，满足 $\sum_{i=1}^{m}z_i=1$

合成得：

$$R=T\circ H=(s_1,s_2,\cdots,s_n)$$

结合评判集 $V$，最后确定对象 P 的最终评价得分。

（1）单因素模糊综合评价步骤。

1）首先确定评价因素集

$$U=\{u_1,u_2,\cdots,u_m\}$$

2）确定评判等级集。$V=\{v_1,v_2,\cdots,v_n\}$，$v_j$ 表示不同等级的评价标准，$j=1,2,\cdots,n$。评价等级要控制在一定范围之内，过多的评价等级将会导致人们无法识别和区分每个评价等级，但是评价等级也不宜过少，否则会降低模糊综合评价的质量，因此，要选择合适的评价等级，原则上，评价等级一般不超过 9 级。本书共有 5 个评判等级 $V=\{$高，较高，中等，较低，低$\}$。

3）确定各评价等级的权重 $T=\{z_1,z_2,\cdots,z_m\}$。权重反映的是各个评价指标在综合评判中的重要性程度。

4）模糊关系判断矩阵的建立。构建等级模糊的各子集并量化被评价事物的每个因素 $u_i$（$i=1,2,\cdots,m$），也即要从单因素的角度来看所评价的事物相对于等级模糊子集的隶属程度（$H\,|\,u_i$），最终据此得出所评价事物的模糊关系矩阵：

$$H=(H\,|\,u_i)=(r_{ij})_{m\times n}$$

判断矩阵 $H$ 中第 $i$ 行的第 $j$ 列元素 $r_{ij}$，表示就因素 $u_i$ 来看，该因素在等级模糊子集 $v_j$ 上的隶属度。一般来说，一个被评价的事物在某一个因素 $u_i$ 在评价等级上的呈现度如何，是由判断矩阵和评价等级来表示和描述的。

5）单因素综合评价。权系数矩阵 $T$ 和评价矩阵 $M$ 经过模糊变化得到模糊评判集 $R$。设 $T(z_i)_{1\times m}$，$H=(r_{ij})_{m\times n}$，则有

$$\mathbf{R} = \mathbf{T} \circ \mathbf{H} = (z_1, z_2, \cdots, z_m) \times \begin{pmatrix} r_{11} & r_{12} & \cdots & r_{1n} \\ r_{21} & r_{22} & \cdots & r_{1n} \\ \vdots & \vdots & \ddots & \vdots \\ r_{m1} & r_{m2} & \cdots & r_{mn} \end{pmatrix}_{m \times n}$$

其中"∘"表示一种模糊合成算子，运算方法相当于普通矩阵的乘法。模糊合成算子通常包括以下四种：$M(\wedge, \vee), M(\bullet, \vee), M(\wedge, \oplus), M(\bullet, \oplus)$。其中，$M(\bullet, \oplus)$ 算子是加权平均型算子，可对各因素自身的不同作用进行刻画，且在运算中能够突显对综合评判起作用的主要因素，故本书采用 $M(\bullet, \oplus)$ 算子。

6）分析模糊评判向量，得出最终结论。最大隶属法、模糊向量单值化法、加权平均法是进行模糊向量评判时通常采用的三种方法。根据目标的不同从这三种方法中选择适合的方法，由于本书需要对各个子标准层的指标分别进行评价，为了使评价结果更加清晰明了，采用模糊向量单值化方法。为了排序方便，将先给每个等级赋值，再用 $R$ 中所分别对应的隶属度将分值进行加权后平均化处理，最后得到一个点值。

设给 $V$ 中的 $n$ 个评价等级依次赋予分值 $d_1, d_2, \cdots, d_n$（$d_1 > d_2 > \cdots > d_n$，且间距相同），那么模糊向量就可以被单值化为如下形式：

$$d = \frac{\sum_{i=1}^{n} d_i s_i^k}{\sum_{i=1}^{n} s_i^k}$$

其中，$k$ 为待定系数（$k=1$ 或 $k=2$）。

（2）多级模糊综合评价步骤。依据各因素的不同属性和相互之间的关系对因素进行分层。先对最低一层的指标进行评价，再逐级往上对指标进行评价，最终结果就是最高层级之间的综合评价结果。具体评价步骤如下：

1）设第一级评价因素集为

$$U = \{u_1, u_2, \cdots, u_m\}$$

各评价因素相应的权重集为

$$T = \{z_1, z_2, \cdots, z_m\}$$

2）第二级评价因素集为

$$U_i = \{u_{i1}, u_{i2}, \cdots, u_{ik}\}, \ i = 1, 2, \cdots, m$$

各评价因素相应的权重集为

$$T_i = \{z_{i1}, z_{i2}, \cdots, z_{ik}\}$$

3）第三级评价因素集为

$$U_{it} = \{u_{it1}, u_{it2}, \cdots, u_{itk}\}, i = 1, 2, \cdots, m$$

各评价因素相应的权重集为

$$T_{it} = \{z_{it1}, z_{it2}, \cdots, z_{itk}\}$$

相应的单因素评判矩阵为

$$H_{xy} = [h_{xy}]_{L \times t}, \ L = 1, 2, \cdots, m$$

设等级评判赋值向量为

$$D = (d_1, d_2, d_3, d_4, d_5)$$

三级综合评判数学模型为

$$R_1 = T_{11} \circ \begin{pmatrix} T_{111} \circ M_{11} \\ T_{112} \circ M_{12} \\ \vdots \\ T_{11t} \circ M_{1t} \end{pmatrix}, P_{A1} = R_1 \times D^{\mathrm{T}}$$

同理可以算出 $R_2$, $R_3$,$\cdots$,$R_m$ 以及 $P_{A_2}$, $P_{A_3}$,$\cdots$,$P_{A_m}$ ，三级综合评价为

$$R_{Goal} = T_1 \circ \begin{pmatrix} R_1 \\ R_2 \\ \vdots \\ R_m \end{pmatrix} = (z_1, z_2, \cdots, z_m) \circ \begin{pmatrix} R_1 \\ R_2 \\ \vdots \\ R_m \end{pmatrix}$$

$$P_{Goal} = R_{Goal} \times D^{\mathrm{T}}$$

### 5.3.5 实证应用研究

本书在发放调查问卷以及征求专家意见的基础上，对最初的指标体系进行修改和完善，确定了风险指标体系.再通过第二轮的问卷调查得到专家对饮马河风险指标的权重打分以及风险评分，在按照专家意见修改指标体系的基础上，汇总并得到了专家基本一致的看法与评分。对饮马河生态水利项目的风险评价与管理从项目概述、风险综合评价以及评价结果分析三个方面论述。

#### 5.3.5.1 饮马河生态水利项目概述

饮马河生态水利项目 PPP 模式是许昌市水生态建设的重要组成部分，饮马河生态水利项目涉及长葛市、许昌县 2 个市县，通过疏浚、拓挖等工程措施，保持适宜宽度和深度的水面，对于鱼类栖息、河道内生物多样性保持具有重要意义。该项目是许昌市第一批 PPP 模式推介项目，已顺利通过国家开发银行总行审批。饮马河生态水利项目是许昌市三个重大生态水利项目的重要组成部分，项目静态总投资为 82816.42 万元。其中：项目措施投资 56432.51 万元,建设征地及移民安置投资 25771.39 万元,水土保持投资 255.47 万元,环境保护投资 357.05 万元。

该项目的项目公司为许昌市水生态投资开发有限公司，该项目公司是由河南水利投资集团有限公司和许昌市投资总公司共同出资组建的，许昌市水生态投资开发有限公司作为项目公司，是饮马河生态水利项目建设的责任主体，负责项目建设的工程进度、资金管理、工程质量和生产安全等多个方面，并对项目的主管部门负责。该项目的具体实施工作由项目公司负责，移民拆迁和补偿安置的工作由许昌市移民办负责。该项目由许昌市政府授权，市水务局和市水生态投资开发有限公司签订河道综合治理项目 PPP 模式合作协议，建设期 2 年，运营期 15 年。合作双方正式签订合同后，国开行河南省分行按照项目资金需求、工程进度等情况按需发放贷款。

工程建设内容包括蓄水建筑物构造、河道拓挖、桥梁配套、水系连通、生态建设、水生态系统构建等，治理总长度约 19 千米。根据项目区分理论，该生态水利项目为准经营性项目。

除了有利于落实许昌城市总体规划，构建滨河生态景观廊道，建设宜居城市，保护与修复水生态系统，提升居民幸福指数的功能外，还具有景观旅游效益、生态环境效益和土地增值效益。根据国民经济效益和费用的分析，许昌市饮马河生态水利项目的经济内部收益率为 10.83%，大于 8%的社会折现率，经济净现值为 11559.28 万元，效益费用比为 1.33。因此，在经济上是可行的。

### 5.3.5.2　饮马河生态水利项目的风险综合评价

基础设施建设采用 PPP 模式已非常常见，通过对饮马河生态水利项目进行了解和分析可知，该案例中项目公司在整个生态水利项目建设中面临的风险与前面建立的风险指标体系十分接近，因此本书中的风险评价指标采用的风险因素基于表 5-9，指标权重参照表 5-10。

（1）建立分析评价集。对本书中的风险评价采取常见的五级风险评价方法，评价集 $V=$ {低，较低，中等，较高，高}，五级评价分别用{20、40、60、80、100}对应等级赋值系数。为了更好地体现指标评价的科学性和代表性，通过问卷调查、走访和邮件的方式收集了 16 位有关的专家意见，参与评价的人员都是 PPP 模式领域的专家或者是水利项目领域的技术管理人员、参与过 PPP 模式落地的政府官员和专家学者，尤其是参与过项目公司运作的人员，以及项目管理方面的学者，因此，最终获取的评价数据是可信的和可靠的。

对数据的处理以政治风险中的政策变动风险为例，请 16 位专家给出风险评价集 $V$，其中有 1 位专家给出的评价为低，4 位专家给出的评价为较低，4 位专家给出的评价为中，1 位专家给出的评价为较高，6 位专家给出的评价为高，则由式

$$r_{ij} = \frac{N_{ij}}{\sum N}$$

得到，其对应的 $r_{ij}$ 分别为 0.0625、0.25、0.25、0.0625、0.375，其中 $r_{ij}$ 表示某一层一级指标风险因素 $i$ 的第 $j$ 个指标的得分，$N_{ij}$ 表示认为这一层风险因素 $i$ 的第 $j$ 个指标属于某一个风险等级的专家人数是多少个，$\sum N$ 表示专家的总数，其他各风险因素得分的计算过程与此一致，不再赘述。各项指标的评价集结果见表 5-17。

表 5-17　各项指标的评价集结果

| 目标层 | 一级指标 | 指标名称 | 指标评级集符号表 | 评级集 | | | | |
|---|---|---|---|---|---|---|---|---|
| | | | | 低 | 较低 | 中 | 较高 | 高 |
| 项目公司视角的 PPP 模式生态水利项目风险指标体系 U | 政治风险 $U_1$ | 政策变动风险 $U_{11}$ | $R_{11}$ | 0.0625 | 0.25 | 0.25 | 0.0625 | 0.375 |
| | | 政府干预风险 $U_{12}$ | $R_{12}$ | 0.0625 | 0.3125 | 0.125 | 0.1875 | 0.3125 |
| | | 土地征收补偿程序和方案风险 $U_{13}$ | $R_{13}$ | 0.0625 | 0.1875 | 0.1875 | 0.25 | 0.3125 |
| | | 法律变更风险 $U_{14}$ | $R_{14}$ | 0.0625 | 0.0625 | 0.3125 | 0.3125 | 0.25 |
| | 经济风险 $U_2$ | 利率调整风险 $U_{21}$ | $R_{21}$ | 0.4375 | 0.1875 | 0.125 | 0.0625 | 0.1875 |
| | | 融资风险 $U_{22}$ | $R_{22}$ | 0 | 0.0625 | 0.3125 | 0.4375 | 0.25 |
| | | 通货膨胀风险 $U_{23}$ | $R_{23}$ | 0.0625 | 0.5 | 0.1875 | 0.125 | 0.125 |
| | | 土地征收征用补偿标准风险 $U_{24}$ | $R_{24}$ | 0 | 0.0625 | 0.375 | 0.25 | 0.3125 |

| 目标层 | 一级指标 | 指标名称 | 指标评级集符号表 | 评级集 | | | | |
|---|---|---|---|---|---|---|---|---|
| | | | | 低 | 较低 | 中 | 较高 | 高 |
| 项目公司视角的 PPP 模式生态水利项目风险指标体系 U | 完工风险 $U_3$ | 技术风险 $U_{31}$ | $R_{31}$ | 0.25 | 0.0625 | 0.25 | 0.3125 | 0.125 |
| | | 建设成本超支风险 $U_{32}$ | $R_{32}$ | 0.0625 | 0.5 | 0.1875 | 0.125 | 0.125 |
| | | 建设工期延长风险 $U_{33}$ | $R_{33}$ | 0.125 | 0.4375 | 0.1875 | 0.0625 | 0.1875 |
| | | 停建风险 $U_{34}$ | $R_{34}$ | 0.3125 | 0.25 | 0.0625 | 0.25 | 0.125 |
| | | 项目建设质量风险 $U_{35}$ | $R_{35}$ | 0.0625 | 0.25 | 0.3125 | 0.125 | 0.25 |
| | 运营风险 $U_4$ | 管理风险 $U_{41}$ | $R_{41}$ | 0 | 0.0625 | 0.3125 | 0.5 | 0.125 |
| | | 财务风险 $U_{42}$ | $R_{42}$ | 0 | 0.0625 | 0.3125 | 0.1875 | 0.4375 |
| | | 违约风险 $U_{43}$ | $R_{43}$ | 0.0625 | 0.0625 | 0.25 | 0.3125 | 0.3125 |
| | | 配套设施风险 $U_{44}$ | $R_{44}$ | 0.0625 | 0.375 | 0.25 | 0.25 | 0.0625 |
| | | 运营变更风险 $U_{45}$ | $R_{45}$ | 0.0625 | 0.25 | 0.25 | 0.375 | 0.0625 |
| | | 高运营成本风险 $U_{46}$ | $R_{46}$ | 0.0625 | 0.1875 | 0.5 | 0.1875 | 0.0625 |
| | | 项目唯一性风险 $U_{47}$ | $R_{47}$ | 0.0625 | 0.0625 | 0.1875 | 0.1875 | 0.5 |
| | 生态风险 $U_5$ | 植物配置、绿化风险 $U_{51}$ | $R_{51}$ | 0 | 0 | 0.125 | 0.1875 | 0.6875 |
| | | 水土流失风险 $U_{52}$ | $R_{52}$ | 0 | 0 | 0.3125 | 0.3125 | 0.375 |
| | | 生物多样性破坏风险 $U_{53}$ | $R_{53}$ | 0 | 0.0625 | 0.3125 | 0.3125 | 0.3125 |
| | | 水体污染物排放风险 $U_{54}$ | $R_{54}$ | 0 | 0 | 0.125 | 0.3125 | 0.5625 |
| | | 固体废弃物及其二次污染风险（垃圾臭气、渗沥液等）$U_{55}$ | $R_{55}$ | 0 | 0.0625 | 0.25 | 0.125 | 0.5625 |
| | | 公众对生态水利建设的认知和参与度低风险 $U_{56}$ | $R_{56}$ | 0.0625 | 0.25 | 0.125 | 0.25 | 0.3125 |

（2）基于项目公司建立对该 PPP 模式的判断矩阵。根据前面的计算过程和评价集计算结果，得到各层级风险因素的判断矩阵 $\boldsymbol{M}$ 如下。

$$\boldsymbol{M}_1 = \begin{bmatrix} R_{11} \\ R_{12} \\ R_{13} \\ R_{14} \end{bmatrix} = \begin{bmatrix} 0.0625 & 0.25 & 0.25 & 0.0625 & 0.375 \\ 0.0625 & 0.3125 & 0.125 & 0.1875 & 0.3125 \\ 0.0625 & 0.1875 & 0.1875 & 0.25 & 0.3125 \\ 0.0625 & 0.0625 & 0.3125 & 0.3125 & 0.25 \end{bmatrix}$$

$$\boldsymbol{M}_2 = \begin{bmatrix} R_{21} \\ R_{22} \\ R_{23} \\ R_{24} \end{bmatrix} = \begin{bmatrix} 0.4375 & 0.1875 & 0.125 & 0.0625 & 0.1875 \\ 0 & 0.0625 & 0.3125 & 0.4375 & 0.25 \\ 0.0625 & 0.5 & 0.1875 & 0.125 & 0.125 \\ 0 & 0.0625 & 0.375 & 0.25 & 0.3125 \end{bmatrix}$$

$$\boldsymbol{M}_3 = \begin{bmatrix} M_{31} \\ M_{32} \\ M_{33} \\ M_{34} \\ M_{35} \end{bmatrix} = \begin{bmatrix} 0.25 & 0.0625 & 0.25 & 0.3125 & 0.125 \\ 0.0625 & 0.5 & 0.1875 & 0.125 & 0.125 \\ 0.125 & 0.4375 & 0.1875 & 0.0625 & 0.1875 \\ 0.3125 & 0.25 & 0.0625 & 0.25 & 0.125 \\ 0.0625 & 0.25 & 0.3125 & 0.125 & 0.25 \end{bmatrix}$$

$$\boldsymbol{M}_4 = \begin{bmatrix} R_{41} \\ R_{42} \\ R_{43} \\ R_{44} \\ R_{45} \\ R_{46} \\ R_{47} \end{bmatrix} = \begin{bmatrix} 0 & 0.0625 & 0.3125 & 0.5 & 0.125 \\ 0 & 0.0625 & 0.3125 & 0.1875 & 0.4375 \\ 0.0625 & 0.0625 & 0.25 & 0.3125 & 0.3125 \\ 0.0625 & 0.375 & 0.25 & 0.25 & 0.0625 \\ 0.0625 & 0.25 & 0.25 & 0.375 & 0.0625 \\ 0.0625 & 0.1875 & 0.5 & 0.1875 & 0.0625 \\ 0.0625 & 0.0625 & 0.1875 & 0.1875 & 0.5 \end{bmatrix}$$

$$\boldsymbol{M}_5 = \begin{bmatrix} R_{51} \\ R_{52} \\ R_{53} \\ R_{54} \\ R_{55} \\ R_{56} \end{bmatrix} = \begin{bmatrix} 0 & 0 & 0.125 & 0.1875 & 0.6875 \\ 0 & 0 & 0.3125 & 0.3125 & 0.375 \\ 0 & 0.0625 & 0.3125 & 0.3125 & 0.3125 \\ 0 & 0 & 0.125 & 0.3125 & 0.5625 \\ 0 & 0.0625 & 0.25 & 0.125 & 0.5625 \\ 0.0625 & 0.25 & 0.125 & 0.25 & 0.3125 \end{bmatrix}$$

（3）基于项目公司对该 PPP 模式进行模糊综合评判。通过上文的分析可知，依据判断矩阵 $\boldsymbol{M}$ 和指标权重 $T$，以及评判向量 $D$，可以求出二级指标的分值。本书取等级评判向量 $D=(20,40,60,80,100)$，则指标分值 $P = RD^{\mathrm{T}}$

$$P_{11} = R_{11}D^{\mathrm{T}} = (0.0625 \quad 0.25 \quad 0.25 \quad 0.0625 \quad 0.375)(20,40,60,80,100)^T = 68.75$$

同理可得，

$P_{12} = R_{12}D^{\mathrm{T}} = 67.50$，$P_{13} = R_{13}D^{\mathrm{T}} = 71.25$，$P_{14} = R_{14}D^{\mathrm{T}} = 72.50$

$P_{21} = R_{21}D^{\mathrm{T}} = 47.50$，$P_{22} = R_{22}D^{\mathrm{T}} = 81.25$，$P_{23} = R_{23}D^{\mathrm{T}} = 55.00$，$P_{24} = R_{24}D^{\mathrm{T}} = 76.25$

$P_{31} = R_{31}D^{\mathrm{T}} = 60.00$，$P_{32} = R_{32}D^{\mathrm{T}} = 55.00$，$P_{33} = R_{33}D^{\mathrm{T}} = 55.00$，$P_{34} = R_{34}D^{\mathrm{T}} = 52.50$

$P_{35} = R_{35}D^{\mathrm{T}} = 65.00$

$P_{41} = R_{41}D^{\mathrm{T}} = 73.75$，$P_{42} = R_{42}D^{\mathrm{T}} = 80.00$，$P_{43} = R_{43}D^{\mathrm{T}} = 75.00$，$P_{44} = R_{44}D^{\mathrm{T}} = 57.50$

$P_{45} = R_{45}D^{\mathrm{T}} = 62.50$，$P_{46} = R_{46}D^{\mathrm{T}} = 60.00$，$P_{47} = R_{47}D^{\mathrm{T}} = 80.00$

$P_{51} = R_{51}D^{\mathrm{T}} = 91.25$，$P_{52} = R_{52}D^{\mathrm{T}} = 81.25$，$P_{53} = R_{53}D^{\mathrm{T}} = 77.50$，$P_{54} = R_{54}D^{\mathrm{T}} = 88.75$

$P_{55} = R_{55}D^{\mathrm{T}} = 83.75$，$P_{56} = R_{56}D^{\mathrm{T}} = 70.00$

一级指标的得分计算过程如下，其中"。"为模糊合成算子，本书选取 $M(\bullet, \oplus)$ 算子，相当于普通矩阵中的乘积运算。

$$R_1 = T_1 \circ \boldsymbol{M}_1 = \begin{pmatrix} 0.25079 \\ 0.05699 \\ 0.44144 \\ 0.25079 \end{pmatrix}^{\mathrm{T}} \circ \begin{pmatrix} 0.0625 & 0.25 & 0.25 & 0.0625 & 0.375 \\ 0.0625 & 0.3125 & 0.125 & 0.1875 & 0.3125 \\ 0.0625 & 0.1875 & 0.1875 & 0.25 & 0.3125 \\ 0.0625 & 0.0625 & 0.3125 & 0.3125 & 0.25 \end{pmatrix}$$

$$= \begin{pmatrix} 0.0625 & 0.2270 & 0.2069 & 0.1911 & 0.3125 \end{pmatrix}$$

$$R_2 = T_2 \circ \boldsymbol{M}_2 = \begin{pmatrix} 0.089446 \\ 0.50299 \\ 0.089446 \\ 0.31812 \end{pmatrix}^{\mathrm{T}} \circ \begin{pmatrix} 0.4375 & 0.1875 & 0.125 & 0.0625 & 0.1875 \\ 0 & 0.0625 & 0.3125 & 0.4375 & 0.25 \\ 0.0625 & 0.5 & 0.1875 & 0.125 & 0.125 \\ 0 & 0.0625 & 0.375 & 0.25 & 0.3125 \end{pmatrix}$$

$$= \begin{pmatrix} 0.1706 & 0.3223 & 0.1956 & 0.1443 & 0.1728 \end{pmatrix}$$

$$R_3 = T_3 \circ \boldsymbol{M}_3 = \begin{pmatrix} 0.2341 \\ 0.12398 \\ 0.39397 \\ 0.12398 \\ 0.12398 \end{pmatrix}^{\mathrm{T}} \circ \begin{pmatrix} 0.25 & 0.0625 & 0.25 & 0.3125 & 0.125 \\ 0.0625 & 0.5 & 0.1875 & 0.125 & 0.125 \\ 0.125 & 0.4375 & 0.1875 & 0.0625 & 0.1875 \\ 0.3125 & 0.25 & 0.0625 & 0.25 & 0.125 \\ 0.0625 & 0.25 & 0.3125 & 0.125 & 0.25 \end{pmatrix}$$

$$= \begin{pmatrix} 0.1414 & 0.3316 & 0.2090 & 0.1391 & 0.1789 \end{pmatrix}$$

$$R_4 = T_4 \circ \boldsymbol{M}_4 = \begin{pmatrix} 0.33226 \\ 0.061457 \\ 0.077343 \\ 0.061457 \\ 0.036242 \\ 0.098988 \\ 0.33226 \end{pmatrix}^{\mathrm{T}} \circ \begin{pmatrix} 0 & 0.0625 & 0.3125 & 0.5 & 0.125 \\ 0 & 0.0625 & 0.3125 & 0.1875 & 0.4375 \\ 0.0625 & 0.0625 & 0.25 & 0.3125 & 0.3125 \\ 0.0625 & 0.375 & 0.25 & 0.25 & 0.0625 \\ 0.0625 & 0.25 & 0.25 & 0.375 & 0.0625 \\ 0.0625 & 0.1875 & 0.5 & 0.1875 & 0.0625 \\ 0.0625 & 0.0625 & 0.1875 & 0.1875 & 0.5 \end{pmatrix}$$

$$= \begin{pmatrix} 0.0355 & 0.1039 & 0.2716 & 0.3142 & 0.2748 \end{pmatrix}$$

$$R_5 = T_5 \circ \boldsymbol{M}_5 = \begin{pmatrix} 0.13689 \\ 0.064663 \\ 0.13689 \\ 0.3651 \\ 0.23249 \\ 0.063971 \end{pmatrix}^{\mathrm{T}} \circ \begin{pmatrix} 0 & 0 & 0.125 & 0.1875 & 0.6875 \\ 0 & 0 & 0.3125 & 0.3125 & 0.375 \\ 0 & 0.0625 & 0.3125 & 0.3125 & 0.3125 \\ 0 & 0 & 0.125 & 0.3125 & 0.5625 \\ 0 & 0.0625 & 0.25 & 0.125 & 0.5625 \\ 0.0625 & 0.25 & 0.125 & 0.25 & 0.3125 \end{pmatrix}$$

$$= \begin{pmatrix} 0.0086 & 0.0611 & 0.2451 & 0.2838 & 0.4014 \end{pmatrix}$$

$$P_1 = R_1 D^{\mathrm{T}} = \begin{pmatrix} 0.0625 & 0.2270 & 0.2069 & 0.1911 & 0.3125 \end{pmatrix} (20,40,60,80,100)^{\mathrm{T}} = 69.2818$$

$$P_2 = R_2 D^{\mathrm{T}} = \begin{pmatrix} 0.1706 & 0.3223 & 0.1956 & 0.1443 & 0.1728 \end{pmatrix} (20,40,60,80,100)^{\mathrm{T}} = 56.8629$$

$$P_3 = R_3 D^{\mathrm{T}} = \begin{pmatrix} 0.1414 & 0.3316 & 0.2090 & 0.1391 & 0.1789 \end{pmatrix} (20,40,60,80,100)^{\mathrm{T}} = 57.6515$$

$$P_4 = R_4 D^{\mathrm{T}} = \begin{pmatrix} 0.0355 & 0.1039 & 0.2716 & 0.3142 & 0.2748 \end{pmatrix} (20,40,60,80,100)^{\mathrm{T}} = 73.7773$$

$$P_5 = R_5 D^{\mathrm{T}} = \begin{pmatrix} 0.0086 & 0.0611 & 0.2451 & 0.2838 & 0.4014 \end{pmatrix} (20,40,60,80,100)^{\mathrm{T}} = 80.1692$$

目标层指标得分

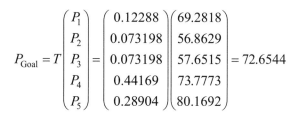

（4）评价指标体系得分汇总表见表 5-18。

表 5-18　风险评价指标体系得分汇总表

| 目标层 | 准则层 | 得分 | 指标层 | 得分 |
|---|---|---|---|---|
| 目标 Goal 72.6544 | 政治风险 $U_1$ | 69.2818 | 1. 政策变动风险 $U_{11}$ | 68.75 |
| | | | 2. 政府干预风险 $U_{12}$ | 67.50 |
| | | | 3. 土地征收补偿程序和方案风险 $U_{13}$ | 71.25 |
| | | | 4. 法律变更风险 $U_{14}$ | 72.50 |
| | 经济风险 $U_2$ | 56.8629 | 5. 利率调整风险 $U_{21}$ | 47.50 |
| | | | 6. 融资风险 $U_{22}$ | 81.25 |
| | | | 7. 通货膨胀风险 $U_{23}$ | 55.00 |
| | | | 8. 土地征收征用补偿标准风险 $U_{24}$ | 76.25 |
| | 完工风险 $U_3$ | 57.6515 | 9. 技术风险 $U_{31}$ | 60.00 |
| | | | 10. 建设成本超支风险 $U_{32}$ | 55.00 |
| | | | 11. 建设工期延长风险 $U_{33}$ | 55.00 |
| | | | 12. 停建风险 $U_{34}$ | 52.50 |
| | | | 13. 项目建设质量风险 $U_{35}$ | 65.00 |
| | 运营风险 $U_4$ | 73.7773 | 14. 管理风险 $U_{41}$ | 73.75 |
| | | | 15. 财务风险 $U_{42}$ | 80.00 |
| | | | 16. 违约风险 $U_{43}$ | 75.00 |
| | | | 17. 配套设施风险 $U_{44}$ | 57.50 |
| | | | 18. 运营变更风险 $U_{45}$ | 62.50 |
| | | | 19. 高运营成本风险 $U_{46}$ | 60.00 |
| | | | 20. 项目唯一性风险 $U_{47}$ | 80.00 |
| | 生态风险 $U_5$ | 80.1692 | 21. 植物配置、绿化风险 $U_{51}$ | 91.25 |
| | | | 22. 水土流失风险 $U_{52}$ | 81.25 |
| | | | 23. 生物多样性破坏风险 $U_{53}$ | 77.50 |
| | | | 24. 水体污染物排放风险 $U_{54}$ | 88.75 |
| | | | 25. 固体废弃物及其二次污染风险（垃圾臭气、渗沥液等） $U_{55}$ | 83.75 |
| | | | 26. 公众对生态水利建设的认知和参与度低风险 $U_{56}$ | 70.00 |

### 5.3.5.3 饮马河生态水利项目风险综合评价结果分析

首先通过层次分析法对饮马河生态水利项目的风险因素赋予了权重，通过模糊综合评价法对饮马河生态水利项目进行了综合评估，最终得出如下结果。

从表 5-16 中可以看出，5 个一级指标的权重分别为政治风险 0.12288，经济风险 0.073198，完工风险 0.073198，运营风险 0.44169，生态风险 0.28904，即运营风险大于生态风险大于政治风险大于经济风险和完工风险，且政治风险、运营风险和生态风险权重都大于 0.1，重要性程度都比较高，尤其是运营风险和生态风险权重均高于 0.2，是饮马河项目中的关键风险控制因素，在风险管理工作中要予以重视。

从表 5-18 中可以看出，5 个一级指标的得分分别为政治风险 69.2818，经济风险 56.8629，完工风险 57.6515，运营风险 73.7773，生态风险 80.1692，根据评判等级赋值向量 $D=(20,40,60,80,100)$，对照评判值论域 $V=(v_1,v_2,\dots,v_n)$=(低,较低,中,较高,高)，即生态风险大于运营风险大于政治风险大于完工风险大于经济风险。政治风险得分介于 60 和 80 之间，且更接近于 60，因此认为政治风险为中度风险；经济风险得分介于 40 和 60 之间，且更接近 60，因此认为完工风险为中度风险；完工风险得分介于 40 和 60 之间，且更接近 60，因此认为完工风险为中度风险；运营风险得分介于 80 和 100 之间，且更接近 80，因此认为生态风险为较高风险；生态风险得分介于 80 和 100 之间，且更接近 80，因此认为生态风险为较高风险。运营风险和生态风险都属于较高风险，因此在风险管理工作中要尤其重视对运营风险和生态风险的分析和控制。

从权重计算结果来看，运营风险的权重高于生态风险的权重，本书认为这种结果的原因是与 PPP 模式公司自身的特殊性密不可分，由于 PPP 模式生态水利项目公司的运营往往需要复合型人才对项目进行非常专业的管理，如果项目运作出现问题，整个项目的依托——生态水利项目本身就会有较大的风险；而从风险指标综合评价结构来看，生态风险得分高于运营风险，造成这种结果的重要原因之一是由于在项目公司风险管理工作中，运营风险的重要性程度得到了较充分的重视，并且得到了较多的投入，因此风险程度相对生态风险来说低一些，而生态风险的权重相对运营风险以外的其他几个风险来说也很高，说明生态风险在项目公司的风险管理工作中也得到了较充分的重视，但最终风险评价等级略高于运营风险，可能是由于对生态风险的投入相对于运营风险来说略少，因此风险显得相对略高一些。经济风险和完工风险从权重和最终得分来看都较低，说明在饮马河项目中这两类风险的影响程度不是很大，但也同样不能忽视。

项目公司视角的 PPP 模式生态水利项目风险指标体系的总得分为 72.6544，根据评判等级赋值向量 $D=(20,40,60,80,100)$，得分介于 60 和 80 之间，对照评判值等级论域 $V=(v_1,v_2,\dots,v_n)$=(低,较低,中,较高,高)，风险等级评价为中度风险。

## 5.4　生态水利项目 PPP 模式社会投资的风险应对措施

### 5.4.1　政治风险应对

（1）政策变动风险的应对。在项目初期各方进行谈判的阶段，项目公司就要从项目整体利益出发，在充分考虑许昌市的土地收购和税收等政策基础上，对政策变动可能会给项目带来的损失和风险要求政府向其作出一定的政策性的保证和规定，细至具体赔偿或者补贴条款等，以避免在项目进行过程中政策突然变动而给项目公司以及整个项目带来不良影响。

（2）政府干预风险的应对。生态水利 PPP 项目涉及的政府方往往不止一个单位，并且这几个单位的出发点和利益诉求都是有差异的,因为对待一个项目不同的政府部门可能就会有不同的要求和态度，也会产生越位、跨部门管理等带来的风险。因此，项目公司要在项目的全寿命周期内与政府部门理清利益关系，并尽量通过合同约定的方式来限定各方的权利和义务。政府部门也要认清自己在项目中的主要职责是对项目公司的行为进行监管，并且提供支持保护项目公司的工作顺利进行，而不是主导或替代，因此就政企双方的权责利在合同中清晰约定是十分有必要的。

（3）土地征收补偿程序和方案风险的应对。要确保按照国家和当地法规规定的程序开展土地和房屋的征收以及补偿工作，补偿方案要征求公众意见，公平公正进行。

（4）法律变更风险的应对。法律变更是政府方行为，项目公司对此风险的发生完全没有掌控能力，因此在项目谈判初期就要与政府部门就当地生态水利项目的法律条文进行确认，为以防万一，建议项目公司在成立时就聘请项目管理领域资深的法律顾问，在项目的融资、设计等全过程为项目公司提供法律咨询,保证公司自身的所有活动都在国家和地方所允许的法律法规范围内进行。

### 5.4.2 经济风险应对

（1）利率调整风险的应对。在金融市场中，利率的影响因素有很多，政治、社会、经济环境的变化都有可能对利率产生影响，政府行为直接对税率产生影响，因为利率和税率的变动也很难进行准确推测，对项目公司带来的风险也不好估计，为了避免该风险带来的损失，项目公司要在与政府部门的协议中明确规定当利率低于一定的水平时,政府部门要对项目公司的损失在多大的范围内进行补偿，并获得政府部门明确的承诺和担保，以保证项目公司的正常运营。

（2）融资风险的应对。项目公司要与项目的每个投资方签订协议，保证承诺的资金到位及时，如果到期资金未到位，影响项目进度，就要约定对方应承担的具体责任，并约定要赔偿因其资金不到位造成的一切损失。政府部门要起到监督作用，敦促投资方资金落实，保证项目顺利进行。

（3）通货膨胀风险的应对。通货膨胀风险作为经济风险也是项目公司不可控的，此风险应当由政府部门和项目公司共同承担。在项目的实际操作过程中，一般有两种应对措施：一是要保证原材料的顺利供应,这就要求与原材料和设备的供应商签订基于双方协商一致的长期供应合同；二是要对当地的物价水平和经济情况进行充分的调研，在此基础上，政府部门要允许项目公司在通货膨胀指数高的时期适当地提高项目收费或补贴标准。

（4）土地征收征用补偿标准风险的应对。弄清土地征收和征用之后应当按照何种标准进行补偿，以及补偿方案制定的依据来源。在参考市场价格的前提下，确定补偿的实物和货币标准。除此之外，还要了解同时期与项目所在地地块类似的土地征收价格和补偿标准如何，争取给出最公平和最优的补偿，达到多方共赢。

### 5.4.3 完工风险应对

（1）技术风险的应对。要避免技术落后或者技术使用不当给项目带来的损失，就要选择资质优、经验丰富的企业来承揽项目。在技术的使用上，要选择设备稳定、可靠、成熟的技术。另外，还要保证项目所采用的技术在未来一定时期内的先进性，避免项目刚刚落成就因为技术原因落伍。

（2）建设成本超支风险的应对。工程建设的费用要遵照一次性包死的规定，也就是说项目公司要与承建商签订一份规定了固定价格的"交钥匙合同"，一旦项目在建设过程中的费用支出超出了预算，项目公司也不负责继续对项目追加款项，另外，在承包合同中要按阶段与承建商规定清楚每次结算的时间，并且对建设过程中的成本控制要列出详细、清晰的奖惩措施。

（3）建设工期延长风险的应对。项目公司要选择信誉良好、经验丰富、技术过硬以及财务状况良好的承建商来包揽工程建设，在合同中还要约定好工期一旦延误将面临何种惩罚措施的条款，还可以选择按照项目自身的特点将总工程分阶段，采取多种办法保证工程按期按量顺利完成。

（4）停建风险的应对。在项目公司成立初期就要由项目的发起人做好可行性研究，从该项目的经济环境、技术要求、市场环境等多个方面开展可行性调研，并且调研过程中由项目管理领域的资深技术人员牵头负责，项目公司主要领导人要全程参与，各部门从自身实际情况出发，对可行性研究中发现的问题进行逐一排查，确保项目可行后才可以开展下一步工作。

（5）项目建设质量风险的应对。同前两个风险一样，项目公司要选择信誉和资质良好的企业进行合作，项目建设过程中的技术执行标准等方面要有专门的监理机构按照国家规定的标准进行监督。

### 5.4.4　运营风险应对

（1）管理风险的应对。PPP 模式虽然近几年在我国很热，但实际上成功的经验并不多，在我国的应用还十分不成熟，对项目公司的组建和管理也都处于探索阶段，但是 PPP 模式的运作和经营又对复合型人才的要求非常高，所以项目公司的人员构成要同时具备金融、工程项目管理、财务管理、土木工程建设、人力资源管理等多学科的知识和实践经验，这样项目公司的运营和管理才能够得到充分的保障。

（2）财务风险的应对。公司的财务部门要聘请在水利项目建设和项目管理方面经验丰富和具有较高专业素质的财会人员负责项目公司的财务会计工作。另外，监理公司也要对财会工作进行监督和指导，要求及时公开资金流向，保证公司账目清晰，对日常财会工作中出现的问题及时沟通和解决。

（3）违约风险的应对。项目公司成立时，要建立各类合同构成的信用结构，各参与方的职责和权利、发生纠纷时选择的法院和仲裁机构等细节问题都要在条款中明确规定，还要对政府部门、各投资人以及原材料和设备供应商提出有针对性的要求，约定一旦违约的处理措施。

（4）配套设施风险的应对。项目中设施不到位和不配套的风险要在合同约定中归政府承担，设施一旦不配套，项目公司就要承担施工进度拖慢、工期拉长和建设成本超支等后果，因此要事先排除这些风险。

（5）运营变更风险的应对。初期与政府签订合同时，就要在合同中明确规定运营期间等一系列权利、义务，并要求不得随意变更合同约定。

（6）高运营成本风险的应对。项目公司要定期组织项目的发起人、投资人、政府部门、供应商等众多参与方会议，与他们分阶段地交流项目的进展状况，成本控制状况，建设工期和建设质量状况等诸多情况，群策群力，保证项目顺利进行。

（7）项目唯一性风险的应对。为了保证该生态水利项目有稳定的持续的资金流入，项目公司要与政府部门签订保证协议，即在若干年内，该项目所在地区多大范围之内不能再修建有类似功能和同种类型的生态水利项目，包括对年久失修的生态水利项目进行重建等行为。

### 5.4.5    生态风险应对

（1）植物配置、绿化风险的应对。严格按照国家标准合理地对配置植物进行选择和配置，严格执行绿化长度与水体岸线长度比，提升景区景观观赏性。

（2）水土流失风险的应对。保证植被覆盖率，构建人工森林植被，建水土保持林，定期开展护坡、护岸工程等。

（3）生物多样性破坏风险的应对。为了减轻环境压力，需要进行生态修复工作，针对已经受到破坏的生物或者正在衰退的物种，要重点投入资金和技术进行修复工作；同时，对当地群众进行宣传教育，增强保护地方传统文化的能力。

（4）水体污染物排放风险的应对。水体污染物排放可能发生在施工期和运营期两个阶段，要严格控制厂界内、施工区内以及沿线的施工材料和运营维护材料运输线路中造成的各种污染物排放，努力将排放量控制在环保部门要求的标准限定值之下，并且要注意这些排放的污染物对人体健康的影响，做到防患于未然。

（5）固体废弃物及其二次污染风险（垃圾臭气、渗沥液等）的应对。将固体废弃物纳入环卫收运体系、保证做到垃圾每日清理回收，对于大件的建筑垃圾、工程废土以及医疗废弃物在内的固体废弃物要按照有关要求和标准进行规范处理。

（6）公众对生态水利建设的认知和参与度低风险的应对。加大水生态文明的宣传教育工作，包括水利博物馆、节水宣传教育基地、中小学水土保持教育实践基地以及水土保持的科技示范基地和园区的建设，开展以水利或水体为主题的文化节、知名文学影视作品或非物质文化遗产等。

# 第6章 生态水利项目社会投资 PPP 模式的特许权期研究

特许权期是 PPP 项目合作协议的重要组成部分，其期限长短需要根据具体项目的投资数额及盈利情况，通过科学的方法进行测算。本书从生态水利 PPP 项目的特许权期概述入手，对其传统决策方法和实物期权决策方法进行对比分析，并对生态水利 PPP 项目的特许权期实物期权定价进行深入、系统的研究，在此基础上构建其实物期权下的特许权期决策模型，并对该模型进行实证应用与检验。

## 6.1 生态水利项目 PPP 模式的特许权期概述

特许权期是指在 PPP 协议签订时，政府与社会资本方或特定项目公司协商，规定 PPP 项目的建设和运营期间，此期间即为项目特许权期。在特许权期结束后，项目公司要将项目移交给政府。特许权期是 PPP 模式特许权协议中的重要内容之一，它的确定标志着政府与投资者之间权力与义务的时间界限，能否合理确定特许权期是保障社会投资者和政府部门权益的关键。对政府部门来说，特许权期越短越好，以尽早地对项目进行控制和运营；对社会投资者来说，希望特许权期较长越好，这样可以获得更大的利润。具体而言，特许权期的结构设计（单限定或双限定）不仅关系到完工风险的分担，更重要的是涉及项目收益的分配。

PPP 模式的全寿命周期可以分为五个阶段：确认可研阶段、招投标阶段、建设施工阶段、运营阶段和移交后阶段。对于特许权期的界定，一般有两种定义：一种定义对项目建设期和运营期进行了明确的区分，在该定义下，PPP 模式特许权期专指项目运营的时间长度（图 6-1）；另一种定义将项目建设期和运营期合并在一起，统称为项目的特许权期（图 6-2）。根据研究惯例，本书主要对第二种定义下的特许权期进行研究分析。

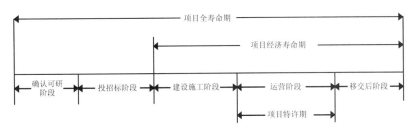

图 6-1 PPP 模式特许权期界限示意图（定义一）

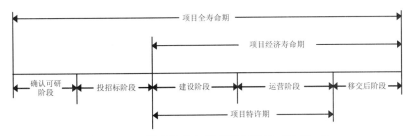

图 6-2 PPP 模式特许权期界限示意图（定义二）

PPP 模式特许权期的结构设计是根据特许权期长度的不同，如叶苏东（2005）将项目特许权期划分为单限定特许权期和双限定特许权期。单限定项目特许权期指仅对特许权期总长度进行明确限定，不分别对建设期和运营期进行限定；双限定项目特许权期与之相反，分别对建设期和运营期进行确定，其总时间即为项目特许权期。在固定施工期和运营期的情况下，结合对特许权期长度的限定以及是否在特许权期的设计中加入激励条款，又可以将特许权期的结构分为四个主要类型，见表6-1。

表 6-1　特许权期的结构

| 特许权期的结构 | | 实际经营期长度 | | 完工风险承担者 | |
| --- | --- | --- | --- | --- | --- |
| | | 提前完工 | 延迟完工 | 提前完工 | 延迟完工 |
| 单限定 | 无激励 | 长于计划经营期 | 短于计划经营期 | 项目公司承担，获利 | 项目公司承担，损失 |
| | 有激励 | 长于计划经营期，并有奖励 | 短于计划经营期，并受处罚 | 项目公司承担，获利更大 | 项目公司承担，损失更大 |
| 双限定 | 无激励 | 等于计划经营期 | 等于计划经营期 | 政府承担，提前移交 | 政府承担，延迟移交 |
| | 有激励 | 等于或长于计划经营期，并有奖励 | 等于计划经营期，并有处罚 | 共同承担，移交时间与计划相同 | 共同承担，移交时间相应延迟 |

PPP 项目不同的特许权期结构反映了项目风险在政府与项目公司之间不同的分担方式。对比分析可知，在单限定特许权期下，完工风险的承担者是项目公司，所以项目公司所受的激励一般要大于双限定特许权期（仍取决于激励措施的设置）。对生态水利项目 PPP 模式特许权期结构的选择应当结合项目的收入来源以及施工难度等因素。对于施工难度较高的项目一般采用双限定特许权期以减轻项目公司所承担的完工风险。

按照特许权期确定的形式不同，对特许权期进行分类，可以分为固定特许权期和弹性特许权期。固定特许权期是指在特许权期合同中，将特许权期的长度提前加以限定。在以后的项目建设和运营中，如果没有特殊情况，将不再予以调整。弹性特许权期是指将特许权期的实际长度与项目投资者的收入状况挂钩，并未在签订协议前明确规定。当投资者从该项目中得到的收益净现值达到特许权协议中规定的特定值时，特许经营期终结，项目移交。弹性特许权期主要适用于项目建设成本难以估算、周期高度不确定、未来运营收入较难预测等的情况。由于本书对象为生态水利项目 PPP 模式，一般来说，建设期和运营期较容易界定，但涉及项目的维护成本却难以估算，因此，在实际签订合同时暂不考虑上述问题，因而在此主要探讨固定特许权期决策问题。

## 6.2　生态水利项目 PPP 模式的特许权期决策方法概述

### 6.2.1　传统决策方法

（1）净现值法。在生态水利 PPP 项目中，净现值法占有一定的地位，具体应用是在项目特许权期内，每一年的净收入均按一定的折现率折现到项目建设第一年，得到项目特许权期内的净现值 $NPV$。见式（6-1），项目生命期内的 NPV 图如图6-3所示。

$$NPV = \sum_{i=1}^{T_C} (CI_i - CO_i)(1+r)^{-i} \quad (i=1,2,3,\cdots,n) \tag{6-1}$$

式中，$CI_i$ 为项目第 $i$ 年的收入；$CO_i$ 为项目第 $i$ 年的支出；$T_C$ 为项目特许权期；$r$ 为项目折现率。

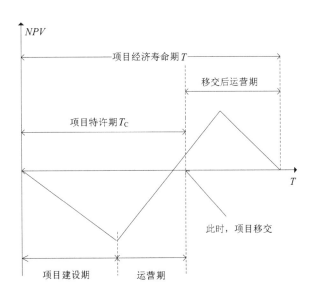

图 6-3    项目生命期内的 NPV 图

分析图 6-3 可知：从社会投资者角度来说，当投资一个生态水利项目获得的收益净现值达到社会投资者预期的收益时，项目就可以投资，此时的 $T$ 值便可以作为项目特许权期；从政府角度来说，项目移交后的净现值大于零时，在经济上才能够接受。

基于上述净现值法基础上，李启明、申立银（2000）通过从政府角度和私人投资角度出发，综合考虑双方利益，提出净现值法决策项目特许权期的模型，见式（6-2）。

$$私人报资者：\sum_{i=T_0}^{T_C}(CI_i - CO_i)(1+r)^4 = E \times R_E$$
$$政府部门：\sum_{i=T_C}^{T}(CI_i - CO_i)(1+r)^4 \geqslant 0 \tag{6-2}$$

式中，$T$ 为项目经济寿命期；$E$ 为项目公司的投资总额；$R_E$ 为项目公司的预期收益率；$R$ 为折旧贴现率；$r = \dfrac{1+i}{1+I} - 1$；$i$ 为贷款利率；$I$ 为通货膨胀率。

该模型中，如果能够估算出现金流入、流出数额、企业投资额、投资回报率、贴现率等值，即可计算出项目的特许权期区间；同时，该模型还具有一定的博弈思想，能体现出决策主体政府和社会资本方或项目公司之间的利益博弈。

净现值法计算项目特许权期，原理简单，操作方便，但是也存在一定的问题，在求当年净现金流量时，需要提前预测项目当年现金流入和现金流出；并且需要结合资金成本、通货膨胀率、机会成本、贷款利率等来确定折现率，而政府和社会投资者立场不同，对折现率 $i$ 的取值将会不同。实际情况下，随着项目内外环境的变化，现金流量会有波动，这种不确定性会影响特许权期决策的准确性。

（2）博弈论法。PPP模式中公共部门和社会投资者在利益、责任、风险、投资比例等方面会产生一系列分配是否公平的问题。因此，双方在共同协商确定项目特许权期时，可以看作是政府公共部门与社会投资者之间的一场博弈，最终结果要达到双方都满意的目标。换句话说，公私合营在实质上是政府公共部门与社会投资者之间博弈的均衡结果。

在生态水利PPP项目中，社会投资者和政府既相互依赖，又相互影响，利益相悖。PPP模式特许权期作为政府和企业之间最具有争执的一个决策量，它的确定也可以看作是双方间的一场完全信息动态博弈。在这场博弈中，将特许权期作为政府的决策变量，建设成本视为投资者的决策变量，建立各自的效用函数，使用逆向归纳法求解，进而对特许权期的谈判过程建模分析，政府与社会资本方或项目公司为取得各自期望的最大收益而多次谈判，直到同时满足双方的决策目标函数。该方法能进一步缩小特许权期可行域的范围，提高决策的有效性。

在一个完整的博弈模型中，博弈过程的规则有博弈方（参与人）、策略（行动、战略）、得益（效用、收益）、行动过程、行动顺序、行动结果，进行博弈论分析就是运用以上博弈规则预测均衡。

在政府完成招投标之后，社会投资者和政府展开PPP模式特许权期谈判。双方的信息都是公开的，根据这些信息以及对方的行动来安排自己的战略和行动，且双方的战略空间也是公开透明的。所以，PPP模式融资完全符合博弈的三大要素：参与人、战略空间、收益，PPP模式融资中的博弈三要素见表6-2。

表6-2　PPP模式融资中的博弈三要素

| 参与人 | 企业 | 政府 |
|---|---|---|
| 战略空间 | $A_1=(0,T_x)$ | $A_2=(T_x,T)$ |
| 收益 | $E_{A_1}>E\times R_E$ | $E_{A_2}>0$ |

注：表6-2中，$A_1$为企业在这次博弈过程中可以选择的战略集；$A_2$为是政府在该过程中可以选择的战略集；$T_x$为项目公司特许权期结束的时间，也即在此时，项目公司把工程所有权交付于政府；$E_{A_1}$为企业在特许权期期间所得到的收益；$E$为项目公司的投资总额；$R_E$为项目公司的预期收益率；$E_{A_2}$为企业将项目移交给政府之后，政府运营所得到的收益。

采用博弈论，对生态水利PPP项目社会投资者和政府的特许权期谈判过程进行模拟，能够较好地反映双方的利益冲突点，并在最后达到双方都满意的目标。但在实际运用时，社会投资者和政府部门的信息不对称，使构建的模型具有一定的不足之处。

（3）蒙特卡罗模拟法。蒙特卡罗模拟法是基于概率和统计学理论的一种随机模拟计算方法。根据项目的实践经验，决策者对影响特许权期的各种不确定性因素的概率分布进行定义，例如建设投资、运营成本、项目收益等，最终确定一个决策模型，然后通过计算机使用随机数实现统计模拟和抽样，从而预测出项目的NPV曲线，在给定的置信区间下，确定项目特许权期的可行区间。其中，模拟次数越多，结果越精准。

蒙特卡罗方法求解项目特许权期的步骤：①建立模型。针对需要解决的问题进行概率统计模型的建立，使模型简单又容易实现，使最终解恰好满足所建立的模型概率分布。②改进模型。不断改进模型，使模型尽量贴近实际问题的求解。③确定随机抽样方法。选择产生随机数或者是模型中实际变量的方法。④计算结果和检验。通过计算机模拟，预测得出项目的 NPV 曲线，结合具体项目的条件，确定特许权期的可行区间。

蒙特卡罗方法可以反映不确定因素对项目特许权期的影响，考虑更加全面，适合不确定性因素较多的生态水利 PPP 项目决策，同时它也可以结合到其他决策方法的应用。在计算时，数据的概率分布需要由经验而定，因此可能会导致决策偏差。

### 6.2.2 生态水利项目 PPP 模式的实物期权概述

#### 6.2.2.1 实物期权的概念及类型

实物期权是指在实物资产投资过程中，从期权概念出发来定义一种选择权。结合金融期权的概念，可以理解为：在实物资产投资中，期权的持有者在约定的时间内有权利（但不具有义务）能够按之前规定的价格出售和购买一项实物资产或投资计划。

实物期权的概念首次由 Stewart Myers（1977）教授提出，他认为一个投资项目所产生的现金流而创造的价值，应该来源于两部分：一是对目前所拥有资产的使用；二是对未来不确定条件下的投资机会（增长机会）的选择。这种投资机会可比作实物投资中的购买看涨期权，执行价格是对未来项目的投资金额。当社会投资者看到投资机会时进一步进行投资，投资的金额视为金融期权中的执行价格；反之，如果没有出现增长机会，那么企业不再进行投资，其初始投资可以看作是期权的购买成本。所以，一个项目中存在两种资产：一种是实物资产；另一种是实物期权。

Stewart Myers（1977）指出现金流产生的利润不仅包括截至当前所拥有的实际资产，还包括未来投资机会的选择权。Black 和 Scholes（1973）指出实物期权与金融期权相似但并非相同，相比后者，实物期权有非交易性、非独占性、先占性以及复合性的特点。同时他们解决了在风险中性与无套利条件下的金融期权定价问题，为期权理论的发展奠定了基础。实物期权方法一经提出，就得到了学者和投资者的认可，但实物期权法并不是为了否定 DCF 法而提出的，更多的是对 DCF 的补充和完善，实物期权的思想也是在对 DCF 法进行反思、批判和修正过程中逐渐发展起来的。实物期权分析方法的发展历程大体上为：概念性实物期权方法、单个实物期权（Single Real Option）、多重实物期权（Multi Real Options）定量分析方法、战略实物期权（Strategic Real Options）、案例和实证研究等。

国外的研究，主要有 Dixit 和 Pindyck（2012）关于实物期权发展的介绍，Chiara、Garvin 和 Vecer（2007）认为政府提供的最低收入保证可视为看跌期权，Cheah 和 Liu（2006）应用蒙特卡罗方法对马－新公路进行了政府补贴额度的测算，Ho 和 Liu（2002）构建了 BOT 项目逆向二项式金字塔模型以评估政府的债务担保价值，Huang 和 Chou（2006）把看跌期权与放弃期权视为复合期权，以中国台湾地区的高速铁路项目为例进行价值测算。

国内的研究，主要有杨屹、郭明靓和扈文秀（2007）认为 BOT 项目可分成若干阶段分别进行投资建设，邹湘江和王宗萍（2008）应用 B-S 模型计算项目的期权价值，刘巍和张雪平用 B-S 模型对 BOT 水电项目进行了实证研究，高丽峰、张超和杜燕用 B-S 模型对政府经济政策担保价值进行了测算。

期权按照交易方式、方向、标的物等不同，衍生了不同的期权品种。按照期权的权利来划分，主要分为看涨期权（也称为买方期权）和看跌期权（也称为卖方期权）；按照交割时间来划分，主要分为美式期权和欧式期权；按照合约的标的划分，主要分为股票期权、股指期权、利率期权、商品期权以及外汇期权等。就实物期权而言，通常分为以下六种决策方法：

（1）递延期权（Option to Delay Investment）。递延期权也称为等待期权或延迟期权，即投资方拥有推迟投资的权利，根据市场的波动情况决定何时投资，该期权可以减少项目失败的风险。如污水处理厂在征地过程中，由于地方群众的异议，政府未能如期完成项目的征地工作，投资方可以选择按推迟相应的时间进行项目设计、勘测、设备采购等投资活动。

（2）扩张期权（Option to Expand）。项目的持有者有权在未来的时间内增加项目的投资规模以获取更大的利润。如某污水处理项目在运营过程中，出现了较大的政策利好，投资方可行使该期权，扩大产能，以获取更多利润。

（3）收缩期权（Option to Contract）。与扩张期权相对应，收缩期权是指项目的持有者为减少可能的损失，有权在未来的时间内减少项目的投资规模。

（4）放弃期权（Abandon Option）。投资者有权在市场条件恶化或项目收益不足以弥补投入成本的情况下放弃对项目的继续投资，行使放弃期权，投资方可能会回收部分残值，同时避免继续投资产生更大的损失。

（5）转换期权。投资者有权根据市场需求的变化，来决定最有利的投入与产出。比如，当未来市场需求或产品价格改变时，企业可以利用相同的生产要素来生产对企业最有利的产品，也可以投入不同的要素来维持生产特定的产品。

（6）担保期权。以为客户融资担保作为切入点，挖掘具备将来能够得到战略投资或者进行 IPO 的优质中小企业，以提供专业融资和财务服务来获得对企业的期权，将来通过行权获得利润。

就 PPP 模式而言，为了保证投资者的利益，往往需要政府或者第三方进行背书，承担担保的角色。比如污水处理企业，其污水处理量是市场需求风险的主要驱动因素，为避免水量不足给项目带来损失，项目公司与政府或其代表达成协议，采用照付不议的方式进行支付。PPP 模式关键风险及相应的实物期权见表 6-3。

表 6-3　PPP 模式关键风险及相应的实物期权

| | 风险类别 | 递延期权 | 扩张期权 | 收缩期权 | 放弃期权 | 转换期权 | 担保期权 |
|---|---|---|---|---|---|---|---|
| 关键风险 | 运营成本增加 | | | | | √ | |
| | 政府信用 | | | √ | √ | | |
| | 政府决策与审批延误 | | | | √ | | |
| | 第三方违约风险 | | | | | | √ |
| | 市场需求变化 | √ | √ | √ | √ | | √ |
| | 类似竞争项目 | | | | √ | | √ |
| 非关键风险 | 完工风险 | | | √ | | | |
| | 收费价格变更风险 | | | | | | √ |
| | 费用支付风险 | | | | √ | | |
| | 环保风险 | | | √ | √ | | |
| 非关键风险 | 产品损失 | | | | | | √ |
| | 公众反对风险 | | | | √ | | |
| | 政治不可抗力风险 | | | | √ | | |

6.2.2.2　实物期权应用于生态水利 PPP 项目的必要性与可行性

在传统的 PPP 模式投资决策实践中，NPV 法辅以 IRR、ROE 等财务指标进行项目评价和投资决策仍是主流，这种方法将项目未来较为稳定的期望现金流按照风险折现率进行折现，与当前需要进行投入的成本进行比较，从而进行决策。但采用财务指标评价生态水利 PPP 项目投资存在如下缺陷。

第一，传统的财务指标分析决策方法往往偏向于静态分析，假设项目是确定的，对于项目中的不确定因素主要是依据决策人的个人经验或采用较高的折现率进行调节。这种分析忽略了不确定性本身的价值，所以很容易导致决策失误。

第二，传统的财务指标分析决策方法偏刚性，即认为项目决策是一次性的，决策者只能在接受或者拒绝两者中选择其一，对于项目在运营过程中可能出现的变化没有充分的估计，比如市场行情变化可能带来的投资增加或者减少、项目扩张或收缩等。

第三，传统的财务指标分析方法对于投资可能产生的沉没成本考虑不足，对于放弃项目时的成本回收问题涉及较少。

与传统的决策方法相比，实物期权决策理论的研究目标不再是单一的现金流，项目所处环境及周期等不确定因素均在考虑之内，对于项目未来现金流采用概率论相关原理来描述。因此，实物期权投资决策方法更适合生态水利 PPP 项目，其具体的可行性分析如下。

第一，实物期权方法是更加柔性的分析方法。投资者在决策时，可以分阶段进行多次抉择，尽可能避免不必要的风险，增加项目的可行性。实物期权方法考虑到了项目启动后可能产生的变化，投资者可以在运营过程中进行适时的决策来扩大、收缩或者放弃项目，从而减少损失、扩大收益。

第二，实物期权方法的评价结果更接近生态水利 PPP 项目的真实情况。实物期权决策是通过资产的波动率和当前价格来体现项目的价值，相比传统的净现值法，计算结果更加准确。另外，实物期权方法充分地考虑了项目的不确定性，并把它视为项目价值的一部分，从而使得决策结果更客观，弱化了决策的主观性。

第三，实物期权决策方法对于生态水利 PPP 项目而言不仅是一种评价方法，也是一种投资策略设计工具。与传统的财务指标分析不同，实物期权方法不仅具有评价项目是否可行的功能，还有利于投资者运用实物期权的思维方式进行投资设计，增加项目投资决策的可选内容，并对风险进行更加细致的分析，提前考虑各个时间节点可能出现的变化，提前制定应对方案，掌握项目实施的主动权。

第四，实物期权思想可以和传统的决策方法进行结合。当采用传统的决策方法进行决策，出现多种价值相当方案而难以决策时，可以采用实物期权的价值分析方法，进行更深入的比较，从而进行方案的优劣判断。

### 6.2.3　生态水利项目 PPP 模式的实物期权与传统方法对比

6.2.3.1　传统投资评价方法优缺点分析

在前文中分别介绍了 NPV、蒙特卡罗模拟方法、博弈论方法，并且对其优缺点有一些叙述，下面结合上文对各自优缺点进行总结，见表 6-4。

表 6-4　传统投资评价方法的优缺点

| 项目 | | 优点 | 缺点 |
|---|---|---|---|
| 传统方法 | NPV | 原理简单、操作方便，在 PPP 项目评价中使用较多，占有一定地位 | 无法反映不确定因素下所具有的价值和管理的灵活性，不能处理复杂情况下的决策问题 |
| | 蒙特卡罗模拟法 | 反映不确定因素对项目特许权期的影响，考虑较为全面，在处理随机变化问题时有一定的优势 | 数据的概率分布需要由经验来定，选取折现率也存在着不准确问题，可能会导致决策出现偏差 |
| | 博弈论方法 | 能够较好地模拟社会投资者和政府部门各自的利益，最终达到利益均衡 | 实际运用中，私人投资和政府部门的信息不对称，使构建的模型有缺陷 |
| 总结 | | 无论是蒙特卡罗模拟法还是博弈论方法都是建立在净现值的求解基础上，也就是说，传统的方法都需要对未来的现金流量进行预测，这样的预测带来了不准确性，会影响到我们的决策。另一方面，传统方法都没有考虑到项目的战略意义和无形价值 | |

　　传统投资评价方法是以折现现金流作为分析基础，主要包括以下一些假设：①能够准确预测项目寿命期内每年的现金流入和现金流出，较准确地确定相应的贴现率；②投资不可推迟，投资者只能选择现在投资或者永远不再投资；③在项目发展过程中，内部环境将不再会出现预期之外的变化，同时，决策者也无法根据外部环境的变化，做出相应的调整，不存在柔性管理。

　　通过对传统方法优缺点进行分析，结合各自使用的假设条件，我们可以总结如下：

　　传统方法在使用过程中，都是在净现值求解的基础上进行研究，需要对多个参数进行估计，进而得到项目的净现值，给求解结果带来了不准确性。传统方法没有将影响项目价值的全部因素考虑在内，没有把投资决策的战略价值体现出来，对项目价值的估算不够准确。例如在生态水利 PPP 项目开发前期，对项目进行经济可行性评价时，项目的净现金流量在一些情况下是负值，按照净现值法的判断标准，这些项目应该被放弃，但是这种选择忽略了生态水利 PPP 项目的战略价值和不确定因素的潜在价值。而且，在现在市场环境下，随着技术的飞速发展，经济结构和经济增长模式都会受到影响，使得项目的价值更加难以预测。因此，对投资者来说，如果能够把握这种不确定环境下的投资机会和增长机会，将会给企业带来更多的价值。同样，在这个大背景下，传统投资分析方法不再适用，需要一种方法能将不确定因素中的机会价值体现出来，实物期权法即为这样的方法。

### 6.2.3.2　实物期权方法的优点

　　相比传统投资分析方法，实物期权法优势如下：①实物期权方法从期权理论出发，在生态水利 PPP 项目中，按照项目发展情况的不同，在决策时可以灵活多变，体现弹性管理的理念；②实物期权结合金融期权定价方法，按照金融期权中参数的特性，在项目中确定与之相对应的实物期权参数，进而对复杂的收益进行综合评价，具有一定的客观性和可比性；③实物期权方法提供了一种更加科学、全面的评价项目价值的方法，为企业做出决策提供了一种新思维、也提高了决策的科学性；④实物期权方法可以使投资者意识到项目长期带来的收益，进而重视项目的长期发展。现阶段我国大多私人企业生命周期较短，一部分原因是管理者只看到当前的价值，没能考虑到项目在发展过程中带来较大利益，从而做出了不正确的决策。这将影响到企业的长远发展，导致企业生命力弱，经常出现昙花一现的现象。实物期权的引入，能够使管理者认识到企业在长期发展中存在的利益。

与传统方法相比，实物期权方法在决策时，更加科学和全面。将传统方法与实物期权方法相结合，不仅可以计算项目的实物资产价值，同时也可以计算项目实物期权的价值，计算结果能够更加准确地体现项目的整体价值。将生态水利项目所具有的特征与实物期权的特征（表6-5）相结合，分析实物期权应用于生态水利 PPP 项目决策的可行性。

表 6-5　实物期权的特征与生态水利项目的特征

| 实物期权方法的特征 | 生态水利项目的特征 |
| --- | --- |
| 能够利用风险开拓机会，适用于高风险项目 | 受到政治、经济、自然环境、技术等多种外界不确定性因素的影响，项目风险大 |
| 实物期权具有不可逆性 | 生态水利项目建设期长，形态位置较为稳定，无法灵活更换位置，因而资金流动性较差，投资具有不可逆性 |
| 实物期权具有可延期性 | 水利建设项目周期较长，信息在短时间内较难反映出来，随着时间的推移，不确定性会逐渐降低。对投资者来说，延期投资能够得到更多的信息，对项目价值的估算会更加准确 |

总之，通过对传统方法和实物期权方法各自优缺点比较分析可知，实物期权较传统方法更能够全面地考虑到生态水利项目 PPP 模式中存在的各类不确定性因素，用于计算项目价值能够提高其准确性。同时，B-S 定价方法较二叉树期权定价方法更能全面考虑到项目中存在的各类不确定因素，所以在下文计算中，均采用 B-S 期权定价方法。

## 6.3　生态水利项目 PPP 模式的特许权期实物期权定价

### 6.3.1　生态水利项目 PPP 模式与实物期权价值

#### 6.3.1.1　单阶段实物期权及价值

在多数的期刊文献中，相关研究者往往只研究整个项目的一个阶段或者一种期权，比如刘继才等采用二叉树的方法对苏嘉杭高速的递延期权进行评价；季闯等采用模糊实物期权方法对香港迪士尼主题乐园进行价值计算等，均表现为单一实物期权的研究。

根据生态水利 PPP 项目的实际情况，有人将项目价值管理的阶段划分为四个：决策阶段、设计阶段、施工阶段以及运营阶段。在决策阶段主要是为了明确项目的价值、发展方向、类型及相关技术指标等；在设计阶段主要是涉及各种施工图、产品信息、工程清单以及投标行为等；施工阶段主要涉及具体建造工作，包括项目的建造、完成以及初步反馈；运营阶段包括正常运营、项目维护、设备翻修以及最终废弃等。

从价值评估的角度考虑，我们更关注资金的实际使用情况，在决策阶段相对而言，资金投入量占总投资的比重极小，因此，我们可以假设生态水利 PPP 项目的生命周期主要分为三个阶段：项目筹备阶段、项目初建阶段和项目运营阶段。根据经验，一般生态水利 PPP 项目的完整生命周期为 25～30 年，其中施工阶段一般为 3～4 年，运营阶段超过 20 年，往往占生命周期的 90%以上。

假设项目筹备阶段投资的立项资金量为 $I_0$，项目初建阶段需要投入的建设资金量为 $I_1$，项目建设所需时间为 $T_1$，项目建设完成后进入稳定运营阶段，该阶段持续时间设为 $T_2$。具体各阶段的实物期权价值如下所述。

（1）筹备阶段。该阶段项目投资具有不可逆性，项目立项后如果能够顺利进入建设阶段，则项目投资 $I_0$ 具有相应的扩张期权价值，项目进入稳定运营阶段的现金收益 $V$，如果项目立项不成功，无法进入建设阶段，则项目损失为初始投资 $I_0$。如果项目前景不明确，社会资本方倾向于持观望态度，待市场前景明朗化以后，再行决定是否追加投资、进入后续阶段，其决策的准则一般是评估项目 $NPV$ 值是否大于具有递延期权（即等待）的项目价值，递延期权的价值为 $\max[(V-I),0]$，具体如图 6-4 所示。

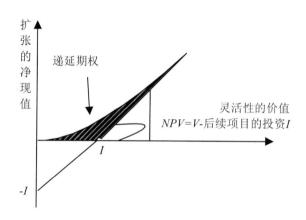

图 6-4 递延期权的价值

（2）初建阶段。若项目投资方认可市场前景，则进入建设阶段，在此阶段投资方具有扩张期权或收缩期权，放弃第一阶段的递延期权和放弃期权。如果市场条件充分，前景看好，比如需求扩大、融资成本降低、税费下调等，则项目投资方倾向于行使扩张期权，扩大水污染处理能力，增加 $k\%$ 的处理能力。执行扩张期权的成本是增加处理能力所需的额外成本费用的现值 $I_1'$，扩张期权的价值为 $C_1$，$C_1 = \max(k\%V - I_1',0)$；如果市场条件不理想，前景看淡（如需求减少、融资成本上升、税费提高等），则项目投资方倾向于行使收缩期权，减小水污染处理能力，减少 $m\%$ 的处理能力。执行收缩期权可以节省相应的成本费用 $Rm$，收缩期权的价值为 $C_2$，$C_2 = \max(Rm - m\%V,0)$；若在到期日，项目同时具有扩张期权和收缩期权，则项目的期权价值为 $C$，$C = \max(k\%V - I_1', Rm - m\%,0)$。具体如图 6-5 所示。

（3）运营阶段。在运营阶段，投资方拥有扩张期权、收缩期权以及放弃期权，对于扩张期权和收缩期权的分析同第二阶段类似，若因市场严重萎缩、政治环境恶化、发生自然灾害等因素，投资方执行放弃期权，则其期权的价值为清算价格 $A$ 与投资成本 $V$ 之差，即 $\max[放弃(A-V),0]$，具体如图 6-6 所示。

考虑到生态水利 PPP 项目的整个过程，从全生命周期的角度来考虑价值评估，可以将不同阶段的期权价值统筹考虑，在筹备期主要考虑递延期权价值，在建设期主要考虑扩张期权及收缩期权价值，在运营期主要考虑扩张期权、收缩期权以及放弃期权价值，如图 6-7 所示。

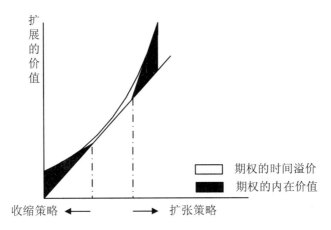

图 6-5　具有扩张态势或收缩态势的期权价值

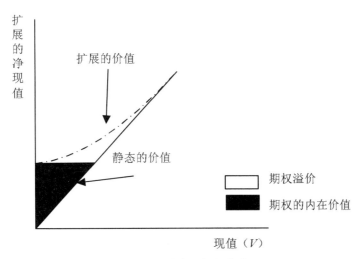

图 6-6　放弃期权的价值

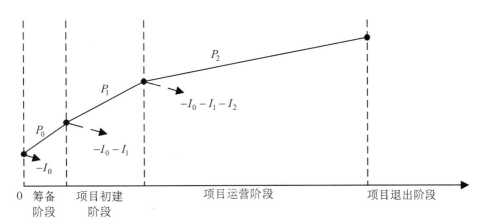

图 6-7　全生命周期视角下的生态水利 PPP 项目期权价值

### 6.3.1.2 复合实物期权及价值

图 6-7 中，从时间维度的横向坐标来看，项目在筹备、建设及运营三个阶段，可能有某一个或几个期权价值存在于某一个或几个阶段，如扩张期权和收缩期权在建设阶段和运营阶段同时存在，而放弃期权在整个阶段都存在；从期权价值的纵向坐标来看，同一阶段内，可能同时存在一种或几种期权价值，共同构成该阶段的复合实物期权。一般地，我们认为复合实物期权的类型主要包括三类：串式复合实物期权、或式复合实物期权以及和式复合实物期权，根据项目的实际情况，选择相应的模式进行价值计算。

（1）串式复合实物期权。设时间维度为 $t$，项目的整个生命周期内存在 $n$ 个阶段，分别为 $t_1$，$t_2$，$\cdots$，$t_n$，每个阶段内存在一种期权价值，相应地分别为 $c_1$，$c_2$，$\cdots$，$c_n$，则项目在生命周期内的期权价值为 $C = \sum_{i=1}^{n} c_i \, (i = 1, 2, \cdots, n)$，如图 6-8 所示。

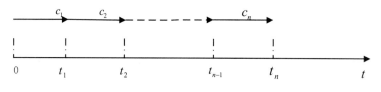

图 6-8　串式复合实物期权

（2）或式复合实物期权。设时间维度为 $t$，项目的生命周期内只存在一个阶段，该阶段内存在一种期权价值，分别为 $c_1$，$c_2$，$\cdots$，$c_n$，则项目在整个生命周期内的期权价值为 $C = c_i \left( i = 0 \text{ 或 } 1, \sum_{i=1}^{n} i = 1 \right)$，如图 6-9 所示。

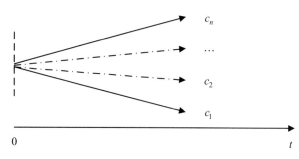

图 6-9　或式复合实物期权

（3）和式复合实物期权。设时间维度为 $t$，项目的生命周期内只存在一个阶段，该阶段内存在一种或多种期权价值，分别为 $c_1$，$c_2$，$\cdots$，$c_n$，则在整个生命周期内的期权价值为 $C = \sum_{i=1}^{n} c_i \, (i = 1, 2, \cdots, n)$，如图 6-10 所示。

在实际的生态水利 PPP 项目中，可能存在以上三种复合实物期权的一种或多种，即可能存在某个项目在某个阶段存在一种或多种期权价值，也可能存在某一种或多种期权价值存在于多个阶段，根据实际情况可以建立相应的期权价值模型。

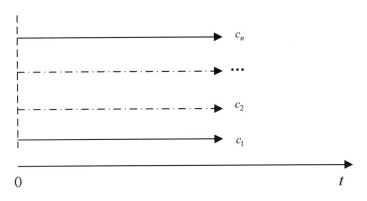

图 6-10　和式复合实物期权

实物期权定价方法求解期望主要有以下三种：①利用偏微分法的 Black-Scholes 模型；②蒙特卡罗模拟法；③利用动态规划法的二叉树定价模型。

Black-Scholes 模型过于抽象，假设条件难以实现，模型也难以求解。二叉树模型相比来说更加直观，运用更加广泛，同时也能够体现净现值法的分析形态，所以更易于理解。总体来看，二叉树是较为有效的方法之一。

（1）构建标的项目价值网格图。进行期权价值评估的基础是标的项目的价值，在进行项目价值预测的主要标准是项目的预期现金流入，其现值设为 $V_t$，在一段时间 $\Delta t$ 内，其上行乘数为 $u$，价值上行的概率设为 $p$；下行乘数为 $d$，价值下行的概率则为 $1-p$。

根据多阶段二叉树基本模型和风险中性定理，有：

$$u = e^{\sigma\sqrt{t}} \tag{6-3}$$

$$d = \frac{1}{u} \tag{6-4}$$

$$p = \frac{1+r-d}{u-d} \tag{6-5}$$

$$1-p = \frac{u-1-r}{u-d} \tag{6-6}$$

上几式中，$\sigma$ 为预期现金流入现值的标准差；$r$ 为无风险利率水平；$t$ 为时间，以年为单位。

（2）构建标的项目的复合期权价值网格图。按照逆推的计算方法，从最后的时间节点开始计算，依据风险中值定理倒推出上一期的决策结果：

1）各节点决策规则。

末期节点决策规则

$$\max(收缩期权的价值，扩张期权的价值，放弃期权的价值,0)$$

中间节点决策规则

$$\max(任一期权的价值，继续持有该期权的价值）$$

总的来说，决策规则取决于各期权的最大价值及当期的期权类型。

2）期权价值计算。根据前面的定义，扩张系数、扩张成本、收缩系数、清算成本、清算标的价值等见表 6-6。

表 6-6  复合期权模型相关参数

| 参数 | 扩张系数 | 扩张成本 | 收缩系数 | 清算成本 | 清算价值 |
|------|---------|---------|---------|---------|---------|
| 符号 | $k\%$ | $I_1'$ | $m\%$ | $Rm$ | $A$ |

扩张项目规模的期权价值

$$C_k = k\%V_T - I_1' \tag{6-7}$$

收缩项目规模的期权价值

$$C_s = R_c - m\%V_T \tag{6-8}$$

放弃项目的期权价值

$$C_f = \max(A - V_T, 0) \tag{6-9}$$

持有项目的价值

$$C_c = [p \cdot V_T^+ + (1-p) \cdot V_T^-]e^{-r \cdot t} \tag{6-10}$$

式中，$V_T^+$ 为未来现金收入上行时的现值；$V_T^-$ 为未来现金收入下行时的现值。

（3）项目复合期权决策规则。

根据前述决策规则，相应的最后时间节点的决策准则为

$$\max(C_k, C_s, C_f, 0) = \max(k\%V_T - I_1', R_c - m\%V_T, A - V_T, 0) \tag{6-11}$$

前一节点的决策准则为

$$\max\{[pV_T^+ + (1-P)V_T]e^{r \cdot t}, k\%V_T - I_1', R_c - m\%V_T, A - V_r, 0\} \tag{6-12}$$

建设期所有节点的决策准则为

$$\max\{k\%V_T - I_1', R_c - m\%V_T, [pV_T^+ + (1-p)V_T^-]e^{-r \cdot t}, 0\} \tag{6-13}$$

在前文中已经指出，在生态水利建设 PPP 项目中，我们只讨论第二种定义下的固定特许权期。参考多类文献，得到对于固定特许权期的决策通常有净现值法、博弈论法和蒙特卡罗模拟法。对三类传统评价方法及实物期权理论分别进行介绍和分析，通过对比总结其各自的优缺点，最后得出结论，实物期权更加适合用于计算生态水利 PPP 项目的特许权期。

### 6.3.2 生态水利项目 PPP 模式的特许权期实物期权定价方法

期权的定价方法，主要有两种：一种是二叉树模型及其演化扩展；另一种是 Black-Scholes 模型及其演化扩展模型。

（1）二叉树期权定价模型。二叉树期权定价模式使用广泛，推理过程较为简单，易于读者接受。按照变化的阶段来分类，可以分为单期、两期和多期二叉树。本书中，仅讨论单期二叉树。

在建立二叉树模型之前，我们作以下三个假设：

1）在当前市场下投资，交易成本不予考虑。

2）标的物的价值要么增加要么减少，但结果只能是其中的一种。

3）投资者必须接受股票的价格，购买以后，可以卖空所有的款项。

设当前股票的市场价格为 $S$，以该股票为标的资产的期权当前价格是 $f$，期权到期日为 $T$。期权价值的变化有两种情况，第一种，股票价格按照 $u-1$ 的比例上涨，经过时间 $T$，股价上涨价格为 $S_u$，期权价值为 $f_u$；第二种是股价以 $1-d$ 的比例下降，期权到期时，其价格为 $S_d$，期

权价值 $f_d$ ($u>1$, $d<1$)。如图 6-11 所示。

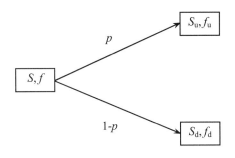

图 6-11　二期权投资组合示意图

假设投资组合包括买进 $x$ 股股票,与卖出一个买权所组成。买进的 $x$ 股股票的亏损与被卖出的买权亏损正好抵消。投资组合的价值是确定的,也即这一组合是无风险的,见表 6-7。

表 6-7　二叉树期权投资组合

| 投资组合 | 期初 | 期末 | |
|---|---|---|---|
| | | 上升 | 下降 |
| 买进 $x$ 股股票 | $xS$ | $xS_u$ | $xS_d$ |
| 卖出一个买权 | $f$ | $f_u$ | $f_d$ |
| 资产组合的价值 | $xS - f$ | $xS_u - f_u$ | $xS_d - f_d$ |

由上表可得

$$xS_u - f_u = xS_d - f_d \tag{6-14}$$

式(6-14)可变型为

$$x = \frac{f_u - f_d}{S_u - S_d} \tag{6-15}$$

式(6-15)表示,由时点零移动至时点 $T$ 代表的节点时,$x$ 等于期权价格的变化与股票价格变化之间的比值。

在此过程中,投资组合的期初值为 $xS - f$,因为不存在套利机会,所以收益率与无风险利率相等(用 $r$ 表示),根据无套利原理,有

$$xS - f = (xS_u - f_u)\mathrm{e}^{-rT} = (xS_d - f_d)\mathrm{e}^{-rT} \tag{6-16}$$

(在已知复利利率为 $r$,投资期为 $T$ 年的前提下,计算一笔现金流的现值应为 $A \times \mathrm{e}^{-rT}$)将 $x$ 的表达式代入式(6-16)中,得

$$f = \frac{f_u - f_d}{S_u - S_d}S(1 - u\mathrm{e}^{-rT}) + f_u\mathrm{e}^{-rT} \tag{6-17}$$

变形为

$$f = \frac{f_u(1 - d\mathrm{e}^{-rT}) - f_d(u\mathrm{e}^{-rT} - 1)}{u - d} \tag{6-18}$$

整理为

$$f = \mathrm{e}^{-rT}[pf_u + (1-p)f_d] \tag{6-19}$$

式（6-19）中

$$p = \frac{e^{rT} - d}{u - d} \tag{6-20}$$

式中，$p$ 为风险中性概率。

式（6-19）即为单期二叉树模型，首先按照已知参数计算风险中性概率 $p$，再计算期望现金流量 $pf_u + (1-p)f$，最后按无风险利率贴现，求得期权价格。

（2）B-S 期权定价模型。B-S 模型最早于 1973 年由 BLACK、SCHOLES 提出，假设条件如下：

1）股票价格的变化轨迹服从维纳过程的连续变动。

2）期权为欧式期权，只有在到期日才可以行使权力。

3）在期权有效期内，股票不产生任何股息。

4）利率按照无风险利率计算，投资者可以自由借入资金或贷出资金。

5）当前市场投资时不计较交易成本。

当企业经营无亏损时，$t$ 时刻的吸纳国民投资收益价值 $S_t$ 的运动服从几何布朗运动，可得

$$dS_t = \alpha S_t dt + \sigma S_t dZ(t) \tag{6-21}$$

式中，$\alpha$ 为瞬态收益率；$\sigma$ 为瞬态波动率；$Z(t)$ 遵循维纳过程。

$t$ 时刻下，实物期权的价值是此时收益价值和该时间的函数 $C(St,t)$，根据依托定理可得

$$dC = \left[\left(\frac{\partial C}{\partial t} + \alpha S_t \frac{\partial C}{\partial S_t} + \frac{1}{2}\frac{\partial^2 C}{\partial S_t^2}\sigma^2 S_t^2\right)dt + \frac{\partial C}{\partial S_t}\sigma S_t dZ(t)\right] \tag{6-22}$$

上面两个式子可以写成如下

$$\left.\begin{array}{l} \Delta S_t = \alpha S_t \Delta t + \sigma S_t \Delta Z(t) \\ \Delta C = \left(\frac{\delta C}{\delta t} + \alpha S_t \frac{\partial C}{\partial S_t} + \frac{1}{2}\frac{\partial^2 C}{\partial S_t^2}\sigma^2 S_t^2\right)\Delta t + \frac{\partial C}{\partial S_t}\sigma S_t \Delta Z(t) \end{array}\right\} \tag{6-23}$$

在此基础上，构造一个资产投资组合：持有上述实物期权，并卖出 $\frac{\partial C}{\partial S}$ 份项目收益，那么该组合下时刻 $t$ 的价值为

$$N = C - \frac{\partial C}{\partial S_t}S_t \tag{6-24}$$

结合式（6-23）消掉随机项 $\Delta Z(t)$，得到

$$\left.\begin{array}{l} \Delta N = \Delta C - \frac{\partial C}{\partial S_t}\Delta S_t = \left(\frac{\partial C}{\partial t} + \frac{1}{2}\frac{\partial^2 C}{\partial S_t^2}\sigma^2 S_t^2\right)\Delta t \\ \frac{\partial C}{\partial t} + rS_t\frac{\partial C}{\partial S_t} + \frac{1}{2}\frac{\partial^2 C}{\partial S_t^2}\sigma^2 S_t^2 = rC \end{array}\right\} \tag{6-25}$$

式（6-25）可以说明，该投资组合价值在短时间的变化范围内不存在价值变换的风险，也即瞬态收益率 $\alpha$ 等于单位时间的无风险利率 $r$，从而避免了套利机会，即

$$\Delta N = Nr\Delta t \tag{6-26}$$

由式（6-24）、（6-25）、（6-26）化简得到

$$\left.\begin{array}{l} \dfrac{\partial C}{\partial t} + rS_t\dfrac{\partial C}{\partial S_t} + \dfrac{1}{2}\dfrac{\partial^2 C}{\partial S_t^2}\sigma^2 S_t^2 = rC \\[2mm] C(S_T,T) = S_T + \max[(S_T - X),0] \end{array}\right\} \quad (6\text{-}27)$$

从式（6-27）可以看出，对于增长期权而言，以 $t=T$ 时的期权价值 $C(S_T,T) = S_T + \max[(S_T - X),0]$ 作为边界条件，其中 $X$ 为投资成本，包括股本金和贷款及建设期利息，构成随机偏微分方程组

$$\begin{cases} \dfrac{\partial C}{\partial t} + rS_t\dfrac{\partial C}{\partial S_t} + \dfrac{1}{2}\dfrac{\partial^2 C}{\partial S_t^2}\sigma^2 S_t^2 = rC \\[2mm] C(S_T,T) = S_T + \max[(S_T - X),0] \end{cases} \quad (6\text{-}28)$$

解方程组得（计算过程省略）

$$\left.\begin{array}{l} C = S \cdot N(d_1) - Xe^{-r(T-t)} \cdot N(d_2) \\[2mm] d_1 = \dfrac{\ln(S/X) + (r + \sigma^2/2)(T-t)}{\sigma\sqrt{T-t}} \\[2mm] d_2 = \dfrac{\ln(S/X) + (r - \sigma^2/2)(T-t)}{\sigma\sqrt{T-t}} = d_1 - \sigma\sqrt{T-t} \end{array}\right\} \quad (6\text{-}29)$$

式（6-29）即为生态水利 PPP 项目增长期权价值在 $t$ 时刻的数学模型，其中：实物期权价值，$S$ 为投资收益价值；$X$ 为投资支出；$T-t$ 为投资决策可延缓时间（年）；$r$ 为年无风险的复合利率；$N(d)$ 为标准正态分布的随机变量值低于 $d$ 的概率；$\sigma$ 为项目年回报率标准差。

## 6.4 实物期权下生态水利项目 PPP 模式的特许权期决策模型

为了更好地构建实物期权下生态水利 PPP 项目的特许权期决策模型，本书首先对模型构建的基本原则进行阐述；其次，总结生态水利项目中影响特许权期决策的主要因素，按照影响因素分类识别项目中的期权；再次，确定实物期权定价模型中的参数；最后构建基于实物期权方法的特许权期决策模型。

### 6.4.1 模型构建的基本原则

（1）公平公正原则。对政府和社会投资者来说特许权期的长短直接影响着各自的利益。特许权期太长，社会投资者盈利过多，政府经营期变短，相应的政府收益也就减少。特许权期设定太短，社会投资者收益可能无法达到预期收益，在项目招标时，不能吸引社会投资者参与到生态水利 PPP 项目中来。所以，应该综合考虑双方的利益平衡点，坚持公平公正原则，使用科学的方法，对其进行准确的运算，最大化达到对企业和政府的公平公正，以实现政府与社会资本的收益平衡。

（2）具体项目具体分析原则。生态水利 PPP 项目千差万别，既包括新建、改建、扩建项目，又包括农村项目和城市项目，项目既可能是公益性的，也可能是非公益性的。因此，在融资方案中确定特许权期时，要根据具体的生态水利 PPP 项目的特点，对各方的利益进行综合考虑，确定合理的特许权期。

（3）政府激励原则。有效的激励政策能够加强企业建设和运营的积极性，促进企业在

建设期效率的提高，相比在无激励时，建设期可能较长，费时费料。因此，在设定项目特许权期时，遵循政府激励原则，能够鼓励企业不断提高效率、降低生产成本，达到公私合营效益最大化。

（4）相互信任的原则。在生态水利 PPP 项目中，政府部门和社会投资者方在合作时，政府部门追求的是社会价值最大化，企业追求的是自身利润最大化，两者利益既相互联系，又相互影响。在双方面临不同的利益和不对等的信息情况下，需要有相互信任的理念，形成合作和信任的良性循环。

### 6.4.2 模型构建的影响因素分析

从 PPP 模式开始立项到项目移交给政府，会有很多因素对项目特许权期的决策产生影响。通过分析影响特许权期决策的各类因素，总结出项目中存在的期权类型，进而使决策者充分理解和认识项目的潜在价值，以便做出最正确的决策。

#### 6.4.2.1 影响特许权期决策的常见因素

宋金波等（2012）通过研究污水处理 BOT 项目的特点和运营规律，指出影响特许权期的确定性因素有污水处理价格、投资回报、折现率；不确定性影响因素有进水量、经营收入和成本、大修费用等。李启明等（2000）研究认为，影响特许权期的因素有项目内部因素和项目外部因素，内部因素包括项目类型、项目运营、维护方案、风险分配等，外部环境有政策、法律、市场等。史翔（2014）认为任何一个项目贷款利率和收费价格都是其影响因素。杨宏伟等（2003）指出建设期长度、项目投资额、运营效益和项目预期收益都是项目特许权期的重要影响因素。施颖指出政府实施项目的目标、建设和运营期内投资结构、需求状况等都是项目特许权期决策需要考虑的重要因素。通过归纳等学者对特许权期影响因素的描述，影响特许权期决策的常见因素详见表 6-8。

表 6-8　影响特许权期的常见因素

| PPP 模式特许权期影响因素 | 直接因素 | 时间因素 | 项目生命周期、设备寿命、资产经济寿命、投资回收期 |
|---|---|---|---|
| | | 收益率 | 投资回报率、项目预期收益、折现率 |
| | | 建设期 | 建设周期、完工时间 |
| | | 运营期收入 | 项目未来收益现金流、运营效益情况、运营收入、产品价格、旅游消费价格、消费量等 |
| | | 运营期成本 | 运营成本、财务成本等，建设投资、税费等 |
| | 间接因素 | 项目本身特性 | 项目性质、技术难度、市场适应性、项目经验等 |
| | | 风险因素 | 项目目标、政府政策、公众舆论等 |

#### 6.4.2.2 影响生态水利 PPP 项目特许权期决策的主要因素

在生态水利 PPP 项目实施过程中，政府方和社会资本方应该有效管理和分担项目中存在的各种风险，以保证项目的成功完成，其中影响特许权期决策的主要因素如下。

（1）运营收入和运营成本。生态水利 PPP 项目的运营收入主要来源于景观旅游效益、生态环境效益、土地增值效益。效益具有一定的不稳定性，例如景观旅游效益，会随着政府对景点门票收费价格的变化、人流量的变化而产生一定的波动。因而，政府应该对私人企业有一定的担保，在收益低于一定数值时，给予一定的保证，所以项目中存在担保期权。运营成本主要包括项目在运营期内的现金流出，如日常管理及维修费、职工工资福利费用、勘探设计费等。

（2）折现率。折现率是指未来某个时间的资金价值折算成现值的比率，是资金的时间价值的衡量尺度。折现率通常会反映投资者对投资收益的期望、对投资风险的态度等，在计算时，可以采用行业的基准收益率。折现率一般是一个常数，无需识别分析其期权价值。

（3）投资回报率。在生态水利 PPP 项目中，社会资本的主要目标是盈利，如果投资回报较低，将无法吸引社会资本进行合作，因而其投资回报率应高于同期银行长期贷款利率。但基于政府角度，会把投资回报率设定一个合理的上限，既可以保证投资者的预期收益，使项目运行具有积极性和可持续性，也可以防止获取暴利。因而投资回报率的设定对生态水利 PPP 项目建设和运营的公平性和可持续发展有着重要作用。

（4）特许经营协议中的相关条款。项目特许权期的设定受项目特许经营协议中的一些约定条款的影响。生态水利项目属于准公益性项目，本身具有一定的收益，但盈利能力受到门票价格、游客等条件的限制，因而也具有一定的风险。为更好地吸引社会资本，政府需制定相关政策给予社会资本方一定的补偿和担保。这种补偿和担保，会随着项目运营情况的不同而采取不同的措施，并不要求政府必须投入资金。

### 6.4.3 生态水利项目 PPP 模式特许权期的决策模型构建

#### 6.4.3.1 实物期权定价模型的参数确定

拥有一个项目的投资机会，就如在金融市场下拥有一个金融期权。在表 6-9 中，我们将实物期权与金融期权相对照，对实物期权中的参数进行修正，使其更加适合于生态水利项目特许权期的计算。

表 6-9 实物期权参数与金融期权参数对照表

| 金融期权 | 实物期权 |
| --- | --- |
| 金融期权标的物 | 投资项目 |
| 期权执行价格 $X$ | 项目投资成本现值 $I$ |
| 标的物当前价格 $S$ | 项目预期 $A$ 现金流现值 $V_t$ |
| 期权距到期日的时间 $T$ | 投资决策可延缓的时间 $T$ |
| 期权中标的物的风险 $\sigma$ | 未来收益的不确定性 $\sigma$ |
| 无风险利率 $r$ | 无风险利率 $r$ |

下面分别介绍生态水利项目 PPP 模式中实物期权参数的确定及估算。

（1）生态水利 PPP 项目的价值 $V_t$。在生态水利 PPP 项目中，项目的价值对应于金融期权中标的资产的市场价格。项目的资产是估算项目价值的重要因素，它来自于项目从开始到特许权期结束这一段时间内现金流量的现值。在运算过程中，需要对未来现金流量进行估算，会产生一定的误差。同时生态水利 PPP 项目的价值运动服从布朗运动，不会发生突然地向上或者向下跳跃。

（2）生态水利 PPP 项目的投资成本现值 $I$。在金融期权中，期权的执行价格即为约定价格，对应于生态水利 PPP 项目的投资成本现值。根据 PPP 模式融资性质，投资成本 $I$ 应该包

括股本金 $I_0$ 和融资额，融资额包括建设期贷款资金 $A$ 和贷款利息。其中，股本金是固定不变的，融资额需要通过贷款利率 $i$ 和贷款期限 $n$ 进行预算 $I = I_0 + A(1+i)^n$。其中贷款期限 $n$ 应该按照建设期长短确定。

（3）生态水利 PPP 项目价值的波动率 $\sigma$。实物期权定价模型中的项目价值波动率较难确定，它从历史数据或者通过估算关键影响因素的波动率方法得到。在生态水利 PPP 项目中，影响工程效益的因素有很多，但项目建成后的土地增值效益对其影响最大。因此，可以通过估算该地多年土地增值效益波动率，来代替项目价值波动率。

（4）生态水利 PPP 项目无风险利率 $r$ 的确定。在生态水利 PPP 项目实物期权模型中，依据风险中性原则，预期收益率即为无风险利率，所谓的无风险利率是指投资者将资金投资于政府债券等类似于无风险等级的债券所能获得的收益率。计算时可以使用与实物期权有效期相同的国债利率作为无风险利率估算值。

（5）PPP 模式特许权期 $T$。金融期权距离到期日的时间对应于生态水利 PPP 项目中的特许权期 $T$，也即在特许权期之后，失去了对项目的所有权，期权失效。

### 6.4.3.2 特许权期决策模型建立

上文中对影响 PPP 模式生态水利项目特许权期的主要因素进行了实物期权识别，在生态水利项目中，主要期权类型为担保期权和增长期权。

在净现值模型的基础上，私人投资者决策模型：$\sum_{i=T_0}^{T_C}(CI_i - CO_i)(1+r)^{-i} \geqslant E \times R_E$，目前，对于 $R_E$ 取值的大小仍在研究中，没有明确的取值范围，在本书模型中设 $R_E$ 为项目公司的年预期收益率，对项目价值进行等额回收，资金回收系数为 $(A/P,i,n)$，等额回收值为 $A$。通过比较 $A$ 与年期望投资回报的大小来确定特许权期的长短。可以构建基于复合期权价值的供水 PPP 项目特许权期决策模型如下：

$$\left[\sum_{i=T_0}^{T_C}(CI_i - CO_i)(1+r)^{-i} + V_{ro}\right](A/P,i,n) > E \times R_E \tag{6-30}$$

$$\left. \begin{aligned} V_{ro} &= S \cdot N(d_1) - Xe^{-r(T-t)} \cdot N(d_2) \\ d_1 &= \frac{\ln(S/X) + (r + \sigma^2/2)T_C}{\sigma\sqrt{T_C}} \\ d_2 &= \frac{\ln(S/X) + (r - \sigma^2/2)(T_C)}{\sigma\sqrt{T_C}} = d_1 - \sigma\sqrt{T_C} \end{aligned} \right\} \tag{6-31}$$

式中，$V_{ro}$ 为实物期权价值；$S$ 为国民投资收益价值；$X$ 为包括股本金和贷款利息的投资支出；$R$ 为年无风险的复合利率；$T_C$ 为投资决策可延缓时间（年），在该模型中为项目特许权期；$\Sigma$ 为项目年回报率标准差；$N(d)$ 为标准正态分布的随机变量值低于 $d$ 的概率；$E$ 为项目公司的投资总额；$R_E$ 为项目公司的年预期收益率。其中 $V_{ro}$ 既可以指项目某一单一期权价值，也可以指两种以上复合期权的价值，本书采用 B-S 定价模型对期权价值进行计算。

总之，按照模型构建原则，围绕影响特许权期决策的各种因素展开分析，并对期权类型识别，在净现值 NPV 方法基础上，结合实物期权理论，最后构建了特许权期决策模型。

## 6.5　生态水利项目 PPP 模式的特许权期实证分析

在构建模型的基础上，结合 A 市 B 河案例，对该项目特许权期进行求解，最后通过蒙特卡罗模拟方法对得到的结果进行敏感性分析。

### 6.5.1　案例概述

B 河综合治理工程是 A 市水生态建设的重要组成部分，通过疏浚、拓挖等工程措施，保持适宜宽度和深度的水面，保证鱼类栖息、河道内生物多样性不会受到重大影响。工程系统考虑河道本身与城市的关系，将河流功能与两岸城市充分融合，达到人与自然和谐相处。B 河综合治理工程的开发任务为：通过工程措施形成河道主槽、浅滩、湿地等多种形态的水面，将河流构建成一条生态文化景观廊道，保护与修复水生态系统，维持 B 河的健康生命。B 河综合治理工程从清㴑河关庄闸引水处至省道 S220，治理长度 8.6km。横向景观设计红线宽度 80～300m。工程设计内容包括 B 河河道拓挖工程、河道蓄水建筑物工程、水系连通工程、景观工程、水生态系统构建工程、路桥工程六部分。B 治理河段无防洪和排涝任务。本次工程设计标准按照景观要求执行。

#### 6.5.1.1　基础数据及依据

（1）评价依据。国家发展改革委和建设部 2006 年 7 月颁布的《建设项目经济评价方法与参数（第三版）》（以下简称《方法与参数》）；水利部 1994 年发布的《水利建设项目经济评价规范（SL72-94）》（以下简称《评价规范》）；国家现行有关财税制度。

（2）社会折现率。社会折现率是工程项目经济评价的通用参数，根据《方法与参数》和《评价规范》的有关规定，本次经济评价采用 8% 的社会折现率。

（3）工程投资。工程总投资为 82816.42 万元。

（4）计算期。计算项目总费用和效益所指定的时间范围，包括建设期和正常运行期。根据相关安排，该工程计算期为 32 年，其中建设期 2 年。

（5）价格水平年和基准年。价格水平年取 2014 年第一季度水平，基准年为工程开工的第一年，基准点为开工第一年初。

#### 6.5.1.2　工程费用

工程费用主要包括固定资产投资、年运行费和流动资金。

（1）固定资产投资。根据项目投资估算结果，工程总投资为 82816.42 万元，其中 30% 为自有资金，70% 为贷款。运营期开始后，贷款分 10 年等额还清，银行贷款利率为 6.15%（中国银行发布，2014 年度五年以上商业贷款利率）。

（2）年运行费。年运行费指工程运行初期和正常运行期每年所需支出的全部运行管理费用，包括工程维护费、管理费。①工程维护费。工程维护费中包括了修理费、材料费、燃料即动力费等与工程修理养护有关的成本费用；根据《评价规范》的有关规定和本次工程实际情况，维护费按工程固定资产投资的 1.2% 计算，每年费用为 924.23 万元。②管理费。管理费包括工资及福利费、管理费、其他费用等与工程管理有关的费用，按工程固定资产投资的 0.4% 计算，每年费用为 308.08 万元。年运行费合计每年 1232.31 万元。

（3）流动资金。流动资金是指项目维持正常运行所需购买材料、燃料、备件、备品和支付职工工资等的周转资金，按年运行费的 10% 计取，为 123.23 万元。流动资金在运行期第一年投入，在运行期末年回收。

### 6.5.1.3 效益构成

（1）景观旅游效益。本次工程根据《A 市城市总体规划》（2012～2030）的要求，完善城区的用地布局，利用河道的自然条件，着力为市民提供一个休闲、观光、娱乐、游憩的良好场所，推动 A 市的旅游发展，工程建设将促进 A 市的旅游发展，具有较大的旅游效益，为旅游业的发展提供坚实的基础保障，提高旅游业发展的可持续性。

由于景观旅游效益相对较难量化，采用增加的游客人数产生的旅游效益来定量分析。根据《2012 年 A 市国民经济和社会发展统计公报》，2012 年 A 市共接待国内外游客 7765 万人次，与上年相比，增长 13.0%；旅游总收入为 402.7 亿元，增长 15.7%。工程建成实施后，本工程预计每年可增加旅游人数约 3 万人，人均消费额 200 元，每年可创造经济效益 600 万元。计算中将生态环境效益以 3% 的增长率稳步增值。

（2）生态环境效益。本次 A 市 B 河综合治理工程强调生态化的设计建设理念，将城市绿地、公共空间、生态绿廊有机结合，打造新的生态城市形象，创造城市品牌。利用本次治理工程的建设契机，将有助于改善区域的生态环境质量，提高整个 A 市的城市品位。其生态环境效益主要包括：局部空气的净化、环境的美化，涵养水源，保护生物多样性。

本次 A 市 B 河的综合治理工程，会引起生态系统的结构和功能发生变化，进而改变生态服务功能的价值。Costanza 等人经过多年的研究，对生态系统价值评估做出了杰出的贡献，他们所提出的评估方法和原理，得到了生态学界的认可。中国学者谢高地等在 Costanza 等人研究的基础上，根据中国实际情况，制订了中国陆地生态系统单位面积生态服务价值系数表，该价值系数表得到了国内众多学者的一致认同，至今仍为计算生态服务功能价值时的参照，其中水体价值系数为 4.067、森林价值系数为 0.64、草地价值系数为 7.58。

A 市 B 河的综合治理工程，必然会引起生态系统结构和功能的变化，进而会改变生态服务功能的价值。本次治理工程主要由水面和景观绿地构成，水体面积为 38.00hm$^2$，景观绿化面积中森林和草地面积都按照 30.85hm$^2$ 计算。根据价值系数计算，本次工程的水体生态环境效益为 154.57 万元，森林生态环境效益为 59.65 万元，草地生态环境效益为 19.76 万元，合计为 233.98 万元。在计算时，生态环境效益在前 25 年，按照 3% 的增长率，稳步增长；从第 26 年开始项目进行到后期，伴随着一些设施损坏，环境变差等问题，生态环境效益以 10% 的减少率下降。

（3）土地增值效益。A 市 B 河综合治理工程建设改善了城市和周边的生态环境状况，也将带动周围土地增值。本次工程实施后，B 河两岸因治理工程带来显著增值的土地面积约为 435.16 万 m$^2$，以 1.6 的平均建设容积率计算，建筑面积约 696.26 万 m$^2$。B 河两岸的土地增值是治理工程建设改善环境，政府各部门完善基础设施等多方面因素共同作用的结果。据估算因治理工程带来的土地增值效益按 200 元/m$^2$ 考虑，10 年的增值效益达到 13.93 亿元，年均土地增值效益 1.39 亿元。土地增值效益在前五年以 3% 的增长率逐步提高，从第五年开始到第十年，项目土地增值效益以 2% 的下降率有所减少，从第十一年开始，该项目不再带来土地增值效益。

根据前文中对效益构成的分析，对项目计算期内每年的效益进行估算，见表 6-10。

表 6-10　项目年效益计算表　　　　　　　　　　　　单位：万元

| 效益组成 | 建设期 | | 运营期 | | | | | | | | |
|---|---|---|---|---|---|---|---|---|---|---|---|
| | 1 | 2 | 3 | 4 | 5 | 6 | 7 | 8 | 9 | 10 | 11 |
| 景观旅游效益 | | | 600 | 618 | 636.54 | 655.64 | 675.31 | 695.56 | 716.43 | 737.92 | 760.06 |
| 生态环境效益 | | | 233.98 | 241 | 248.23 | 255.68 | 263.35 | 271.25 | 279.38 | 287.77 | 296.4 |
| 土地增值效益 | | | 13925.12 | 14342.87 | 14773.16 | 15216.35 | 15672.85 | 15202.66 | 14746.58 | 14304.18 | 13875.06 |
| 总效益 | | | 14759.1 | 15201.87 | 15657.93 | 16127.67 | 16611.5 | 16169.47 | 15742.4 | 15329.87 | 14931.52 |

| 效益组成 | 运营期 | | | | | | | | | | |
|---|---|---|---|---|---|---|---|---|---|---|---|
| | 12 | 13 | 14 | 15 | 16 | 17 | 18 | 19 | 20 | 21 | 22 |
| 景观旅游效益 | 782.86 | 806.35 | 830.54 | 855.46 | 881.12 | 907.55 | 934.78 | 962.82 | 991.71 | 1021.46 | 1052.1 |
| 生态环境效益 | 305.29 | 314.45 | 323.88 | 333.6 | 343.61 | 353.92 | 364.53 | 375.47 | 386.73 | 398.33 | 410.28 |
| 土地增值效益 | 13458.81 | | | | | | | | | | |
| 总效益 | 14546.96 | 1120.8 | 1154.42 | 1189.06 | 1224.73 | 1261.47 | 1299.31 | 1338.29 | 1378.44 | 1419.79 | 1462.39 |

| 效益组成 | 运营期 | | | | | | | | | |
|---|---|---|---|---|---|---|---|---|---|---|
| | 23 | 24 | 25 | 26 | 27 | 28 | 29 | 30 | 31 | 32 |
| 景观旅游效益 | 1083.67 | 1116.18 | 1149.66 | 1184.15 | 1219.68 | 1256.27 | 1293.95 | 1332.77 | 1372.76 | 1413.94 |
| 生态环境效益 | 422.59 | 435.27 | 448.33 | 403.5 | 363.15 | 326.83 | 294.15 | 264.73 | 238.26 | 214.43 |
| 土地增值效益 | | | | | | | | | | |
| 总效益 | 1506.26 | 1551.45 | 1597.99 | 1587.65 | 1582.82 | 1583.1 | 1588.1 | 1597.51 | 1611.02 | 1628.37 |

### 6.5.2　基于实物期权的 PPP 模式生态水利项目决策模型的应用

#### 6.5.2.1　净现值计算

根据项目的收入与支出，可以计算得到项目的现金流量表，详见本书附件 3。

#### 6.5.2.2　特许权期计算

（1）试算法求解过程。根据前文构建的数学模型可知，生态水利 PPP 项目特许期的主要内容有净现值、期权价值，但因模型较为复杂，直接求解项目特许期难度较大，故本书采用试算法进行项目特许期的求解，其中试算年份为 10～32 年。

计算步骤为：①根据已有数据，计算得到水利工程项目投资成本的现值（折算至建设期第一年处）$X$；②由项目的现金流量表，计算得到该项目的预期现金流的现值（折算至建设期第一年处）$S$；③无风险利率选择与项目开发期限相同的国债利率，本书 $r=5.76\%$，波动率 $\sigma=15\%$；④通过上述步骤，按照期权定价方式，可以求出期权的价值 $V_{ro}$，净现值 $NPV$；⑤比较 $A=NPV+V_{ro}$ 与 $E\times R_E$ 的大小关系，不断试算，假定满足以下线性关系，如图 6-12 所示。

由上图可得

$$T_C = T + \frac{E\times R_E - A\big|_{T+1}}{A\big|_T - A\big|_{T+1}} \tag{6-32}$$

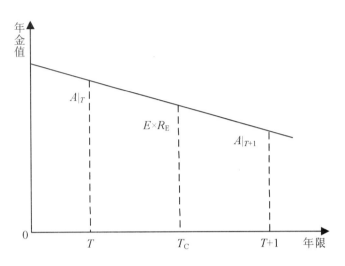

图 6-12　利用试算法计算特许期的示意图

（2）试算结果。根据以上试算步骤可得出项目特许期，假设项目的预期收益率为 12%，则有 $E*R_E = 9937.97$ 万元。

计算结果汇总见表 6-11。

表 6-11　试算年份的各项指标值汇总　　　　　　　　　　　　　　单位：万元

| 试算年份 | $S$ | $X$ | $NPV$ | $V_{ro}$ | $NPV+V_{ro}$ | $A$（$NPV+V$） | $E\times R_E$ |
|---|---|---|---|---|---|---|---|
| 10 | 83283.22 | 61023.30 | 22259.93 | 49363.28 | 71623.20 | 9800.57 | 9937.97 |
| 11 | 90199.40 | 63462.38 | 26737.03 | 56830.01 | 83567.03 | 10677.15 | 9937.97 |
| 12 | 96438.35 | 65518.98 | 30919.37 | 63869.21 | 94788.58 | 11399.26 | 9937.97 |
| 13 | 96883.43 | 66011.02 | 30872.41 | 65911.39 | 96783.81 | 11028.71 | 9937.97 |
| 14 | 97307.91 | 66466.68 | 30841.23 | 67869.20 | 98710.43 | 10718.61 | 9937.97 |
| 15 | 97712.74 | 66888.67 | 30824.07 | 69744.52 | 100568.59 | 10456.55 | 9937.97 |
| 16 | 98098.82 | 67279.46 | 30819.36 | 71539.32 | 102358.69 | 10233.20 | 9937.97 |
| 17 | 98467.03 | 67641.37 | 30825.67 | 73255.70 | 104081.37 | 10041.47 | 9937.97 |
| 18 | 98818.20 | 67976.53 | 30841.67 | 74895.84 | 105737.50 | 9875.84 | 9937.97 |
| 19 | 99153.10 | 68287.69 | 30865.41 | 76461.75 | 107327.16 | 9731.86 | 9937.97 |
| 20 | 99472.51 | 68578.03 | 30894.48 | 77919.89 | 108814.37 | 9602.78 | 9937.97 |
| 21 | 99777.12 | 68848.97 | 30928.15 | 79347.09 | 110275.24 | 9492.50 | 9937.97 |
| 22 | 100067.63 | 69101.86 | 30965.77 | 80706.95 | 111672.72 | 9395.24 | 9937.97 |
| 23 | 100344.70 | 69337.94 | 31006.75 | 82002.00 | 113008.76 | 9309.16 | 9937.97 |
| 24 | 100608.93 | 69558.37 | 31050.56 | 83234.78 | 114285.34 | 9232.75 | 9937.97 |
| 25 | 100860.93 | 69764.23 | 31096.71 | 84407.79 | 115504.49 | 9164.72 | 9937.97 |
| 26 | 101092.76 | 69954.47 | 31138.29 | 85515.43 | 116653.72 | 9102.88 | 9937.97 |
| 27 | 101306.76 | 70130.47 | 31176.29 | 86561.77 | 117738.06 | 9046.59 | 9937.97 |

续表

| 试算年份 | $S$ | $X$ | $NPV$ | $V_{ro}$ | $NPV+V_{ro}$ | $A（NPV+V）$ | $E×R_E$ |
|---|---|---|---|---|---|---|---|
| 28 | 101504.94 | 70293.44 | 31211.50 | 87550.53 | 118762.04 | 8995.30 | 9937.97 |
| 29 | 101689.02 | 70444.47 | 31244.55 | 88485.17 | 119729.72 | 8948.53 | 9937.97 |
| 30 | 101860.48 | 70584.56 | 31275.92 | 89368.85 | 120644.77 | 8905.85 | 9937.97 |
| 31 | 102020.58 | 70714.59 | 31305.99 | 90204.54 | 121510.53 | 8866.86 | 9937.97 |
| 32 | 102170.42 | 70835.37 | 31335.04 | 90994.97 | 122330.02 | 8831.21 | 9937.97 |

根据试算的 10～32 年各项指标的计算结果，可以得出以下结论：

1）当项目运营到第 17 年时，$A（NPV+V）$ 的值为 10041.47 万元；

当项目运营到第 18 年时，$A（NPV+V）$ 的值为 9875.84 万元。

$$A_{(NPV+V)_{25}} < E × R_E < A_{(NPV+V)_{26}}$$

则根据式（6-32）有

$$T_C = 17 + \frac{E × R_E - A|_{18}}{A|_{17} - A|_{18}} = 17 + \frac{9937.97 - 9875.84}{10041.47 - 9875.84} = 17.38 ≈ 17 \quad （年）$$

所以，在考虑期权价值的情况下，该生态水利项目的特许期为 17 年。

2）对特许期进行修订。也即在本案例中，可以在计算得到的特许期 17 年的基础上延长 3～5 年，即在移交后对项目设施和服务质量进行评估，如果达到优良效果，在政府招标租赁单位时，同等条件下给予该企业一定期限的优先租赁权。

3）如果仅仅用净现值法对项目进行价值估算，则由不确定性因素带来的期权价值将会被淹没，在计算时特许期将会变长。在这样的结果下，私人企业在建设时，有足够的时间建设并运营获得预期收益，因此积极性不高，建设成本也相应会加大。

#### 6.5.2.3　敏感性分析

在估算项目特许期为 17 年的基础上，应用蒙特卡罗模拟对项目的期权价值进行敏感性分析。选取第 17 年的期权价值为预测变量，效益中的景观旅游效益、生态环境效益、土地增值效益为假设变量，并假设预测变量服从正态分布，按照表 6-10 中数据计算均值和标准差，具体参数及计算结果见表 6-12。

表 6-12　蒙特卡罗模拟参数数据　　　　　　　　　　　　单位：万元

| 预测变量 | 分布函数 | 均值 | 标准差 |
|---|---|---|---|
| 景观旅游效益 | 正态分布 | 951.51 | 241.86 |
| 生态环境效益 | 正态分布 | 323.28 | 65.35 |
| 土地增值效益 | 正态分布 | 14551.76 | 660.25 |

在三种效益的影响下，经过蒙特卡罗模拟，第 17 年的期权价值频率如图 6-13 所示，数据见表 6-13。

结合图 6-13 和表 6-13 可以看出，经过 5000 次试验，平均值标准误差为 20.54，期权价值的最大值为 78293.15 万元，最小值为 68229.11 万元，标准差为 1452.56 万元，置信度为 95%。

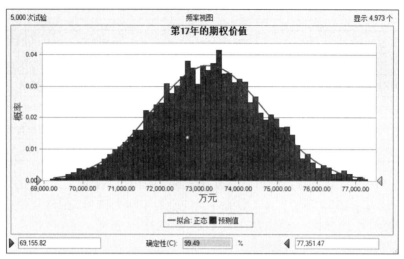

图 6-13　第 17 年期权价值的蒙特卡罗模拟结果示意图

表 6-13　蒙特卡罗模拟结果数据表

| 统计值 | 预测值 | 统计值 | 预测值 |
|---|---|---|---|
| 试验次数 | 5000 | 峰度 | 2.96 |
| 基本情况 | 73255.70 | 变异系数 | 0.0198 |
| 平均值 | 73233.14 | 最小值 | 68229.11 |
| 中间值 | 73246.53 | 最大值 | 78293.15 |
| 标准偏差 | 1452.56 | 范围宽度 | 10064.04 |
| 方差 | 2109940.97 | 平均标准误差 | 20.54 |

期权价值对三种不同效益的敏感度图如图 6-14 所示；敏感度散点图如图 6-15 所示。

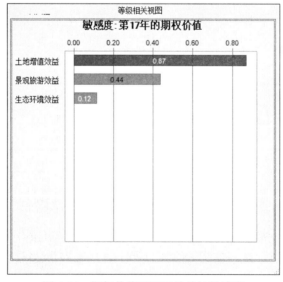

图 6-14　期权价值对不同效益的敏感度

从图 6-14 可以看出，在效益中，土地增值效益对期权价值影响程度最大，两者关联度为 87%，景观旅游效益次之，关联度为 44%，影响最小的为生态环境效益，关联度为 12%，从原始数据中，也可以得到这样的信息，土地增值效益为 13925.12 万元，而生态环境效益为 233.98 万元，数据相差很大，在项目中土地增值效益占有比重较大。因而我们在估算项目收益时，应当对土地增值效益进行较为准确的估计。

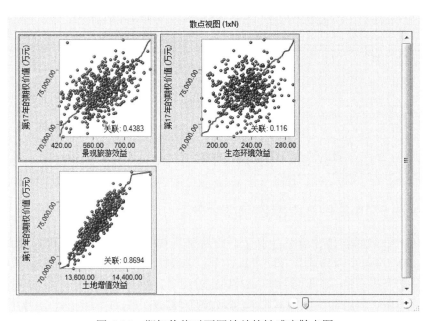

图 6-15　期权价值对不同效益的敏感度散点图

从图 6-15 可以看出，土地增值效益与期权价值呈现较为明显的正相关关系，而生态环境效益与期权价值没有明显关系，分布较为散乱。

总之，本案例首先对项目收益来源构成进行分析并计算，在此基础上结合项目各部分支出，对计算期内的现金流量进行估算，绘制现金流量表；再次利用 B-S 期权定价方法对计算期内的期权进行计算，并对项目总价值进行年金计算；最后采用试算法求解项目特许权期为 17 年。对第 17 年的期权价值进行敏感性分析，从不同效益对期权价值的影响程度角度出发，运用蒙特卡罗方法模拟计算，得出土地增值效益对期权价值影响最大,当土地增值效益提高时，期权价值也会相应增加，对投资者来说，准确估算土地增值效益和提高该效益具有非常重要的意义。

# 第 7 章　　生态水利项目社会投资 PPP 模式的绩效评价研究

绩效评价是生态水利项目 PPP 模式研究的重要组成部分，其研究成果不仅可以为政府及职能部门制定政策、监督监管提供参考依据，而且可以为社会资本方或项目公司的经营管理指明方向。本书首先对生态水利项目 PPP 模式的绩效评价进行概述，对其基本概念、特征、原则等进行探究；在此基础上采用平衡计分卡理论和方法对生态水利 PPP 项目绩效评价的影响因素进行分析，并构建绩效评价模型；最后将研究模型应用于具体的生态水利 PPP 项目中，实现理论研究与实践检验的有机结合。

## 7.1　　生态水利项目 PPP 模式绩效评价概述

### 7.1.1　生态水利项目 PPP 模式绩效评价的概念

生态水利 PPP 项目绩效评价某种意义上就是对其 PPP 模式应用的评价，根据项目的全寿命周期阶段划分，可以分为事前预测或可行性分析、事中考评或考核、终期综合或整体评价等，简称为前评、中评和终评，由于项目前期没有绩效可言，通常称为可行性论证，因此，严格意义上的绩效评价是指中评和终评，学术界也称后评价。我国开展项目后评价的时间还比较短，还没有形成项目后评价体系，同时 PPP 模式在我国的推行时间也较短，因此，探究生态水利 PPP 项目绩效评价具有较强的理论意义和实践价值。

生态水利 PPP 项目后评价框架体系的基本内容包括三部分：反映项目层面的过程后评价，反映项目对外界作用的效益和影响后评价，以及反映项目核心特征的政府与社会资本合作后评价。可持续性后评价并不作为与过程后评价并列的基本内容，它是以三者为基础，从可持续发展视角来考察项目的发展前景，而综合后评价是在更高的角度，综合全面地评价项目是否成功，是一种更为抽象的后评价。生态水利 PPP 项目绩效评价体系如图 7-1 所示。本书结合生态水利项目的特点和 PPP 模式应用的实际情况，其评价体系构建暂不考虑项目的成功度评价。

### 7.1.2　生态水利项目 PPP 模式绩效评价的特征

综合生态水利项目的公益性特点和 PPP 模式推行的本质，本书认为其绩效评价应侧重于PPP 模式的功能发挥、工程本身质量提高、生态价值、综合社会效益等，这些侧重点也可概括为生态水利 PPP 项目绩效评价的要求或特征。

（1）缓解政府的财政支出压力。由于生态水利项目属于公共产品或服务范畴，按照公共物品投资理论，应属于政府公共财政投资职责，但因某个时期政府建设或投资任务较重，为缓解公共财政的压力，政府出台相关法律、政策等措施激励社会资本投资于生态水利项目。就目前的中国 PPP 模式来说，所谓的物有所值评价，其目的之一就是看其是否缓解了政府财政压力。

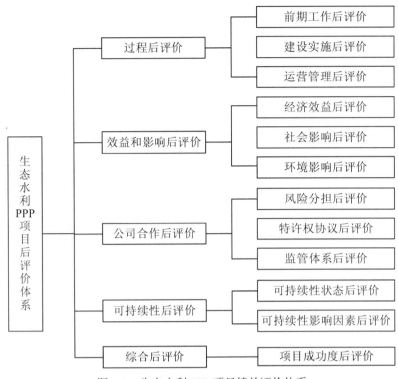

图 7-1　生态水利 PPP 项目绩效评价体系

（2）提高工程质量。生态水利项目鼓励社会资本投资的原因是：利用社会资本方的先进技术和经验提高项目的质量和运营能力。在政府投资为主的项目建设中，由于花费的是政府的钱，滋生了大量的权力寻租腐败事件，出现了很多重建工程、烂尾工程、豆腐渣工程等。

（3）实现生态水利目标。追求人水和谐，尊重自然是生态水利项目的内涵和要求。在生态文明全面发展的要求下，水利项目建设不再是单纯追求工程建设，无论是政府投资还是社会资本投资都应把生态作为重要目标之一，也应是项目评价的主要内容。

（4）社会综合效益最大化。追逐经济效益是社会资本投资的本质，但具体到公共产品或服务类项目来说，维护公共利益是其项目的最终要求，因此，在社会资本投资和评价中，均应坚持社会责任为本，平衡公共利益和项目公司效益，实现社会综合效益最大化。

生态水利 PPP 项目的绩效评价的方法很多，但结合上述特征和要求，本书认为平衡计分卡法较为适宜，原因分析详见 7.2 节。

## 7.2　基于平衡计分卡的生态水利项目 PPP 模式绩效评价概述

### 7.2.1　平衡计分卡的相关理论

#### 7.2.1.1　平衡计分卡基本内容

1992 年 Robert 和 David 最先提出平衡计分卡的概念，将非财务指标引入绩效考核内形成更加全面的绩效考核方法，并做到多个方面的平衡。平衡计分卡在绩效评价中被广泛应用。经典的平衡计分卡是从组织的远景与战略目标出发，以财务、顾客、内部流程、学习与成长四个维度将其远景与战略分解成可以对比的目标值，分阶段将实际值与目标值比较并做出合理评估。具体是保证财务目标与非财务目标、外部目标与内部目标、长期目标与短期目标、结果目标与过程目标、管理业绩目标和经营业绩目标相平衡，在绩效考核中通过测量实际值、与目标值对比和纠偏等工作实现战略目标。目前平衡计分卡在国内外许多大型企业被使用，主要因为经典平衡计分卡的战略思想和平衡理念对实现绩效目标起到关键作用，而且国外类似加拿大皇家骑警的政府机构，富尔顿学校集团等公益组织和美军战略部署系统一样的军事领域也广泛运用了平衡计分卡。在平衡计分卡理念引进国内后，国内许多大型企业运用了平衡计分卡，在一些地方政府部门、大型公立医院、高等教育机构以及一些非营利性组织也采用了平衡计分卡。经典平衡计分卡模型如图 7-2 所示。

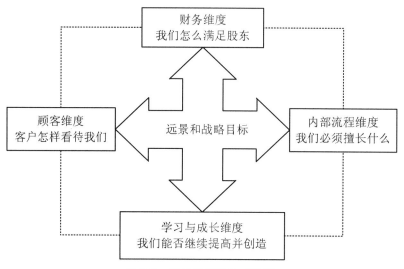

图 7-2　经典平衡计分卡模型

生态水利项目是典型的非经营性项目，具有明显的社会属性即满足大众对公共物品或服务的需求，追求社会效益最大化；将生态作为水利项目建设考虑的重要方面，是为了保证生态系统的完整性以及保护人类生存的自然环境的良好状态，从而达到生态效益最大化；利用先进的科学技术开发建设水利项目，是为了使项目达到防洪减灾的目的以及持续运营促进经济的可持续健康发展，追求经济效益最大化。通过协调社会、经济、环境效益间的均衡发展，实现人与自然和谐相处。

#### 7.2.1.2　平衡计分卡特点

（1）平衡计分卡具有战略导向。平衡计分卡不仅是一种绩效评估系统，更是战略管理系统，它始终将组织的战略目标放在首要位置，重视组织战略目标的整体性；将战略的具体实施情况通过财务、顾客、内部流程、学习与成长四个维度的指标之间的相互作用进行表述。

因此，平衡计分卡是从战略目标出发，以四个维度对其进行展开，财务维度是战略目标的绩效支持和执行基础；顾客维度是主要利益相关者受战略目标的影响体现；内部流程维度是战略目标在组织中的实施表现；学习与成长维度是组织通过不断学习以适应不断变化和发展的战略目标。因此，平衡计分卡的四个维度因战略目标的一致性而联系在一起，形成一个整体。平衡计分卡的"战略体系"如图 7-3 所示。

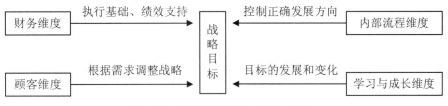

图 7-3　平衡计分卡的"战略体系"

（2）平衡计分卡具有平衡特点。平衡计分卡弥补了传统单一财务指标衡量绩效的不足，通过四个维度及四个维度之间的关系对项目的绩效进行评价，这些相互关系形成了一个较为完整的平衡体系，具体包括财务与非财务指标的平衡、前置与滞后指标之间的平衡、短期与长期目标之间的平衡、组织内部与外部之间的平衡。具体的平衡计分卡"平衡体系"如图7-4 所示。

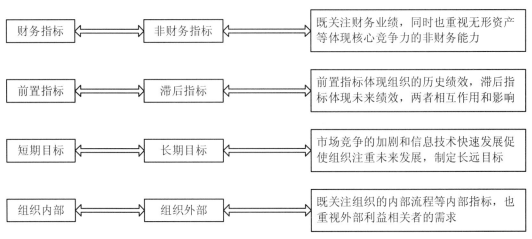

图 7-4　平衡计分卡的"平衡体系"

## 7.2.2　平衡计分卡在生态水利项目 PPP 模式中的适用性

（1）符合生态水利 PPP 项目的战略思想。平衡计分卡体现的基本思想是将企业及其各部门的任务与决策转换为可表述的、多样的、相互联系的目标，之后把这些目标具体分解为多个子目标的多元评价系统。平衡计分卡通过将目标分解，能够使企业战略落实到整个组织中，组织中的各成员能够充分理解企业的战略目标，并将个人目标、项目目标与企业目标更好地结合。从生态水利 PPP 项目管理模式看，通常具有目标独特、资源整合、快速反应等特性，故应采用项目为导向的项目管理模式，使利益相关者之间通过相互支持、资源共享等形式，加强快速应对项目的需求和变动能力，不断调整项目的分配，从而增强项目公司或企业的竞争优势。另外，生态水利 PPP 项目是一个由多目标构成的、复杂的系统，其中有些目标可以量化，有些只能定性、甚至个别指标只可意会而不可言表，需要通过政策宣传、企业战略引导，潜移默化到个人目标、项目目标与企业目标中。由此可见，生态水利 PPP 项目的战略思想与平衡计分卡的基本思想完全一致，采用平衡计分卡法既可以通过项目管理落实企业战略的实施，也能够及时应对动态环境，从多角度、更全面地评价项目绩效水平，最终实现有效的项目管理。

（2）有利于生态水利 PPP 项目全面评价。企业发起与实施项目的根源是对利益的追求。企业的发展很大程度上是由盈利水平决定的，故多数企业在进行项目决策时将财务指标作为优先考虑的重点。但是，近年来企业增强竞争优势主要是从组织学习、创新能力与知识创造方面，这些因素对项目目标与战略的统一、企业资源的优化配置有重要作用，有利于最终实现企业利益最大化。上述企业认识的变化，既符合平衡计分卡法评价内容的基本要求，也是社会资本参与生态水利 PPP 项目的初衷和动因，故仅依靠传统的财务指标对企业来说已远远不够，只讲究财务指标、忽略非财务指标会使企业对项目评估结果的看法较为片面，导致选出的项目可能不是对企业战略贡献最大的。此外，财务绩效通常受到很多不可控因素的影响，若评价项目只根据财务指标，很可能无法全面分析项目的影响因素，也不利于企业项目管理能力的提升，而且对于投资项目来说，利润指标是未知的，项目的长期性与动态性使其预测结果并不完全可信。因此，非财务指标与财务指标相比更能反映项目的实际收益，从而将财务定量指标与抽象定性指标结合是解决此问题的关键。由此可见，平衡计分卡法可将生态水利 PPP 项目的目标、测量数据和各种行动结合形成一个系统，从整体角度对企业战略和实施战略过程进行描述，同时能够将复杂或者不清晰的企业战略用具体、可见的目标表达从而实现项目投资与企业战略之间的对接。

（3）能够将生态水利 PPP 项目的环境效益纳入评价范围。基于平衡计分卡构建项目投资综合评价模型，不仅能够帮助管理者及时发现问题与制定决策，实现项目绩效最大可能地为企业战略服务，而且能够将环境问题纳入企业日常管理工作，实现企业经济效益与环境效益共赢的伟大目标。因此，在生态水利 PPP 项目投资评价中必须纳入非财务指标中的环境绩效指标，这也是项目成功的关键因素之一。任何企业都要受到相关法律的约束与社会公众的监督，故其对环境造成的污染及破坏必须负起应有责任，这也是企业的社会责任所在，当然，项目的环境绩效评估需服从企业已定的环境保护目标，以实现项目与企业的持续发展。由此可见，平衡计分卡作为一种管理工具能够将环境保护这个总目标分解，形成各个层次的分目标，在生态水利 PPP 项目实施不同阶段进行考评，项目环境成本内部化的实现使项目的投资价值得到综合考察。

（4）有利于生态水利 PPP 项目可持续健康发展。环境绩效是平衡计分卡法评价的主要指标之一，这符合生态水利 PPP 项目投资评价的多方利益相关者要求。从政府角度，政府在宏观上已经将环境与经济、生态与发展联系起来；从企业角度，企业需响应国家号召，在微观上考虑环境的成本与效益，尤其在如今环保压力日益增大的背景下，企业要实现持续发展，就必须站在战略高度将环境成本内部化，积极考虑环境效益，才能获得绿色比较优势从而增强核心竞争力；从股东与债务人角度，环境因素对项目的财务业绩与实施情况的影响越来越大，要想做出正确的投资决策，在进行投资时就必须了解环境绩效这方面的信息；从社会公众角度，项目实施对环境的影响关系着他们的生活健康，环保、绿色的观念已经深入人心。因此，在生态水利 PPP 项目决策时考虑环境效益是满足多方需求、实现项目与企业可持续健康发展的必然要求。

### 7.2.3  平衡计分卡在生态水利项目 PPP 模式中的可行性

（1）指标选取可行。社会资本投资生态水利 PPP 项目具有多变性和反复性，其形态类似于一个具有生命的组织。平衡计分卡的思想理念是将企业战略分解为实施目标并加以衡量，这与生态水利 PPP 项目评价思想是一致的。平衡计分卡既强调结果也强调动因，能够兼顾财务与非财务指标、长期与短期指标、外部与内部指标、先行与滞后指标，能够客观、全面、及时地反映项目实施情况，也为管理者全面、快速掌握项目状况以及做出决策提供依据。生态水利 PPP 项目管理者为选择最有利的项目，通过平衡计分卡这种管理工具，明确项目的战略问题并从多个维度建立有效的交流体系进行表述。同时，各类关键信息与数据能够实现在项目实施中的同时考核，可以预防以环境为代价的经济利益行为，以及避免为提高某些指标以其他指标降低为代价的次优化行为。

（2）二者融合可行。为寻找生态水利 PPP 项目财务指标达标的动因，可利用平衡计分卡从内部流程维度、项目利益相关者维度、学习与成长维度等出发，发现项目对企业的市场竞争力有全面促进作用和项目带给企业的价值不仅是投资利润，同时，这四个维度通过因果关系联系在一起能够显示项目的真正价值，为管理者获取投资项目的全部价值带来可能。此外，将生态水利 PPP 项目的环境绩效指标具体表现为财务与非财务指标、短期与长期指标、外部与内部指标等，与经典平衡计分卡各指标的平衡思想是一致的，因此，可以实现经典平衡计分卡指标与生态水利 PPP 项目绩效评价指标的融合。

## 7.3 基于平衡计分卡的生态水利项目 PPP 模式绩效评价模型构建

### 7.3.1 理论概述

#### 7.3.1.1 战略远景

生态水利是一个长期的、复杂的系统工程，必须由强大的经济实力为基础、现代科学技术尤其是生物科学为手段才能实现。自动化生态水利是生态水利的未来发展方向，其应该是这样的："绿色水库""绿树水库"以及水库和湖泊组成的调蓄系统在流域中上游实现有效地调节水资源；流域内实现生态农业，干旱地区即使一个月不下雨也不会对农作物造成损害，洪涝地区即使水淹半个月也不会对春夏作物的收成造成影响；城镇内实现生态化，大部分工业废水和生活用水能够反复利用，排放仅达到微量排污水平；海浪电站、潮汐电站等是水位能资源得到充分应用的表现，其在不破坏生态环境的基础上为沿海地区提供了充足能源；在流域水利管理中心，水资源实现自动化测报，不仅可以显示各时空的量与质，也可在生态经济规律下自动调控水资源，在真正意义上实现绿色健康发展。

#### 7.3.1.2 评价主体

生态水利项目绩效评价的主体在项目绩效评价过程中发挥重要作用，非经营性项目绩效评价的主体单一，社会公众未能积极参与，只是现有的行政管理部门内部工作人员负责，他们很容易受到利益驱动或是官方内部的自我认同心理，按照惯例、上级领导意图办事，难以做到公正、客观、科学地评价。根据 PPP 项目特点在评价主体中应加入企业，由于企业追求利益属性使绩效评价工作更合理，得到更好结果。

对于单一的评价机构，要更加重视社会评价和公众评价的参与，形成一个独立的、统一的、多元化的评价机构，另外可以采用第三方评价机制，让专业的人做专业的事，借助财政部、水利局以及评审专家等的专业能力提升政府投资项目的评价质量。同时，政府部门需将项目的绩效评价结果作为其年度考核的重要部分，构建有效的监督评价机制，更好地推进生态水利项目的绩效评价工作。

非经营性项目绩效评价主体只有行政管理部门，没有发挥公众评价和社会评价的优势，可能出现建设项目的绩效评价只是按照领导的指令办事、循规蹈矩，甚至存在利益驱使下评价带有主观色彩等现象，导致项目战略目标不能顺利实现。由于生态水利项目是典型的非经营性项目，适用的评价机构应该由过去单一的评价机构，引进社会评价和公众评价，从而形成一个独立的、统一的、多元化的评价机构。另外可以集中我国人大代表、政协委员和评审专家的力量，构建第三方的评价机构，提高非经营性项目的评价质量和可信度。再者是针对评价机构设置监督部门，负责核实评价结果并作为政府部门绩效考核的重要依据，使非经营性项目的绩效评价工作更加顺利地实施，如图7-5所示。

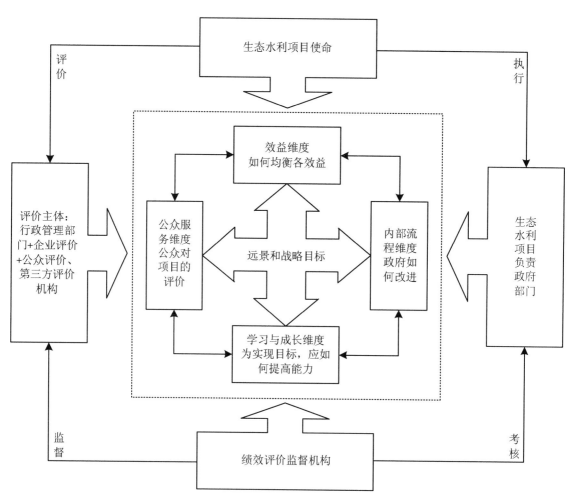

图7-5　生态水利绩效评价平衡计分卡模型

### 7.3.2　生态水利项目PPP模式的平衡计分卡绩效评价模型改进

#### 7.3.2.1　模型改进的基本思路

绩效评估通常包含企业或项目的战略目标和四个维度的指标体系，以及指标间的相互关系，这些关系会根据战略目标和四个维度的指标体系的改变而发生改变，从而影响生态水利

PPP 项目的绩效。因此，本书以战略目标、指标维度以及指标间的结构三部分作为生态水利 PPP 项目绩效评估模型的主要构成体系，同时作为具体对指标改进的内容展开研究。

（1）战略目标的重新确定。生态水利 PPP 项目是新时期我国推行的水利事业发展的新战略，其绩效目标具有多重性，长远目标是要达到人与自然和谐相处。可持续发展是保证经济、社会、环境协调可持续发展，也要求生态水利项目建设做到经济效益、社会效益和环境效益的同时实现。与传统水利项目相比生态水利发展建设过程优点比较突出，主要表现为生态水利是从生态系统出发关注生态环境状况，以改善和保护水资源为目的，强调水利项目污染防治引进创新方式的必要性。主要因为生态水利项目的建设要保证在人口持续变化和经济持续发展的过程中，资源可以供人类永续利用、环境让人类世代生存，所以生态水利 PPP 项目在获取经济利益和社会繁荣的同时要保护人类赖以生存的生态环境，避免热衷追求经济效益带来的不良后果，实现可持续发展。因此，生态水利项目建设保证水资源满足人类需要，实现人类公平分享环境、资源，最终实现人与水和谐。

（2）指标维度及内容的拓展。绩效评估指标体系的构建应根据不同的战略目标作出相应改进，生态水利 PPP 项目绩效评估指标体系通过平衡计分卡实现时，须考虑能否实现该项目的战略目标。基于平衡计分卡进行生态水利 PPP 项目绩效评估时，须根据项目的内在价值影响因素对四个维度拓展，本书根据原有指标体系，将四个维度拓展为项目融资维度、利益相关者维度、风险控制维度以及可持续发展维度，并根据相应维度调整具体指标。

（3）指标维度间结构的调整。原有绩效评估模式的四个维度之间的关系、性质和相对重要性随着战略目标的改变及四个维度体系的拓展而相应发生变化。项目财务维度不仅包括项目运营中的财务绩效状况，还包括非财务指标的评估；工作服务维度包括了生态水利项目的主要服务主体，增加了项目绩效评价的可信度；内部流程维度是从生态水利项目建设管理的相关事项出发，评判内部流程控制的规范程度，将会更加合理；学习成长维度不仅关注生态水利 PPP 项目的学习性、推广性以及水文化的宣传，同时关注员工的成长。

#### 7.3.2.2 维度改进的基本思路

"指标维度及其内容"是生态水利 PPP 项目绩效评估模式中重要的组成部分，不仅从各角度体现了生态水利 PPP 项目的战略目标，也构成了指标间的结构基础。因此，本书将四个维度及其内容进行改进，构建了生态水利 PPP 项目的绩效评估模式，具体改进维度如图 7-6 所示。

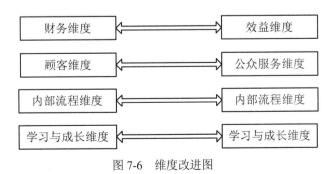

图 7-6　维度改进图

（1）效益维度——重视项目直接多层面效益评价。生态水利建设除了实现经济效益目标外，提高环境效益也是其核心战略目标，即实现可持续发展要求的社会、经济、环境整体最优，可以从以下几个层面详细说明：①生态水利突出在"生态"二字上，其建设首先考虑的目标是对生态的保护和修复，通过调度水资源解决水污染问题；②生态水利在保证不影响环境的前提下合理利用水资源追求社会经济的持续发展；③生态水利建设的远景是保证水资源长久供人类使用，充分利用洪水资源创造社会、经济效益，并与流域环境和景观融合创造环境效益；④生态水利是生态系统的一部分，对其建设管理应该从整体出发考虑，保证对环境和生物不带来影响。

（2）公众服务维度——重视主要利益相关者需求的实现情况。生态水利 PPP 项目全生命周期中存在众多的利益相关者，立场的不同使他们之间关系较为复杂，政府、社会资本与社会公众是其中最为主要的三个密不可分的参与主体，并且生态水利项目追求的是服务社会大众。因此为了同时考虑生态水利 PPP 项目利益相关者需求的实现情况，将原有的"顾客维度"拓展为"公众服务维度"，不仅重视社会公众的需求，也引入政府和社会资本这两个主要的利益相关者，实现三者需求的有机统一与全面融合，从而提供让三方均满意的公共设施或服务。在进行绩效评估时，将政府、社会资本与社会公众放于一个维度内，可以更好地体现生态水利项目建设的目标。因此"公众服务维度"反映的是生态水利 PPP 项目三个主要利益相关者需求的实现情况，通过对三个利益相关者需求的把控，从各自的角度设置具体的指标。

（3）内部流程维度——重视内部管理体系建设和运用。生态水利 PPP 项目的内部管理体系建设是对项目的整个生命周期进行管理，其任何一个阶段都应体现此维度的管理与控制，将业务流程改为内部流程可以更好地完成生态水利项目的建设目标，在全寿命周期进行管理使整体效益达到最佳，同时内部运行顺畅可以更好地协调三方之间的关系，避免项目建设过程中因各方冲突带来的损失。这一维度主要对管理体制、法规和资金等进行评估。

（4）学习与成长维度——重视项目影响的可持续性。随着社会的发展，经济发展方式由传统的粗放型向集约型、生态型迈进。PPP 模式在环境整治、污水处理等生态环保项目中已经开始应用，不仅为投资者带来经济利益，也为项目地区带去良好的生态效益与社会效益，因此具有"项目影响的可持续性"。

从客观角度来看，PPP 模式在全国仍处于起步阶段，项目的参与人员对这种模式的应用也并不熟悉，基本都处于边参与、边学习、边操作的方式，参与人员需不断学习以满足项目要求；财政部建立 PPP 示范项目库，将成功运营的、有代表性的 PPP 项目入库，便于其他项目学习与借鉴，以实现在全国的大力推广，体现了"项目学习和推广的可持续性"。

综上所述，"学习与成长维度"仍需保留，此维度体现了项目移交、项目社会影响的可持续性和项目的学习与推广可持续能力。本书为适应生态水利 PPP 项目绩效评估特点，对经典平衡计分卡的四个维度进行拓展，各个维度的具体指标进行改进。

### 7.3.3 生态水利项目 PPP 模式的平衡计分卡绩效评价模型重构

#### 7.3.3.1 效益维度

（1）效益的界定。生态效益是指行为主体的经济活动对生态系统的改善，使自然生态系统对人类的生产、生活条件和质量产生诸如生物多样性的变化、区域性气候的变化、食物链及营养结构的变化等的影响。这些影响对"生命支持"具有很大意义，为人类可持续发展提供基础。

经济效益是指生态水利项目虽然是以治理生态环境为目标，但其不仅有改善生态系统的功能，同时也能衍生出很多能够定量衡量的价值，如旅游业收益、农林渔业收益、防洪发电收益等。经济效益的产生可以维持项目良好的运营，保证项目获得其他效益。

（2）效益维度指标。经济效益评价是促进生态水利项目建设顺利实施的有力保障，经济效益的好坏直接影响项目的运营，以及区域其他生态水利项目的建设积极性，所以设置经济效益指标来衡量生态水利项目的经济收益很重要。

生态效益评价就是对生态水利项目周边环境保护和修复的评价，这是区别传统水利项目的主要方面，是生态水利项目建设的核心任务，应在生态水利项目全寿命周期进行考量，具体指标见表 7-1。

表 7-1　效益维度绩效评估指标体系

| 一级指标 | 二级指标 | 指标量化 |
| --- | --- | --- |
| 经济效益 | 水能资源开发利用率 | 实际产生水能资源量 |
| | 区域经济增长速度 | 区域经济增长率 |
| | 年均土地增值 | 土地增值收益 |
| | 年水产总值 | 年水产品总产量 |
| | 旅游业年总收入 | 年旅游业总收入 |
| | 防洪减灾效益 | 减免的洪涝灾害直接经济损失 |
| 生态效益 | 受污染水体净化 | 水体指标合格率 |
| | 植被覆盖程度 | 植被覆盖率 |
| | 河岸亲水景观舒适度 | 调查问卷 |
| | 生物多样性恢复 | 物种的类别 |
| | 水土保持情况 | 水土保持总量 |
| | 人工湿地年增加值 | 人工湿地日处理能力 |

#### 7.3.3.2　公众服务维度

（1）构建公众服务维度的重要性。生态水利项目的建设目的是服务社会公众，社会公众的满意程度是生态水利 PPP 项目绩效的直接体现，"满意度"来自于公众对生态水利 PPP 项目的需求，因此本书对公众的主要需求进行分析，生态水利项目建设可以保证区域公众用水，降低水灾害给公众带来的损失，增强公众的节水意识，从而更好地达成项目建设的目标。

（2）公众服务维度绩效指标的选取。公众服务维度体现的是社会公众最直接的意见表达，也就是说项目提供的产品或服务应满足公众对其数量与质量上的需要，故选择水环境保护情况和水安全等指标来衡量。随着社会的进步，公民自我表达意识不断提升，需建立透明公开的沟通渠道，因此，选取"公众民主参与情况"这一指标。

综上所述公众服务维度绩效评估的具体指标体系及指标释义见表 7-2。

表 7-2 公众服务维度绩效评估指标体系

| 一级指标 | 二级指标 | 指标量化 |
|---|---|---|
| 水利服务情况 | 水安全改善情况 | 监督调查次数 |
| | 居民用水供给情况 | 居民用水供给率 |
| | 人均用水量 | 人均日生活用水量 |
| | 水事纠纷调解 | 相关部门记录在案数 |
| | 公众对工程实施的满意度 | 运用调查法给出评价值 |
| 公众参与情况 | 公众民主参与情况 | 公众参与的数量统计 |
| | 公众用水量减少情况 | 总用水量降低量 |
| | 水环境保护情况 | 生物检测 |
| | 公众节水意识 | 调查问卷 |
| | 利益相关者补偿 | 区域公众利益获得数量统计 |

### 7.3.3.3 内部流程维度

（1）生态水利 PPP 项目内部流程主要因素的识别与分配。内部流程维度是影响生态水利项目绩效中最重要的因素，流程改进能够提升项目的整体绩效，为此，高质量的内部流程是更好实现生态水利项目建设运营目标的支撑。目前，主要从流程相关政策、法规的建设以及管理体制与机制的实施等方面来评价生态水利项目的内部流程，即这一层面的绩效指标应当提高内部流程的执行效率、公众工作的质量并为整体项目建设创造价值。

（2）内部流程维度指标的选取。在提高生态水利项目的内部流程绩效时，政府部门应严格管理，保证生态水利项目管理的整体性；注重生态水利项目内部体制的完善与运行机制的改进。因此本书对内部流程维度设置了"水利法规政策体系建设"来突出政府部门在项目建设过程中起到的作用，并且设置了"水利管理体制改革"来反应生态水利项目内部管理水平，具体指标及各指标的释义见表 7-3。

表 7-3 内部流程维度绩效评估指标体系

| 一级指标 | 二级指标 | 指标量化 |
|---|---|---|
| 外部政策 | 政策实施 | 调查问卷 |
| | 法规体系建立 | 专家评价 |
| | 水利监测水平 | 目标检测 |
| | 发展机制完善 | 专家评价 |
| 内部管理 | 管理机构完善 | 运用调查法给出评价值 |
| | 项目投资管理 | 资金使用情况 |
| | 资金有效利用率 | 已用资金与计划使用资金比 |

### 7.3.3.4 学习与成长维度

（1）学习与成长影响因素分析。随着科技的日新月异，不断学习与成长才能促进生态水利项目战略目标的实现，具体表现为：各部门认真学习理论与实践操作，提升技术水平，构建良好的水文化和信息系统。

PPP 项目类型对绩效评估有较大影响，我国积极推进 PPP 模式在各公共服务领域（如交通运输、能源、水利、农业、环境保护、医疗、养老、卫生、文化等）的广泛应用。在生态水利项目建设过程中，必须带领员工认真学习 PPP 相关知识，总结 PPP 经验为生态水利项目建设运营提供更好的保障。

（2）学习与成长维度指标的确定。通过对学习与成长维度的分析，为了使生态水利 PPP 项目顺利实施和提高经营效果，必须认真学习水文化和 PPP 经验知识，提高员工相关知识能力，在项目实施运营过程中更好地执行项目任务，因此本书主要设置了"PPP 项目知识学习情况"来衡量管理和技术人员对 PPP 经验的掌握和执行能力，还设置了"水文化宣传程度"等指标，使员工了解水才能够更好地建设、治理水，具体指标以及指标释义见表 7-4。

表 7-4　学习与成长维度绩效评估指标体系

| 一级指标 | 二级指标 | 指标量化 |
|---|---|---|
| 员工管理 | 员工满意度 | 问卷调查 |
| | 员工人均培训次数 | 相关部门记录数 |
| | 员工奖惩措施 | 员工奖惩措施数量统计 |
| | 人才引进数目 | 相关部门记录在案数 |
| 文化学习 | 水文化普及 | 水文化宣传程度 |
| | PPP 项目知识学习情况 | 熟知 PPP 知识人员数 |
| | PPP 模式的可复制性 | 专家对比评价 |
| | 技术创新数目 | 内部统计总数 |
| | 信息化应用水平 | 数字化业务数目 |

# 7.4　基于平衡计分卡的饮马河 PPP 项目绩效评价

## 7.4.1　项目概况

许昌市饮马河综合治理工程位于许昌市中心城区东部，工程起点位于清潩河关庄水闸上游约 65m 分水口处，终点位于省道 S220，全长 8.6km（河道设计中心线桩号）。为扩、改建及新建河道，设计河岸开口线随自然地势地形弯曲，设计河底高程 70.5～79.0m，设计常水位 72.5～81.0m，其中 0+644～2+200 段设计中线位于饮马河老河道内，饮马河老河道宽窄不一，宽约 3.6～51m，深约 1.8～4.5m，河底高程 76.43～80.64m，河道内常年无水，饮马河上段为古河道，下段为农田、已规划场区和道路等，河道沿线两岸地势平坦开阔。工程区地貌单元属冲积地貌，地势总体呈北高南低，沿线地面高程 75.21～83.77m，从整体来看地表较为开阔平坦，局部因挖掘、堆填而略有起伏。在工程区，人为活动表征强烈，微地貌单元主要为人工塘、渠、道路和房屋建筑等。工程静态总投资为 82816.42 万元。其中：工程措施投资 56432.51 万元，建设征地及移民安置投资 25771.39 万元，水土保持投资 255.47 万元，环境保护投资

357.05 万元。关于饮马河的建设期限、工程社会收益率、折现率等本书前文已述及，在此不再赘述。

### 7.4.2 饮马河生态水利项目指标体系构建

#### 7.4.2.1 指标选取依据

为了保证饮马河生态水利项目绩效评价指标的合理性、科学性，对饮马河生态水利项目的区域基本特征、项目建设战略目标以及项目区存在的生态环境问题进行分析，具体内容包括：

（1）区域基本特征。清潩河是城市重要的防洪通道，魏都区与东城区的资源和景观媒介，串联的北海是许昌县集生态休闲、娱乐购物为一体的城市绿色共享核心；工业用地和居住用地为滨水区用地的主要构成。工业依水而布的现象突出，占用岸线资源，污染了水环境且土地价值得不到发挥；居住用地封闭且背水建设，与水的互动性不足。滨水景观以都市生态休闲景观为主，两岸防护林高大浓密，无滨水步行小径和开放空间节点；随着新城区的开发和城市职能的转型升级，清潩河将带动滨水腹地土地价值和景观品位的提升，并成为展示许昌未来城市形象的重要界面；保证良好的景观用水的水位和水质，以及滨水资源的公共性和开放性是规划要解决的主要问题。

（2）项目建设战略目标。建设许昌市饮马河综合治理工程是实施中原经济区战略，推进许昌新型城镇化，建设生态城市的需要；落实许昌城市总体规划，构建滨河生态景观廊道，建设宜居城市的需要；保护与修复水生态系统，建设水生态文明的需要；实现河湖水系连通，完善水系规划网络布局的需要；共享水利改革发展成果，提升居民幸福指数的需要。

（3）项目区生态环境问题。

一是地表水环境问题。随着社会经济的快速发展，城镇工业废水、生活污水排放量的大幅增加，地表水环境遭受严重污染。同时，农业生产过程中化肥、农药等的大量使用使得地表水体进一步遭受污染。清潩河在部分河段的有机污染已达Ⅵ级，水质污染严重超标，鱼草绝生；双泊河佛耳岗水库（上游段）的有毒有害物质严重超标，已严重威胁鱼类生存。地表水受到污染的同时，地下水也受到不同程度的污染。

二是防洪排涝问题。清潩河是防洪排涝河道，洪水具有暴涨暴落的特点，丰水期和枯水期相差悬殊。一遇山洪暴发，会给两岸人民生命财产及两岸工农业生产造成巨大损失。清潩河水灾严重，治理标准偏低。清潩河两岸涝灾是因为河流西北部为山区，洪水集流速度快且流量大，而东部河道又比较缓，相对流速慢，泄洪有限，再有河道常年泥沙淤积，河床断面缩小，从而降低了河道原有的防洪除涝能力；另外河道部分毁损严重、年久失修，桥面高程相对较低，影响了河道的行洪面积，一旦遭遇洪水集流可能出现难以预料的危险，这都是河道正常泄洪的潜在威胁。

三是水生态系统问题。近年来，许昌市水生态系统受农业面源污染、生活污水、工业废水等污染的影响，水体水质已经严重恶化。水生态系统中生物不适应环境变化，发生死亡现象、有些河段甚至接近绝迹。生物多样性降低，生态系统的稳定性下降，抵御外来干扰能力减弱、降解外来污染物的能力降低。

四是水质问题。通过对 16 条河流 200 多个监测点实地考察与观测，许昌市水资源量比较匮乏，并且由于水体污染引发的水质性缺水现象更加严重。许昌市各河流水环境质量现状不尽相同（《许昌市 2012 年环境质量报告书》）。各条河流的水环境现状为：清潩河、双泊河、清泥河等已经受到严重污染，河水水质基本上在Ⅴ类、劣Ⅴ类。

（4）饮马河水利项目建设模式。政府与社会资本合作模式，是指由政府与社会资本形成伙伴关系，联合提供公共产品或服务，共同经营、共担风险、共享利益。PPP 模式的实质在于实现政府与社会资本的优势互补，兼顾公平与效率。

饮马河项目是典型的 PPP 项目，由许昌市水生态投资开发有限公司作为项目法人，负责工程项目建设。工程建成后，许昌市水生态投资开发有限公司将该工程移交给许昌市政府，由许昌市政府组织成立专门的管理单位具体负责运行期的工程日常维护、运行管理等事宜。

#### 7.4.2.2 指标选定

根据饮马河项目的实际情况对绩效评价指标体系进行调整、补充，其目的：项目效益维度的设定是为实现经济、环境和社会效益的最优。生态水利项目的效益指标可分为两部分：一是能够定量、容易测量的效益指标，如供水节水、防汛减灾等；二是难以定量、不易测量的效益指标，如水资源利用效率、生态环境的完整性、人与自然的和谐程度等。社会公众对项目或政府的满意度和积极参与程度是公众服务维度的重要考察内容。为提高生态水利 PPP 项目的内部流程绩效水平，政府部门应严格其内部管理，既要保证项目管理的整体性，也要注重项目运行机制的改进与内部体制的完善，详见表 7-3。

技术的日益发展促使学习与成长维度指标能够更好地反映项目战略的变化。管理部门应认真学习相关理论与操作技术，提高自身的操作能力与水平，构建良好的信息系统与水文化氛围，本书构建的指标体系详见表 7-5。

表 7-5 基于平衡计分卡的饮马河 PPP 项目指标体系

| 维度 | 一级指标 | 二级指标 |
| --- | --- | --- |
| 效益维度（B1） | 雨水利用效益 C1 | 雨水资源的利用率 |
| | 年水产总值 C2 | 年水产品总产量 |
| | 防洪涝减灾效益 C3 | 减免的洪涝灾害直接经济损失 |
| | 受污染水体净化 C4 | 水体指标合格率 |
| | 生态修复效益 C5 | 生态服务价值完成率 |
| 公众服务维度（B2） | 公众对水安全改善的反应 D1 | 公众对水安全改善情况的满意程度 |
| | 公众民主参与情况 D2 | 公众民主参与的数量统计 |
| | 公众节水情况 D3 | 每户公众节水率 |
| | 水利政策的完善 D4 | 公众生活供水保证率 |
| | 公众对水环境的保护情况 D5 | 水环境污染面积 |
| | 公众相关的利益获得情况 D6 | 区域公众利益获得数量统计 |
| 内部流程维度（B3） | 水利法规政策体系建设 E1 | 政策法规体系健全程度 |
| | 水利监测水平 E2 | 监测站点建设 |
| | 水利管理体制改革 E3 | 水利管理机构完善程度 |
| | 建立水利发展机制 E4 | 水利发展机制完善程度 |
| | 项目资金管理 E5 | 水利投资的有效利用率 |

| 维度 | 一级指标 | 二级指标 |
|---|---|---|
| 学习成长维度（B4） | 员工激励措施 F1 | 员工激励措施数量统计 |
| | 提升员工素质能力 F2 | 员工人均培训次数 |
| | PPP 模式的推广程度 F3 | 熟知 PPP 知识人员数 |
| | 科研与技术创新水平 F4 | 技术创新数目 |
| | 水文化普及 F5 | 水文化宣传程度 |
| | 企业信息化完善程度 F6 | 数字化业务数目 |

### 7.4.3　饮马河生态水利 PPP 项目指标赋权

#### 7.4.3.1　权重确定方法

层次分析法的概念在本书 5.3.4.1 节已概述，在此只简述其应用思路和步骤。

（1）应用思路。将复杂问题通过分解形成各组成元素，并按照支配关系对这些元素进行分组，从而形成有序的递阶层次结构；随后通过两两比较的方式对各层次中的各元素进行相对重要性判断，最后综合得出各元素在决策中的权重。

（2）建立层次结构图，图 7-7 显示了目标层 A 与各级指标的指代关系，根据平衡计分卡理论，将其四个维度设计成一级指标，即 B1、B2、B3、B4。一般情况下层次分析法的每个层级指标用同一个字母表示，本书为了更清楚地区分每个维度下指标的不同及其绩效计算方便，将一级指标下的二级指标用不同的字母表示，B1 对应 C、B2 对应 D、B3 对应 E、B4 对应 F，具体评价层级图如图 7-7 所示。

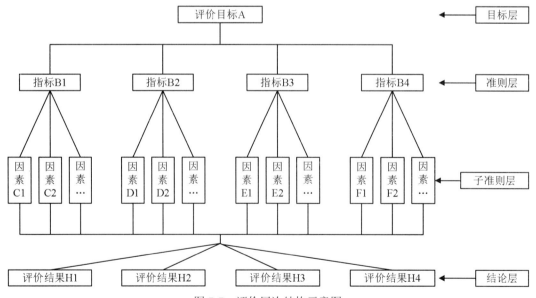

图 7-7　评价层次结构示意图

（3）建立层次两两判断矩阵。指标体系中 A 为目标，B1-B4 为准则层，判断每个 B$i$ 对目标 A 的重要程度，计算权重 $\omega_i = \omega(B_i)$ 记 $\omega = (\omega_1, \omega_2, \omega_3)^{\mathrm{T}}$ 为权重向量。在指标重要程度的计

算过程中主要是依据 1-9 标度进行打分，见表 7-6。

表 7-6　$B_i$ 和 $B_j$ 相比较判断矩阵比例标度

| 标度 | 含义 |
|------|------|
| 1 | 表示两因素比较，具有相同重要性 |
| 3 | 表示两因素比较，一因素比另一因素稍微重要 |
| 5 | 表示两因素比较，一因素比另一因素比较重要 |
| 7 | 表示两因素比较，一因素比另一因素十分重要 |
| 9 | 表示两因素比较，一因素比另一因素极端重要 |
| 2，4 | 上述相邻判断中值 |
| 6，8 | 因素 $i$ 和 $j$ 比较 $C_{ij}$，则 $j$ 和 $i$ 比较的 $B_{ji}=1/B_{ij}$ |

$$b_{ij} = \frac{f(B_i / B_j)}{f(B_j / B_i)} \quad (i,\ j=1,\ 2,\ 3) \tag{7-1}$$

得判断矩阵为：$\boldsymbol{B} = \begin{bmatrix} b_{11} & b_{12} & b_{13} \\ b_{21} & b_{22} & b_{23} \\ b_{31} & b_{32} & b_{33} \end{bmatrix}$，然后求出 $\boldsymbol{B}$ 的最大特征根 $\lambda_{\max}$ 及对应的特征向量 $X = (X_1, X_2, X_3)^{\mathrm{T}}$，这一步骤将定性因素关系进行定量化转化。为明确概念与简便运算，对特征向量进行归一化处理得到最后的权重向量 $(X_1^*, X_2^*, X_3^*)$，其中 $X_1^* = \dfrac{X_i}{\sum\limits_{j=1}^{3} X_j}$ （$i=1,2,3$）。

（4）检验判断矩阵的相容性确定指标权重。T.L.Saaty 指出，判断矩阵是否合理还需通过相容性检验，并定义了一个不相容度的概念：

$$CI = \frac{\lambda_{\max} - n}{n-1} \tag{7-2}$$

$CI = 0$，B 有完全的一致性，C（B）接近于 0，A 有满意的一致性。Saaty 又引入平均随机一致性指标 $RI$，具体数据查询见表 7-7。

表 7-7　$N$ 维向量平均随机一致性指标

| n | 1 | 2 | 3 | 4 | 5 | 6 | 7 | 8 | 9 |
|-----|-----|-----|------|-----|------|------|------|------|------|
| RI | 0 | 0 | 0.58 | 0.9 | 1.12 | 1.24 | 1.32 | 1.41 | 1.45 |

当 $CR = CI / RI < 0.1$ 时，认定判断矩阵相容性好，反之，需要对判断矩阵进行重新调整。

（5）计算各层次指标相对于总目标的组合权重。假设共有 $N$ 层指标，其中第 $K$ 层指标相对总目标的组合权重向量为 $X(K) = X(K) \times (K-1)$。其中 $X(K)$ 是第 $K$ 层相对第 $K{-}1$ 层的权重向量为列向量组成的矩阵，这一步骤采用逆推法。

（6）组合一致性检验。组合权重向量是否能作为决策依据，还需通过一致性检验。组合权重是指计算同一层次的所有因素相对最高层次因素的相对重要性。如第 $P$ 层相对最高层的组合一致性比率为：

$$CR(P) = \frac{CI(P)}{RI(P)}, \quad P=3,4,\cdots,S。 \tag{7-3}$$

其中 $CI(P) = [CI(P)_1,\cdots,CI(P)_n] \times W(p-1)$，$RI(P) = [RI(P)_1,\cdots,RI(P)_n] \times W(p-1)$，当最下层对目标层的组合一致性比率 $CR(S) = \sum\limits_{p=2}^{s} CR(P) < 0.1$ 时，认为这个层次的比较判断通过了一致性检验，即组合权重向量的结果是有效的。否则，还需进一步调整以满足一致性要求为止。

**7.4.3.2 评价指标权重确定**

AHP 确定指标的权重是将问卷发放给资深专家，根据专家对评价对象的了解和所具有的渊博知识进行评价，为了增加评价的科学性申请多位专家进行评价。

本书专家的选取主要涉及许昌市水务局、洛阳水利项目局、林业局、环保局，水利、环境、建筑相关专业人员和水利资深管理人员。共选取 60 位相关专业人员评价，收回 55 份，指标评价的回收率达到 91%。共发放问卷 60 份，回收问卷 55 份，有效回收率 91%。对获取数据采用 Matlab 进行分析求解，得出各级指标相对目标 A 的特征值和特征向量，并确定各个指标的权重值。

（1）目标层指标权重的确定。对效益、公众服务、内部流程、学习与成长四个一级指标构建判断矩阵，计算四个一级指标针对目标的相对重要程度，使用式（7-1）。

$$B^{11}=1, B^{12}=2, B^{13}=1/2, B^{14}=3$$
$$B^{21}=1/2, B^{22}=1, B^{23}=1, B^{24}=2$$
$$B^{31}=2, B^{32}=2, B^{33}=2, B^{34}=3$$
$$B^{41}=1/3, B^{42}=1/2, B^{43}=1/2, B^{44}=1$$

$$A = \begin{bmatrix} 1 & 2 & 1/2 & 3 \\ 1/2 & 1 & 1 & 2 \\ 2 & 2 & 2 & 3 \\ 1/3 & 1/2 & 1/2 & 1 \end{bmatrix} = (0.2922,0.1867,0.4133,0.1078)$$

（2）效益维度指标权重。对雨水资源利用率、年水产品总产量、减免的洪涝灾害直接经济损失、水体指标合格率、生态服务价值完成率五个二级指标构建判断矩阵，计算五个二级指标针对效益的相对重要程度。

$$C^{11}=1, C^{12}=2, C^{13}=3, C^{14}=1/3, C^{15}=1/3$$
$$C^{21}=1/2, C^{22}=1, C^{23}=1/2, C^{24}=1/4, C^{25}=1/5$$
$$C^{31}=1/3, C^{32}=2, C^{33}=1, C^{34}=1/5, C^{35}=1/7$$
$$C^{41}=3, C^{42}=4, C^{43}=5, C^{44}=1, C^{45}=1/2$$
$$C^{51}=3, C^{52}=5, C^{53}=7, C^{54}=2, C^{55}=1$$

$$B1 = \begin{bmatrix} 1 & 2 & 3 & 1/3 & 1/3 \\ 1/2 & 1 & 1/2 & 1/4 & 1/5 \\ 1/3 & 2 & 1 & 1/5 & 1/7 \\ 3 & 4 & 5 & 1 & 1/2 \\ 3 & 5 & 7 & 2 & 1 \end{bmatrix} = (0.1381,0.0623,0.0678,0.2956,0.4362)$$

（3）公众服务维度指标权重。在公众服务维度设置的指标共五个，主要是考察公众的满意情况，通过计算得到五个二级指标针对公众服务维度的相对重要程度。

$$D^{11}=1,D^{12}=1/2,D^{13}=3,D^{14}=1/5,D^{15}=3,D^{16}=1/4$$
$$D^{21}=2,D^{22}=1,D^{23}=4,D^{24}=1/4,D^{25}=5,D^{26}=1/2$$
$$D^{31}=1/3,D^{32}=1/4,D^{33}=1,D^{34}=1/7,D^{35}=1/3,D^{36}=1/7$$
$$D^{41}=5,D^{42}=4,D^{43}=7,D^{44}=1,D^{45}=6,D^{46}=2$$
$$D^{51}=1/3,D^{52}=1/5,D^{53}=3,D^{54}=1/6,D^{55}=1,D^{56}=1/5$$
$$D^{61}=4,D^{62}=2,D^{63}=7,D^{64}=1/2,D^{65}=5,D^{66}=1$$

$$\textbf{B2}=\begin{bmatrix}1&1/2&3&1/5&3&1/4\\2&1&4&1/4&5&1/2\\1/3&1/4&1&1/7&1/3&1/7\\5&4&7&1&6&2\\1/3&1/5&3&1/6&1&1/5\\4&2&7&1/2&5&1\end{bmatrix}=(0.0914,0.1532,0.0337,0.4039,0.0508,0.2670)$$

（4）内部流程维度指标权重。对政策法规体系健全程度、监测站点建设、水利管理机构完善程度、水利发展机制完善程度、水利投资的有效利用率六个二级指标构建判断矩阵，计算六个二级指标针对内部流程维度的相对重要程度。

$$E^{11}=1,E^{12}=1/3,E^{13}=1/2,E^{14}=3,E^{15}=3$$
$$E^{21}=3,E^{22}=1,E^{23}=1/2,E^{24}=3,E^{25}=4$$
$$E^{31}=2,E^{32}=2,E^{33}=1,E^{34}=3,E^{35}=5$$
$$E^{41}=1/2,E^{42}=1/3,E^{43}=1/3,E^{44}=1,E^{45}=2$$
$$E^{51}=1/3,E^{52}=1/4,E^{53}=1/5,E^{54}=1/2,E^{55}=1$$

$$\textbf{B3}=\begin{bmatrix}1&1/3&1/2&2&3\\3&1&1/2&3&4\\2&2&1&3&5\\1/2&1/3&1/3&1&2\\1/3&1/4&1/5&1/2&1\end{bmatrix}=(0.1645,0.2933,0.3731,0.1060,0.0631)$$

（5）学习与成长维度指标权重。对员工激励措施数量统计、员工人均培训次数、熟知 PPP 知识人员数、项目生产能力增加率、水文化宣传程度、数字化业务数目六个二级指标构建判断矩阵，计算六个二级指标针对学习与成长维度的相对重要程度。

$$F^{11}=1,F^{12}=3,F^{13}=2,F^{14}=1/2,F^{15}=5,F^{16}=7$$
$$F^{21}=1/3,F^{22}=1,F^{23}=1/2,F^{24}=1/6,F^{25}=2,F^{26}=3$$
$$F^{31}=1/2,F^{32}=2,F^{33}=1,F^{34}=1/4,F^{35}=2,F^{36}=3$$
$$F^{41}=2,F^{42}=6,F^{43}=4,F^{44}=1,F^{45}=6,F^{46}=6$$
$$F^{51}=1/5,F^{52}=1/2,F^{53}=1/2,F^{54}=1/6,F^{55}=1,F^{56}=2$$
$$F^{61}=1/7,F^{62}=1/3,F^{63}=1/3,F^{64}=1/6,F^{65}=1/2,F^{66}=1$$

$$B4=\begin{bmatrix} 1 & 3 & 2 & 1/2 & 5 & 7 \\ 1/3 & 1 & 1/2 & 1/6 & 2 & 3 \\ 1/2 & 2 & 1 & 1/4 & 2 & 3 \\ 2 & 6 & 4 & 1 & 6 & 6 \\ 1/5 & 1/2 & 1/2 & 1/6 & 1 & 2 \\ 1/7 & 1/3 & 1/3 & 1/6 & 1/2 & 1 \end{bmatrix}=(0.3826,0.0427,0.0646,0.2529,0.1139,0.1434)$$

在前文各维度指标权重计算的基础上，进一步计算饮马河生态水利 PPP 项目的绩效评价指标的总权重，详见表 7-8。

表 7-8　饮马河生态水利项目指标权重

| 目标 | 一级维度 | 各维度权重 | 二级指标 | 分层中权重 | 总权重 |
|---|---|---|---|---|---|
| 饮马河生态水利项目绩效（A） | 效益维度（B1） | 0.2922 | 雨水资源利用率（C1） | 0.1381 | 0.0403 |
| | | | 年水产品总产量（C2） | 0.0623 | 0.0182 |
| | | | 减免的洪涝灾害直接经济损失（C3） | 0.0678 | 0.0198 |
| | | | 水体指标合格率（C4） | 0.2956 | 0.0864 |
| | | | 生态服务价值完成率（C5） | 0.4362 | 0.1274 |
| | 公众服务维度（B2） | 0.1867 | 公众对水安全改善情况的满意程度（D1） | 0.0914 | 0.0171 |
| | | | 公众民主参与的数量统计（D2） | 0.1532 | 0.0286 |
| | | | 每户公众节水率（D3） | 0.0337 | 0.0063 |
| | | | 公众生活供水保证率（D4） | 0.4039 | 0.0754 |
| | | | 水环境污染面积（D5） | 0.0508 | 0.0095 |
| | | | 区域公众利益获得数量统计（D6） | 0.2670 | 0.0498 |
| | 内部流程维度（B3） | 0.4133 | 政策法规体系健全程度（E1） | 0.1645 | 0.0680 |
| | | | 监测站点建设（E2） | 0.2933 | 0.1212 |
| | | | 水利管理机构完善程度（E3） | 0.3731 | 0.1542 |
| | | | 水利发展机制完善程度（E4） | 0.1060 | 0.0438 |
| | | | 水利投资的有效利用率（E5） | 0.0631 | 0.0261 |
| | 学习与成长维度（B4） | 0.1078 | 员工激励措施数量统计（F1） | 0.2622 | 0.0283 |
| | | | 员工人均培训次数（F2） | 0.0895 | 0.0097 |
| | | | 熟知 PPP 知识人员数（F3） | 0.1291 | 0.0139 |
| | | | 项目生产能力增加率（F4） | 0.4181 | 0.0451 |
| | | | 水文化宣传程度（F5） | 0.0610 | 0.0066 |
| | | | 数字化业务数目（F6） | 0.0401 | 0.0043 |
| 合计 | | | | | 1 |

表 7-8 中，一致性检验的结果显示小于 0.1，结果是可信的。通过观察发现饮马河生态水利项目一级维度权重最大的是内部流程管理，达到 0.4133，也证实了项目的建设、运营、维护

阶段管理的重要性；生态服务价值完成率权重 0.1274 说明了生态保护及修复是项目的主要目的；监测站点建设将测量得到的项目实际情况与既定目标对比，改善项目的发展，最终实现生态水利的战略目标。

### 7.4.4　饮马河生态水利 PPP 项目绩效评价测算

#### 7.4.4.1　绩效评价模型确定

（1）绩效评价标准。生态水利项目绩效评价的等级分为优秀、良好、中等、差，为更加清晰地表述，用 4，3，2，1 分别对应以上四个等级。

效益维度。雨水资源利用率：利用率大于 90%的为优；大于 75%～90%的为良；在 60%～75%的为中；利用率低于 60%的为差；水资源开发利用率：利用率达到 100%为优了达到 90%以上为良；在 75%以上为中；而在 75%以下利用率较低；降低损失程度：通过项目的实施，分析工程在灾害中降低损失程度，成效明显的为优，否则酌情给予良、中、差；区域经济增长：以项目实施前后区域经济增长为依据，增长 60%以上为优；40%以上为良；20%以上为中；20%以下为差；生态服务价值完成率：建设内容全面完成为优；总体完成 90%以上为良；总体完成 75%以上为中；总体完成 75%以下为差。

公众服务维度。公众对水安全改善情况的满意程度：工程投入运营后，项目所在地区公众对项目水安全改善情况的满意程度，公众满意程度 90%以上为优；80%以上为良；70%以上为中；低于 70%为差；公众民主参与信息公开程度：公开程度达 85%以上为优；60%以上为良；40%以上为中；低于 40%为差；每户公众节水率：项目区通过生态水利项目建设公众节水率达 60%以上为优；40%以上为良；20%以上为中；否则为差；公众生活供水保证率：项目区通过生态水利项目建设城市供水保证率 90%以上为优；75%以上为良；60%以上为中；否则为差；公众对水环境保护情况的满意程度：公众满意程度 90%以上为优；80%以上为良；70%以上为中；低于 70%为差；区域公众利益获得率：项目区通过生态水利项目建设使公众利益获得率增加 90%以上为优；增加 75%以上为良；增加 60%以上为中；否则为差。

内部流程维度。政策法规体系健全程度：在管理过程中，建立全面的政策法规体系，各单位、部门应明确分工，责任落实，依法和按规定开展的项目为优；依据政策法规体系健全程度各依次给予良、中、差；监测站点建设情况：所建设的监测站点与项目区实际情况比较确定，建设的项目监测站点完全满足项目要求为优；基本符合要求为良；对项目建设造成不良影响的判定为差；水利管理机构完善程度：在项目的建设与运营中，设置专门的管理机构，配备专业的技术人才，有效、科学的管理为优，根据管理的科学性、管理机构和技术人才的专业性等分别确定良、中、差；水利发展机制完善程度：各类项目能按照项目的建设内容，科学合理的发展建设机制，并确保工程在规定建设期内如期完工为优；依据机制发展的科学性，项目建设机制发展情况酌情给予良、中、差；水利投资的有效利用率：投资利用率达到 100%为优；达到 90%以上为良；达到 75%以上为中；达到 75%以下为差。

学习与成长维度。员工满意度：工程项目的员工对工作环境满意度达到 85%以上为优；60%以上为良；40%以上为中；低于 40%为差；员工月平均培训次数：项目区员工月平均培训次数在三次以上为优；一到三次为良；培训一次的为中；否则为差；PPP 项目知识学习情况：对比实际完成情况与既定目标，全部完成目标为优；90%以上完成为良；75%以上完成为中；低于 75%为差；技术创新数目：在项目的全寿命周期内，技术创新数目在三个以上为优；两个以上为良；一个以上为中；低于一个为差；水文化宣传程度：工程项目区对水相关文化熟悉程度达到85%以上为优；60%以上为良；40%以上为中；低于40%为差；信息化应用水平：以实际完成情况与既定目标对比，完成目标的 90%以上为优；75%以上为良；60%以上的为中；否则为差。

（2）计算综合绩效指数公式。生态水利项目绩效综合评价的计算公式为

$$K = \sum_{i=1}^{32} \varpi_i P_i \qquad (7\text{-}4)$$

式中，$K$ 为生态水利项目绩效综合评价指数；$\varpi_i$ 为各个评价指标的权重；$P_i$ 为各个评价指标的分数。

根据计算结果的分值，确定评价对象最后达到的等级，具体见表7-9。

表 7-9  绩效评价分值等级表

| 档次 | 优 | 良 | 中 | 差 |
|---|---|---|---|---|
| 分值 | >3.5 | [3.5,2.5) | [2.5,1.5) | <1.5 |

### 7.4.4.2  绩效评价结果

（1）绩效指标评分。通过与许昌市水务局、许昌环保局、许昌林业局、饮马河项目法人单位等进行沟通，共五位专家参与了此次调查，他们根据自身经验与已制定的绩效评分标准对指标进行打分，并将专家的评分求算术平均值，各项指标的评分具体见表7-10。

表 7-10  饮马河项目绩效指标评分表

| 目标 | 一级指标 | 二级指标 | 得分 |
|---|---|---|---|
| 饮马河生态水利项目绩效 | 效益指标 | 雨水资源利用率 | 4 |
| | | 水资源开发利用率 | 4 |
| | | 降低损失程度 | 4 |
| | | 区域经济增长率 | 4 |
| | | 生态服务价值完成率 | 3 |
| | 公众服务指标 | 公众对水安全改善情况的满意程度 | 4 |
| | | 公众民主参与信息公开程度 | 4 |
| | | 每户公众节水率 | 4 |
| | | 公众生活供水保证率 | 3 |
| | | 公众对水环境保护情况的满意程度 | 4 |
| | | 区域公众利益获得率 | 4 |
| | 内部流程指标 | 政策法规体系健全程度 | 3 |
| | | 监测站点建设 | 4 |
| | | 水利管理机构完善程度 | 2 |
| | | 水利发展机制完善程度 | 4 |
| | | 水利投资的有效利用率 | 3 |
| | | 政策法规体系健全程度 | 3 |

| 目标 | 一级指标 | 二级指标 | 得分 |
|---|---|---|---|
| 饮马河生态水利项目绩效 | 学习与成长指标 | 员工满意度 | 3 |
| | | 员工人均培训次数 | 4 |
| | | PPP 项目经验 | 2 |
| | | 技术创新数目 | 3 |
| | | 水文化宣传程度 | 4 |
| | | 信息化应用水平 | 2 |

（2）绩效评价计算。依照式（7-4），计算得到饮马河生态水利项目绩效评价综合指数为3.4976，就总体来说达到优的水准，即项目对投资商来说能够取得良好的投资收益。对各分项指标进行的分项评价，具体结果详见表7-11。

表 7-11 饮马河生态水利项目绩效指标分项评价结果

| | 效益绩效 | 技术绩效 | 内部流程绩效 | 学习与成长绩效 |
|---|---|---|---|---|
| $\sum \varpi_i P_i$ | 0.1816 | 0.6298 | 0.8442 | 0.3069 |
| 分项评分 $\sum \varpi_i P_i / \varpi_i$ | 3.8001 | 3.8427 | 3.4751 | 2.9821 |
| 分项评价 | 优 | 优 | 良 | 良 |

根据表 7-10 汇总专家对饮马河生态水利项目的打分结果，依照综合评价公式计算饮马河生态水利项目绩效评价综合指数为 3.525，按照本书设定的评分等级，饮马河生态水利项目基本达到优的水平。

从表 7-11 中可以看出，饮马河生态水利项目绩效指标分项评价得分分别为效益绩效3.8001，技术绩效 3.8427，内部流程绩效 3.4751，学习成长绩效 2.9821，根据绩效评价分值等级优秀（>3.5）、良好（[3.5，2.5)）、中等（[2.5，1.5)）、差（<1.5），即效益绩效、技术绩效达到了优的等级，内部流程绩效和学习成长绩效处于良的等级。根据各分项评价结果可知整个项目能够按照计划完成，依照规定对员工进行定期培训以提高员工操作水平，加大对水文化的宣传力度，能够规范有序地开展工程。项目在服务公众、改善环境等方面取得了非常满意的成效，主要表现为，全市多项水环境质量控制指标已提前达到《许昌市环境保护"十三五"规划》的要求；全市环境质量不断改善，地表水消除劣Ⅴ类水体；城市饮用水水源地环境安全得到有效保障，生态环境优于省平均水平。

但同时也发现，项目在内部流程和学习等方面还较为欠缺，特别在内部流程管理方面，建设程度与预期目标相差较远。通过分析发现，这主要是因为项目管理机构建设不全面，生态水利项目建设管理机构的工作效率低于生态水利项目建设提出的高要求，资金使用不能满足生态水利项目更好地实现预期目标，因此为了实现饮马河生态水利项目建设的效益最大化，还需要积极促进 PPP 项目经验学习，提高生态水利项目建设过程中的指导水平，发展高效项目管理机制等配套工作。

### 7.4.5 对策建议

（1）施工进度安排合理。项目能否按期完成，取决于项目建设过程项目人员编制的项目施工进度计划书是否合理，即部分项目任务在实施过程中是否存在时间、资源、人员等方面的冲突，使得项目不能按期完成，出现预期目标不达标现象。安排合理的施工进度可以加快项目建设速度，提高项目的技术效益水平。

（2）利益相关者补偿情况。在饮马河生态水利项目建设的前期，对利益相关者进行补偿，如工厂企业、搬迁居民以及其他受影响利益相关者，由项目负责人和区域政府部门进行落实，防止补偿被中间部门克扣或延期补偿等情况的发生。

（3）管理部门加强项目管理。饮马河项目相关管理部门为获得更高的效益需要做到以下几点：一是管理人员需要在各规章制度下办事，认真做好合同管理、项目预决算、财务核算等工作，满足招投标制、工程监理制以及工程验收等要求；二是在项目全周期均需保持专款专用，严禁违规开支或挪作他用；三是严禁将资金或工程任务下达至下属管理站由其自行实施或是将中标工程转包；四是需加快资金申请工作进度，提高资金使用效率；五是按照既定计划全面落实资金以支持项目建设的不断发展，做好项目验收准备。

（4）管理机制完善程度。经过对饮马河生态水利项目绩效评价，发现项目存在失修的问题，严重影响了项目正常的运营。要使项目长期收益，必须在建成后定期检查并对项目存在的问题进行处理，保证项目在全生命周期内都可以创造价值。

（5）做好制度保障。为使饮马河生态水利项目建设工作有章可循，制定、完善水资源管理、水资源配置、水资源保护、节约用水管理、水生态保护和修复、水量调度等方面的规则制度和规范性文件，确保与试点建设同步配套，为顺利开展生态水利项目建设工作提供制度保障。

（6）加强监督考核。加强试点建设期间的监督考核，建立科学有效的试点考核评价和监督考核制度，组织开展阶段性评估和主要目标建设任务的监督检查。建立、完善社会公众参与的监督机制，接受社会各界的监督。

（7）注重 PPP 项目经验学习。邀请 PPP 项目建设领域专家，为试点建设出谋划策。建立借助专家咨询团队支持机制，着重学习、研究 PPP 项目建设理论和相关科学技术问题，引进、推广国内外 PPP 先进技术，提高 PPP 经验在水利科技发展中的应用。

（8）加大社会公众参与程度。紧紧抓住饮马河生态水利项目建设的公益性定位，高举生态环境修复与保护的旗帜，采取多种形式进行全方位宣传，鼓励社会公众广泛参与，提升公众对于饮马河项目试点建设的认知和认可，拓宽公众对于区域生态环境意见和建议的反映渠道，营造出全民支持、全民参与的浓厚氛围。

# PPP+模式创新篇

# 第 8 章　生态水利项目社会投资 PPP+ABS 创新模式

资产证券化，是指以基础资产未来所产生的现金流为偿付支持，通过结构化设计进行信用增级，在此基础上发行资产支持证券（Asset-Backed Security，ABS）的过程。狭义的资产证券化是以特定资产组合或特定现金流为支持，发行可交易证券的一种融资形式。本章以生态水利 PPP 项目资产证券化的必要性与可行性研究为切入点，对"PPP+ABS"创新模式进行分析，提出该模式实施的难点和发展方向。

## 8.1　生态水利项目 PPP+ABS 模式概述

2016 年 12 月 26 日，国家发改委、中国证监会联合发布《关于推进传统基础设施领域政府和社会资本合作（PPP）项目资产证券化相关工作的通知》，文件力推 PPP+ABS 的创新融资模式，资产证券化由此成为 PPP 项目 2017 年的开台锣鼓。

### 8.1.1　生态水利项目 PPP+ABS 模式的概念

资产证券化也称 ABS，是"Asset-Backed Securitization"的缩写，是指以项目拥有资产为基础，项目资产可能带来的预期收益为保证，通过在资本市场发行债券来筹集资金的一种项目融资方式。PPP 项目资产证券化是以 PPP 项目所属资产为支撑的证券化融资方式，区别于其他资产证券化之处在于，其是以项目未来产生现金流为基础资产，利用结构化设计对项目进行信用增级从而发行证券。

本书将 PPP 项目资产证券化称之为 PPP+ABS 创新模式，旨在强调 PPP 项目与资产证券化的关联性。PPP+ABS 可同时破解 PPP 项目融资难与退出难的困境，利于 PPP 模式的进一步发展，具体优势：①降低融资成本。进行资产证券化产品结构化设计时，一般可设优先级与次级两级，甚至还可增加中间级，可与风险收益进行匹配，再通过增信措施增加债券的信用评级，能够达到降低融资成本的目的。②拓宽融资渠道。对符合资产证券化要求的 PPP 项目通过发行债券实现项目融资，使只能在一级市场上交易的资产能够在二级市场流通，增加流动性，盘活存量资产，拓宽了 PPP 项目的融资渠道。③优化财务状况。资产证券化可通过设立项目公司实现基础资产与项目原始权益人的其他资产分离，也就是表外融资，实现优化资产结构。④丰富退出方式。可将 PPP 项目产生的稳定现金流或投资收益，如桥梁、供水、公路、供气等收费产生的收益权，通过资产证券化的方式转化为可上市交易的标准产品，增强资本的流动性，丰富资本的退出方式。

生态水利项目社会投资 PPP+ABS 模式是一种以生态水利 PPP 项目中缺乏流动性的资产为支撑，将具有可预测收费收入的生态水利 PPP 项目作为担保资产，以未来稳定的现金流（如景区门票等收入）为保证，现金流应尽可能实现破产隔离，通过对产品进行结构化设计以及特有的信用增级方式，使生态水利 PPP 项目由较低信用等级进入较高信用等级的债券市场，随后发行高档证券进行筹资的一种融资模式。

### 8.1.2　生态水利项目 PPP+ABS 模式的基本要求

生态水利 PPP 项目以贷款或金融租赁债权为基础资产开展信贷资产证券化时，基础资产应符合信贷资产证券化业务的一般性"合格标准"，对应的发行机构应为商业银行和金融租赁公司。若生态水利 PPP 项目需发行资产支持计划、资产支持专项计划、资产支持票据时，可以以项目未来产生的财政补贴或收费收益权作为开展资产证券化的基础资产。下面介绍的是 PPP 项目开展资产支持专项计划所需具备的基本条件，从法规角度来看，资产支持票据与资产支持计划对基础资产的要求同资产支持专项计划基本相同，只是对原始权益人（发行人）的要求不尽相同，主要包含以下两个方面：

第一，对原始权益人的基本要求：①PPP 项目的原始权益人一般为股份有限公司、有限责任公司、全民所有制企业等，在此要强调的是在生态水利 PPP 项目中，政府及其职能部门可以作为原始权益人；②原始权益人内部管理制度完善，无法律风险、财务风险、重大经营风险等，具有持续经营能力，要求政府及其职能部门的原始权益人应具有监督和一票否决能力；③原始权益人近 3 年遵纪守法，未出现重大违法、违规行为，要求政府及其职能部门的原始权益人恪守信用，不得因政府换届及单位变更等理由违约等；④原始权益人在人民银行企业信息信用报告中信用记录良好且近 3 年没有虚假信息披露及重大违约。

第二，对基础资产的基本要求：①基础资产所属权明确，各方面符合国家法律法规，基础资产交易基础真实、交易对价公允，能够产生独立、可预测、可特定化、持续稳定的现金流。若已建成开始运营的项目（存量项目）开展证券化，要求项目运营已有一段时间（如 1 年以上），且在此期间内的现金流数据记录较为良好、易于获取；②基础资产进行资产证券化时不得出现权利限制，但原始权益人若能在基础资产转移至专项计划之前解除基础资产的权利限制除外；③基础资产不属于《资产证券化业务基础资产负面清单指引》的附件《资产证券化基础资产负面清单》的范围。

### 8.1.3　生态水利项目 PPP+ABS 模式的特征

生态水利 PPP 项目的资产证券化与传统其他类型基础资产证券化基本类似，主要区别在于生态水利 PPP 项目与传统其他类型基础资产的特点不同，其主要资产类型为收益权资产，在项目产业链中的定位也不同，资产证券化在 PPP 项目产业链中的作用如图 8-1 所示。

生态水利 PPP 项目与一般的水利项目相比，有几个明显的特征：①生态水利 PPP 项目受到水文、地质、地形、气象等多个方面的影响，因而工程更为复杂，且具有自然垄断的性质；②生态水利 PPP 项目具有非排他性，其建成后所提供的服务不能被某人所专有，并且社会集体是该产品的消费主体，在不同的消费者之间，其效用无法分割，具有公益性质；③正外部性极强。外部性又叫作溢出效应，是指在经济活动中，一个经济主体的经济活动给另一个经济主体带来的受益或者受损的情况。正外部性就是指某一个经济主体的行为会给他人或者社会带来受益，并且受益者是不需要支付或者只需要支付很少的成本的。生态水利 PPP 项目除了具备一般的水利项目所能带来的效益之外，还能够显著地改善生态环境、优化人们的生活环境，对于带有盈利性质的准生态水利 PPP 项目来说，还可以增加当地的人流量、提升土地价格、带动周边其他产业的繁荣，促进当地经济发展等，这些都属于正外部性，但项目公司几乎从中得不到任何回报，或者只能得到很少回报，因此可能会缺少积极服务意识，此时，政府部门就需要采用补贴的方式将这种外部效应实现内部化。基于生态水利 PPP 项目与一般的水利项目的特点，其 PPP+ABS 与一般资产证券化业务的主要差异如下。

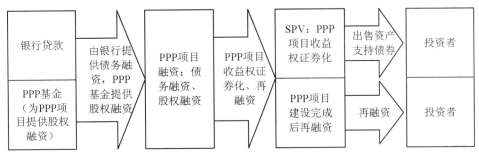

图 8-1　资产证券化在 PPP 项目产业链中的作用

（1）生态水利 PPP+ABS 的基础资产与特许经营权密切相关，运营管理权和收益权相分离。PPP 模式是政府部门与社会资本在公共服务或公共基础设施领域形成的一种长期合作伙伴关系，由社会资本承担基础设施的大部分工作，对设计、建设、运营及维护负主要责任，并通过必要的政府付费和使用者付费获取合理投资收益，政府部门为保证公共利益最大化，负责对公共服务及基础设施的质量、价格监管。由此看出，基础资产与政府特许经营权关系密切，但国家对特许经营权的转让尤其是受让主体有非常严格的准入要求，在进行生态水利 PPP+ABS 时，社会资本的运营管理权转移比较困难，故将收益权分离开作为基础资产，生态水利 PPP+ABS 实质上是将其资产的收益权证券化。

（2）生态水利 PPP+ABS 的基础资产合规性更强。《资产证券化业务基础资产负面清单指引》列出了不适宜采用资产证券化业务形式、或者不符合资产证券化监管要求的基础资产，其中包括"以地方政府为直接或间接债务人的基础资产"，但同时又规定"地方政府按照事先公开的收益约定规则，在政府与社会资本合作模式（PPP）下应当支付或承担的财政补贴除外"。文件为 PPP 项目的财政补贴做出豁免，拓宽了生态水利 PPP 项目能够资产证券化的基础资产范围，有利推动项目的资产证券化。

（3）生态水利 PPP+ABS 的基础资产的期限更长。资产证券化产品的发行通常限制在 7 年内（超过 7 年的项目非常少），主要是因为：一方面国内资产证券化市场的中长期机构投资者较少，保险资金的门槛对投资者相对较高，社保基金、企业年金等大型机构投资者进入资产证券化市场准入限制多；另外资产证券化产品流通性差，对于中长期资产证券化产品，投资者要求有相对较高的流动性溢价，融资成本不能满足优质主体的要求。相比一般类型的资产证券化产品，生态水利 PPP 项目因存续期限长，其资产证券化的基础资产期限要长很多，对产品流动性和投资准入都提出了更高的要求，急需政策支持与交易机制改善。

（4）生态水利 PPP+ABS 时，融资平台或地方政府难以提供直接增信。PPP 项目资产证券化属于项目融资，对项目的偿债能力要求较高，且与一般政府融资平台项目含有财政兜底和政府信用不同，对资产抵押要求也很高。具体来讲，PPP项目特点包括资产抵押（股权、合同权利）、现金流明确、封闭运作、无政府兜底等。因此，在严格履行财政承受能力与财政预算程序时，PPP项目资产证券化虽然可以采取政府付费模式作为特定项目的其中一个还款来源，但融资平台或地方政府并不能提供直接增信，如政府提供土地抵押或出函兜底等方式。PPP项目资产证券化相比于一般类型项目的资产证券化，需要弱化政府兜底，让投资者将更多目光集中在社会资本方的支持力度与PPP项目自身的现金流产生能力。

（5）生态水利PPP+ABS是在进入稳定运营阶段后，特定项目也可在建设期开展PPP项目在建设阶段需要大量资金支持，原始权益人通常会选择将PPP项目未来可能产生的现金流质押或作为还款来源保障给金融机构，通过这种增信方式来获得更好的融资支持。PPP项目在运营阶段开展资产证券化业务时，需要对现金流的竞合问题和相对其他融资方式的比较优势问题进行思考，如确定进行资产证券化，很多时候还需对之前的融资进行提前还款。建设阶段所需资金远多于运营阶段，融资需求自然更为强烈，特定项目若进行论证时发现预期现金流稳定、完工风险低，也可以在建设阶段进行资产证券化，当然这对基础资产形成与产品方案创新都提出了更高的要求。

由此可见，生态水利PPP+ABS作为一种新型的类固收产品，结合收费收益权资产证券化的发展概况，可以推测，其除了具备信用增级和资产证券化两大共性外，在产品发展初期可能存在一定的新产品红利，产品期限可能也会有所延长。生态水利PPP+ABS的具体特点如下。

（1）从收益来看，属于结构化的类固收产品。生态水利PPP+ABS和普通的资产证券化一样，也需要进行结构化设计，通常分为优先级与次级两级，将风险较低、收益相对稳定的设为优先级，承担主要风险、有浮动收益的设为次级，部分项目可能将风险和收益居中部分设为中间级。目前已发行的137只收益权资产证券化中，占比最高的是优先级，高达94.3%，其中优先A级固定利率证券占比93.94%，浮动利率证券占比6.06%，优先B级证券均为固定利率证券；次级证券占比仅为5.70%，为实现外部增信，大多数均被原始权益人购买。故资产证券化产品具有类似于类固收产品的性质。

（2）从风险来看，属于较安全的资产。生态水利PPP项目可以通过多种手段为发行的资产支持证券提供增信，保证产品的安全性，提升产品的信用等级，这是其重要的优势之一。发改委联合证监会为促进PPP项目的资产证券化，对地方政府负债水平低、行业龙头企业成为主要社会资本方、具有稳定投资收益与良好社会效益、处于市场发育程度高且社会资本相对宽裕地区的项目，展开资产证券化示范工作，这也将促进生态水利PPP项目的资产证券化进程。

（3）从期限来看，为匹配生态水利PPP项目期限，应适当延长。生态水利PPP项目特许经营权期通常在10～30年，传统的收费收益权资产证券化产品5～10年的期限显然不能满足，因此可能会延长生态水利PPP项目资产证券化产品期限至10～30年。长期限的生态水利PPP项目资产证券化产品在目前下行的经济形势下，增强了对产品投资者的吸引力。

总而言之，生态水利PPP+ABS产品作为一种新兴事物，可能存在低风险、高回报的投资效益，且PPP项目资产证券化处于发展初期，相对于已经成熟的市场，为吸引投资者可能会比同评级的企业债或中短票据存在一定的利差收益，示范性项目更是资质优良，在一定程度上降低投资者的风险。因此，生态水利项目采用PPP+ABS创新模式具有一般项目所不具备的诸多特征。

### 8.1.4　生态水利项目 PPP+ABS 模式的优势

资产证券化是优化 PPP 的重要金融创新。财政部、人民银行、证监会三部委联合发布《关于规范开展政府和社会资本合作项目资产证券化有关事宜的通知》（财金〔2017〕55 号），规定指出，符合标准的 PPP 项目在建设期也可进行资产证券化，并提出推动不动产投资信托基金（REITs）发展，鼓励各类社会资本投资 PPP 项目资产证券化产品。可以预见，随着相关政策的落地，PPP 资产证券化将加快扩容，将为 PPP 项目提供更有力的金融支撑。针对生态水利 PPP 项目来说，PPP+ABS 创新模式有如下优势。

（1）更有利于平衡项目建设期与运营期的融资张力。生态水利 PPP 项目融资需求集中于建设期，并通过较长的运营期收益来保障还款。在当前的市场环境中，建设期与运营期的期限错配压力很大，项目主体的融资能力受到压制，尤其是长期融资能力相对较弱。《关于规范开展政府和社会资本合作项目资产证券化有关事宜的通知》（财金〔2017〕55 号）将资产证券化条件放宽至建设期，将进一步突破 PPP 融资困难期的瓶颈因素，为项目公司等提供更为灵活的融资工具和更为拓展的融资渠道，从而打通各类市场资金进入 PPP 领域的金融通道，大大缓解建设期融资困难。同时，推动发展不动产投资信托基金（REITs），将信托工具引入到 PPP 项目，从而解决投资期限长等制约因素，提升生态水利 PPP 项目的长期融资能力，保障项目顺利投建、稳健运营。

（2）更好地连接生态水利 PPP 项目主体和多元投资主体。政府与社会资本合作组建 PPP 项目主体，各类资金通过信贷、债券、基金等方式进入生态水利 PPP 项目，助推项目快速投入建设，相当于一阶金融创新。这类进入方式的产品标准化程度相对较低，能够参与投资的市场主体相对有限，因而金融创新的空间也相对不足。而资产证券化等金融创新，依托项目运营期的未来收益权发行标准化金融产品，更好地发挥收益权的支撑作用，相当于二阶金融创新。这一方面将大大扩展产品创新空间，进一步拓展各类社会资金的参与通道，为生态水利 PPP 项目提供更加多元的资金来源；另一方面，为生态水利 PPP 项目主体提供多样化的市场化融资工具，从而筛选发掘更适宜的投资主体，并在项目建设期即可开始着手进行长周期的战略性资产配置规划。因此，二阶金融创新空间的拓展将进一步提升生态水利 PPP 项目的市场吸引力，有助于政府参与方进一步遴选更具竞争力和金融运筹能力的社会合作伙伴。

（3）更有利于促进地方政府加强地方财政纪律和债务管理。根据《政府和社会资本合作项目财政承受能力论证指引》要求，每年政府投入 PPP 项目的资金不能超过当年公共预算支出的 10%，为地方政府推进 PPP 项目提供了财政预算的总体性约束底线。而资产证券化将以每项具体 PPP 项目的未来收益权为核心进行产品设计，能否得到市场投资主体认可，关键在于项目的投资规划、财务规划和收益权设定是否合理。由此可见，资产证券化将为 PPP 提供更有力的市场化检验工具，从而促进生态水利 PPP 项目更加优化、合理，同时也会给地方政府的融资行为施加更加有效的市场约束。

总之，资产证券化将促进 PPP 领域金融创新的深化，产生多重积极效应：一是增速扩容，增加金融资源蓄积能力；二是拓展渠道，引导更多社会资本和市场资金投资 PPP 领域；三是为项目主体和市场主体提供更加适宜、方便的金融工具；四是一定程度上有利于弥合 PPP 的部门差异，促进政策协调和融合；五是有利于形成地方规范发展 PPP 的激励约束机制，促进地方政府改进改善融资行为和债务管理。一言概之，资产证券化是优化 PPP 项目的重要金融创新，将基金、信托等金融工具与生态水利 PPP+ABS 深入契合，并促进 PPP 模式的健康快速发展。

## 8.2    生态水利项目 PPP+ABS 模式的必要性与可行性

### 8.2.1    生态水利 PPP+ABS 的必要性

中央政府在 2016 年工作报告中指出要深化投融资体制改革，完善政府和社会资本合作模式，推动地方融资平台转型，激发社会资本参与热情，推行资产证券化试点。这是解决我国生态水利 PPP 项目金融支持不足、资金流动性差等问题的重要措施，资产证券化推行的必要性体现在：一是我国生态水利 PPP 项目融资难，社会资本闲置资金利用不到位，补偿资金需求也无法满足；二是传统融资陷入困境，在银行贷款、财政拨款均不可行的情况下，特许经营融资自然也无法持续；三是目前我国生态水利 PPP 项目建设资金问题部分可通过资产证券化解决，资产证券化的推行有重要意义。

#### 8.2.1.1    我国生态水利 PPP 项目投融资现状分析

生态水利 PPP 项目已经在全球范围内推广并积累了很多经验教训，促进了生态服务与生态建设筹资市场化、改善了生态质量、提高了公众的生态保护意识。目前我国的生态水利 PPP 项目建设仍处于起步阶段，离通过生态水利 PPP 项目建设以达到改善全国生态脆弱地区的目标还有很大距离。我国生态水利 PPP 项目融资现状主要表现在以下几个方面。

（1）投资总量严重不足。生态水利 PPP 项目建设需要庞大的资金支持，尽管此类投资总额呈现上升态势（图 8-2），但投资总量明显不足。根据国际组织与经济学家的预测，处于经济高速增长时期的国家，要能够有效控制污染，生态治理投资在一定时间内必须持续稳定达到 GDP 总量的 1%～2%，要想环境得到明显改善需达到 3%～5%。从数据来看，我国环境污染治理投资总额占 GDP 的比例整体偏低，加大这部分的投资力度才可能满足我国的生态文明建设。

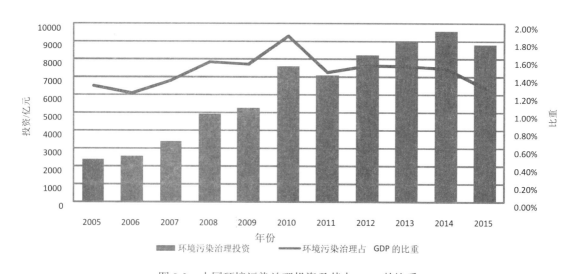

图 8-2    中国环境污染治理投资及其占 GDP 的比重

（2）融资渠道单一。政府资金和商业贷款是我国生态治理融资的主要渠道。从数值角度来看，自筹资金占比虽然很高，但实际上其中的很大部分资金都是通过银行贷款获得。因此，我国生态水利 PPP 项目的主要融资渠道从整体上看应包括国家预算内资金、银行贷款以及内源性融资。生态水利 PPP 项目的其他市场化融资渠道较少、金融产品种类不够丰富、创新程度低。

（3）社会投资主体的积极性不高。社会资本因环境保护的正外部效应特点而缺乏主动投资生态治理的积极性，这时政府必须采取相关措施积极引导、培育、利用市场力量。我国目前采用的排污收费、旅游收费、水价等收费标准比达到投资应有收益标准的边际处理成本还要低，故许多企业不会选择污染防治或生态建设，宁愿交罚款费。生态水利 PPP 项目因其投资风险大、市场准入难等原因，社会资本投资此类项目的就更少。

#### 8.2.1.2 传统融资模式的困境

（1）地方政府的财政能力有限。生态水利 PPP 项目因其自身具有收益率低、成本回收时间长等特点，对一般社会资本来说吸引力较差。我国财政支出涵盖了教育、农业、公共服务等多个领域，各个领域分得资金本身就很有限，且我国中央和地方政府财政多年来一直处于赤字状态（表 8-1），故难以满足生态水利 PPP 项目的资金需求。

表 8-1 全国 2006～2015 年中央和地方财政收支状况　　　　单位：亿元

| 年份 | 全国财政收入 | 全国财政支出 | 差额 | 地方财政收入 | 地方财政支出 | 差额 |
|---|---|---|---|---|---|---|
| 2006 | 38760.20 | 40422.73 | −1662.53 | 18303.58 | 30431.33 | −12127.75 |
| 2007 | 51321.78 | 49781.35 | 1540.43 | 23572.62 | 38339.29 | −14766.67 |
| 2008 | 61330.35 | 62592.66 | −1262.31 | 28649.79 | 49248.49 | −20598.70 |
| 2009 | 68518.30 | 76299.93 | −7781.63 | 32602.59 | 61044.14 | −28441.55 |
| 2010 | 83101.51 | 89874.16 | −6772.65 | 40613.04 | 73884.43 | −33271.39 |
| 2011 | 103874.43 | 109247.79 | −5373.36 | 52547.11 | 92733.68 | −40186.57 |
| 2012 | 117253.52 | 125952.97 | −8699.45 | 61078.29 | 107188.34 | −46110.05 |
| 2013 | 129209.64 | 140212.10 | −11002.46 | 69011.16 | 119740.34 | −50729.18 |
| 2014 | 140370.03 | 151785.56 | −11415.53 | 75876.58 | 129215.49 | −53338.91 |
| 2015 | 152269.23 | 175877.77 | −23608.54 | 83002.04 | 150335.62 | −67333.58 |

数据来源：国家数据网。

（2）国内贷款难度较大。在生态治理资金来源中，商业贷款占据了较大比重，但是值得注意的是，生态水利 PPP 项目的投资主体也就是这些商业贷款的具体使用者，占较大比例的是政府财政信用为背景的投融资平台或是国有企业。这些投资项目本身的债务偿还能力与项目所在地政府的财政能力是相关的，如果是经济欠发达地区，地方政府的债务融资规模较低，而经济发达地区，其债务融资规模相对较高，但是各地政府因财政能力导致的债务风险爆发的可能性却相差不大。尽管国家对生态水利 PPP 项目提供财政补贴，但这些现金流与商业银行为项目贷款的自有资金要求相差很大，因此，商业银行对生态水利 PPP 项目的贷款额度是有限的，并不能满足项目对资金的需求。近些年，政策性银行对生态水利 PPP 项目的投资力度加大，但在进行投资时需要社会资本提供地方政府的信用担保，结果又将还款问题抛给了地方财政。

（3）特许经营下的项目融资存在的问题。尽管很多地区采用了PPP/BOT等融资方式，但从应用实际情况来看依旧出现了很多问题，如项目在建设期没有净现金流量，项目的未来收益以及资金回收期等的不确定性都不能满足金融机构放款的要求。因此，金融机构为了降低放款风险，一般要求企业提供严格担保，若政府提供担保，PPP融资又成了变向的政府兜底融资。融资渠道不畅、资金不足问题已经成了生态水利PPP项目建设长效发展的阻碍，拓宽生态水利PPP项目的融资渠道、创新融资模式已经迫在眉睫。

### 8.2.1.3 资产证券化融资模式的优势

（1）资产证券化融资成本相对较低。生态水利PPP项目建设当前主要的融资方式是财政支出和银行贷款，但是其期限较短、成本较高，无法真正解决生态水利PPP项目的资金短缺问题。生态水利PPP项目资产的收益覆盖能力差、信用等级较低，但是资产证券化可通过风险隔离、信用增级等一系列措施提高资产的信用等级，且资产支持证券发行规模通常能够达到规模效应，应能够有效降低融资成本。

（2）资产证券化融资可分散融资项目的投资风险。原始权益人转让资产至项目公司就构成了"真实出售"，这就将原始权益人的自身风险与项目本身风险切割，实现"破产隔离"，也就是说当原始权益人破产时，项目的证券化资产不受影响，不会作为其破产资产进行清算，从而保护了项目投资者的利益。而且证券公开发行，购买者众多，很多还是机构投资者，在很大程度上分散了投资风险。同时，在资产证券化时，项目需进行的内外部增信也降低了项目投资风险。原始权益人通过出让资产转移了资产所有权，预先获得项目的转让收入，有效降低了项目自身风险。

（3）资产证券化融资有利于盘活存量资产。自然经济生态区、污水处理厂、截污工程等很多优质生态水利PPP项目，在未来一般拥有较为稳定的现金流，但是可用投资工具、流动性的缺乏，使得人们很难直接利用这些存量资产。资产证券化可盘活这些流动性差的资产，将筹措到的资金投入新的项目中，生态水利PPP项目的资金压力将得到有效缓解，同时还可提高生态资产的流动性及盈利能力和政府或其代理机构的资金使用效率。

## 8.2.2 生态水利PPP项目资产证券化融资的可行性

### 8.2.2.1 我国已具备相关法律制度和国家支持政策

"绿色金融"近年来在国际上被广泛提到，所谓"绿色金融"是指金融机构在决策时充分考虑环境因素，加大对环境治理项目的扶持，减少乃至停止对污染项目的贷款，即要"绿化"投融资活动；同时在金融机构风险管理体系中纳入环境因素，以对中长期风险管理进一步加强，实现金融体系自身更好更快发展。我国绿色金融在金融监管部门的推动下，其主要组成部分绿色保险、绿色证券、绿色信贷均取得了长效发展。绿色金融这种在投融资活动中考虑环境因素的政策理念，对生态水利PPP项目资产证券化的发展起到了促进作用。资产证券化的相关法律政策已经出台了很多，根据相关会议精神，资产证券化也正在与稳增长、调结构相结合。

2016年3月5日政府工作报告中要求探索基础设施等资产证券化，深化投融资体制改革，继续以市场化方式筹集专项建设基金，推动地方融资平台转型改制进行市场化融资，探索基础设施等资产证券化,扩大债券融资规模,要用好 1800 亿元引导基金,依法严格履行合同,充分激发社会资本参与热情。2017 年 6 月 27 日,财政部、人民银行、证监会三部委联合发布《关于规范开展政府和社会资本合作项目资产证券化有关事宜的通知》(财金〔2017〕55 号),这是继 2016 年 12 月 21 日发改委、证监会发布《关于推进传统基础设施领域政府和社会资本合作(PPP)项目资产证券化相关工作的通知》(发改投资〔2016〕2698 号)之后,国务院部委第二次发布的 PPP 资产证券化纲领性文件。与之前的文件相比,《关于规范开展政府和社会资本合作项目资产证券化有关事宜的通知》在拓宽资产证券化的渠道、增加证券化的基础资产、风险隔离安排、提高项目公司股东开展证券化的门槛等提出了相关政策要求,尤其强调要优先支持水务、环境保护、交通运输等公共服务行业的 PPP 项目开展资产证券化。具体详见本书附件 4。

### 8.2.2.2 我国有一批适宜资产证券化的生态水利 PPP 项目

我国有一批生态水利 PPP 项目可予资产证券化处理。根据资产证券化的基础资产标准,我国有许多生态水利 PPP 项目具备资产证券化的条件,比如南水北调中线工程的丹江口库区湿地保护区,通过退耕还林将土地资源流转起来,规模化经营林业,解放多余生产力,惠及广大农民群众,农村的土地资源资产证券化也许是可行的方向;许昌市河流综合治理工程周边的土地开发、旅游项目开发及其他生态服务项目等;江西省鄱阳湖生态经济区"十二大生态经济工程"的"两核工程"(彭泽和万安核电项目)、特高压和智能电网工程、天然气入赣工程、工业园区污水处理工程、城镇生活污水处理工程等这些类型生态水利 PPP 项目都可以对其资产证券化进行必要性、可行性分析,在控制好风险的基础上鼓励和引导其进行资产证券化。

### 8.2.2.3 我国已有实行资产证券化的成功经验

早在 1996 年,我国首个以基础设施收费为基础进行资产证券化的项目——珠海市高速公路收费就已成功发行,但当时人才、税收、法律制度、市场信用制度、风险监管等资产证券化所需的很多条件都不完善。2001 年始,我国开始重视资产证券化的发展,相继出台了一系列的法律法规。2005 年始,多个涉及很多领域的资产证券化产品被批准发行,其中典型的企业资产证券化产品见表 8-2。我国现发行资产管理计划项目金额达 270 亿元,信贷资产证券化项目达 139.1 亿元。在此之后,2013 年阿里小贷进行首次尝试,2015 年国内出现首单以商业保理公司为主导的保理资产证券化产品。

表 8-2 我国已发行主要企业资产证券化产品

| 项目名称 | 发起人 | 融资规模/亿元 | 成立日期 | 现金流来源 |
|---|---|---|---|---|
| 莞深高速公路收费收益权专项计划 | 东莞发展控股公司 | 5.8 | 2005.12 | 高速公路收费收益权 |
| 华能澜沧江水电收益专项计划 | 华能澜沧江水电公司 | 19.8 | 2006.5 | 水电销售收入收益权 |
| 南京城建污水处理收费资产支持专项计划 | 南京市城建投资集团 | 7.21 | 2006.7 | 污水处理费收益 |

续表

| 项目名称 | 发起人 | 融资规模/亿元 | 成立日期 | 现金流来源 |
|---|---|---|---|---|
| 欢乐谷主题公园入园凭证专项资产管理计划 | 深圳华侨城股份公司、北京世纪华侨城实业公司、上海华侨城投资发展公司 | 18.5 | 2012.1 | 欢乐谷主题公园5年内的入园凭证收入 |
| 淮北矿业铁路专用线运输服务费收益权专项资产管理计划 | 淮北矿业股份公司 | 20 | 2013.12 | 自专项计划成立之次日起5年内的铁路运输服务费收益权 |
| 海印股份信托收益权专项资产管理计划 | 上海浦东发展银行股份有限公司广州分行 | 19.377 | 2014.8 | 5年内14家商业物业的租金及其他收入 |
| 星美国际影院信托收益权资产支持专项计划 | 华宝信托有限责任公司 | 13.5 | 2015.5 | 专项计划存续期间内电影放映经营取得的票房收入 |
| 京东白条应收账款债权资产支持专项计划 | 北京京东世纪贸易有限公司 | 8 | 2015.9 | 京东商城提供京东白条服务时产生的应收账款资产 |
| 华鑫—德基广场资产支持专项计划 | 德基广场有限公司 | 3 | 2016.1 | 基准日至截止日期间特定租赁合同享有的合同债权 |

2016年，我国资产证券化市场呈现出快速扩容、稳健运行、创新迭出的良好发展态势。信贷ABS发行进入常态化，企业ABS迅速增长，各类"首单"产品不断出现，基础资产类型不断增加，市场存量规模突破万亿，而且绿色资产证券化、不良资产证券化、境外发行等领域也有了重大突破。

2017年8月23日，中国银行间市场首单"债券通（北向通）"资产证券化项目正式发行，标志着我国资产证券化参与主体逐渐多元化。由此可见，我国实施生态水利PPP项目资产证券化有理论、有政策、有经验、有市场，今后应在推进中谋发展，在发展中求完善。

# 8.3　生态水利项目PPP+ABS模式分析

## 8.3.1　我国资产证券化发展情况分析

为更加清楚地展示我国资产证券化的发展情况，本书对其2005～2017年上半年间的市场运行情况分析如下。

（1）市场延续快速增长，企业ABS规模增长显著。2016年全年，我国资产证券化产品同比增长37.32%，发行总量达到8420.51亿元（图8-3）；市场存量同比增长52.66%，总量达到11977.68亿元（图8-4），其中，信贷资产证券化（包含银行间市场发行的公积金RMBS数据）同比下降4.63%，发行占总发行量的45.94%，达到3868.73亿元；存量同比增长14.74%，占市场总量的51.54%，达到6173.67亿元。企业资产证券化同比增长114.90%，发行占发行总量的52.08%，达到4385.21亿元；存量同比增长138.72%，占市场总量的45.97%，达到5506.04

亿元。ABN 同比增长 375.91%，占发行总量的 1.98%，达到 166.57 亿元；存量同比增长 87.52%，占市场总量的 2.49%，达到 297.97 亿元。整体来看，2016 年企业资产证券化成为发行量最大的品种，其发行规模较 2015 年成倍增加，资产证券化市场实现持续增长。

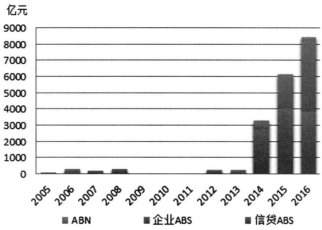

图 8-3　2005～2016 年资产证券化市场发行情况
数据来源：Wind 资讯，中央结算公司

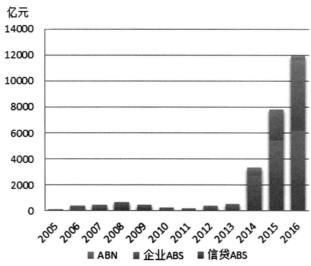

图 8-4　2005～2016 年资产证券化市场存量情况
数据来源：Wind 资讯，中央结算公司

2016 年，在信贷资产证券化产品中，CLO（公司信贷类资产支持证券）占比最高达到 36.78%，但相比去年减少 53.82%，发行总量 1422.24 亿元；RMBS（个人住房抵押贷款支持证券）占比 35.73%，发行 1381.76 亿元，是 2015 年发行的近 3 倍；Auto-ABS（个人汽车抵押贷款支持证券）占比 15.02%，发行 580.96 亿元；租赁 ABS、消费性贷款 ABS、信用卡贷款 ABS、不良贷款 ABS 重启占比分别为 3.35%、2.37%、2.76% 和 3.99%，分别发行了 129.48 亿元、91.60 亿元、106.59 亿元和 156.10 亿元，如图 8-5 所示。

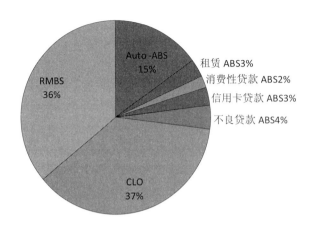

图 8-5  2016 年信贷 ABS 发行情况
数据来源：Wind 资讯，中央结算公司

2016 年，在企业资产证券化产品中，租赁租金为基础资产的产品发行量最大，占比 23%，达到 1028.64 亿元，同比增速 69.83%；应收账款、信托收益权和小额贷款为基础资产的产品占比分别为 19%、17% 和 16%，发行量达到 850.45 亿元、758.19 亿元和 706.40 亿元，同比增速分别为 162.10%、295.47% 和 394.06%；基础设施收费类和企业债券类产品占比均为 7% 左右，产品发行 300.58 亿元和 328.27 亿元；REITs 产品占比 3%，发行 117.55 亿元；委托贷款类和保理融资债权类占比均为 2% 左右，发行量分别为 66.02 亿元和 71.09 亿元；其他类产品合计占比 4%，发行 158.02 亿元（图 8-6）。

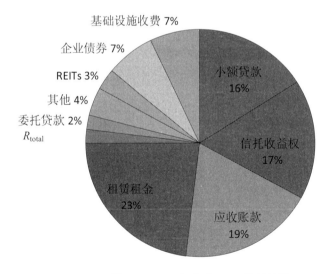

图 8-6  2016 年企业 ABS 发行情况
数据来源：Wind 资讯，中央结算公司

（2）发行利率出现分化。资产证券化产品在 2016 年出现发行利率在一定程度上分化的情况：信贷资产证券化发行利率震荡上行，已从高速增长进入平稳期；企业资产证券化发行利率震荡下行，新产品红利推动公众的配置需求与认购热情，整体发生井喷。具体来讲，2016 年，信贷资产证券化优先 A 级与优先 B 级证券均实现全年累计上行，分别为 71 个和 11 个基点，最低发行利率分别为 2.45% 和 3.29%，最高发行利率分别为 4.70% 和 5.1%，平均发行利率分别为 3.49% 和 4.11%（图 8-7）。

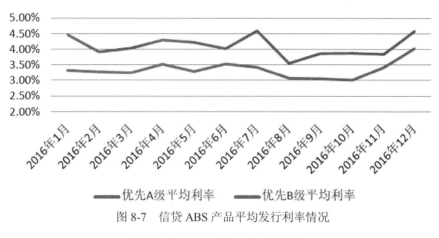

图 8-7　信贷 ABS 产品平均发行利率情况

数据来源：Wind 资讯，中央结算公司

企业资产证券化优先 A 级与优先 B 级证券均实现全年累计下降，分别为 39 个和 178 个基点，最低发行利率分别为 2.31% 和 3.4%，最高发行利率分别为 8.5% 和 9.2%，平均发行利率分别为 4.43% 和 5.55%（图 8-8）。

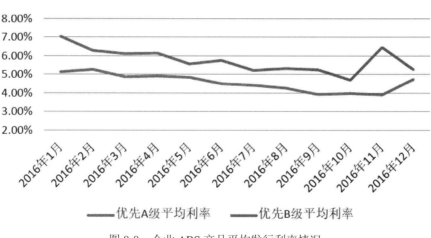

图 8-8　企业 ABS 产品平均发行利率情况

数据来源：Wind 资讯，中央结算公司

根据公开的披露信息，2016 年全国共发行了 38 只 ABS 产品，其中优先 A 级与优先 B 级产品的最低发行率分别为 2.86% 和 4.2%，最高发行率分别为 4.10% 和 5.99%。

（3）收益率曲线震荡上行，利差扩大。2016 年债券市场因内外不确定因素的不断增多而出现市场收益率不断波动的现象。资产证券化市场收益率全年呈现震荡上行，以 5 年期 AAA 级固定利率 ABS 收益率曲线为例，全年收益率上行 50 个基点（图 8-9）。

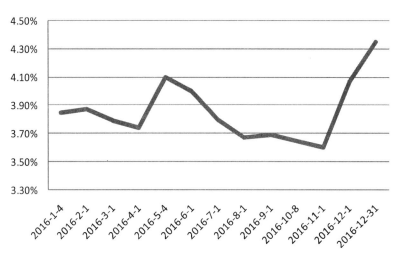

图 8-9　中债银行间固定利率 ABS 收益率走势

数据来源：中央结算公司

2016 年相同期限的资产证券化产品与国债的信用溢价因信用债券违约风险上升的影响而呈现出在波动中小幅增大的趋势。以 5 年期 AAA 级固定利率 ABS 收益率为例，其与 5 年期固定利率国债收益率信用溢价全年扩大 40 个基点（图 8-10）。

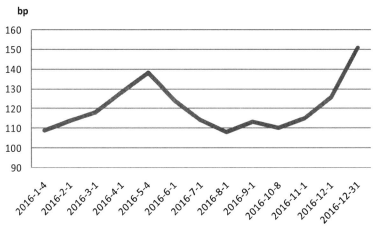

图 8-10　ABS 产品信用溢价变化趋势

数据来源：中央结算公司

贷款资产支持证券的优先档产品均获得 AAA 级评级（图 8-11）。

（4）发行品种仍以高信用等级产品为主。AAA 级和 AA+级的产品仍是 2016 年资产证券化产品的主流。具体来说，不包含次级档，235 只信贷资产证券化产品都达到 A 以上评级，其中达到 AA 及以上高信用评级的产品占发行总量的 85%，发行额为 3277.61 亿元（图 8-11）；1435 只企业资产证券化产品中，A+以上评级有 1434 只，AA 及以上高信用评级产品占发行总量的 86%，发行额为 3792.61 亿元。而且不良资产支持证券共 14 只优先档产品，均获得 AAA 评级（图 8-12）。

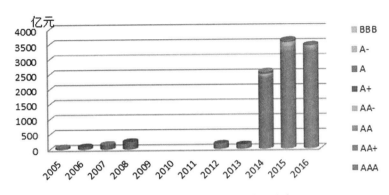

图 8-11　信贷 ABS 产品信用等级分布

数据来源：Wind 资讯，中央结算公司

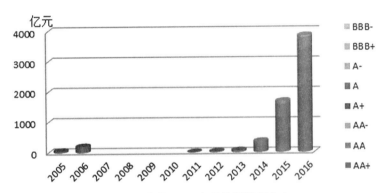

图 8-12　企业 ABS 产品信用等级分布

数据来源：Wind 资讯，中央结算公司

（5）市场流动性进一步提升。资产证券化市场在 2016 年的活跃度与流动性均显著提升。以中央国债登记结算有限责任公司托管的信贷资产证券化为例，2016 年现券结算同比增长 2.64 倍，达到 1435.28 亿元，换手率同比增长 17%，达到 24.93%，但是相对于 187.87%的债券市场整体换手率，资产证券化市场的流动性依然不高。

### 8.3.2　生态水利项目 PPP+ABS 的主要类型

（1）按照基础资产类型分类。生态水利 PPP 项目资产证券化（简称生态水利 PPP+ABS）有三种基础资产类型：股权资产、债券资产和收益权资产。PPP 项目基金份额所有权或公司股权是股权资产；PPP 项目金融租赁债权、银行贷款、企业应收账款或委托贷款是债权资产；政府付费模式下的财政补贴、使用者付费模式下的收费收益权、可行性缺口模式下的财政补贴和收费收益权是收益权资产，这也是最常见的基础资产类型。

（2）按照项目阶段不同分类。生态水利 PPP 项目的生命周期分为开发期、建设期、运营期和移交后期，而开发期和建设期统称为项目在建期，在此阶段的 PPP 项目无法产生净现金流，可采用以下方式进行资产证券化：一是发行资产支持专项计划，将项目未来现金流支持的信托受益权作为资产证券化的基础，这种模式也被称为"双 SPV 结构"；二是发行信贷资产证券化产品,将在建阶段的金融租赁公司提供融资的金融租赁债权或商业银行的项目贷款作为资产证券化的基础;三是发行保险资管资产支持计划,将在建项目的未来现金流收入作为发行资产证券化的支持。

到达运营阶段的生态水利 PPP 项目能够有稳定收入,这时资产证券化开展的条件更为成熟,可采用模式有以下几种:一是发行类 REITs 产品,将公司股权或是股权收益权作为资产证券化的基础;二是发行资产支持专项计划,将财政补贴或是收费收益权作为资产证券化的基础;三是信贷资产证券化产品,将 PPP 项目公司运营阶段的商业银行流动资金或是金融租赁公司提供融资的金融租赁债权作为资产证券化的基础。

（3）按照合同主体不同分类。生态水利 PPP 项目资产证券化方案按照合同主体分类,即是围绕合同体系进行资产证券化方案的设计。以下四类合同主体是生态水利 PPP 项目合同体系的主要部分:一是 PPP 项目公司,即项目的实施主体;二是社会资本（财务投资者和专业投资者）,即 PPP 项目的投资方;三是承包商或分包商,即项目的合作方;四是提供融资租赁服务的租赁公司或提供贷款的商业银行。具体内容如图 8-13 所示。

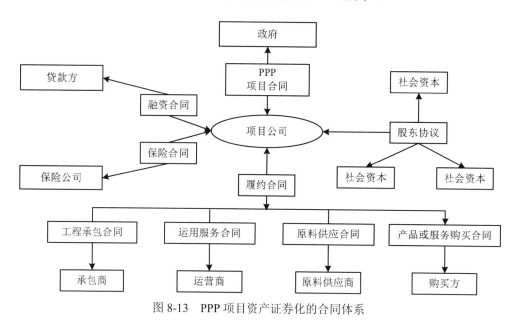

图 8-13　PPP 项目资产证券化的合同体系

### 8.3.3　生态水利项目 PPP+ABS 过程

在阐释生态水利 PPP+ABS 模式的特点前,需要对以下三个概念进行界定。一是生态资源,为人类提供产品与服务的各类自然资源就是生态资源,是人类经济社会发展的物质基础,具体包括土地、森林、水等和各种基本要素组成的生态系统;二是生态资产,为人类提供福利的一切自然资源就是生态资产,主要表现为稀缺性、价值性、归属性和可交易性等经济学属性,具体包括水、土地、大气等和基本生态要素形成的各种生态系统;三是生态资本,能够实现价值增值与确定产权归属的生态资源就是生态资本,具体包括环境质量与自净能力、自然资源总量、生态系统的已使用与潜在资源等。三者之间既有区别又有联系,归属性与稀缺性是生态资源与生态资产的根本区别,生态资源向生态资产转化的过程就是生态资源资产化,在此过程中需要用资产的管理方法对生态资源进行保护，产权归属问题仍需不断明确，生态资源最终转化为生态资本。生态资本具有增殖性，即资本的一般属性，它是未来能产生现金流的生态资产，实际上，两者的实体对象是一致的，生态资产盘活后成为能增殖的资产就是生态资本，这个实现其价值的过程就称为生态资本化（见 8-14）。

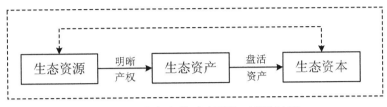

图 8-14 生态水利项目 PPP+ABS 过程

生态水利项目 PPP+ABS 模式通常兼有一定的生态价值与社会公益性质，一般经济效益不高，因此政府需要提供各种优惠政策以吸引社会资本投资。生态水利项目 PPP+ABS 模式与传统资产证券化产品的一般框架相差不大，但其生态资产的价值难以量化，故在进行资产证券化时要充分考虑证券化中可能的技术难点与证券化的目的等自身特点。生态水利 PPP 项目可以通过生态资产为基础资产进行资产证券化融资，并实现资金供给与资金需求的良性循环；原始资产权益人能够通过生态资产证券化实现项目的经济价值；当然，在进行生态水利 PPP+ABS 模式构建时，应充分考虑生态资产的特点，在资产池构成、资产的经济价值等方面可能存在个性化问题。

生态资源进行资产证券化时通常有以下两种方案：一是生态资源直接资产证券化，即将生态水利项目中的虚拟资产，如水库使用权、林木开采权等某些权利投入资产证券化市场；二是生态资源间接资产证券化，即将生态水利项目中的生态旅游产品等进行抵押作为基础的间接金融资产，与商业抵押贷款类似。

### 8.3.4 生态水利项目 PPP+ABS 的价值化与市场化

市场化与价值化是实现生态资源到生态资产转化的必要条件。市场化是以市场作为资源配置的手段，能够提高资产的配置效率、放松资源管制和价值保值增值。价值化是以货币量表示生态成本、资源消耗成本，能够提高人们的生态意识。生态资产市场化与价值化的形成须经历以下三个基本环节。

（1）核算。按照价值属性的不同，生态资产可分为经济价值、生态价值与社会价值，本书主要强调资产的生态价值，如果生态资产能进行证券化且入选资金池，那么它一定能产生稳定现金流。评估非市场服务与产品价值的能力可采用最大支付意愿法，在评估某地区生态资源经济价值时，可将不同类型的价值合并求得总支付意愿，公式为：

物品的经济价值（效用）＝可以开发资源的未来现金流+正向外部经济内部化现金流入-负向内部不经济

（2）明确产权。生态资产市场化与价值化的前提是对生态资产产权的明确，即对生态资产的所有权、使用权、收益权和处置权等的明确，这是为了实现归属清晰、权责分明、监管有效的生态资源产权制度。我国的生态资源所有权已经明确，从法律可知国家和集体拥有自然资源的所有权。生态资源分管于多个部门，受部门利益、职权交叉重叠等影响，管理非常困难，主要是因为水资源、环境资源等公共资源本身的产权就很难界定，而且还受到外部性的影响。因此，明确产权、解决好"三权关系"、实现政府简政放权、加快建立资源市场是推进生态资产市场化的迫切问题。其中，适合进行产权交易的应充分发挥市场作用，限制开发的生态资源应通过政府购买服务或使用者付费方式给予经济回报。为进一步明确产权，各省可考虑设立生态资产管理委员会，编制自然资源资产负债表，重点地区与企业在进行绿色国民经济核算和编制企业资产负债表时可将生态资产纳入编制范围。

（3）定价。生态资产市场化与价值化的基础是进行生态资产定价。生态资源价格具有以下特性：一是非完全市场价格。公共属性决定了生态资源不能完全由市场进行资源配置，政府的干预程度很高。二是具有相对刚性和公众敏感性。生态资源关乎公众切身利益，价格刚性相对明显。三是原位资源执行的是当地价格。由于地区间的资源条件、资源赋存及资源需求具有差异性，地区间的原位资源价格具有非可比性。随着资源约束的不断增强，我国一直实行的资源低价政策改革也在缓慢推进，但因资源产品价格关系民生问题，因此，资源价格的调整既要满足提高价格反映其稀缺性，又要制定有差异的价格满足不同主体对资源的需求。整体来说，生态资源到生态资产的转化面临很多问题，但不可否认的是这个过程是在不断前进的、长期的和持续的。

### 8.3.5 生态水利项目 PPP+ABS 模式设计

在进行生态水利项目 PPP+ABS 模式设计时，对参与各方的设置尤为重要，如专业服务机构 SPV 需注意的是项目需与原始权益人的其他资产真实隔离；信用增级机构要考虑的是如何在维持生态资源的经济价值、社会信用都较低的情况下进行信用增级，当然，政府应提供相关支持以帮助项目达到信用增级的目的。图 8-15 为生态水利项目 PPP+ABS 模式资产证券化的典型交易结构图。

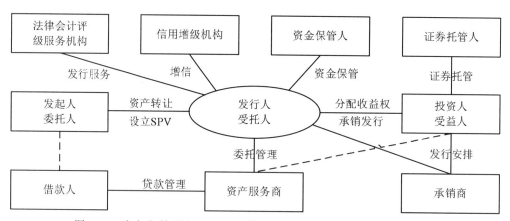

图 8-15　生态水利项目 PPP+ABS 模式资产证券化基本交易结构示意图

由图 8-15 可见，生态水利项目 PPP+ABS 涉及参与主体有发起人（原始权益人/融资方）、资产管理机构、投资者、信用增级机构、信用评级机构、证券承销机构、投资者、资产评估机构等，其具体设计步骤如下。

#### 8.3.5.1　组建生态水利 PPP 项目资产池

生态水利项目采用 PPP+ABS 时，政府作为原始权益人，负责组建生态水利项目开发建设公司,以拟建项目未来若干年的现金流收入作为基础资产构建资金池,主要采用以下三个步骤:一是明确资产池的总体目标特征;二是设定筛选标准,进行备选资产选择;三是从备选资产中挑选组合,构成资产池。

资产池总体的资产类别、金融规模、预期期限、风险水平等特征都是资产池总体目标特征,这些是项目发起人依据项目资产的配置规划和项目产品的市场需求确定的。在确定资产池总体目标特征后,需要确定资产的筛选标准,依据筛选标准筛选出备选资产,将筛选后的备选资产按照一定的规律进行组合,从而实现风险的内部对冲,降低资产组合的风险水平。生态水利项目 PPP+ABS 模式的资产规模大、使用人数多但单笔应收款数额较小,最好在地域空间实现使用人员的分散,减少生态资源使用人迟延或拒绝履行债务时的影响,降低风险提高资产池的价值。

生态水利项目 PPP+ABS 的对象资产在成熟市场已经非常广泛,如水库的经营使用权、林木开采权、景区开放合同等某些权利与生态旅游产品抵押等某一类生态资源为基础的间接金融资产都是证券化的对象。生态水利项目因拥有的生态资产类型的不同而具有各自的特点,在构建、优化组合和形成资金池时需要考虑这些问题。

### 8.3.5.2　组建特殊机构 SPV

在生态水利项目 PPP+ABS 时,特殊目的机构(Special Purpose Vehicle,SPV)组建形式的合理性直接影响到资产证券化运作的成功与否,SPV 的组建也是整个过程中的重要组成环节。常见的 SPV 组建模式有信托型 SPV 与公司型 SPV。

(1)信托型 SPV。将 SPV 角色委托给独立于原始权益人之外的信托公司即信托型 SPV。生态水利 PPP 项目原始权益人将基础资产通过与信托公司签订协议的方式交付给信托公司,信托公司拥有基础资产的所有权,对其进行设计、发行,发行募集到的资金由信托公司按协议金额交付原始权益人,投资者购买资产证券化产品凭信托受益凭证到期获得收益。目前我国对信托型 SPV 设置的法律障碍较小,但生态水利 PPP 项目由于自身的准公益性特点采用信托型 SPV 的风险较大。

(2)公司型 SPV。公司型 SPV 指的是国有资产管理公司下设 SPV,是由国家出资成立专门的子公司 SPV,负责和监管全国范围内资产证券化的相关工作,如图 8-16 所示。公司型 SPV 优势如下:①SPV 由国家设立,具有很高的信用等级,且模式可以参照国际上已有的成功经验;②SPV 与资产池资产无隶属关系,实现了原始权益人的其他资产与项目资产的真实隔离;③尽管《中华人民共和国公司法》严格限制发行债券的主体,但国有独资特设机构 SPV 拥有发行债券的资格。

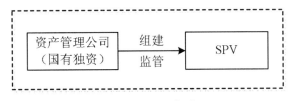

图 8-16　SPV 组建

组建 SPV 后,要对原始权益人与开发建设方、证券承销方、收益托管方在生态水利项目 PPP+ABS 模式之间的关系进行明确,具体关系如图 8-17 所示。

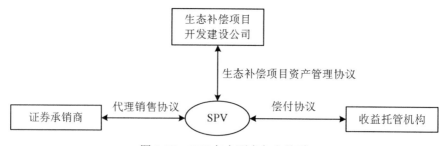

图 8-17　SPV 与主要参与方关系

### 8.3.5.3　信用评级和增级

在进行生态水利项目 PPP+ABS 时，通常采用如穆迪公司、标准普尔公司等国际上公认的评级机构来对项目资产进行信用评级，与普通债券评级不同，项目资产评级的对象仅限于已并入资金池的资产。信用评级有助于投资者在不对称信息下更好地了解项目的真实情况。政府部门对评级过程要严格监督管理，防止评级机构与 SPV 公司联合欺诈投资者。评级结果达不到资产证券化要求时，就需进行信用增级，这种方式不仅能够达到预期要求同时还能提高证券上市能力、降低融资成本。内部增信和外部增信是信用增级的两种形式（表 8-3）。

表 8-3　资产证券化产品常用增信措施及其具体安排

| 分类 | 增信措施 | 具体安排 | 特点 |
|---|---|---|---|
| 内部增信 | 超额抵押 | 基础资产大于发行资产支持证券的规模，以及资产池价值大于证券价值，从而通过超额价值部分对发行的证券进行增信 | 成本较高，多出现于收益权类基础资产 |
| | 优先/次级结构 | 将证券化产品分为优先档和次级档或更多级别，在还本付息，损失分配安排上，优先级证券享有优先权，通过次级证券为优先级进行增信 | 使用广泛，增信效果取决于分层的内部结构设置 |
| 外部增信 | 机构担保 | 通过外部机构担保来进行增信，担保人可以是企业、担保公司或其他信用较好的金融机构 | 外部担保效力与担保人信用水平相关 |
| | 金融保险 | 由发行人向保险公司进行投保，一旦贷款组合发生坏账，资产支持证券的本息将无法得到正常偿付，投资者的损失则可由保险公司进行赔付 | 只针对单个资产或某种组合提供保险，指具体某一类风险 |

发行优先/次级证券、超额担保是常用的内部增级方式。优先/次级证券是项目发行偿付顺序差异化证券，在项目收益不能满足所有投资者的收益时，先行偿付优先级债券，从而优先级证券能够获得更高的信用级别并募集更多资金。超额担保是指发行的债券额度低于资产池收益，超额部分作为担保即政府出资，设立补偿担保基金。金融保险、第三方担保是常用的外部增级方式。金融保险是原始权益人向保险公司投保，若资产支持证券本息无法按时偿付或资金链发生断裂，保险公司对投资者的损失进行赔付。采用第三方担保时，项目公司必须与其他信用水平高、社会名誉高的担保公司合作，增加项目的信用等级。

生态水利项目 PPP+ABS 时，需要根据基础资产特征与市场环境不同选用合适的信用增级方式。参与各方也应根据自身风险偏好、资金成本、融资期限等自身实际情况对信用增级目标与策略进行整合。实际上，大多数发行人在进行信用增级时会采用内外部结合的信用增级方式，如先通过利差账户与超额抵押实现现金流的投资级信用评级,然后通过专业保险公司提供的金融保险实现二次增级,这时就能达到 AAA 的信用评级,增强了信用基础,降低了信用风险。

#### 8.3.5.4 发行证券,支付价款

资产证券化融资项目的寿命期低于生态水利 PPP 项目的投资建设期,导致 PPP 项目无法发行长期的证券,但可以通过与资金池的配置状况,设计发行周期为 5 年的短期支持证券,在证券到期前重新配置资产再次设计发行短期资产支持证券,如此循环延迟资产支持证券的周期。在证券到期时,按照资金池的现金流情况向投资者支付本金与投资收益。

生态资产支持证券由与 SPV 签订证券代理销售协议的证券承销商负责发行。发行时机的确定需根据当时的市场情况、发行价格、资产收益率等因素确定,确定之后,证券机构可向资本市场投放证券。在顺利发行后,证券机构将补偿项目支持证券发行获得的收入按合同约定价格支付给 SPV,SPV 再将这部分收入按与 PPP 公司约定的价格支付给项目公司。

#### 8.3.5.5 支付投资者收益

生态资产的资产证券化管理与支付投资者收益是生态水利项目 PPP+ABS 模式的最后阶段。生态水利 PPP 项目公司或其委托的资产管理机构均可以作为生态资产的资产证券化管理者。收益托管机构一般作为支付投资者收益的委托方,多由被委托的银行担任,设置专门账户负责将项目公司定期存入的收益扣除日常成本后支付给投资者。托管机构在支付本金与利息的过程中代表投资者行使监管权力。生态水利项目 PPP+ABS 具体运作流程如图 8-18 所示。

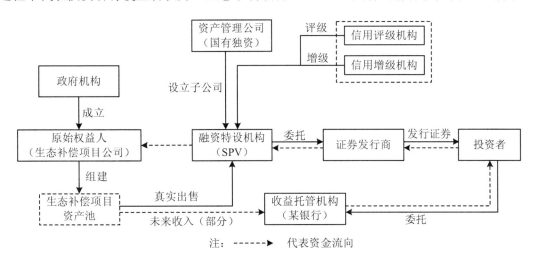

图 8-18 生态补偿项目资产证券化运作流程

## 8.4 生态水利项目 PPP+ABS 模式实施的难点及建议

### 8.4.1 实施难点

#### 8.4.1.1 PPP 项目资产证券化的操作细则尚未出台

资产证券化作为盘活 PPP 项目存量资产的重要工具,在 PPP 投融资模式缺乏专门法律和关于 PPP 资产证券化的操作细则尚未出台的情况下,其实际应用面临着很多问题,如资产转

化实现破产隔离，需要进行"真实出售"，但在 PPP 项目中，社会资本在运营期内负责项目的运维、承担项目的风险，但"真实出售"后，一旦 PPP 项目出现违约时，无人承担风险。资产证券化法律、法规及操作细则缺失将直接影响到生态水利项目 PPP+ABS 模式的推广与应用。

### 8.4.1.2 资产证券化期限与生态水利 PPP 项目不匹配

PPP 项目资产证券化面临的困境是期限问题，主要表现在两个方面：一是结构性问题，发改委与证监会明文规定在运营期且能持续产生稳定现金流的 PPP 项目才能发行证券，而对于 PPP 项目而言，其建设期对资金的需求更加迫切。二是期限不匹配的问题。生态水利 PPP 项目经营期一般在 10～30 年，资产证券化产品的存续期限一般为 5 年以内，因此需要接连发行多个资产支持专项计划，但这样会极大地增加融资成本。关于期限不匹配问题，《关于规范开展政府和社会资本合作项目资产证券化有关事宜的通知》也没提出有效的解决办法，希望今后国家法律或部门规章有所规定，为诸如生态水利 PPP 项目的实践操作保驾护航。

### 8.4.1.3 信用评级标准不统一

资产证券化的优势是通过结构化和信用增级降低融资成本，因此，信用评级在资产证券化中至关重要。资产证券化需要综合考量主要参与机构的信用资质、基础资产的信用资质、产品现金流分析和压力测试、法律风险、产品结构增级效果与风险等，需要对 PPP 项目进行综合评估，但是不可否认的是，对于合同金额预期收益和已建成并正常运营 2 年的 PPP 项目，可利用的现金流较为有限，尤其对生态水利 PPP 项目来说，由于收益率较低并且很难预计，再加上建设期较长等特点，都给生态水利 PPP 项目资产证券化评级提出了挑战。

### 8.4.1.4 生态水利 PPP 项目整体收益率不高，对投资者吸引力不足

生态水利 PPP 项目的经营性收费因项目的公益性性质受到政府监管、限制，不允许暴利产生。项目进行资产证券化融资时，其融资成本与利息相比其他金融产品不但没有比较优势，甚至为了吸引投资者会更高，因而有限的现金流能否覆盖和支持本息兑付存在一定的疑虑。再加上生态水利 PPP 项目多为长期微利项目，投资收益率多为 6%～8%，且随着经济下行压力加剧，未来可能仍有一定的下行空间。因此，生态水利 PPP 项目资产证券化产品的收益水平自然不会太高，据中国资产证券化分析网数据，2016 年 11 月底，企业资产证券化到期收益率为 3.11%（AAA，1 年）、3.21%（AAA，3 年）、3.39%（AAA，5 年）、3.60%（AAA，10 年）、3.23%（AA+，1 年）、3.49（AA+，3 年）、3.63%（AA+，5 年）和 3.87%（AA+，10 年），资产证券化产品的收益率与其他理财产品相比并没有比较优势，对投资者的吸引力不足，加之目前信息披露机制尚不健全，投资者较为审慎。

### 8.4.1.5 二级市场尚未健全，流动性较差

投资者在认购资产证券化产品时，二级市场的流动性是它们认购的主要依据之一。现有资产证券化产品虽已能够实现二级市场交易和质押式回购交易，但整体来说，二级市场的交易依然不景气，其主要原因：一是由于市场体量不大，可交易性较小；二是资产证券化产品正处于发展初期，标准化程度较低，交易范围较窄；三是投资者较为集中且多以互持为主，交易需求并不旺盛。这也将使得生态水利 PPP 项目资产证券化产品的交易流通受阻。

### 8.4.1.6 收益权质押担保问题

一般情况下，在项目建设初始为获取贷款资金，项目公司成立后就会将项目未来的收费收益权质押给商业银行作为贷款担保。如果在此之后项目要进行资产证券化，就需先通过足额资金偿还或等额资金置换商业银行贷款，解除收费收益权的质押，但这对项目公司难度很大。

对生态水利 PPP 项目来说，收费收益权本身吸引力就不够，再加上接触收益权、质押担保等手续繁杂等原因，严重制约了其资产证券化操作与实施。

### 8.4.2 对策建议

生态水利 PPP 项目与资产证券化融资在我国都刚刚步入实践，有理由相信两者的协同共建在我国必然也有光明的前景。但目前我国资产证券化发展市场并不乐观，相关配套的法律法规、制度政策、服务中介体系、资产支持证券交易市场等都尚不健全。因此，本书从建立资产证券化专项法律、加强资产证券化融资的政策服务、健全资产支持证券市场等方面提出如下对策建议。

#### 8.4.2.1 建立生态水利项目 PPP+ABS 专项法律

资产证券化是涉及多方参与者、环节众多的一项复杂过程，在此过程中不仅可能涉及多部经济法律，如《公司法》《证券法》《合同法》等，还会涉及很多关于资产、税务、风险管理等的法律问题。目前，我国资产证券化涉及的法律法规除上述已经提到的以外，证监会、财政部、银监会、中国人民银行相继独自发行或联合发行文件，促进资产证券化的发展，如中国人民银行和中国银监会联合发布的《信贷资产证券化试点管理办法》，财政部、人民银行、证监会三部委联合发布《关于规范开展政府和社会资本合作项目资产证券化有关事宜的通知》等。尽管我国不断出台资产证券化方面的法律法规，但还存在很大部分的法律缺位，尤其是针对生态水利项目这种准公益性项目，在实施过程中问题很多。因此，建立生态水利专项的《资产证券化法》，明确参与主体的权利与义务、规定资产证券化的各个环节、切实保护好投资者的利益是生态水利 PPP+ABS 模式更好更快发展的必由之路。

建立生态水利项目 PPP+ABS 专项法律，首先，应明确规定生态水利项目 PPP+ABS 模式为基础的实体资产支持证券的法律主体地位，提高生态水利 PPP 项目资产证券化的透明程度与流程的标准程度。其次，提高立法层次，增加法律责任规定，只有在法律上明确规定各方责任与权利，企业才会足够重视，有充分的压力与动力做好生态水利建设；金融机构才能更好地对项目进行监督，推广绿色金融。然后，增强生态金融立法意见和指引的可操作性，提供生态水利项目 PPP+ABS 的准入、技术和循环使用的具体标准，为金融机构的执行提供便利。最后，法律需对生态水利项目 PPP+ABS 模式中的各参与方之间的契约进行规定，并形成制度标准上的框架。

#### 8.4.2.2 建立规范的证券化交易市场，大力培育机构投资者

生态支持证券交易市场的建立，一是明确界定基础资产，适时更新负面清单，在进行产品设计时对一系列风险包括资产的定价严格进行防范；二是加快建设信息披露体系，发行阶段与存续期均有信息披露要求，资产证券化是以资产信用为基础进行融资的，对交易的透明程度、信息披露程度均有很高要求；三是资产证券化产品设计透明、简单，不能搞再证券化与多层证券化，明确实体资产支持证券必须在场外交易，进一步提高市场流动性与社会资本配置效率；四是构建生态水利 PPP 项目投资者网络，促进投资者自发承担社会责任、推行生态金融建设。

大力培育机构投资者，一是培育和引导机构投资者投资绿色金融，鼓励各类养老保险基金、大型投资基金加大绿色投资力度；二是生态水利 PPP 项目抓住证券机构资管业务逐步放开和保险资金解冻的难得机遇，吸引更多的潜在投资者；三是鼓励金融机构多开发绿色金融产品，为机构投资者提供多样选择；四是依靠具有导向性的政策措施，放开证券化投资监管，积

极推动绿色证券市场发展。随着生态水利项目 PPP+ABS 的不断发展，可在信用担保和信用评级的基础上，将产品打造为标准化产品并投放至国际证券市场，吸引国际资本注资。

### 8.4.2.3 政府应进一步提供相应的政策支持

生态水利项目 PPP+ABS 模式中的参与主体众多、涉及到发改委、财政部门、环保部门、金融机构等多个分管部门，导致对项目的管理存在债权不明确的问题，因此，对于生态水利项目 PPP+ABS 模式的管理，需要建立有效的协调管理机制，制定切实可行的管理政策促进生态水利项目 PPP+ABS 健康长效发展。

（1）财税优惠政策。财税优惠能够直接影响到生态水利项目 PPP+ABS 的最终收益。政府应将财税补贴从直接满足项目本身融资需要转向对市场化生态水利 PPP 项目的供给激励上。信贷资产证券化在目前的财税制度下已经享受了很多国家的财税优惠，且相关法规的出台也有效避免了对 SPV 的双重征税，但目前此政策只适用于银行信贷资产证券化试点业务，因此相关税收法规需进一步完善。除此以外，还可以推进的措施有：一是生态证券业务的收入应伴随"营改增"的税收体制改革实行适当的增值税、所得税优惠；二是为支持生态证券市场的发展，对绿色证券的投资收入减免税收，降低融资成本，推动生态水利项目 PPP+ABS 模式发展；三是资产证券化涉及基础资产的"真实出售"，在会计制度上应针对基础资产转移做出相关规定，并规范原始权益人资产的终止确认条件和会计核算。

（2）在资产证券化融资中政府机构应发挥政策引导作用。政府引导对生态水利项目 PPP+ABS 模式的发展有至关重要的作用，可采取的措施有：一是要求政策性银行大力支持绿色信贷，调整业务流向，发行绿色股票、绿色债券；二是建立生态水利 PPP 项目专项基金，资本金部分由财政收入划拨、水环境污染罚款、环境税等政府相关部门出资，部分由保险公司、社保基金、其他具有投资意愿的市场机构等社会资本出资，作为引导基金激励社会资本投资；三是政府出台生态水利 PPP 项目资产证券化的相关增信、税收等配套优惠政策，激发社会资本的投资热情；四是在政策性银行内部设立专门的生态水利 PPP 项目部门，负责生态水利 PPP 项目的资产证券化投融资，制定生态水利 PPP 项目建设与治理相契合的政策导向，推动生态水利事业的繁荣发展。

（3）大力培育中介服务体系。生态水利项目 PPP+ABS 模式参与方多、周期长、技术复杂，企业在进行资产证券化设计时需要专业的评估机构预测项目的风险。规范交易市场，培育和完善第三方评估机构，提高交易市场对生态金融的支持是现阶段急需解决的问题。另外，当前我国的服务制度并不完善，配套相关的服务体系对于生态水利项目 PPP+ABS 融资的顺利进行起到至关重要的作用。

# 第9章   生态水利项目社会投资 PPP+P2G 创新模式

互联网金融是我国经济发展的重要推动力量,PPP 模式是我国基础设施建设过程中缓解各级政府财政压力的有效举措,互联网金融与 PPP 模式的有效结合是促进项目融资良性发展的新型模式。本章首先对 PPP+P2G 模式的概念、必要性与可行性进行探究,在分析该模式发展的制约因素及潜在风险的基础上,构建 PPP+P2G 模式的系统动力学模型,并对该模型的结构、运营过程及因果关系等进行系统分析,最后提出 PPP+P2G 模式的发展对策。

## 9.1   PPP+P2G 创新模式概述

### 9.1.1   P2G 融资平台概述

研究 P2G 不得不提及 P2P。P2P(Peer to Peer Lending)是一种网络借贷形式,是借款人与出借人通过网络融资平台而不是银行等金融机构产生的无抵押贷款,这是一种重要的互联网金融模式。由于 P2P 是个人对个人的借贷,由此衍生出了 P2B(对企业倾向于线上)、P2C(对企业倾向于线上线下结合)、P2N(对多家机构)、P2L(对融资租赁机构)、P2G(对政府)等五种模式。既然是模式就不存在对与错,只能说适合与不适合,经过实践检验,上述前四种模式均弊大于利,最主要是与我国当前经济社会的发展现状不协调。P2G 主要适用于政府引导的投资项目,而 PPP 恰巧是政府引导吸引社会投资的形式,因此本书将 P2G 视为 PPP 的创新模式之一。

一般意义上的 P2G 是指 private-to-government,指将社会闲置资本聚集起来,用来投向"政信资产"的模式,即引导民间资金进入政府信用介入项目的互联网金融服务平台,科学理性地支持我国实体经济的发展。P2G 与 P2P 从运作模式来看相差不大,都是通过平台搭桥,满足投融资双方的需求,但是 P2G 的最大优势:该投融资平台主要服务于有政府信用介入的项目,如政府直接投资的项目、政府承担回收责任的项目、国有金融机构债权回购项目、国企(央企)保理项目等,政府信用是双方进行投融资的支撑。

本书所指的 P2G,有广义和狭义之分,广义上的 P2G 是指 private-to-government project,即将社会闲散资本通过互联网金融服务平台集聚起来形成资金池,并通过投资或融资形式将其投入公共产品及服务类项目的一种政府与社会资本合作模式。狭义上的 P2G 是指 private-to-government water conservancy project,即将社会闲置资本通过互联网金融服务平台集聚起来投向政府扶持项目的一种政府与社会资本合作模式。本书主要指投资到以政府为投资主体、积极吸引社会资金的生态水利 PPP 项目。P2G 定义的关键:一是能否筹到资金;二是如何将资金投入政府公共项目。本书主要探究 P2G 平台如何与生态水利项目 PPP 模式结合,形成 PPP+P2G 的协同共赢。

### 9.1.2 生态水利项目 PPP+P2G 创新模式概述

#### 9.1.2.1 生态水利项目 PPP+P2G 创新模式概念

生态水利项目 PPP+P2G 创新模式是指以生态水利 PPP 项目为载体,将 P2G 平台视为其投融资手段之一,以公共产品的运营绩效或服务质量为信用担保,吸引 P2G 平台将集聚的社会闲散民间资金投入生态水利 PPP 项目中,以提高该项目的健康运营和供给质量,并提高民间资本的运作效率,形成生态水利项目 PPP 模式与 P2G 平台的协同共治模式。由此可见,PPP+P2G 是一种创新的融资模式,这种模式是以政府信用为隐形担保,通过互联网平台将生态水利 PPP 项目设计成产品形式,以 P2G 平台吸纳社会闲散资金投资的新型融资模式,是 PPP 模式和 P2G 平台的完美结合。PPP+P2G 互联网金融模式,于 2015 年 12 月正式亮相于首届全球互联网金融领袖峰会 PPP+P2G 城市发展论坛,这标志着 PPP 模式的"互联网+"创新从概念变为现实。

本书需要说明两点:PPP+P2G 创新模式既是中国 PPP 模式推行的现实需求,也是民间资本(社会闲散资本)高效运营的要求,具体阐释详见 PPP+P2G 创新模式的必要性与可行性。结合生态水利项目 PPP 模式运作时是否设立 SPV 项目公司,可以概括为两种形式:一种是 P2G 平台与直接社会资本方签订融资协议;另一种是 P2G 平台与 PPP 项目的 SPV 公司签订融资协议,由 SPV 项目公司对 P2G 平台承担全部责任。两种情形的具体交易结构如图 9-1、图 9-2 所示。

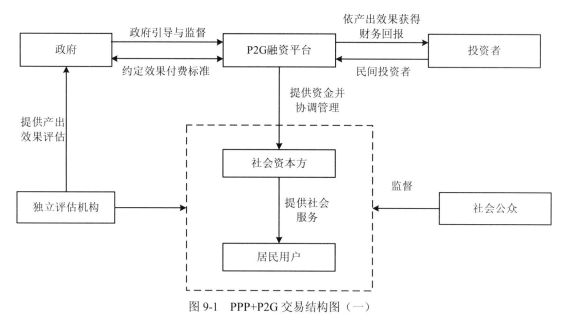

图 9-1　PPP+P2G 交易结构图(一)

P2G 平台什么时间与生态水利 PPP 项目的社会资本方或 SPV 项目公司签订融资协议较好?本书认为应由项目的运营需要和绩效决定,一般情况下选择运营与维护阶段融资较好,因为该阶段收益容易评估,风险相对较小,但这不是绝对的,如果生态水利 PPP 项目可预见收益较好,社会资本方或 SPV 项目公司建设阶段又缺少资金,P2G 平台也可以考虑建设阶段就与其签订融资协议。

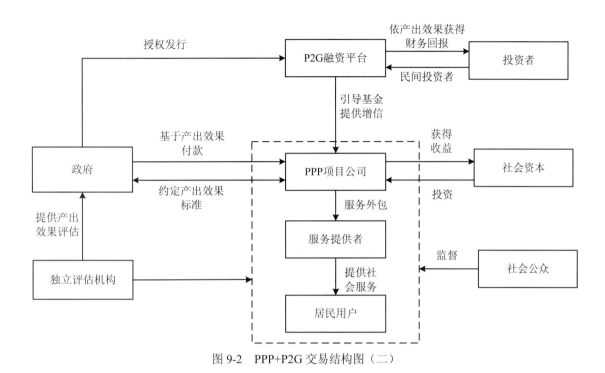

图 9-2　PPP+P2G 交易结构图（二）

　　关于 P2G 平台的融资形式，本书认为较为安全的形式是发行社会效益债券（关于社会效益债券与 PPP 模式的结合将另行研究）。

### 9.1.2.2　生态水利项目 PPP+P2G 创新模式的必要性

　　（1）有利于放宽服务业准入限制，完善市场监管体制。众所周知，政府和社会资本合作的 PPP 模式在我国已演化成公公合作模式，即政府与央企、国企合作模式，私人资本参与程度很低。另外，PPP 项目"乱象丛生"已引起政府和社会的高度关注。P2G 平台不仅能够广泛调动民间资本参与 PPP 项目，而且能够发挥公众的监督、管理的自治作用。

　　（2）有利于促进深化供给侧改革。建设现代化经济体系是我国经济发展的战略目标，实体经济是我国经济发展的着力点，提高供给体系质量是我国经济发展的主攻方向。P2G 平台与 PPP 模式协同，有利于发挥 P2G 平台的四两拨千斤的作用，撬动更多的社会资本以社会债券投资的形式参与 PPP 项目的建设、运营及管理，解决 PPP 项目融资难、落地难、运营难等问题，转变 PPP 模式推行中重量不重质，重建设轻管理问题，真正实现公共产品及服务领域的供给侧结构优化。

　　（3）有利于健全财政、货币、产生区域等经济改革协调机制。党的十九大提出："创新和完善宏观调控，发挥国家发展规划的战略导向作用。"符合 P2G 平台和 PPP 模式都强调的政府出思路，社会资本出方案的要求；"完善促进消费的体制机制，增强消费对经济发展的基础性作用"是 P2G 平台和 PPP 模式协同共治的宗旨和目标；"深化投融资体制改革，发挥投资对优化供给结构的关键性作用"是 P2G 平台和 PPP 模式协同共治理论研究的重要组成部分。

　　生态水利项目 PPP+P2G 创新模式的实践必要性如下。

　　（1）有利于发挥政府的引导与监督作用。实践证明 PPP 模式是解决公共产品及服务供给的有效模式；PPP 模式在中国继续推行也是一个不争的事实；更好、更有效地发展 PPP 模式是理论界与业界共同努力的目标。目前，公私合作模式在我国已经演化成公公合作模式，社会资本参与程度很低，且 PPP 模式缺少法律法规的约束，实践中出现了很多问题，都与 PPP 模式引进的初衷相悖，因此，亟待出台 PPP 法律、法规、政策，以规范、稳健的方式推行 PPP 模式。因此，强调 P2G 平台与 PPP 模式协同共治，有利于创新和完善宏观调控，发挥政府发展规划的战略导向作用。

（2）有利于健全财政、货币、区域等经济改革协调机制。推行 PPP 模式主要目的：一是解决地方政府财政吃紧的困难；二是提高公共产品即服务的供给能力。因此，如何发挥政府财政的撬动能力，如何调动社会资本投入的积极性，如何保障 PPP 模式的高质量、高效率供给等问题都是 P2G 平台与 PPP 模式协同共治的实践内容，建立标准科学、规范透明、约束有力的预算制度，全面实施绩效管理，应形成财政、货币、区域协调发展的治理格局。

（3）有利于为世界各国公共产品与服务供给提供中国方案。近年来，中国 PPP 模式取得了前所未有的发展，尽管出现了这样那样的问题，但 PPP 模式仍是解决地方政府债务及融资平台转型的有效模式。P2G 平台尽管不可能解决 PPP 模式中的所有问题，但其政府引导功能和融资再融资功能对 PPP 模式有所帮助是不争的事实，因此，在 P2G 平台和 PPP 模式都关注的生态、养老、教育等领域进行先行先试，待成功后再进行国内外推广，是目前比较可行的方案。

### 9.1.2.3　生态水利项目 PPP+P2G 融资模式的可行性

（1）政策可行性。如何真正调动民间资本参与 PPP 项目是困扰 PPP 模式发展的重要瓶颈，甚至有人将中国政府与社会资本合作的 PPP 模式讽刺地称之为公公合作模式，这充分说明我国的 PPP 发展方向已经偏离了吸引民间资本的初衷。为了突破发展瓶颈、矫正发展方向，我国政府采取了一系列应对措施。《国务院办公厅关于进一步激发民间有效投资活力促进经济持续健康发展的指导意见》（国办发〔2017〕79 号）明确规定：加大基础设施和公用事业领域开放力度，禁止排斥、限制或歧视民间资本的行为，为民营企业创造平等竞争机会，支持民间资本股权占比高的社会资本方参与 PPP 项目，调动民间资本积极性。《国家发展改革委关于鼓励民间资本参与政府和社会资本合作（PPP）项目的指导意见》（发改投资〔2017〕2059 号）规定：要创造民间资本参与 PPP 项目的良好环境，除国家法律法规明确禁止准入的行业和领域外，一律向民间资本开放；在制定 PPP 政策、编制 PPP 规划、确定 PPP 项目实施方案时，充分吸收采纳民营企业的合理建议；主动为民营企业服务，不断优化营商环境，构建"亲""清"新型政商关系；对民间资本主导或参与的 PPP 项目，鼓励开通前期工作办理等方面的"绿色通道"。鼓励结合本地区实际，依法依规出台更多的优惠政策。

（2）诚信度可行性。诚信度是民间资本投资时考虑最多的问题。在 P2P 平台发展时期，由于各方面政策及措施不配套，整个社会信用体系较差等原因，P2P 平台风靡一时后就出现了跑路、提现困难等问题，严重挫伤了民间资本、尤其是社会闲散资金的投资积极性。因此，P2G 模式是否可行，会不会重蹈"问题 P2P 平台公司"的覆辙，是民间资本投资者所担心的主要问题。本书认为 PPP+P2G 模式是相对安全可靠的，其理由是：PPP+P2G 模式有安全的投资载体，且该载体是传统上由政府财政投资的公共产品或服务项目，只是在这种模式下，这些产品或服务的供给方式发生了变化，由政府供给为主改变为由政府特许社会资本在一定时期、一定条件下供给的 PPP 模式，但这并未改变政府公共产品及服务的供给责任。因此，生态水利项目 PPP+P2G 创新模式是以政府信用及公信力为保障的。

（3）收益稳定性。通过认真研读《国家发展改革委关于鼓励民间资本参与政府和社会资本合作（PPP）项目的指导意见》（发改投资〔2017〕2059 号）文不难发现，政府鼓励民间资本参与 PPP 项目的形式有：一是通过政府资本金注入，即发挥政府投资的"四两"拨民间资本"千斤"的作用；二是政府财政补助，对社会资本投资 PPP 项目进行税收减免或资金补贴；三是贷款贴息方式，鼓励各级金融机构大力开展 PPP 项目金融产品创新，有针对性地对 PPP 项目提供金融服务并实现对项目自身现金流的有限追索。由此可见，发改投资〔2017〕2059 号文不仅为 PPP+P2G 模式的科学性与合理性提供了有力的政策支持，而且为 PPP+P2G 模式的收益稳定性提供了保障。

（4）协同共赢性。在 PPP+P2G 模式中，P2G 金融模式和 PPP 模式并不是独立存在，而是协同共赢的。P2G 金融模式缓解了 PPP 模式的筹资、监管等困难，完善了 PPP 模式运作体系。同时，PPP 模式的发展也促进了 P2G 融资模式的创新、监管以及风险处理等。简单地说，PPP 模式需要通过 P2G 平台进行多渠道融资，反过来，PPP 模式又为 P2G 平台提供了最佳的投资载体。因此，PPP+P2G 模式具有一定的创新性、灵活性和强监督性，创新性是指 P2G 融资模式完善了 PPP 模式的制度体系，促进 PPP 模式更加科学、合理；灵活性是指 P2G 作为融资平台，在资金投放时，有对生态水利 PPP 项目评估的权利和义务，可以采用发行企业债券、股份、基金等形式，以确保资金投向的安全性和收益的稳定性；强监督性是指 P2G 平台的引入，不仅加大了社会公众参与 PPP 项目的力度，而且引入了第三方监督机制，更有利于生态水利 PPP 项目的高质量供给和高效率运营。

### 9.1.3 生态水利项目 PPP+P2G 模式的制约因素及潜在风险

#### 9.1.3.1 制约因素

（1）缺乏系统、科学的保障机制。对于生态水利项目 PPP+P2G 创新模式来说，其保障机制来源于 PPP 模式和 P2G 融资平台两个方面，由于本书前述 PPP 模式较多，在此不再赘述。对 P2G 模式来说，在信用支持方面，生态水利项目因资金需求量大、回收成本周期长，使正在密集进行城镇化建设的政府财政压力巨大，一旦项目资金储备不足出现资金周转问题，会极大降低政府信用，增加地区潜在经济压力；在交易平台方面，P2G 是投资双方交流的平台，得到的不仅是双方的信息，还有数据安全、资金安全体系等一系列方面；在信息管理方面，P2G 是虚拟的网络借贷性质平台，难以保证客户的信息保密与合法权益，且 P2G 项目的安全实施也很难保证。因此，在 PPP+P2G 创新模式推行中，首先必须建立科学的 PPP 模式和 P2G 融资模式保障机制，其次是结合生态水利项目的特点，构建其行业特色的 PPP+P2G 协同共治保障机制。

（2）资金来源有待完善。制约 PPP+P2G 创新模式成败的关键是民间资本来源。收入较高的个人与运营情况较好的企业通常受到民间资本的青睐，P2G 的利益情况并不能让投资者完全信任。P2G 项目的资金来源渠道较窄，资金有限且难以持续，同时 P2G 模式也不能满足为投资者提供较为稳健投资方式的初衷；其次是生态水利 PPP 项目能否良性发展，如果该项目引入资金相对较少或时机不合适，对项目发展没有起到应有的作用，那么就不会给生态水利项目带来较好的良性发展。最后，P2G 项目需要大量资金支持，其公益性特点关系到政府的信用建设，资金链断裂对整个地区经济都有较大影响。

（3）监管机制不够健全。对生态水利项目 PPP+P2G 创新模式来说，理智监管非常重要。首先，在交易主体方面，审核与评估是对交易主体的主要监管方式，应理性判断，投资者不能盲目乐观，不明朗信用指数的投资者可能成为投资中的不确定因素，造成项目公司对投资结果的误判，影响项目进程。其次，在风控团队方面，近年来 PPP 项目增长迅速，P2G 等网络平台企业数目增长也较迅速，可能对平台操作细节方面有所遗漏，尤其是 PPP+P2G 的新型合作模式下，有可能会因为监管机制的不健全造成对风险的错误预测评定，从而导致对项目的决策出现误差，造成不必要的损失。而风险预测失误带来的损失由政府信用担保承担赔偿，会加重政府财政负担。最后，在监察制度方面，有可能会因为制度制定不完善，某些小型 P2G 企业平台抗风险能力相对较低，意外的损失可能会导致企业破产倒闭。

### 9.1.3.2  潜在风险

对生态水利项目 PPP+P2G 创新模式的潜在风险研究，已有成果是分别研究 PPP 模式和 P2G 融资平台的风险，且都没有统一的标准。针对我国 PPP 模式下生态水利项目融资风险的研究，能够查找的资料也是十分有限的，因此，给本书研究带来了一定的阻碍。在综合考虑现有资料获得情况后，本书采用了风险核对表法，将过去 P2P、P2G 以及 PPP 项目中的可能出现的风险列成表格，然后结合生态水利 PPP 项目的特征和实际存在的问题，进行分析总结，整理出生态水利项目 PPP+P2G 模式的融资风险，作为风险管理人员进行风险因素识别的依据，提高在项目初期判断可能存在风险的准确性，同时为后续 PPP+P2G 融资模式的开展提供决策支持。由于本书前文已针对生态水利项目 PPP 模式的风险进行了研究，在此不再赘述。

针对 P2G 融资平台的风险研究，关注最多的是网络平台借贷运作过程中的风险，这也是国内外学者已有研究成果中涉及较多的。现将学者们针对网络借贷平台风险的研究成果汇总为表 9-1。

表 9-1  网络借贷平台主要融资风险

| 学者 | 关键风险 | 学者 | 关键风险 |
|---|---|---|---|
| Jorg Rocholl（2010） | 信用风险 | 刘绘（2015） | 操作风险 |
|  | 道德风险 |  | 道德风险 |
| 王紫薇（2012） | 信用风险 | 刘建民，蒋雨荷（2016） | 政策法律风险 |
|  | 网络安全风险 |  | 模式风险 |
| 钮明（2012） | 资金安全 |  | 项目风险 |
|  | 个人信息泄露 |  | 监管风险 |
|  | 监管风险 |  | 网络风险 |
| 许婷（2013） | 违约风险 |  | 洗钱风险 |
|  | 道德风险 |  | 操作风险 |
|  | 非法集资风险 |  | 信用风险 |
| 马亮（2014） | 信息泄露风险 |  | 流动性风险 |
|  | 洗钱风险 | 朱磊（2017） | 道德风险 |
|  | 网络诈骗 |  | 经营管理风险 |
| 董妍（2015） | 借款人违约风险 |  | 恶性竞争风险 |
|  | 平台跑路 |  | 运营风险 |
|  | 借款人身份审核存在漏洞 | 周玥（2017） | 操作风险 |
| 安昊（2016） | 运营风险 |  | 信用风险 |
|  | 收益风险 |  | 流动性风险 |
|  | 信用风险 |  | 信息和技术风险 |

在生态水利项目 PPP+P2G 创新模式的实际操作中，警惕风险的发生是必要的，因为 PPP 模式和 P2G 平台在中国都处于探索期，尤其在 P2G 平台建立及运作时，政府一定要给予高度的引导和支持，制定相应的资金使用规范及要求，时刻牢记 G（Government）指的是公共服务项目，其深层意义既是义务也是责任，不可能获得较高或很高的收益率，在资金使用上虽然风险系数降低但并不是没有风险。目前，部分地方政府负债较高，一旦实体经济下滑，地方债务危机可能产生连锁反应，从而出现信用违约情况。另外，对 P2G 平台要坚持严格审查、小额分散、效果付费，一方面通过线上、线下信息的采集，甄别出相对靠谱、还款意愿强的 PPP 项目借款人，另一方面借助网络黑名单等惩罚机制，提高违约成本，强化借款人的还款意愿。

生态水利 PPP 项目虽然是政府项目融资，但仍存在政府还款意愿和还款能力不足的双重风险，因此，P2G 融资平台应时刻牢记 P2P 模式失败的经验及教训，严格审慎大额、高息融资需求者，也可能就是因为其自身还款能力不强，才向网贷平台高息融资，这正是 PPP+P2G 创新模式面临的潜在风险。另外，生态水利 PPP 项目大多属于公益性项目，收益时间比较长，有些项目的收益可能完全依赖政府补贴，因此，P2G 投资的前提是尽可能考虑有一定收益来源的准经营性 PPP 项目，在此基础上以期政府财政补贴给予适当保障。

综上所述，本书认为生态水利项目 PPP+P2G 模式存在法律风险、政策风险、信用风险、监管风险、运营风险、操作风险、道德风险、安全风险、收益风险等。

## 9.2　生态水利项目 PPP+P2G 系统的构建

### 9.2.1　系统成员、界限与环境

在投资范围的界定上，由于生态水利项目兼具社会性与经济性的特点，那么如何对该项目的投资进行合理分摊以明确政府和社会投资之间投资收益比例问题，是当前生态水利项目融资中社会资本比较关注的重点问题。P2G 融资平台为了获得最大的利润，总是希望自己只承担产生直接经济效益的经营性部门投资，而不希望承担只有社会效益没有经济收益的公益性部门投资，并希望尽可能少承担公用设施投资，但政府出于减轻财政负担的考虑，总是希望 P2G 平台投资者尽可能多地承担整个项目的投资。虽然最终的投资分摊方案并不取决于 P2G 平台投资者的意志，而取决于其与生态水利 PPP 项目中经费使用者的谈判结果，但 P2G 平台仔细分析它在项目上的投资范围却是绝对必要的，因为通过分析可以为其确定合理的投资范围，以作为其与 PPP 项目资金使用者谈判时参考和决策的依据，从而尽量使 P2G 平台的投资者获得较高的收益。因此，建立一套科学合理的生态水利项目 PPP+P2G 模式的投资范围界定，是 P2G 平台投资决策优化的基础，是促进 PPP+P2G 创新模式健康发展的前提条件，如图 9-3 所示。

在生态水利项目 PPP+P2G 系统成员划分的基础上，本书主要研究 PPP+P2G 风险子系统，该子系统涵盖了生态水利 PPP 项目与 P2G 平台合作过程中的最有影响力或者说投资人最关注的各个方面的风险，主要描述整个系统的风险产生的过程情况，系统之间的成员因为不是绝对独立的，各个风险之间是有一定联系的，因而是通过系统把各个风险联系起来形成一个有机的整体，任何一个风险的变化都有可能会引起其他风险的改变，否则 PPP+P2G 平台投资系统都无法正常运行。

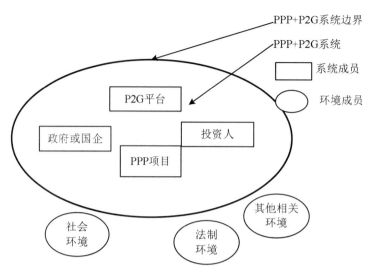

图 9-3 生态水利项目 PPP+P2G 系统成员、界限、环境

### 9.2.2 系统功能

生态水利项目 PPP+P2G 系统能够在系统内部协调各个成员，为他们带来预期利益，且能够从成员各自的利益出发，具有不同的现实功能，本书对此做出了总结，见表 9-2。

表 9-2 生态水利 PPP+P2G 系统成员的功能

| 生态水利 PPP+P2G 系统成员 | 利益出发点 | 功能 |
| --- | --- | --- |
| P2G 平台 | 获取营业收入 | 提供融资信息等 |
| PPP 项目（借款人） | 保证项目资金到位、项目顺利完成 | 利用平台资金者 |
| 投资人 | 获得投资收益 | 提供资金支持 |
| 担保人 | 保证项目顺利进行 | 监管项目顺利进行，保障资金交易顺利进行 |
| 政府 | 政策、监管 | 经济发展 |

生态水利项目 PPP+P2G 系统的目的是在保证系统自身的持续发展基础上，使得各个利益主体获得合理收益，但这收益不意味着各个成员获得等额或是特定比例的利益。此外，系统的不同成员有不同的利益出发点，成员对所获利益的满意度是与预期目标进行对比衡量的。

### 9.2.3 系统评价

生态水利项目 PPP+P2G 系统评价是对生态水利项目 PPP+P2G 系统功能的达成情况进行评价：一是生态水利项目 PPP+P2G 系统成员的利益获得情况是否达到预期；二是系统成员之间是否形成了协同效应，系统是否实现了协同发展。参与各方的立足点不同，对利益的满足程度也就不同，如企业顾忌的是自身利益的实现，在调控系统时规避的就是自身可能遇到的风险，而政府强调的是整个系统乃至更大范围利益的实现，规避的是所有的风险。

# 9.3　生态水利项目 PPP+P2G 系统动力结构

## 9.3.1　系统成员结构

前文分析界定了生态水利项目 PPP+P2G 系统的成员构成：P2G 平台、PPP 项目、投资人、公众以及政府等主体，各个成员之间共同形成投资系统，在这个系统中，成员之间存在一定的联系。

## 9.3.2　系统的交互响应

生态水利项目 PPP+P2G 系统的交互响应内容主要包含两个方面：一是生态水利项目 PPP+P2G 系统与外界环境的交互响应，二是生态水利项目 PPP+P2G 系统内部成员之间的交互响应。前者体现了生态水利项目 PPP+P2G 系统的功能，后者则是生态水利项目 PPP+P2G 系统功能得以实现的内在机理。总体而言，生态水利项目 PPP+P2G 系统从外界环境中吸收信息、政策等，在内部成员协同合作下，处理并形成结果又输出反馈给外界环境。进一步讲，生态水利项目 PPP+P2G 系统与外界环境的各个主体也是"吸收""协作处理""反馈"的主要对象，考虑到不同主体对生态水利项目 PPP+P2G 系统的重要性不同，故分析不同成员与环境主体的交互响应，详见表 9-3。

表 9-3　生态水利项目 PPP+P2G 系统主体以及环境主体交互影响

| 主体类别 | 主导主体 | 交互响应 |
|---|---|---|
| 系统成员 | P2G 平台 | 提高资金汇集运作的平台 |
| | PPP 项目 | 提供需要资金的项目 |
| | 投资人 | 提供资金支持 |
| | 担保人 | 保障成功交易 |
| | 政府 | 帮助经营协调整个系统的运作、提供政策支持 |
| 环境成员 | 社会环境 | 提供系统成员运转的环境 |
| | 法制环境 | 保证合法权利，营造良好法律环境 |
| | 其他相关环境 | 制定规则、监督、其他组织的有用帮助 |

## 9.3.3　系统的输入与输出

生态水利项目 PPP+P2G 系统是一个开放的系统，系统与环境之间存在明显的交互响应，并且交互响应的载体有很多，实际上，生态水利项目 PPP+P2G 系统正是通过系统成员对于环境变化的适应性调整来保持状态稳定的。生态水利项目 PPP+P2G 系统的输入与输出正是来自系统与环境的交互响应。前文对系统成员进行了详细的划分和界定，基于此对生态水利项目 PPP+P2G 系统的输入与输出进行分析，详见表 9-4。

表 9-4　生态水利项目 PPP+P2G 系统的输入、输出

| 系统主体对象 | 输入 | 输出 |
| --- | --- | --- |
| P2G 平台 | 平台 | 信息、便利的交易环境 |
| PPP 项目 | 项目 | 生态环境、水质 |
| 投资人 | 资金 | 利润 |
| 政府 | 政策 | 经济发展 |
| 担保人 | 保障 | 成功交易 |
| 法律环境 | 法律、法规 | 和谐稳定的环境 |
| 社会环境 | 资本、信息、技术、业务 | 经济发展，社会进步 |

# 9.4　生态水利项目 PPP+P2G 风险系统运行过程及因果关系

由上述分析可知，在中国当今背景下，P2G 融资平台还存在着诸多风险，再加上生态水利 PPP 项目投资金额大，建设周期长，在这么长的项目周期内可能出现很多问题，如政策的变动、官员换届、信息失真、股权变更等风险。因此需要对其风险系统进行研究。

### 9.4.1　风险系统的运行过程及因果关系

#### 9.4.1.1　风险系统概述

风险子系统是生态水利项目 PPP+P2G 平台系统的重要子系统，在 P2G 平台的运作过程中，需要分析各类风险之间的影响，使投资人与资金使用者之间都清楚可能存在的风险，并愿意承担其中某类风险，只有这样，才能使其心甘情愿、自觉履行各自的职能，才能保证生态水利项目 PPP+P2G 模式的运行效果。根据前文归纳可知，PPP+P2G 模式运营过程中的各类风险有：信用风险、政策法律风险、信息风险、市场风险、收益风险、技术风险、运营管理风险，各类风险之间具有一定的关系，如图 9-4 所示。

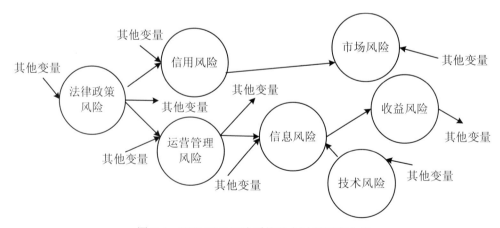

图 9-4　PPP+P2G 风险系统动力过程研究主线

### 9.4.1.2 风险系统分析

为了建立生态水利项目 PPP+P2G 模式的融资风险结构图,本书对其存在的法律政策风险、信用风险、信息风险、市场风险、收益风险、技术风险及运营管理风险分析如下。

(1) 法律政策风险。PPP 模式是生态水利项目投融资的一种创新模式,P2G 融资平台模式也是社会项目投融资的创新模式,将两个创新模式结合并应用在一个公益性比较强的生态水利项目中,必须由较为系统、完整的法律政策体系作保障,目前我国有关 PPP 项目的政策较多,但出自多个部门,需要进一步协调与完善,PPP 条例至今仍在制定中。对 P2G 平台来说,涉及金融体系改革中的风险防范问题,更需要严格的法律法规及政策作保障。因此,法律政策风险是决定生态水利项目 PPP+P2G 模式运作成功的关键。

(2) 信用风险。对生态水利项目 PPP+P2G 模式来说,信用风险的主体主要包括政府、社会资本方、融资平台等,如在 P2G 平台运作过程中,有可能会存在平台企业执行能力差,没有能力偿还资金等情况,在 PPP 项目运作中,尽管大多是政府类的公益性项目,但也存在政府信用风险,另外在生态水利项目 PPP+P2G 模式中政府是否守约是最大的风险,尽管财政部及发改委都对政府在 PPP 项目中的诚信作了规定,但由于我国政信体系很不健全,如一些地方政府直融项目并没有经过人大批准而计入当地的预算,甚至有些 PPP 项目只是为了获得拨款而立项等,造成 PPP 项目的乱象丛生,直接影响到 P2G 平台的投融资质量,为生态水利项目 PPP+P2G 模式的推行带来不可预料的信用风险。

(3) 信息风险。生态水利项目 PPP+P2G 模式的主要特征是主体多元化、信息网络化,主体间信息交互是否畅通很大程度上取决于信息传递的方式及其有效性,另外,生态水利项目 PPP+P2G 模式还具有网络的公开性和虚拟性,如如何保障客户信息、资料不被泄露等,否则就会侵犯客户的合法权益,威胁项目的实施安全。因此,在推行生态水利项目 PPP+P2G 模式时,必须严格信息审核,以防将 P2G 平台资金投入质量不高的生态水利 PPP 项目中,同时要规范信息管理过程,谨防因数据丢失或信息泄露,造成不必要的经济、社会及社会资本方的损失。

(4) 市场风险。生态水利项目 PPP+P2G 模式的市场风险来自两个方面,一方面是生态水利 PPP 项目的建设、运营、维护是否能够顺利进行,尤其是运营与维护阶段受市场因素影响较大,如材料市场、人力资本市场、金融市场、外汇市场的波动等;另一方面是 P2G 平台能否筹集到社会资本并将其投入发展前景较好的生态水利 PPP 项目中,由于 P2G 投资者不需要同城或同一地区,是凭借网络平台的信誉,通过互联网技术进行远程交易,由专业负责人运作管理的筹资方式,因此,P2G 运作平台同样面临着生态水利 PPP 项目运营与维护中的各类市场风险。

(5) 收益风险。对生态水利项目 PPP+P2G 模式来说,收益风险影响很大,其原因:一是生态水利 PPP 项目大多具有公益属性,需要政府购买服务或政府财政缺口补贴,这样就涉及到该项目是否真的物有所值,是否结合当地的经济发展情况进行了可靠的财政承受能力论证;二是该生态水利 PPP 项目能否与收益性项目捆绑,创造一些收益点,提高收益率;三是生态水利项目 PPP+P2G 模式能否建立科学完整的绩效考核机制,以降低该项目的收益风险。

(6) 技术风险。从 PPP 模式的国内外成功与失败的经验来看,其实践操作中存在诸多技术风险,如谈判技术、合同签订技术、投融资技术、财务管理技术等,生态水利项目 PPP+P2G 模式除了同样面临 PPP 模式的技术风险外,还面临着 P2G 平台的建设技术、筹资技术、投资技术、信息管理与服务技术等风险。

（7）运营管理风险。对生态水利项目 PPP+P2G 模式来说，PPP 模式和 P2G 政信平台均是新兴的融资模式或互联网平台，其经营模式和平台自身的业务均处于不断的探索中，以往可供借鉴的经验较少，再加上以往社会信用体系的不健全、不科学、不合理，因此，需要加大对 PPP 和 P2G 的认可度的宣传和推广，否则就会出现低效率运营，甚至因运营管理不善而中止或终止。

### 9.4.1.3　建立生态水利项目 PPP+P2G 融资风险流程图

前文中已经明确指出因果关系图是系统动力学的重要分析工具，这里先基于因果关系图建立生态水利项目 PPP+P2G 风险系统及系统的因果关系模型，探讨各个风险子系统不同变量之间的相互影响和作用。通过因果关系图的分析来反映各个风险子系统之间的联系。因果关系图有关符号说明如下：变量之间的连线表示两端的变量存在影响关系，箭头表明了影响方向，"+"表示正向影响。

根据前面对生态水利项目 PPP+P2G 模式风险系统的分析和对系统内相关变量之间关系的探讨，建立风险子系统的因果关系模型如图 9-5 所示。

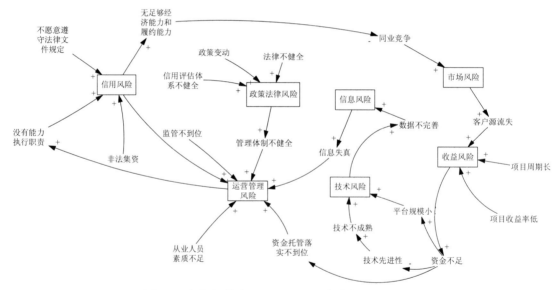

图 9-5　生态水利项目 PPP+P2G 风险系统因果回路图

### 9.4.2　生态水利项目 PPP+P2G 模式的融资风险系统动力学因果分析

从生态水利项目 PPP+P2G 模式的融资风险因果回路图可以看出子系统之间相互影响且存在动态关系。从法律政策风险看，主要存在法律不健全、信用评价体系不健全、政策变动等原因，从而使运营管理风险提高，运营管理不当就会使企业执行能力下降，从而使 P2G 平台信用降低，增大其信用风险，信用风险的增大又会使社会资本不倾向于该平台项目投资，进而加剧 P2G 平台项目投资缺乏，致使在同行业中竞争力降低、市场风险增大，最终造成客户流失、收益降低等，再加上生态水利 PPP 项目具有周期长、收益率低等特点，都会导致其收益风险大、绩效来源不足，无法偿还 P2G 平台在生态水利 PPP 项目中的投资及收益，甚至有可能致使 P2G 平台企业管理维护与运作费用不足。生态水利 PPP 项目和 P2G 平台恶性循环，使得双方收益率均降低甚至入不敷出，形成生态水利项目 PPP+P2G 模式的经营风险和市场风险；由于资金不到位使 P2G 平台企业不能很好地扩大平台规模、无法继续购买先进技术，加大信息获取难度，从而会增大信息风险，进而影响企业运营管理。在生态水利 PPP 项目发生经营风险或者债务偿还风险时，因无力履行合同条件而构成违约，致使 P2G 平台投资双方遭受损失，进而使人们对生态水利项目 PPP+P2G 模式产生质疑，如果不能及时采取措施，提升 PPP 项目的经营效率和 P2G 平台的风险控制能力，最后必然导致 PPP+P2G 模式的运作失败。

## 9.5　生态水利项目 PPP+P2G 模式发展对策研究

由上述分析可知，尽管生态水利项目 PPP+P2G 模式存在这样或那样的风险，但很多风险是可以控制的，如法律政策风险、运营管理风险、信用风险、收益风险、技术风险等。

### 9.5.1　构建保障机制

（1）国家法律政策支持。对于生态水利项目 PPP 模式的法律政策支持，2014 年以来，财政部、发改委等部门已经出台了大量的政策、文件及措施等，但 PPP 专门条例仍在酝酿中。对 PPP+P2G 模式来说，国办发〔2017〕79 号文和发改投资〔2017〕2059 号文规定可采用基金形式、创新筹融资方式等手段加大力度吸引民间资本投资于 PPP 项目，鼓励民营企业参与 PPP 项目的建设、运营和维护，采用 PPP 模式进行"一带一路"沿线国家的基础设施建设。由此可见，PPP+P2G 模式已有法可依，但为了进一步推广与实施，必须加强国家层面的立法，协调与完善相关部委、地方政府的政策、文件等。

（2）政府信用支持。首先，政府应加强对项目融资的信用保证，建立健全信用法规制度，加快社会信用体系建设，保证项目融资工作的有序推进。一些地区成立信用协会和信用担保协会等自愿组织机构来维护市场信用担保秩序，初步实现信用担保的专业化管理。这些协会的成立对 PPP+P2G 模式的政府信用担保能够起到有效的监督，帮助其顺利实施。其次，政府可以通过 PPP+P2G 模式的信用信息网络建立，实现对信用信息的全面收集，提高信息的及时性、有效性，实现各部门信息共享，加大如资金去向、生态水利 PPP 项目进展等信息公开力度，保证投资者的信息知情权。最后，政府应建立 PPP+P2G 模式的信用保障体系，利用政府的良好信用基础为投资者提供担保，进一步吸引社会资本投入生态水利项目。

（3）完善信息管理。首先，生态水利项目采用 PPP+P2G 模式应做到对客户信息严格保密，不对外泄露、不对内公开，项目参与各方的信息都应该得到妥善保护，做到既公开透明合法又保证各方的利益。其次，管理好采用 PPP+P2G 模式的生态水利项目自身的信息，构建自己的信息管理部门负责 P2G 平台内部的信息分享，保护对外合作情况，以防止 P2G 平台遭到外界的恶意介入。最后，有效保护生态水利 PPP+P2G 模式的信息，设有专人对每个项目的进度、质量、资金、人员等进行监管，保证项目的顺利实施，甚至可以对每个项目的每个部门再监管，实现全方位管理。

（4）健全交易平台。首先，生态水利项目 PPP+P2G 模式应设立专业的互联网平台团队，完善互联网运营体系，且项目团队的成员应具有风险管理经验和创新金融产品的理念，利用简化的互联网技术流程，推动平台的高效运作，对接优质的客户群，实现资金高效流向项目建设，降低投融资双方的资金成本。其次，生态水利项目 PPP+P2G 模式应实现项目资金与 P2G 平台自有资金分离，即 P2G 平台与外部投资机构应是资金托管关系，专款专用降低资金挪用风险，在平台资金投入生态水利项目之前，应对项目进行立体化、多层级数据采集的精确筛选，确保项目需求真实、合法，尤其要对其进行财政承受能力和物有所值评价。最后，建立完整的生态水利 PPP+P2G 模式交易过程，严谨的交易程序，还要定期维护检查，保障 P2G 平台和 PPP 项目均正常高效运作。

### 9.5.2 扩展资金来源及使用效率

（1）广泛吸纳民间资本。首先，考虑生态水利项目本身具有公益性特点，且周期较长、投资巨大等，调动广大社会资本的积极性，需要政府提供信用保证，建立社会资本愿意投资的方案，构建相对安全的 P2G 投融资平台，给社会资本方提供有效、安全的投资途径，实现 P2G 平台投资者与 PPP 项目融资方共赢。其次，P2G 平台的投资者在合理条件下不设立过多约束，以鼓励社会资本积极参与生态水利项目，制定如发改投资〔2017〕2059 号文件，为民间资本即社会闲散资本参与公益性项目搭建平台，不仅提高民间资本的投资收益，还将 PPP 项目融资本息纳入同级财政预算范围，保证以政府信用度为基础的民间资本投资。

（2）实现 PPP+P2G 双赢目标。在 PPP 项目运作时，投资主体或项目公司希望通过各种途径融到更多、更广泛的资金，P2G 平台希望为广大民众提供收益率高、风险低的投资项目，才能使平台更好地发展。因此，生态水利项目减少风险、增加收益能够满足两方的需求，实现 PPP 模式与 P2G 平台的双赢，尽管在结合时存在很多困难，但从理论上两者的结合有可能实现生态水利项目更好更快发展。

（3）增加收益性项目的开发。对于生态水利项目 PPP+P2G 模式来说，虽然是公益性项目，更多讲究社会效益和环境效益，但并不是不追求经济效益，如果能对生态水利项目进行收益性开发，或者公益性项目与非公益性项目进行捆绑开发，既可以减轻地方政府的财政压力，又可以实现 P2G 平台投资的回报率。因此，对生态水利项目 PPP+P2G 进行收益性项目的开发既是 PPP 项目本身的需要，也是 P2G 平台的需要，既是中国当前经济社会现状的现实需要，也是其供给侧结构改革进一步深化的需要。

# 第 10 章　生态水利项目社会投资 PPP + APP 创新模式

本章结合互联网背景下的现代信息手段，将生态水利 PPP 项目的开放性特点与智能手机的多功能特点有效结合，对国内外有关公众参与生态水利 PPP 项目的相关理论进行梳理，并借鉴现有的水利项目公众参与的经验，分析公众参与模式的内涵，并试图设计出适合我国生态水利项目社会投资的 PPP+APP 创新模式。

## 10.1　公众参与公共项目概述

从生态水利 PPP 项目的属性看，大多属于公共项目或准公共项目，从投资的角度来说，应该属于公共财政投资的范畴，但在各国财政吃紧的情况下，政府和社会资本合作的 PPP 模式被认为是解决该问题的最佳方案，再由于公共项目或准公共项目的受益对象是广大公众，因此，本书从公众参与公共项目的概述入手，对其参与理论、途径进行较为系统的研究。

### 10.1.1　公众和公众参与概念

"公众"分为广义公众与狭义公众。通常人们所说的人民大众就是广义公众的概念，而狭义公众是相较于政府官员而言的个人、组织或团体的总称。本章中的"公众"是指接受政府服务的对象，如个人、非营利组织和企业等。公众与公民是两个概念，但极易混淆，《中华人民共和国宪法》的规定表明，"公民是政治概念，凡是在中华人民共和国居住的年满十八岁的人，除被剥夺政治权利的人以外都叫公民。"相对而言，公众范围较宽，未成年的中国人、居住在中国的非中国籍的外国人都可称之为公众。

公众参与有多种解释，在《中国大百科全书·政治学》中，政治参与的定义为："公民自愿地通过各种合法方式参与政治生活的行为。"也有学者认为政治行为是公民在政治运行过程通过自己思想、意识、权益的表达希望影响国家政治决策或国家政治行为活动，也就是公民通过一定的方式和表达试图影响政治过程，还有学者指出公民是为了自身的权益或权利自觉影响政策制定过程和领导人选择的行为。总之，公众参与是指公众通过合法途径参与一定的活动及公共生活，尝试对政府各项公共政策制定或公共生活等产生一定影响。普通公民或由公民组成的各类团体和组织都可以是公民参与的主体,政府制定的各类决策或政策以及公共活动等内容都是公民参与的客体。公众参与的目的是通过参与公共政治活动影响或改变政府决策，这是一种自下而上的政治行为。

我国关于公众参与的理论与实践不断增多，不管是国家政策方针的制定或大小事务，还是物质、政治、精神文明的建设，公众通过规范化、多样化的参与方式，不断拓宽和增加参与的广度和深度。公众参与依据参与类型可分为正式公众参与和非正式公众参与两类，在法律框架下、受法律保护与监督的参与程序是正式公众参与，能够保证公众了解并参与到城市建设中去，但存在周期长、程序复杂等的缺陷。作为正式参与的补充，非正式参与不受法律与各种政策规章的保护，通常是在实际需求的基础上进行的，各利益主体的参与形式多样、合作紧密、信息透明。

鉴于生态水利项目多为公益或准公益性质，其目的是从生态的角度进行水利项目建设，以求达到可持续发展以及人与自然和谐相处，在长期的项目经营合作期间，调动项目利益相关方以及项目周边公民参与，对项目实施的公益效果以及经济收益都起着至关重要的作用。因此，采用何种方式参与生态水利项目既是一个值得研究的理论命题，也是一个值得探究的实践命题。

### 10.1.2　公众参与公共项目建设的理论基础

地方政府公共项目建设决策是公共决策的重要内容，在研究时需要对民主化和公共参与的基本相关理论进行梳理。公共参与理论的发展最早可追溯到雅典共和国时期西塞罗（Cicero）提出的"市民社会"的概念，此后到资本主义发展时期，公众参与理论开始萌芽，20世纪40年代后期，欧洲进行"二战"后重建计划，使公众参与公共项目建设决策成为必然趋势，60年代后期，人权运动的兴起将公众参与逐渐推向高潮。新中国成立以来，我国政府的治理模式逐渐由"统治型政府"到"管制型政府"，再到如今的"服务型政府"，公众参与成为公共决策的重要组成部分。

（1）人民主权理论。"人民主权"是人民主权理论的潜在前提。早在公元前462年，雅典民主时期就出现了以"主权在民"为特征的民主政体，此时雅典的现实民主形态与成熟的人民主权理论还是有很大差别的。法国大革命时期，人民主权理论正式兴起并开始投入实践，资产阶级革命期间，"人民权"与"权力分立"成为民主理论的两个方向。《人权宣言》是世界历史中的第一个关于人民主权的纲领性文件，规定"整个主权的本源主要是寄托于国民，任何团体、任何个人都不得行使主权所未明白授予的权力。""主权是统一的、不可分的、不可剥夺和不可动摇的，主权属于国民，任何一部分人民或任何个人不得擅自行使之。"人权思想随着社会发展步入历史舞台，马克思认为人民主权应该坚持真正的民主，即让人民当家做主。国家的制度和权力是在社会生产和交往活动中产生的，那么就应该维护人民的共同利益与共同的社会活动，人民才是历史的创造者与历史的前进动力，因此国家的权力属于人民。我国《宪法》明确规定"中华人民共和国的一切权力属于人民，人民是国家的主人。"政府行使的一切权力都应是为了人民，才能不辜负人民的拥戴。因此，"为人民服务"是政府制定和执行公共政策的重要依据，公共参与到这个过程中是必要的也是必须的，这样才能真正做到取之于民，用之于民，公共决策也才能更加的科学化、合理化、民主化。

（2）公众参与善治理论。政治民主化和经济市场化成为当今世界的主流趋势，治理理论也随之不断完善。罗茨指出，治理的提出意味着统治的含义发生了变化，有序统治已经不再适用，必须进行改变。1989年，"治理危机"的提出使"治理"开始被广泛用于政治发展研究。治理的原本含义是通过控制、引导和操纵一系列行为对不同利益群体或相互冲突进行协调，它是政府与公众的一种持续互动合作的过程，而不是一项正式的制度。

治理是协调的过程，存在失效可能，因此，有效的治理是治理理论的一项重要内容。善治是实现有效治理的重要手段之一，指的是将国家权力向社会回归，用之于民的过程，体现的是一种政治文化。由治理走向善治的过程，最重要的是公众参与，将公共体制及决策按照善治的原则来进行。参与决策要体现科学性、民主性、公开性，保证参与结果是公正的，吸收公众意见并有效纳入最终的公共决策。

（3）公众参与阶梯理论。雪莉·阿恩斯坦于 1969 年在《公民参与的阶梯》中针对不同国家公众参与程度及制度演进不同的基础上设计了"公民参与阶梯理论"，并将公众参与历程划分为如下三个阶段：①非参与。非参与是阶梯理论的最低层阶段，进一步还能划分为"操纵""治疗"两个层次，其中"操纵"为最底层。政府操纵让公众实际参与程度很低，为了改善这种现象，通过教育的方式鼓励公众参与的过程即为"治疗"。②象征性参与。象征性参与处于中间阶段，公众的参与主动性不够，进一步划分为"告知""咨询""安抚"三个层次，首先，"告知"是政府向公众报告事实；其次，"咨询"是政府对直接影响民生的重大规划或决策通过咨询公众意见的方式征求建议，但一般采用可能性不大；最后，"安抚"是赋予公民参议权，而非决策权。③实质性参与。实质性参与是参与程度最高的阶段，能对公共事务进行自主管理，公众有真正意义上的参与权，进一步可划分为"合作""委托""控制"三个层次。首先，"合作"是指公众与政府之间实现权责共享；其次，"委托"是指政府将自身的相关权利赋予公众；最后，"控制"是指公众拥有完全自主管理和决策的权力。公众参与阶梯理论在 2009 年进行了修改，去除了非参与阶段，主要是因为这个阶段不涉及任何形式的公众参与，对参与者没有益处，此次修改也是公共关系变得更加先进与强大的表现。

总之，不同的历史发展时期形成了不同的公众参与理论，其与当时的社会经济发展状况紧密相关。上文提到的这些理论的发展与公众参与的实际是相互作用共同前进的，故了解公众参与理论发展对完善我国现阶段公共项目建设有重要的理论意义。就生态水利项目社会投资的PPP+APP 模式创新研究来说，人民主权理论是该创新模式提出的基本理论，公众参与善治理论既是该创新模式研究的理论依据，也是该模式创新研究的目的和宗旨，公众参与的阶梯理论既指出了以往水利项目建设中，政府调动公众参与程度的不足或存在的问题，也为本书创新模式的提出明确了思路和方向。

### 10.1.3 公众参与公共项目的信息化路径

公众参与公共项目的路径有很多种，且随不同的历史条件而变化，在信息化飞速发展的今天，公众参与公共项目的途径更为广泛与普及。本书结合生态水利项目的特点，将国内外公众参与公共项目的主要信息化途径概述如下。

#### 10.1.3.1 通过门户网站实现公众参与

（1）国外现状。政府网站不仅是公众了解政务信息服务的平台，更是公众参政议政的渠道，提高了政府工作的效率与科学性，强化了公众的主人翁意识。发达国家十分重视政府门户网站建设，加拿大、英国、美国等在世界电子政务报告中排名比较靠前的发达国家，公众参与已经成为政府管理的重要补充，而政府门户网站为公众参与提供了方便、快捷、高效的参与渠道。

加拿大当前的政府门户网站中，公众参与是通过"民意调查"和"公众咨询"这两类措施实现的，对政府未正式实施的一些工作方案进行接受度与满意度评价，并影响工作方案能否提交给最终职能机关。美国第一政府网考虑到本国多元化的现状与公众快捷联系政府的实际需求，在网站设置了多种语言服务栏目和"如何联系你的政府"这样能与政府取得联系的栏目。政府为了进行民意收集，经常在网站上对公民和机构进行问卷调查，同时公众在网站上也可以直接留言，政府将以最快的速度进行解答。英国则侧重于公众在网站上能否便捷地获取和使用信息，一般在网站上设有快速查找、常见问题列表、快捷方式等大量提示信息栏目，而且注重指导用户使用网站的功能，帮助用户方便地使用网站。英国政府网站的一些公众参与手段不但在内容上与美国联邦政府网站类似，而且将公众参与发展到科学领域，凡是涉及公众利益的事情，在专家的意见之外都应采用公众参与的方式进行决策。

（2）国内现状。目前，我国已经充分认识到门户网站相较于传统的电话方式、面对面访谈等的优势，各级政府及主管部门也都纷纷成立自己的门户网站，社会影响力不断增大，逐渐成为公众参与政治活动的主要渠道。据相关统计，我国八成以上的地级市政府都在门户网站上建立了有效的公众参与渠道，收集公众之所需，再通过线上逐层审批，将结果反馈给公众。

公众参与模块开发和设计的理念是"在线接收、在线办理、平台反馈"。公众的咨询、建议、举报、投诉等通过"公众参与模块"提交，转入在线处理，相关部门的工作人员在接到意见后在一定的承诺期限内办理，并在平台发布结果，这种公众参与方式不仅方便公众参与政治活动，提高参与积极性，也能使政府部门更直接、全面、深入、便捷地了解公众的需求。

近年来，为了进一步提高公众的参政议政水平，各级政府都在门户网站上开设了很多领导信箱、民意征集、嘉宾访谈等栏目，了解民意，听取民情，充分调动公众参与积极性，吸纳广大群众的智慧。

**10.1.3.2　通过网络社交应用实现公众参与**

除了上述基于政府门户网站的公众参与模式，现有的可以应用到政府工作模式中的还有基于互联网二代的网络社交，例如通过 RSS、Tag、微博、博客等。这些模式可以更好地满足公众留言类参与，如反应需求、咨询、投诉等，让政府了解公众的真正所需，拉近两者之间的距离。网络社交平台的合理使用能够拓宽政府获得舆情民意的渠道，增加公众决策方式，提高政府处理效率，创建多渠道交流方式，促进社会和谐。

（1）Tag 和公众参与。在中国，Tag 还没有形成统一的概念，比较多的几种解释为"大众分类""分类"或者"标签"。Tag 可以帮助公众查询自己曾在网络中（如地市级政府门户网站中）的留言、意见征集、咨询投诉等以留言形式直接交流互动的信息。通常情况下，公众留言的同时生成一个留言序号，而这只能解决一对一的问题，但一段时间出现某些热门问题，公众反复询问可能会增加很多工作量，而 Tag 技术可以自动标记留言序号，方便用户记忆，且针对有共性问题的群众，方便他们搜索问题答案，从侧面解决目前一些政府门户网站无法实现留言搜索的缺陷。Tag 技术不仅能够吸引更多公众进入到政府门户网站参与模块中去，也可以通过不同标签的点击率、制定标签的相同率发现一些潜在问题，很大程度上反映公众的实际需求。

（2）博客对公众参与。博客，一种通常由个人管理，不定期张贴新的文章的网站，又称部落格、网络日记。随着博客在我国的广泛应用，很多政府机关和官员都相继开通了博客。从公众的角度看，大多数公众对政府机关或官员开通博客都持支持态度，认为通过这个渠道可以了解一些政策规定，有利于实现政策公开化、决策民主化、监督大众化。且公众有意见、建议可以与官员在博客上进行讨论，相比传统的留言类方式，博客更能够体现良好的互动性，通过点击量也可反映出公众更为关注的问题，有利于政府部门及时了解民情民意。但博客具有更强的开放性，考虑到政府网站的影响力，一般只开放给注册用户交流的权利，毕竟政府博客某种意义上是政府的代表，不能因为恶意破坏和非主流舆论扼杀了政府博客的开设。

（3）RSS 和公众参与。RSS 为 Really Simple Syndication（简易供稿）的缩写，是站点之间共享内容的简易方式。RSS 为每个人成为信息提供者和迅速传播信息搭建了技术平台。公众对政府门户网站种类繁多的信息通常不知如何下手，RSS 可帮助用户在不访问门户网站的前提下获取所需信息，这一功能能够大大提高用户的信息获取效率。在公众参与平台建设中，RSS更可以发挥优势作用，如平台用户在网站上进行咨询或投诉时，通过订阅当前提问方式，就可以在政府人员进行回答后第一时间收到通知，方便用户的使用，也完善了政府网站建设的不足。

（4）微博和公众参与。微博，即微型博客（MicroBlog）的简称，也即是博客的一种，是一种通过关注机制分享简短实时信息的广播式的社交网络平台。微博的产生与风靡引起了世界各地政府的普遍关注。美国前总统奥巴马、澳大利亚前首相陆克文等政界要人都纷纷开通了微博，英国政府和荷兰政府规定政府工作人员要经常关注和使用微博。目前，我国的公众参与主要使用工具还是地市级政府门户网站，形式单一、内容简单、使用不方便等问题使这种方式不能完全满足人们的需要，微博使用的便利性使公众能够及时获取政府信息，保持沟通，其作为传统方式的补充能够有效解决政府门户网站的问题。

### 10.1.3.3　通过 APP 实现公众参与

APP 为 Accelerated Parallel Processing 的缩写，中文含义即加速并处理技术。移动政务采用 APP 模式呈现，是以传统政府门户网站为基础，集合政府门户咨询与政府微博的一种手机应用程序。公众通过手机应用程序的下载，在手机上随时可以了解政务信息、进行建议互动、网上预约办事等。Seok Jin 等（2014）提出各级政府通过 APP 提供公共服务，能够很好地提高公共行政效率，在对公众使用 APP 的程度进行确定时，作者设计了公共政务应用程序成熟度模型，最后发现组织因素、技术因素、制度因素、信息数据因素和环境因素等是影响公众使用政务 APP 的主要影响因素。Johnson、Robinson（2014）研究了开源式政务 APP的使用程度，开源式政务 APP 是为公众提供更为开放、透明、互动的政治服务，学者主要从政府以及参与公众的长期和短期影响进行说明。陈诚等（2014）认为政务 APP 应该成为政府信息发布、提供公共服务、回应公众所求的重要渠道，能够提高政府办事效率、增强公众政治参与程度、促进政府体制改革，并提出我国进行政务 APP 建设可能面临的困难与挑战，并给出相应对策。朱燕等（2013）、金江军（2013）、丁明华（2014）分析借鉴国内外政务 APP的发展经验，提出了我国发展政务 APP 平台的创新模式。王少辉等（2014）研究了基于微信等的 APP 政务平台，以"武汉交警"政务 APP 为例，提出从微信平台的运营吸取经验，拓宽政务微信服务范围，完善政务微信互动形式，并构建政务部门相关配套信息系统以促进政务微信的发展。

综上，国内外学者对政务 APP 的研究一般呈现以下三种特点：第一，侧重理论方面研究，比较常见的是政务 APP 在使用过程中对政府行政效率和政府服务模式的影响研究；第二，借鉴国内外政务 APP 的使用经验，提出我国政务 APP 发展可能面临的困境并提出相关建议；第三，现有研究本质上还是从政府角度出发，分析政务 APP 的发展现状、影响及对策等，而公众参与对政务 APP 的公众认可起着重要的作用，现有的政务 APP 没有更多地从激励公众参与角度设计和开发。

## 10.2　生态水利项目 PPP+APP 模式概述

### 10.2.1　生态水利项目公众参与的国外经验借鉴

十九大报告指出，"坚持人人尽责、人人享有，坚守底线、突出重点、完善制度、引导预期，完善公共服务体系，保障群众基本生活，不断满足人民日益增长的美好生活需要，不断促进社会公平正义，形成有效的社会治理、良好的社会秩序，使人民获得感、幸福感、安全感更加充实、更有保障、更可持续。"美好愿景的实现必须通过"人人尽责、人人享有"，某种意义上就是扩大公众参与，规范引导公众有序参与到公共项目的建设中来，完善参与制度、疏通参与渠道是实现公众更好参与的前提。因此，在公众参与水利类公共项目上借鉴西方发达国家的经验和教训是十分重要的。

#### 10.2.1.1 典型国家经验

（1）美国水利类公共项目的公众参与。美国在世界上是较早强调民主的国家，认为政府的权力来自人民，受人民监督，公众监督责任是有效的，美国政府十分注重公众参与，其中参与程度较高的是土地利用与规划。同时土地利用与规划也是水利类公共项目建设的重要组成部分，其公众参与程度也备受美国联邦政府的关注，比如制定了《美国水法规》和《清洁水法》等相应鼓励、保护公众参与的法律法规。公众在参与水利类公共项目之前，美国各地区政府会将项目相关开发资料送至公众手中，在会议表决时使用匿名的投票设备，并当场宣布投票结果，保证结果的公正、公平、有效。这种公开的做法，能够帮助公众更好地了解项目状况与政府开发的思路与决策。此外，新开发的建设项目在美国必须通过社区会议，至于违法建设，公众可向规划部门投诉，规划部门在一定时间要将处理结果反馈给公众。已有事例证明了公众参与在美国公共项目建设中的很多做法是可行的，能够为我国公众参与建设提供宝贵的借鉴意义。

（2）加拿大水利类公共项目的公众参与。加拿大政府与社会各界合作共同为加拿大公民提供了一个健康、安全的公众参与环境。从20世纪90年代开始，加拿大公众可以通过"分散－集中－再分散－再集中"的方式参与城市基础设施项目的规划和建设中去，项目规划在编制阶段和最终批准阶段，公民都有权利参与其中。从整体上来说，加拿大政府非常注重政府事务管理的公众参与，例如，政府计划兴建的水利项目要通过某个居民区或医院，倘若公众对项目的态度分歧很大，那么负责项目建设的政府部门就需要征询该地区居民的意见，广泛听取各方意见，减少项目原本可能产生矛盾，最后形成统一共识。加拿大在进行公共项目建设时能够倾听不同意见，且公众参与形式多样。

（3）法国水利类公共项目的公众参与。首先，法国的公众参与制度比较完备。从20世纪80年代起，在开展地方分权的同时，法国已开始注重与市民个人团体之间的沟通，形成了一系列相对完备的公众参与法律制度。其次，法国公民参与公共项目的形式多样。第一，拥有知情权，公权机关主动向公民公开项目的相关信息；第二，成立街区议事会，这是实现基层民主的主要形式；第三，拥有参与式预算的权利，这是以街区议事会为基础的，只要议事会提供的预算金额不超过公权机关的预算额度，政府就会采用议事会的方案，并由其负责方案的具体实施。公众参与水利类公共项目也制定了很多法律法规，如《法国水法》指出水的权利属于所有人，在公众调查程序开始之前，项目原始权益人应制作项目计划说明书、环境影响评估报告、实施项目工程图纸及项目造价预算等项目的详细资料，并发放给参与征询意见的相关公众。

（4）英国水利类公共项目的公众参与。"伙伴关系"形容英国政府与社会之间的关系更为贴切，其民间组织可以作为一个"部门"存在，"伙伴关系"也能形容英国的中央与地方政府之间的关系，其公众可以以专门委员会的形式参与到国家的内阁事物中。英国政府相关部委负责各自公共项目建设过程中的资金监管，同时设立由民间组成的评估机构对项目进行效果评估。水利类公共项目的公众参与可参考英国政府咨询工作中的公众参与模式，如政府咨询工作完全公开、引进公众咨询、对相关利益群体书面式宣传、选用适当的咨询方式等，这些方式均能够反映政府对公众参与的重视程度。

#### 10.2.1.2 对中国的启示

中国的公民参与具有和西方国家（例如，欧洲和北美洲）不同的中国特色。因此，明确中国公民参与的特点显得尤为重要。总的来说，西方国家水利类公共项目的公众参与制度、政策及措施，对中国水利项目的发展具有一定的借鉴意义，尤其在现代信息化技术发展的今天，对本书提出的生态水利项目 PPP+APP 创新模式具有现实的理论意义和实践意义。

首先，广泛征求广大民众的意见和建议。传统的水利项目往往以自上而下的方式实施进行，很少有自下而上的参与方式，考虑到我国的政治制度与行政管理的现实，对水利项目的建设、规划和决策存在很多的先决条件。在项目建设过程中，健全的政策约束和实际项目的执行情况之间存在着差距，这也是普遍存在的现象，但是促使项目成功或失败的关键因素对于不同的项目却是不同的。在地方政府一级的生态水利项目中，市政府负责总体战略的制定和总体规划的起草，然后分派区政府出资金进行更详细的规划，并将施工活动承包给项目开发人员。我国的生态水利项目的建设是以绿色设计模型为主导,但规划设计中却往往欠缺充足的有关项目对当地人民生活的影响分析，即居住在该地区的居民，他们的生活将受到新项目的哪些影响？规划中却很少就这些即将发生的改变进行系统的描述和分析，更是很少针对居民生活影响展开社会调查和咨询工作，尤其是基层对公众参与生态水利项目建设欠缺足够的重视。但生态水利项目 PPP+APP 创新模式，不仅政府及政府部门可以作为项目的发起人，而且社会资本方也可以作为项目的发起人，即使政府或政府部门发起的项目，也要求社会资本方在项目论证或规划阶段积极参与；不仅社会资本方参与项目的建设、运营与管理，而且广大公众随时随地可以通过 APP 方式参与到项目中，抒发自己的诉求和意愿。

其次，激发广大民众参与生态水利项目的积极性。对地方政府来说，更倾向于经济增长，往往忽视了水利项目的公共服务性特质，进而忽视了广大民众的利益和需求。国内生产总值是衡量政府工作完成质量的首要目标,因此和 GDP 有关的工作事务占据了政府工作的优先地位，这就自然导致了国家制定的水利项目相关的环境政策和项目执行效果之间的差距越来越明显。最近几年，在很多水利项目建设中，提出以绿色环保及生态为主题，将其作为重要的招商引资手段或卖点，利用这些项目来促进经济结构调整，并使经济上更具竞争力，这样一来，地方政府可以通过水系开发带动房地产等行业的发展，得到更多的土地租赁收入。事实上，生态水利 PPP 项目的发展需要广大民众的创新精神，但如何激发全民的创新意识，政府却少有动力将这种需求公示于广大的公民。公民参与制度不健全，公众作用发挥就受到很大的限制。在一些项目中，也有一些开展了公民参与的工作，但究竟公民参与的模式是什么？以及公民参与行为对水利项目建设及运营质量的提高有多大的影响？却少有详实的信息存在。

再次，地方政府不仅应注重水利基础设施建设，而且还应重视水文化遗产的保护。生态水利的发展要求推动经济进步、推进社会和谐和生态保护,树立代表绿色文化追求的典范工程。然而在实践中，社区发展不够发达，公民的生态环保意识较低，很少有公民真正接受或培养生态生活的方式，例如，最基本的节约用水方式和节能环保的基本知识。在利益损害面前，多数公民还是更关心他们所具有的权利，对其应该履行的义务认识不足。基于对我国生态水利发展的现状分析，不难发现，虽然地方政府更关注的是经济增长以及城市基础设施的发展，但是，他们同样认识到经济的快速发展往往伴随着严重的生态退化。因此，政府希望通过生态水利

PPP 项目建设，能够促进社会和环境的可持续性发展。

因此，强调生态水利 PPP 项目建设中的公民参与，为经济增长和基础设施建设进步的目标提供了可信性和合法性。总之，积极提升公民参与政府决策应当是对现有政府治理的补充，它要求政府更加重视社会化发展和提高公民参与的力度。"以人为本"和"和谐发展"是未来中国生态水利发展的核心思路，在现有的法律法规框架下，亟待解决的问题是：采取何种方式调动公民参与生态水利 PPP 项目的建设与维护。

### 10.2.2 生态水利项目 PPP+APP 模式的概念及特征

PPP+APP 模式是指根据生态水利项目的公益属性，运用现代信息技术手段，构建一个移动信息管理平台，以 APP 应用方式实现 PPP 项目的公众参与新模式。由于 APP 方式实现路径的多样性，并可与移动智能终端相结合，因此引入 APP 方式可有效提高公众参与生态水利项目的积极性，以简单且便利的形式提高公众对项目的关注度及其运营管理效率。生态水利项目 PPP+APP 模式特征概述如下。

（1）动态性。生态水利项目 PPP+APP 模式的执行不是一种静态或标准活动，而是随着周围的社会、经济和政治环境趋势的变化而不断调整的过程，并且传统的自上而下进行项目规划、设计和实施的做法是不够的，因为它们限制了项目的创新性和成本效益。生态水利项目 PPP+APP 模式公众合作的主导思想是：汇集所有项目利益相关方的知识、观点、信息或资源，共同解决项目生命周期所遇到的复杂而多样化的问题，在不断创新和实现项目目标的同时，向公民提供更好的服务。

（2）即时性。通过建立生态水利项目 PPP+APP 模式的信息化管理平台，凭借智能手机人人拥有的便利，以 APP 方式将生态水利项目涉及到的各利益相关者的利益，设计成操作简单、随时可点的平台模块，让广大公众或用户随时随地可将自己发现的问题、意见、建议等发送至管理后台，管理人员可将问题进行归纳、整理，并参照公众或用户的意见和建议，及时调整已定方案，以最大限度地满足广大民众的需求。在以往生态水利 PPP 项目的执行过程中，往往会因项目利益相关者的观点得不到有效的采纳，而导致项目实施的社会效益和经济效益并不完全适合用户的实际需求，在此情况下，项目执行方为了找到最佳的解决方案，就不得不投入更高的调整成本。

（3）广泛性。在生态水利项目 PPP+APP 模式中的广泛性包含两种含义：一是公众参与人员的广泛性，即指参与的公众不仅包括直接利益相关者，而且包括间接利益相关者，如机构成员、外聘专家等；二是指公众参与项目的环节广泛，他们不仅参与运营与管理阶段，而且要积极参与项目设计、论证及维护阶段。政府机构和项目执行公司应加大公众关注的力度、鼓励公民的参与行为，并将公众（尤其是那些与项目利益相关的公民）的反馈信息及时纳入项目的规划、设计、实施与维护环节，如图 10-1 所示。

该模式说明公众参与行为将持续在整个生态水利项目 PPP+APP 模式中，筹备阶段公众可参与其计划制定，建设与运营阶段公众可参与其决策实施的监督，并将公众的意愿和建议植入项目中。同时，为了保证公众参与各环节的合法性、技术先进性以及利益最优化等，生态水利 PPP 项目的特许经营公司还将聘任专职的专家团队对公众进行引导和培训。

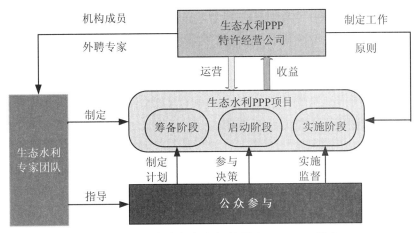

图 10-1　公众参与生态水利项目 PPP+APP 模式

### 10.2.3　生态水利项目 PPP+APP 模式的作用

（1）创新生态水利项目，乃至公共服务的方式。公共服务项目比过去传统的政府项目在关注最终用户的方面有了很大的改观，这一改观将促使未来发展的趋势是：公众创造公共服务，而不仅仅局限于当下的政府公共部门为公众创造服务的形式。这一趋势形成的原因主要有两个方面：一是因为信息技术的发展；二是因为公民作为纳税人更渴望参与到公共服务的创建工作中。在 PPP+APP 模式中，公众作为生态水利项目的最终享用者，其价值潜力不仅能够创造个人效用价值，而且还能提高其服务的社会、环境和政治的价值。然而，在类似项目的实践中，即使鼓励项目公司在项目执行过程中广泛收集公众的意见和建议，但是究竟这些创造性的贡献对项目最终解决方案的影响力度有多大仍需要进一步探究。

（2）促使生态水利 PPP 项目的目标创新。从生态水利项目 PPP+APP 模式的目标角度来看，达到人们对水利项目的生态可持续发展的需求才是真正指导项目可用性、效率和创新性的根本。公众参与行为除了可为生态水利项目的实施和改进贡献创造性思维之外，还可能带来其他无形的社会资源，例如通过积极影响其他用户，降低可能由于沟通不畅而导致的公众反对意见。Ng 等人的研究指出，公众反对意见和社区组织抵抗是造成 PPP 项目失败的首要原因。公众在 PPP 项目中所扮演的首要任务是表达个人对公共服务的满意度和不满意程度。事实上，PPP 项目中，公众往往更关注如何影响公共服务的交付条件，而不是项目采购物品或者持续参与在项目实施过程中。

（3）发展了生态水利 PPP 项目的核心关系。在生态水利项目 PPP+APP 模式研究中，我们将基于三元关系理论延伸成为一个 4P 的模型，即公共－私有－公众－合作关系（Public － Private － People － Partnership，4P）模型，该 4P 模型指出在 PPP 项目中，除了政府部门和 PPP 公司之外，"公众"（也就在项目中的最终用户）也应被视为 PPP 项目实施过程中的第三个平等的伙伴关系去看待。这里对公众的定义包括所有和项目利益相关的个人，或者是对 PPP 项目感兴趣的个人，其范围涵盖从 PPP 项目相关资产和公众服务相关的核心用户乃至整个项目所在地区的一般纳税人员。因此，在生态水利项目 PPP+APP 模式的筹备阶段，应尽早的启动以公众用户为中心的项目运营规划思路，使公众参与在 PPP 项目的规划阶段就起到非常重要的作用，为项目运营阶段的公众参与奠定基础，实现公众在项目中的全寿命周期参与。

一般意义 PPP 项目的核心关系是政府部门、社会资本方，而 PPP+APP 模式的核心关系是政府部门、PPP 项目公司和公众用户之间的关系，PPP 项目的成功与否取决于三个关系主体及其两两相互的有效交互水平。也就是说，政府部门与 PPP 项目公司之间的关系很大程度上不但依赖于公众用户与政府部门之间的关系（例如，政府对公众需求的定义），而且还依赖于公众用户与 PPP 项目公司的关系（例如，PPP 项目公司为公众提供的公共服务质量）。实际上，这种三元关系既是社会关系纽带和信任的体现，更是运营水平高低的体现，如图 10-2 所示。

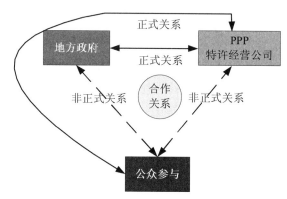

图 10-2　生态水利项目 PPP+APP 模式的 4P 结构模型

## 10.3　生态水利项目 PPP+APP 模式设计

生态水利项目 PPP+APP 模式是本书依据人民主权理论、公众参与善治理论和阶梯理论提出的创新模式，是借助 APP 技术手段，调动广大民众广泛参与到生态水利项目建设与运营中，发挥其民主监督、有效治理及正式参与等作用。

### 10.3.1　APP 理论概述

#### 10.3.1.1　APP 的产生
APP 的出现最早可追溯到诺基亚功能手机中的贪吃蛇游戏，受到大多数用户的欢迎，游戏是在手机出厂前内置于手机的，多被认为是手机的一部分，贪吃蛇之类的游戏从 APP 定义角度，可认为是当前 APP 的雏形。

随着移动设备、编程技术的发展，出现了很多可供用户安装、卸载的应用程序，形成了最初的 APP，当然仍旧以娱乐类的游戏为主。同时，GPRS 的推广连接了手机与互联网，两者的联合使 APP 从最初的游戏居多逐渐向社交、资讯、工具等多方面发展。近些年，智能手机的出现将 APP 推向了高潮，智能手机相对于功能性手机拥有独立的处理器、自己的操作系统，以及更大的显示屏幕，都对 APP 的设计开发提供了更大便利。随着社会经济发展，公众愿意花钱购买 APP 这种虚拟产品营造的服务与体验，APP Store 以及 Android Market 上的 APP 数量都已突破十万，其中不乏大量付费 APP。

通过对我国现有 APP 的调研以及移动应用未来的展望,将 APP 分为通信沟通、生活辅助、媒体传播、休闲娱乐、行业应用、工具支持六大类:①通信沟通。通信沟通类 APP 包括能够同时沟通的即时通讯,方便用户传送图文、声音、视频,还包括异步沟通的移动邮箱等,此类软件主要是便捷用户之间的信息交流。②生活辅助。生活辅助类 APP 主要是作为人们的"生活助理",帮助人们实现便利的生活,具体分为生活智能助理和生活信息助理,生活智能助理是为用户提供移动支付、时间管理、移动定位等的助理服务,生活信息助理是为用户提供衣食住行等方面的信息。③媒体传播。媒体传播类 APP 是加快媒体信息在社会范围内传播的应用软件,主要包括为用户提供交流的社区类 APP、向用户推送信息的新闻类 APP 和用于个人信息发布的微博等。④休闲娱乐。休闲娱乐类 APP 是指能够为用户带来精神享受和休闲娱乐的应用软件,具体包括游戏、移动视频、图文娱乐、移动音频等。⑤行业应用。行业应用类 APP 是指支持用户进行特定行业工作的企业级应用软件,具体分为一般应用和专业应用,一般应用主要是指很多行业通用的 APP,如 Office 等办公软件,专业应用主要指的是根据企业所处行业特点,开发的特定 APP。⑥工具支持。工具支持类 APP 是为用户提供对移动设备的软、硬件功能进行检测、管理、增强等服务等。

### 10.3.1.2　APP 的发展趋势

(1)社交化。社交化在互联网产品中的体现越来越明显。Facebook,Twitter 等社交性互联网产品的陆续推出,改变了传统的交流方式,突破了时间、地域的限制,拉近了人与人之间的距离。社交类产品不仅方便了用户分享生活,而且也为开发者以后的发展聚集了大量用户。由于以前设计的产品多为 PC 终端的,一味将 Web 产品照搬到 APP 上,可能会出现操作不便、信息传递不畅等问题,影响用户体验,故在移动互联网时代,社交性互联网产品将进行新一轮创新。

(2)本地化。本地化是移动互联网的独特优势,随着社会对 LBS 的不断关注,其将成为 APP 进一步发展的方向。LBS 的运用改变了用户对互联网虚拟性的质疑程度,LBS 可以精确用户所在位置及周边环境,获取周边信息,得到便利服务。LBS 的出现消除了部分用户的使用顾虑,也为生活辅助类 APP 指明了新的方向,为 APP 吸引了更多潜在用户,因此,LBS 技术融入 APP 平台的发展是必然的。

(3)移动化。移动化是指将 APP 搭载在相关移动设备中能够将原本需要在固定场所处理的事情,转化为用户可根据自己的情况选择在任意地点执行的事件。移动性带来的最大好处就是取消了限制,减小了用户在快节奏生活中的很多不必要约束,解放身心,提高生活质量。目前,很多开发商设计了用来满足用户支付、购物、点餐等需求的 APP,未来会有更多的 APP 出现,将用户从约束中解放出来。

综上所述,APP 的产生很大程度上改变了人们的生活方式,其应用领域的广泛性远远超出了人们的想象,随着未来 APP 平台的不断创新,行业/项目/产品+APP 模式将会不断涌现,并逐步发展与完善。生态水利项目 PPP+APP 模式,既是项目性质和 APP 技术的结合,也是 PPP 模式与 APP 发展的集成与优化。

### 10.3.2　生态水利项目 PPP+APP 模式的设计理论

价值创造是人民主权理论、公众参与善治理论和阶梯理论的体现与升华,是生态水利项目 PPP+APP 模式设计的出发点和宗旨。有书把价值创造概括为"经济交换的核心目标和过程"，认为价值的共同创造是一个递进的过程，在这一过程中，价值的共同创造机会引导消费者去学习可供进一步激发共同创造活动并改善共同创造成果的经验，因此，从这个角度来分析，公众的角色从价值接收方转变为共同设计和合作提供公共服务的合作方。在价值创造过程中，价值的共同创造者通过在市场环境中交换他们各自的价值，为所有参与到创造价值过程的实体，创造了共同收益的价值。价值经验独特性质说明价值总是由特定的时间、地点和环境共同作用产生的。

价值共创机制的核心思想是完成所有价值元素的生成，增加人们在某些方面的幸福感，例如身心、经济、情感、社会和环境等方面。而使用的价值也将随着时间的推移和客户目标相关结构的变化而发生改变。在公共部门环境中的价值共创可以被理解为是有关于用户、社区、社会、环境或政治的价值。价值共创的创新方式与公众用户的价值共创有直接的联系，这与私营企业在市场中所谓的价值共创和支持最终用户参与是类似的。以往的研究指出，"客户通过参与到增值过程中充当价值共创者而进一步扩展了其传统客户的角色"。因此，本书将价值共创机制的建设作为生态水利项目 PPP+APP 模式设计的动机与目标。

2004 年，Prahalad 和 Ramaswamy 创建了价值共创的 DART 模型。该模型把价值共创分为了四个关键维度（或称功能块），包括对话（Dialogue）、访问（Access）、风险评估（Risk assessment）和透明度（Transparency）。通过在与客户的交互和细化这四个维度，实现了使用价值的最大化。本书将以 DART 模型为基础，分析 PPP+APP 项目中公众用户参与的价值共创过程，虽然目前价值共创理论主要用于双向关系中的共同活动方面研究，而其实这一理论在三方关系中应用也具有一定的研究价值，尤其是当服务的提供商与中间人、最终客户存在直接交互作用情况时，表 10-1 说明了 DART 模型的最初核心观点。本书将以此作为识别公众用户参与过程，并作为其分类的理论基础。

表 10-1　DART 模式的核心观点

| | 对话 | 访问 | 风险评估 | 透明度 |
|---|---|---|---|---|
| 核心内容 | 增加互动 展开对话 培养行为习惯 共享学习 | 获取经验 分享信息和工具 转变自我表达能力 | 权衡风险利益 分担责任 学习反思 | 获取信任 建立真实性 避免信息不对称 |

DART 模型是从公众的视角由四个维度来分价值的共生过程。

（1）对话。通过"对话"信息的输入，来提高公众用户分享个人意见和讨论其想法可用性的机会，包括增加互动、展开对话、培训行为习惯和共享学习四个方面。"对话"是生态水利项目 PPP+APP 模式设计的基础和关键环节，贯穿该模式实施全过程，"对话"的主体是多方的，内容是丰富多样的。

（2）访问。"访问"的含义是指公众用户对生态水利 PPP 项目信息的获取。信息可获取的程度越高，公众就越可能对生态水利 PPP 项目提出个人意见，公众影响力会得到提升，包括获取经验、分享信息和工具、转变自我表达能力三个方面。"访问"是生态水利项目 PPP+APP

模式设计目标和宗旨，取决于公众参与该项目的深度与广度。

（3）风险评估。"风险评估"是指对公众参与生态水利 PPP 项目的重要判断与分析，公众用户参与过程的"风险评估"可促使生态水利 PPP 项目公司和政府公共部门更好地分析相关利益与公众活动风险之间的比率，包括权衡风险利益、分担责任和学习反思三个方面，某种意义上讲，"风险评估"发挥着重要的社会监督作用。

（4）透明度。公众参与是生态水利 PPP 项目可持续发展的需要，也是公众利益保护本身的需要，提升"透明度"的目的主要是为了增加公众用户与生态水利 PPP 项目的全面接触及开放程度，包括获取信息、建立真实性和避免信息不对称三个方面，决定公众参与的效率与效果。

在参与生态水利 PPP 项目过程中，公众想法的产生实际上并不是取决于他们面临的真实事件，而是取决于公众对事件的认识和理解。公众的决策影响事件的走向，而事件走向的变化又很有可能反过来影响公众的想法，这正是"反身性"原则的体现。因此，本书将这一原则融合在 DART 模型中，通过 APP 技术以求更完善的体现公众参与生态水利 PPP 项目的真实情况，实现 PPP+APP 模式的有效结合。例如，在生态水利 PPP 项目中，为了更好地评估项目的未来风险，需要参与者在整个项目中珍惜反思性学习和决策的机会，并长期保持对项目的约定原则和纪律的共同遵守，只有这样，政府公共部门才可能更好地利用由公众参与所带来的贡献。价值共创的四个维度是相辅相成、相互作用的，其中一个维度的增强将为其他各维度带去价值的增长。

### 10.3.3　生态水利项目 PPP+APP 模式的模型构建

对于公众参与模式建设的探索，国外已经取得了丰硕的成果，建立了较为成熟完善的公众参与机制，并且积累了大量经验。相比之下，中国的公众参与模式尚处于发展的初期阶段，相关各方面制度还不健全，需大力借鉴国外的成熟经验，以建立我国公众正式参与和非正式参与发展模式，如图 10-3 所示。在生态水利项目 PPP+APP 模式中，公众参与的执行框架是根据相关的法律条文和执行机构（项目公司、政府机关以及其他利益相关机构）的工作原则来确立的，以项目公司签订的 PPP 项目协议为准。在公众参与活动的过程中，政府应该明确自己的定位，不能直接参与活动，应引入独立与项目的第三方机构进行活动的组织与执行，政府应在不影响活动结果的前提下，对第三方机构提供必要的辅助，保证公众参与活动的顺利完成。要将居民个人、社区社会团体、社区零售商以及其他利益相关者等所有可能的对象纳入活动范围，同时制定相关法规明确参与者的权利和义务。此外，为了确保生态水利 PPP 项目能够高质量稳定运行，应在合适的时机引导公众参与。在项目筹备阶段，需要由知识丰富的专业人员对项目进行规划，此时公众参与可能会影响专业人员的判断，反而拖延了项目进度；在项目启动和实施阶段，应严格遵守相关法规，集中参与各方的意见，制定详细的方案以引导公众参与，详见生态水利项目 PPP+APP 模式的公众参与模型。

如图 10-3 所示，该模型是根据生态水利项目和 PPP 项目的特点，将 DART 的基础模型进行细化的相关活动，具体内涵解释如下。

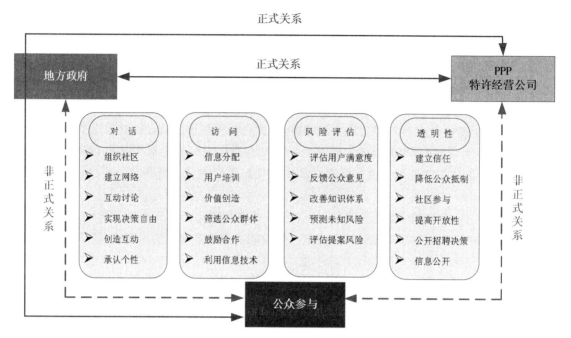

图 10-3　生态水利项目 PPP+APP 模式的公众参与模型

（1）"对话"释义。在生态水利项目 PPP+APP 模式运营过程中，与对话有关的活动是帮助公众共同理解和价值分享的主要信息来源，是公众用户参与的重要环节。在项目筹备阶段，政府公众部门应发起初步的公众用户对话活动，来明确公众用户在整个 PPP 项目运营过程中被赋予的角色内容。生态水利项目 PPP+APP 模式面对公众用户之间的第一次对话内容应当发生在项目谈判阶段，所有参加 PPP 项目的竞标公司都有机会根据用户的意见，独立地与用户联系并修改其项目方案，尽管此时的对话内容大多是用户单向的发言，但是在组织召开项目论证或筹备会上，公众用户提供的信息也将为项目规划做出贡献。对话过程中应承认不同公众用户的个性特点，不以其不同的社会背景来评价或修正其分享的个人观点，这种尊重客观信息的方式在项目中起着至关重要的作用。在项目启动和规划阶段为公众用户提供足够的选择自由是实现项目可用性的关键因素，否则，即使在 PPP 项目的建设阶段和运营维护阶段进行了大量对话，但随着 PPP 项目的进程，公众用户可能对项目的调整余地非常有限。另外，项目运营维护阶段的对话重点在于优化 PPP 服务合同附带的服务质量。

（2）"访问"释义。生态水利项目 PPP+APP 模式执行过程中向公众发布的信息量应当是充足有效的。在当下的信息时代，传递信息与沟通信息的技术途径多种多样，除了可以利用面对面会议、宣传册发放、公共区域广告位宣传、电视广播媒体传播等传统方式外，还可利用适合水利生态 PPP 项目特点的信息技术，进行公众参与方式的捕捉，例如利用物联网技术、云计算技术和数据分析技术等建立信息共享平台，进一步发挥公众参与的潜力和作用。同时，为使用户决策能对项目相关的信息、知识和经验起到更准确无误的支持，对用户提供有关生态水利 PPP 项目建设相关的知识培训是必不可少的。当然，这种知识培训的形式可以是多种多样的，从最大限度的利用信息技术和节约培训成本的角度来看，在线趣味问答、视频讲解、在线互动活动等形式都可以加以利用。

另外，鼓励用户在参与过程中创造自我价值，提高公众投入项目建设的动力也不容忽视。在公众用户，尤其是那些与项目利益相关的用户清醒认识到项目的成败对其自身的利益影响之后，鼓励参与者自发的成立一些公众参与的组织，例如社区组织，通过会议和集体用户的角色参与到项目中来。

（3）"风险评估"释义。在生态水利项目 PPP+APP 模式中，与公众参与相关的风险一般会有以下几个方面：缺乏 PPP 项目创新的相关知识，公众用户对项目的期望与 PPP 项目公司制定的项目规划之间的落差矛盾，以及公众对政府公务人员、地方政府或周边社区的不信任导致的抗拒。生态水利 PPP 项目的周期多数为 30 年上下，在这漫长的项目运营维护的过程中，项目的实施环境将会出现相当大的变化：例如周边城市的建设、人口的增长、生态环境的恶化等。PPP 项目公司除了对未来的生态水系的维护方案做灵活调整之外，还要持续有效地对公众用户的意见进行反馈。事实上，生态水利 PPP 项目生命周期中的大部分风险都由合同转移给 PPP 项目公司，因为他们才是项目中直接面对用户进行反馈的主体，从能力和资源方面，其承担的风险要高于政府公共部门，如，在 PPP 项目维护阶段的第一年之后，假设公众用户不满，PPP 项目公司需要更换相关业务的供应商，而政府公共部门会因为公众的不满态度对 PPP 项目公司的工作能力表示怀疑。

在生态水利项目 PPP+APP 模式中，还有一些风险是需要公众用户自己来承担的，已有研究在实际的问卷调查中发现，公众用户能够意识到项目在需求和成本方面存在的不确定性，并存在理性接受的可能，以确保实现项目的目标。政府公共部门和 PPP 项目公司多由专业研究 PPP 项目或具有数年项目经验的专业人才组成，对 PPP 项目的信息和知识获取渠道也相对较丰富，而公众在专业技术和项目经验方面的水平相对较低，对于公众来说，如何在项目实施中发挥个人作用是生态水利项目 PPP+APP 模式所要面对的最主要挑战。

（4）"透明度"释义。基于前文的分析，在生态水利项目 PPP+APP 模式的实施过程中，与公众相连的核心关系多为非正式关系。而这些非正式关系正是产生价值共创的关键所在。公众与外界之间关系多数是在常年持续的互动过程中形成的，而不是通过大量的系统规划能够构造的。公众用户、政府公共部门和 PPP 项目公司中的各代表人员将通过长期的事务接触以及会议接触建立信任和开放的沟通氛围。因此，在公众用户、政府公共部门和 PPP 项目公司中分别选定固定的人选参与到公众合作中是非常必要的，能够更好地促进公众用户参与的价值共创。为了降低在项目进行过程中公众纳税人群体的反对，应加强公众用户活动透明性的管理。在生态水利项目 PPP+APP 模式实施过程中，政府公共部门和 PPP 项目公司可以通过发布官方简报和公告，发布项目的公共关系管理计划等方式，增强公众用户的互动意愿，以促进项目的顺利进行。

## 10.4　生态水利项目 PPP+APP 模式的平台构建

在生态水利项目 PPP+APP 模式的模型构建基础上，从生态水利信息服务内容和形态来看，生态水利项目 PPP+APP 模式相关的信息平台，能够提供的服务主要是对项目信息的收集、发布、交流、存储、更新和维护，并使之有序化、规范化，成为公众参与价值创造最方便的利用形式，从而实现信息的交流互动（对话）、信息的检索与发布服务（访问）、数据分析和决策支持服务（风险评估）和信息的公开与开放（透明性）等功能。以下将就生态水利 PPP 项目公众参与 APP 平台信息服务的类型、应用技术、平台功能和服务对象等进行分析，试图构建一个适合生态水利项目 PPP+APP 模式的应用平台。

### 10.4.1 平台设计

#### 10.4.1.1 服务类型

在互联网高度发达的背景下，公众大多通过各种服务软件实现互动，这些服务软件是由多种软件封装而成，包括各类平台软件、系统软件、支撑软件以及应用软件等，类比软件系统的划分方法，生态水利项目 PPP+APP 模式公众参与平台的服务类型可分为四种：公共信息服务、参与信息服务、决策支持服务和资源数据服务，与软件系统相似，这些服务也并非单一的服务，其中的每一种服务都可能由一系列细粒度的服务组合而成，而公众参与平台的服务目录就是由这一系列服务构成，可以满足生态水利 PPP 项目公众用户的各种需求。

（1）公共信息服务。在各类公众参与平台建设中，有一些服务是基础性的，可为各类业务系统提供基础的信息资源，例如，项目介绍、项目简报、天气预报等。同时，还可延伸涉及与各类生态水利 PPP 项目相关的业务应用，这些应用服务可以作为用户参与该项目平台的支撑服务，以扩充公众参与的范围，激发公众参与的积极性，例如生态景观航拍图像、水利风景区实施动态、景区售票和移动讲解等。

（2）参与信息服务。在生态水利项目 PPP+APP 模式实施期间，与公众参与相关的业务信息是平台系统需要的功能，可以进一步提取出来，以便于各类业务系统共享。例如，组织社区、话题贴吧、公众自媒体、线上知识竞赛等。

（3）决策支持服务。为了更准确、及时地建立生态水利项目 PPP+APP 模式公众参与的反馈和互动机制，平台在向外发布信息和向内收集信息的基础上，PPP 项目运营公司或政府可利用平台的数据汇集，对项目中可能涉及的关键问题进行分析和评估，例如，公众对项目的满意程度、公众对该项目最关注的问题和热点意见、公众现阶段的知识构成和存在问题、预测未来可能存在的潜在风险等。

（4）资源数据服务。由于生态水利项目 PPP+APP 模式资源数据是生态水利项目公众关注的核心之一，因此，生态水利 PPP 项目需要为公众提供及时、全面和准确的数据服务，例如水质监测数据、动植物检测数据、水功能区净化数据等。另外，还可将决策支持服务中的部分数据分析结果植入到资源数据服务中，进行公开发布和公示。

#### 10.4.1.2 信息技术

互联网和信息科技的迅猛发展给公众参与带来了极大方便，大大地促进了公众参与的发展。互联网技术的使用让空间和距离不再是科学实践和商业活动的障碍，公众参与者借助信息化平台可以和任何地方的专家达成合作，进而形成一个专家与公众参与者的巨大合作网络。同时，公众科学也搭上了新媒体、新工具的快车，比如活动宣传和志愿者招募等，无论形式还是渠道都发生着深刻的变革。种类繁多的智能移动终端也给公众科学的发展提供了巨大机遇，利用大数据技术等信息处理技术对智能移动终端收集到的数据进行加工、挖掘，在提高效率的同时，还能提升产出数据的质量。为了提高公众参与度，在开发智能移动终端时应建立灵活的数据收集标准，使用先进的工具和技术处理收集到的数据，从而减少数据质量问题，保证公众得到参与项目的机会。本书中的生态水利项目 PPP+APP 模式平台设计，应用到的信息技术主要包括以下几种。

（1）物联网。在生态水利项目 PPP+APP 模式中，物联网是一项关键技术。国际电信联盟（ITU）将物联网定义为通过二维码识读设备、射频识别（RFID）装置等信息传感设备，将物品以某种约定协议与互联网相连，进行信息交换和通信，以实现智能化识别、定位、跟踪、监控和管理的一种网络。物联网在智慧水务领域中的应用主要体现在对水资源、制水过程及水务信息的管理方面。利用信息技术和互联网可以全面高效地收集水资源状况、制水安全和效率以及供水保障程度等数据信息，并对实时数据进行处理，根据处理结果利用水务专网实现远程调度和动态管理，提高水务管理效率，逐步实现水资源利用和管理的智能化。

（2）云技术。云技术是在广域网或局域网的范围内，利用信息处理技术将硬件、软件以及网络集成起来的一种托管技术，其目的是实现数据的计算和存储，并进一步对数据进行处理和共享。在生态水利项目 PPP+APP 模式信息平台中，云技术的主要作用是数据中心的搭建。云技术的最简单的现实运用就是云计算技术，其主要包括以下几种技术：①虚拟化技术。指为了达到扩大硬件容量、缩短软件重新配置过程、节省软件开销以及适用更多的操作系统等目的，让计算元件在虚拟的基础上运行。②分布式海量数据存储。云计算系统的用户众多，产生的数据极为庞大，因此采用分布式存储方式储存数据，并利用冗余存储将任务集群和分解，从而达到节省成本、提高数据可靠性的目的。③海量数据管理技术。目前处理大量数据主要使用谷歌公司的 Big Table 以及 Hadoop 团队研发的 HBase 模块，这两个工具可以对海量数据进行高效管理。④平台管理技术。云计算系统的平台管理技术可以协调大量服务器，为业务部署提供便利条件，保证系统不间断的提供服务。⑤移动互联技术。这项技术将互联网功能与移动通信技术结为一体，集中了两者的优势，有效提升了厂站的服务效率和水平。从这项技术发展出的移动 APP，成功突破了信息孤岛，使不同行业间的信息能够顺利流通，既有利于生态水利 PPP 项目公司准确把握经营状况，又有利于广大公众方便快捷的接受信息。

（3）分布式对象技术。分布式对象技术的主要流派有 CORBA、Java、数据库、COM/DCOM 这四种技术。CORBA 是一种为满足软硬件连接交互需求的中间件解决方案，它提供了一种软件总线机制，使符合规范定义的任意软件都可以集成到分布式系统中，并且客户端与服务器完全分离，以中间件为事务代理，实现用户与服务器交互。Java 是一种面向对象程序设计语言，这种语言适用性极高，而且简单高效，主要用于编写扩平台应用软件，这种语言对于公众参与移动 APP 平台的开发非常适用。数据库技术是公众参与移动 APP 平台所使用的一个比较核心的技术，分布式实时数据库（DRTDBS）满足了公众参与移动 APP 平台对信息采集高实时性的要求，且商业数据库可以保存历史数据，在建立实时数据库之后，以服务器网络虚拟化、混合等技术为基础，进一步构建数据中心，最终实现向云计算的转型，解决面临的大数据分析问题，实现生态水利项目 PPP+APP 模式的不断优化和强大服务功能。

### 10.4.1.3　功能模块

公众参与生态水利项目 PPP+APP 模式平台，通过互联网提供各类应用服务，多以门户网站的形式展现，也可根据需要通过 APP 平台方式展现。服务对象包括：生态水利 PPP 项目的政府主管部门、项目公司、其他项目相关的企事业单位和社会公众等。

在网络环境下，互动信息服务的提供者和使用者各有所属关系，从提供者的视角来分析，公众参与平台的初期开发的基础功能主要集中实现公共信息服务的全部功能（两项）和部分参与信息服务的功能（两项）。具体模块有：①项目信息，包括 PPP 项目的立项信息、运营简报、行业政务要闻等。②生态景区，包括景区介绍、景区风景、天气预报、景区售票、移动讲解等。③知识竞赛，包括生态水利知识普及、知识竞赛活动等。④社区组织，包括社区成员注册、社区建立、成员评论等。⑤公众自媒体，该功能类似于微博，用户可以发布自创的文字、图片、位置、音视频等文件，同时可评论其他用户的自媒体成果。⑥贴吧讨论组，APP 平台用户可以通过系统预留接口，访问水利行业的相关网络资源，成立不同地区的生态水利 PPP 项目公众参与的社群，实现公众网络建立和监督互动，或者就生态水利 PPP 项目中的兴趣问题和热点问题成立话题讨论小组，促进交流和沟通。⑦生态监测，为公众提供水质、植物监测、生物监测、灾害预警等实时数据，尤其在项目的后期，平台拟定实现基于数据分析技术的支持政府和项目公司决策的功能（两项）。⑧焦点问题分析，根据公众对发布信息的点击率，分析公众关注的核心问题；根据社区活动频率数据，分析公众热度区域和人群特征；根据公众反馈数据，分析焦点问题的原因等。⑨社会宣传分析。主要是利用公众知识活动数据，分析社会宣传教育事实，拟定各期社会教育的方向和目标。

考虑到公众参与生态水利项目 PPP+APP 模式平台，可以通过网络预留接口与既有的政府办公管理信息系统、水利信息化系统以及城市物联网等系统相联，不同地区或者不同主管部门所属的生态水利 PPP 项目之间可通过该平台，扩大公众参与的范围，项目中期计划实现参与信息服务的功能（两项）、资源数据服务功能（一项）。因公众参与平台数据标准规范的约束，公众参与平台可以采用"分建共享、协同更新、在线集成"的方式进行服务构建，在不同层次上可以与全国其他各级生态水利主管部门建立联系，同一层次上可以与不同部门或者相关行业相协调，提供服务的形式一般以门户网站和服务接口为主。

### 10.4.1.4 服务层次

目前，我国生态水利 PPP 项目的行政管理层次为：国家水利部、省水利厅、地方水务局。从生态水利项目 PPP+APP 模式平台的行政管理层次角度出发，公众参与平台的服务层次能与之一一对应，对每一级行政管理层次应提供相应的不同深度的服务，因此，从这个意义上来说，公众参与生态水利项目 PPP+APP 模式的平台层次可以与服务深度相对等。横向上看，公众参与生态水利项目 PPP+APP 模式的平台服务对象包括：政府公共部门、企业和社会组织以及社会公众个人等，他们主要通过互联网获取生态水利项目的相关信息。

### 10.4.2 框架设计

基于以上对公众参与生态水利项目 PPP+APP 模式的平台分析，结合生态水利 PPP 项目业务职能和特性，以公众参与信息的采集和输入、存储与更新、查询与分析为基本功能，实现生态水利 PPP 项目各业务之间的连接与协作，并且还可以利用 APP 平台的数据进行统计分析，为生态水利 PPP 项目的推进和政府决策方案提供平台化基础数据及决策支持。本书设计的公众参与生态水利项目 PPP+APP 模式服务平台框架如图 10-4 所示。

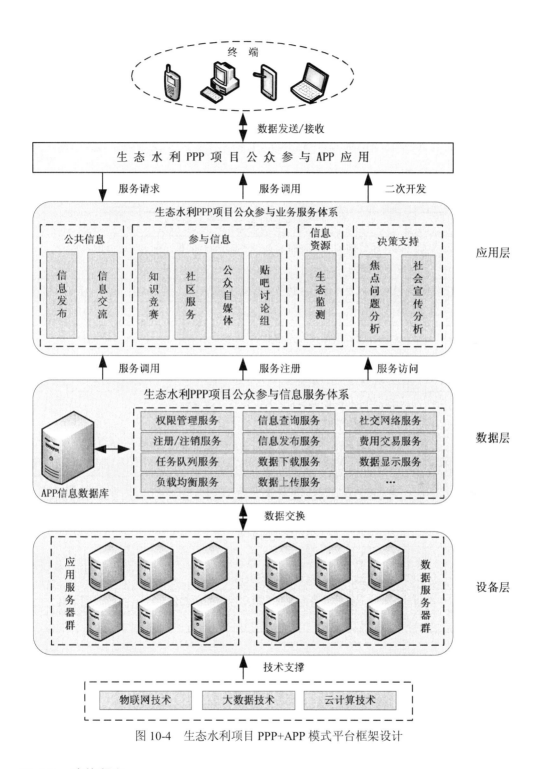

图 10-4    生态水利项目 PPP+APP 模式平台框架设计

### 10.4.3    功能释义

根据图 10-4 可知,生态水利项目 PPP+APP 模式的平台框架设计分为应用层、数据层和设备层三个层次,每个层次又有不同的模块与功能,且自成体系。

（1）应用层。应用层为生态水利项目 PPP+APP 模式公众参与业务服务体系，构成应用层的子层级包括：公共信息服务、参与信息服务、资源信息服务、决策支持服务，每个子层级又分为多个业务功能，具体包括项目信息、生态景区、知识竞赛、社区服务、公众自媒体、贴吧讨论组、生态监测、焦点问题分析、社会宣传分析等九类业务功能。每一个子层级和业务功能相互联系、相得益彰，可以直接调用信息服务体系中的各类公众参与信息，同时，各层级和业务功能可以在这些业务应用系统运行时不断地采集或更新公众参与的信息资源数据。

表 10-2　生态水利项目 PPP+APP 模式公众参与业务服务体系说明

| | 业务功能 | 说明 | 服务对象 |
| --- | --- | --- | --- |
| | | 公共信息服务 | |
| 1 | 项目信息 | PPP 项目相关信息公布的立项信息、运营简报、行业政务要闻等 | 公众 |
| 2 | 生态景区 | 景区信息发布、景区售票、移动讲解等 | 公众 |
| | | 参与信息服务 | |
| 3 | 知识竞赛 | 生态水利知识普及、知识竞赛活动 | 公众 |
| 4 | 社区服务 | 生态水利知识普及、知识竞赛活动、公众网络建立、公众监督互动等 | 公众+政府公共部门+项目公司 |
| 5 | 公众自媒体 | 用户发布自创的文字、图片、位置、音视频等内容，并相互评论 | 公众 |
| 6 | 贴吧讨论组 | 公众之间互动，公众和政府公共部门官员以及项目公司专家之间知识和经验交流等 | 公众+政府公共部门+项目公司 |
| | | 资源信息服务 | |
| 7 | 生态监测 | 水质数据、植物监测、生物监测、灾害预警等 | 公众 |
| | | 决策支持服务 | |
| 8 | 焦点问题分析 | 分析公众关注的核心问题、分析公众热度区域和人群特征、分析焦点问题的原因等 | 政府公共部门+项目公司 |
| 9 | 社会宣传分析 | 分析社会宣传教育的缺失，拟定各期社会教育的方向和目标 | 政府公共部门+项目公司 |

（2）数据层。生态水利项目 PPP+APP 模式公众参与信息服务体系，其服务功能的设置根据具体项目的需要而定，APP 开发者要利用公众参与行业的数据存储维护体系，收集相关数据信息，同时利用更新功能对数据进行更新，保证数据的时效性。而且，通过信息服务平台对公众参与信息服务和第三方相关信息服务进行统一管理与调度，信息服务平台的基础服务应该统一进行开发，不过为了利用平台运行过程中收集的公众参与数据资源库，需保留二次开发接口，以便信息服务平台的更新维护。本书结合生态水利 PPP 项目的一般特点，将其主要服务功能分为 11 项，并对各功能进行了重点解读，详见表 10-3。

表 10-3　生态水利项目 PPP+APP 模式公众参与信息服务体系

| | 服务功能 | 说明 |
|---|---|---|
| 1 | 权限管理服务 | 实现功能权限控制，包括不做权限控制的功能，即不登录可操作（查询信息发布、景区信息、天气和交通信息等）；公共功能，即登录可操作（如，信息交流、景区售票、移动讲解、生态监测数据等）；需权控制功能，即用户拥有改功能权限才能操作的功能（如，焦点问题分析和社会宣传分析等） |
| 2 | 注册/注销服务 | 用户通过 APP 注册和注销 |
| 3 | 任务队列服务 | 短信服务、电子邮件服务、图片处理服务等 |
| 4 | 负载均衡服务 | 网络信息过滤、P2P 软件控制、实时图形化统计分析等 |
| 5 | 信息查询服务 | 查询 APP 所有历史信息 |
| 6 | 信息发布服务 | 支持管理员和公众个人的信息生成 |
| 7 | 数据下载服务 | 历史数据下载 |
| 8 | 数据上传服务 | 实时数据上传 |
| 9 | 社交网络服务 | 支持用户分享想法、图片、文章、活动、事件 |
| 10 | 费用交易服务 | 支持银联支付和第三方支付平台（如，微信、支付宝等） |
| 11 | 数据显示服务 | 数据可视化显示(如，人流量、天气、生态监测数据等) |
| | … | … |

（3）设备层。设备层由支持计算机信息系统运行的硬件、系统软件和网络组成，主要包括应用服务器群、存储服务器群等。对生态水利项目 PPP+APP 模式来说，最为核心的是生态水利 PPP 项目公众参与信息服务体系，无论是数据层还是设备层都是为了支撑信息服务层，也就是说，硬件资源、软件资源和数据不管分属哪一层次，其最终目的都是为公众服务。

本书首先对公众参与生态水利项目 PPP+APP 模式的概念进行了界定，阐释了公众、公众参与、生态水利项目 PPP+APP 模式的内涵及其特征；其次，对公众参与公共项目建设的理论基础、信息化途径、国内外公众参与生态水利项目的经验借鉴、APP 理论发展等进行研究，为生态水利项目 PPP+APP 模式设计奠定基础；再次，在人民主权理论、公众参与善治理论和阶梯理论研究的基础上，结合生态水利项目公众参与的特征，创新性地提出公众参与的价值共创机制和模型，并将其运用于生态水利项目 PPP+APP 模式的平台设计；最后，从服务类型、信息技术、功能模块和服务层次四个方面设计了生态水利项目 PPP+APP 模式的平台框架，并对平台构架各子模块的功能进行阐释。

# 第11章　生态水利项目社会投资 PPP+C 创新模式

由于生态水利项目投资巨大，为保证投资公司的收益，特许权期往往比较长，而且生态水利项目在特许权期结束后一般也会面临着设备老化的问题，为了规避这些不确定性风险，本章在汲取 PPP 模式和委托经营优点的基础上，提出克服其不足的生态水利项目 PPP+C 创新模式，并对该模式的特点、优势、博弈特征描述及模型假设、实施策略等一系列问题进行较为系统的研究。

## 11.1　生态水利项目 PPP+C 模式的概念及意义

生态水利项目 PPP+C（Public-Private-Partnership+Concession）模式是基于全寿命周期理论及 PPP 项目特点提出的，该模式的设计宗旨是鼓励社会资本方尽职尽责地完成项目规定目标，最大限度地满足公众利益需求。全寿命周期理论是指在项目设计阶段就要考虑到寿命历程的各个环节，将所有相关因素在项目设计中分阶段纳入到综合规划内进行优化的一种设计理论。对生态水利项目 PPP+C 模式来说，不仅要考虑建设方面的因素，也要考虑其未来经营与维护等方面的影响因素。本书认为全寿命周期理论是生态水利 PPP 项目的基本指导理论，这不仅是因为 PPP 项目具有投资大、周期长等特点，更重要的是 PPP 项目大多具有公益性或准公益性特点，不仅关乎到广大民众的身心健康和生活利益，而且关系到社会的安全与稳定。

所谓"生态水利项目 PPP+C"模式是指在 PPP 项目合同签订时，政府和社会资本方就该项目的经济、社会、生态效益目标进行论证并编入规划方案，且将公众满意度纳入考核体系，在此基础上，根据项目需要可在合同中设定每年或每几年考核一次，也可设定短、中、长期考核目标，并将考核结果划分为：优秀、良好、中等、合格、差五种等级，根据考核结果决定生态水利项目 PPP+C 模式的不同情形。

第一种情形：如果每次考核结果均为良好以上，且公众满意度高，则特许经营期结束时，政府和社会资本方可直接签订委托经营合同，由原社会资本方继续经营该项目。

第二种情形：如果每次考核结果为合格以上，最终考核结果仍为合格，但公众满意度较高，则特许经营期结束后，政府或政府主管部门可采用招投标形式选定承接项目的经营者，但同等条件下原社会资本方享有优先中标权。

第三种情形：如果在特许经营期内的任何阶段，该项目的考核结果未达标，且公众满意度一般，在此情况下，政府应根据实际情况责令社会资本方限期 1~2 年进行整改，原特许经营协议暂停执行，由政府与社会资本方重新签订一份委托经营合同，规定整改后应达到的目标或状态，如果整改结果达到了规定目标或状态，则 PPP 特许经营协议继续，其中整改期包括在特许经营期内，即原特许经营期保持不变。

第四种情形：如果在特许经营期内任何阶段，该项目的考核结果未达标，且公众满意度差，或出现第三种情形下，经整改仍未达到规定目标或状态，则政府可单方面解除特许经营合同，宣布该 PPP 项目失败。

综上所述，前两种情形统称为奖励型生态水利项目 PPP+C 模式，均指在 PPP 项目运营较好状态下，政府方对社会资本方采用的一种激励措施。奖励型生态水利项目 PPP+C 模式的优点主要概述为两个方面：一是明确了 PPP 项目各阶段的发展目标，为社会资本方的运营管理指明了方向、提供了抓手；二是为政府方监督 PPP 项目运营提供了依据，并为特许权期结束后选择更好的社会资本运营方奠定了基础。后两种情形统称为惩罚型生态水利项目 PPP+C 模式，均是在 PPP 项目运营状态较差的情况下采取的调整或制裁措施，这两种情形是政府和社会资本方都不希望或限制发生的，因此在第三种情形出现后，允许社会资本方在一定期限内整改，但又规定整改期包括在特许经营期内，其实质是要求社会资本方对经营不善的结果承担一定责任。当第四种情形发生时，政府有单方解除权，也即可以无条件收回项目的经营权，并要求社会资本方承担相应的违约责任。

生态水利项目 PPP+C 模式的理论意义在于：生态水利项目 PPP+C 模式是 PPP 模式的创新形式之一，是在 PPP 模式的基础上，坚持公众利益最大化原则，充分考虑生态水利项目公益性与市场性特点，将项目全寿命周期中的经济、社会、生态效益考评划分为不同等级，以公共满意度为调节系数，以特许经营期为变量，以激励理论为导向，形成更加优化的 PPP 模式创新理论，为中国乃至世界各国 PPP 研究提供参考。由于 PPP 模式不仅仅是一种投融资模式，也是一种社会综合治理模式，并且是以社会制度改革与治理为基础的，因此，其理论体系构建是一个复杂的、系统的伟大工程，需要政府、学者、企业界共同为之奋斗。

生态水利项目 PPP+C 模式的实践意义在于：PPP 项目落地难已经成为制约中国乃至世界各国 PPP 事业可持续发展的难题，其主要原因是 PPP 项目周期长，很难预测到其运营过程中的各种风险，再加上 PPP 项目成功的案例甚少，即使有，也是阶段性的成功，欠缺有益经验的积累。对中国来说，2014 年以来，在党中央国务院及各部委的努力下，PPP 项目入库数量已达 12000 多项，投资总额 13 万亿多，但落地率有待进一步提升，尤其在"一带一路"战略的推动下，PPP 模式创新已成中国政府及企业亟待解决的难题。本书提出的生态水利项目 PPP+C 模式不仅丰富了 PPP 理论体系，而且将对 PPP 实践操作提供有益指导。

## 11.2 生态水利项目 PPP+C 模式的特点及优势

虽然生态水利项目 PPP+C 模式的设计宗旨及出发点是一致的，但其内涵及特点仍然存在差异，为了更清楚地阐释其操作过程，并为进一步分析奠定基础，本书将奖励型生态水利项目 PPP+C 和惩罚型生态水利项目 PPP+C 分述如下。

### 11.2.1 奖励型生态水利项目 PPP+C 模式的特点和优势

（1）奖励型生态水利项目 PPP+C 模式的内涵及特点。从操作过程上讲，奖励型生态水利项目 PPP+C 模式是在 PPP 项目整个过程中，加上"委托经营"环节，其实质内容是：签订 PPP 协议时，在合同规定的特许权期经营期结束时，再给社会资本方一定期限的委托经营期，即在特许权期限届满时，经评估项目设施和服务质量达到协议中设置标准，政府直接与项目公司签订委托经营合同或者政府在收回项目设施所有权和经营权后，在重新公开招标选择运营商时，如原项目公司有资格并愿意参与投标，在同等条件下可优先获得中标经营权。

在特许权期结束后采用"委托管理"模式的优势在于政府可以在控制公共物品生产的同

时，避免直接生产所带来的弊端。委托经营主要是针对已建成的生态水利项目，政府部门为降低管理成本，提高运营效率，依据项目在特许经营期的运营状况，将生态水利项目按市场机制，直接与原项目公司签订服务合同，或者通过招标方式选择专业的运营公司，由中标者负责水务设施的经营维护。政府承担一部分资本性投资和风险，因此，项目的一部分经营收益归政府所有，同时，政府拥有项目资产所有权，对项目的运营维护有监督责任。项目的经营权和收益权归企业所有，企业按委托管理合同规定的收费标准收取服务费用。PPP 模式与奖励型生态水利项目 PPP+C 模式的组织结构对比如图 11-1 和图 11-2 所示。

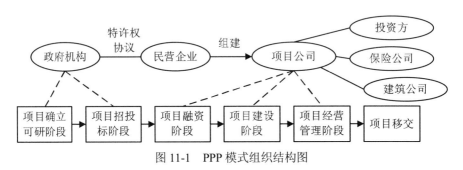

图 11-1　PPP 模式组织结构图

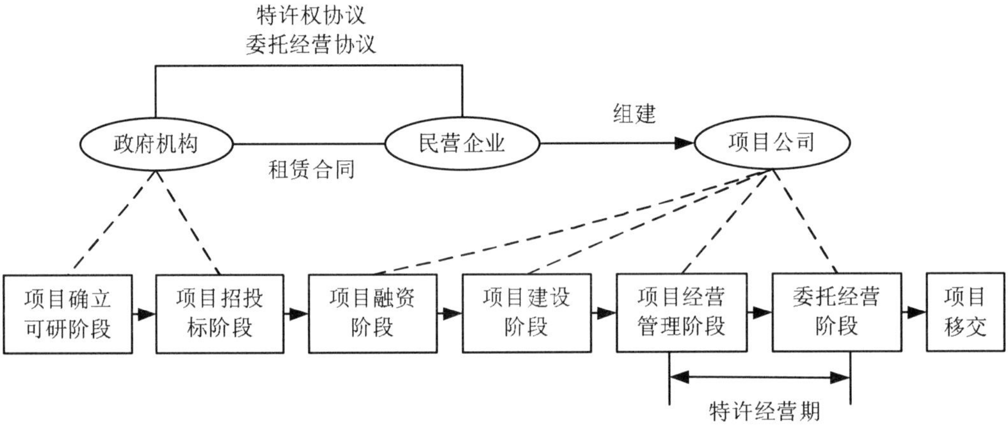

图 11-2　奖励型生态水利项目 PPP+C 模式组织结构图

（2）奖励型生态水利项目 PPP+C 模式的优势。

相对于 PPP 模式，奖励型生态水利项目 PPP+C 模式节约了政府补贴资金，减轻了用户负担；并且使得项目公司在特许经营期结束移交特许经营权阶段，考虑到以后继续运营的可能，会提高建设和服务质量，促使项目公司履行对项目设施的维护、大修和设备重置等义务，避免了项目公司机会主义的产生；相对于 TOT 模式，奖励型生态水利项目 PPP+C 模式避免了地方政府由于资金来源有限，在项目建设阶段无力筹措资金的问题，也避免了政府由于缺少生态水利项目建设经验造成项目不达标的问题；相对于 BT 模式，奖励型生态水利项目 PPP+C 模式既减少了政府在生态水利项目建设和运营中因经验缺乏而产生的补贴费用过多问题，同时也解决了因行政垄断而产生的排污治理费用高、用户收费高及管理混乱等问题。因此，在生态水利项目需求扩张速度较快的背景下，奖励型生态水利项目 PPP+C 创新模式是解决我国生态水利项目资金缺乏、行政化引起的管理不善、市场化所产生的机会主义等的有效途径。

为了说明奖励型生态水利项目 PPP+C 模式可以使博弈各方在财务上获得更多盈利。以某 9.5 万 $m^3$/日规模的新建污水处理 PPP 项目为例，主要边界条件为：基本水量，即保底水量第一年为 5 万 $m^3$/日，第二年为 6 万 $m^3$/日，第三年为 8 万 $m^3$/日，第三年以后为 9.5 万 $m^3$/日；进水水质标准执行《污水综合排放标准》（GB 8978－1996）三级标准，出水水质要求达到《城镇污水处理厂污染物排放标准》（GB18918－2002）一级标准的 A 标准。

某投资人投标的主要参数为：①总投资 18000 万元（含 3000 万元的土地使用权费），其中自有资金占 40%；项目融资占 60%；②长期贷款年限为 12 年，贷款利率为 7.35%，等额还本利息照付；③总经营成本（不含折旧摊销和财务费用）为 0.309 元/$m^3$。

在投资人设立项目公司自有资金财务内部收益率（FIRR）为 8%的条件下，假设特许经营期为 30 年（不含建设期），其 30 年间的基本水价为 0.881 元/$m^3$。

如果上述污水处理项目采用生态水利项目 PPP+C 模式，将其特许经营期的 30 年调整为 22 年，在项目成功移交后，如果满足上述生态水利项目 PPP+C 模式规定，则可给予 8 年的委托经营期，其他条件不变，在保持项目公司 FIRR 为 8%水平的基础上，前 22 年间的基本水价仍为 0.881 元/$m^3$，经测算后 8 年的基本水价则为 0.745 元/$m^3$。

假设 PPP 年限为 25 年，委托经营的年限则为 5 年，其他条件不变，在保持项目公司 FIRR 为 8%水平的基础上，前 25 年间的基本水价仍为 0.881 元/$m^3$，经测算后 5 年的基本水价则为 0.735 元/$m^3$。

由此可见，将 30 年特许经营期优化为 22 年或 25 年特许权期+8 年或 5 年委托经营期，最起码有三个方面的好处：一是减少了政府财政补贴年限；二是降低了广大民众支付的水价；三是给企业施加了压力和责任，使其更加努力地经营，提高公共服务的质量和水平，为争取未来 5 年或 8 年甚至更长的委托经营期奠定基础。

从上例也可以明显看出，在生态水利项目 PPP+C 模式下，政府可以在委托经营的几年内每 $m^3$ 少支付 0.146 元以上的水利项目费。其根本原因在于，根据《企业会计准侧》和《税法》，在 PPP 特许权年限缩短的情况下，建筑物、构筑物的折旧年限缩短、土地使用权费的摊销年限缩短，能够起到加速折旧的效果，而在委托经营的年限内，项目公司的总成本不含折旧、摊销和财务费用（长期贷款的财务费用仅在前 12 年发生），其总成本等于运营成本。因此在不减少项目公司收益的情况下，政府可以在委托经营的年限内获得实实在在的利益。近年，一些采用 BOT 模式的水利项目在移交之后，因规模较小或其他条件较差，难以形成招标有效竞争局面，而采用了委托经营形式，从经营实践看，该模式使水利项目真正回归服务业本质，深受水务企业的欢迎。如 2009 年，武汉三座污水处理厂委托经营招标，委托经营年限为 5 年，16 家水务公司报名，8 家公司通过资格预审，中标价为 0.385 元/$m^3$，低于当时的运营成本；同年，海南全省 16 座污水处理厂委托经营招标，委托经营年限为 5 年，尽管每个厂的处理规模较小，但第一包仍有 5 家运营商入围，第二包 15 家运营商入围，两包的中标价均为 0.48 元/$m^3$。本书曾经采访某著名水务企业负责人，他表示在委托经营模式下，企业只需要 3%~5% 的利润，由此可见，上述两个项目的中标价接近其运营成本，但仍有稳定的长期收益。

另外还可以看出，上述 PPP 模式演变为生态水利项目 PPP+C 模式后，委托经营的 5~8 年内，在其基本水价 0.309 元/$m^3$ 的运营成本不变的情况下，水价由特许权期内的 0.881 元/$m^3$ 变为 0.745 元/$m^3$ 或 0.735 元/$m^3$，但在特许权期缩短的条件下，其建筑物、构筑物的折旧年限、土地使用权费的摊销年限等均缩短，因此，对企业来说，奖励型生态水利项目 PPP+C 模式与 PPP 模式相比，其实际盈利可能会稍高些，其高出的部分正是对缩短 PPP 特许权期的投资回报补偿，也是奖励型生态水利项目 PPP+C 模式实施的均衡点所在。

总之，奖励型生态水利项目 PPP+C 模式不仅是对 PPP 理论的补充与完善，而且是对 PPP 模式实践应用的拓展与丰富，并为水利项目建设指明了方向。本书在对奖励型生态水利项目 PPP+C 模式理论研究的基础上，着重揭示了奖励型生态水利项目 PPP+C 模式在水利项目应用中价格博弈的一般规律，并用该规律指导奖励型生态水利项目 PPP+C 模式更好地服务水利及其他行业的基础建设实践。

### 11.2.2 惩罚型生态水利项目 PPP+C 模式的特点及优势

（1）惩罚型生态水利项目 PPP+C 模式的内涵及特点。惩罚型生态水利项目 PPP+C 模式是指在社会资本方对项目经营不善的情况下，通过缩短项目特许权期对社会资本方进行惩罚，即社会资本方在项目运营阶段的定期考核中，其结果没有达到规定要求，且公众满意度较低的情况下，政府机构将责令社会资本在规定期限内对项目进行整改，并规定整改期包含于原特许权期内，即特许权期不变，也即：实际特许权期=原特许权期-整改期。之所以如此规定，旨在警示社会资本方尽可能不要出现已经规定会受到处罚的情况，一旦出现是要承担责任并付出代价的，若整改后达到协议规定标准，则社会资本方可继续经营该项目；若整改后仍未达标，政府方有权单方解除合同，采用法律规定的其他方式另行选择项目经营者。惩罚型生态水利项目 PPP+C 模式组织结构图如图 11-3 所示。

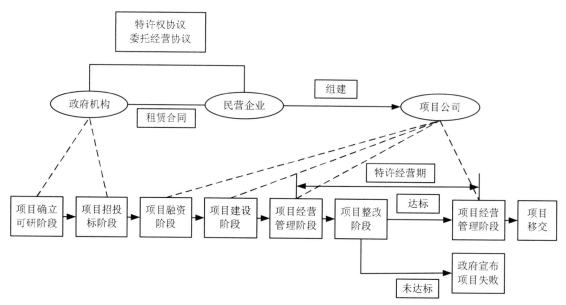

图 11-3 惩罚型生态水利项目 PPP+C 模式组织结构图

惩罚型生态水利项目 PPP+C 模式与奖励型生态水利项目 PPP+C 模式相对应，即在 PPP 模式的基础上增加了对项目运营期内的阶段考核，并将项目的生态效益纳入考核体系中，尤其将公众满意度作为评价考核结果的重要影响因子，使项目的考核体系更加科学、合理，考核结果更加切实可行，这不仅充分体现了 PPP 项目的公益性和准公益性特点，而且体现了项目规划、建设为公众服务的目的和宗旨。水治天下宁，生态水利项目作为国民经济和社会发展的重要公益性基础设施，如果不能达到预期目标，当然应采取惩罚型生态水利项目 PPP+C 模式，要求社会资本方进行中止并整改。

（2）惩罚型生态水利项目 PPP+C 模式的优势。与一般意义上的 PPP 模式相比，惩罚型生态水利项目 PPP+C 模式有如下三个方面的独特优势。①对政府方来说，在惩罚型生态水利项目 PPP+C 模式中，政府机构对项目运营的监督权体现得更加明显，在项目运营阶段的定期考核中，如果考核结果未达到规定标准且公众满意度一般，则政府方有权中止项目的运营，责令社会资本方进行整改，若整改结果仍未达到标准，政府方有权单方面解除合同，这有利于促使社会资本方切实履行合同，提高项目的运营效率。②对社会资本方来说，政府机构的定期考核结果能为其自身经营管理的改善提供明确的方向，有助于社会资本方更加合理地对项目进行经营管理，及时调整经营过程中出现的个别问题，从而避免因项目的最后失败而造成无法挽回的严重后果。③对项目的使用者来说，在惩罚型生态水利项目 PPP+C 模式中，公众满意度在考核评价中占有重要地位，甚至决定着项目的成败，因此加大了公众对项目运营状况的监督权，并可以通过行使监督权来维护其自身利益。

从整体上来讲，生态水利项目 PPP+C 模式具有以下优势。从特许权期的形式来看，一般 PPP 项目的特许权期在项目合同谈判阶段已经确定，且一般情况下不能再进行修改，而在生态水利项目 PPP+C 模式中，特许权期在项目谈判阶段虽已确定，但它会根据社会资本方经营管理的效果及公众满意度进行变动，相对来说是一种弹性的特许权期，这样做有利于项目的有效运营。从考核评估形式来看，生态水利项目 PPP+C 模式采用的是分阶段多次考核方式，而一般 PPP 模式是在项目特许权期结束时才进行考核评估，尽管强调运营监督，但没有严格的、规范的考核标准，且考核内容较为单一，而生态水利项目 PPP+C 模式下的考核指标不仅仅注重项目的经济效益、环境效益、生态效益，而且将公众满意度作为考核评价的一个决定性因素，使其更加突出了项目的公益性或准公益性。从项目终止形式来看，一般 PPP 项目宣告失败的原因大多都是经济效益达不到预期目标，致使社会资本方无法收回项目的建设成本和运营管理支出，有社会资本方要求提前移交，经政府部门审核后，终止 PPP 合作协议，而生态水利项目 PPP+C 模式的项目终止原因则应视不同情况而论，针对奖励型生态水利项目 PPP+C 模式来说，一般情况下都是自然终止，但惩罚型生态水利项目 PPP+C 模式的项目终止原因分为两种情况：一种是对考核中出现的问题进行整改仍不能达到规定要求；另一种是经济效益和社会公众满意度均较差。总之，生态水利项目 PPP+C 模式与一般 PPP 模式相比，在多个方面进行了改进和优化，至于阶段性考核和最终考核指标体系将另行研究。

## 11.3 生态水利项目 PPP+C 模式的博弈特征描述及模型假设

奖励型生态水利项目 PPP+C 和惩罚型生态水利项目 PPP+C 是生态水利项目 PPP+C 模式的两个部分，在实际的生态水利项目操作中，两种模式具有很多相似之处，鉴于建模和讨论的需要，本书则将其统称为生态水利项目 PPP+C 模式。

### 11.3.1 生态水利项目 PPP+C 模式下投标报价博弈特征描述及模型假设

#### 11.3.1.1 投标报价的博弈特征描述

招标投标是为了营造公平、公开、公正的竞争环境，进一步规范生态水利项目的市场秩序，加快培育市场机制，遏制腐败现象发生，培育和建立统一开放、竞争有序的水利项目市场，保证工程建设的顺利进行和水利行业的健康发展。但由于水利项目市场正处于旧体制到新体制的过渡阶段，新体制还未完全取代旧体制的功能，导致水利项目市场管理混乱，进而使招投标制度难以完全发挥功效。

根据博弈理论，招投标实际上就是一个博弈过程，各招标人之间与各投标人之间可分为两个博弈过程，博弈各方利益不同，但是各方的决策会相互影响。投标方之间的博弈是典型的不完全信息静态博弈，在这种类型的博弈中，至少有一个局中人不完全了解另一个局中人的特征，且一旦所有局中人都选定决策，博弈的均衡结局就会确定。反映到投标人博弈中，就是各投标方在投标前都不知道对方的报价及利润，只能根据自己掌握的信息对他人的报价和利润做出模糊的概率判断，而目前常用的招标方式是一次性密封投标方式，在开标前，投标人并不知道其他人的报价行动，且一旦开标，中标者就将最终确定，所以投标人的博弈属于不完全信息静态博弈。

在投标人博弈中，评标方法就是博弈规则。当前我国主要使用两种招投标评价方法：①综合评标法。把投标人的资质、技术、报价等折算成一定分数，总分 100 分，各位评委独立打分互不影响，分数汇总之后得分最高者中标。②合理最低价评标法。在所有符合招标文件实质性要求且评审通过的投标人中，选择一个报价最低的投标人作为中标者。结合生态水利项目 PPP+C 模式特点，项目公司除承担项目建设外，还应承担项目特许经营期内的运营、维护与管理等。对生态水利项目来说，项目投标人不能一味地追求低价来降低在信息不对称及存在环境影响因素情况下的道德风险，如采取降低标准建设、降低维护水平、超额运转、减少日常维护费用以及项目大修补费用等，最终可能产生的严重后果是在项目运营期结束时，已无法正常运营，项目的经营者在赚取超额利润的同时，悄无声息地将项目的修补费用转嫁给了政府。

综上，合理最低价评标法是比较适合的。合理最低价评标法中标的博弈规则是报价不一定最低，但评标价最低且综合得分最高者中标。合理最低价评标中标在国际工程招投标中十分流行，实践证明，投标人想要中标必须合理报价，否则，报价过高没有竞争力，报价过低达不到盈利目的，甚至亏损。

#### 11.3.1.2 投标报价博弈模型假设

博弈分析的基本假设有两个：一是博弈双方是追求经济利润最大化的经济人假设；二是博弈参与各方具有充分分析能力的完全理性假设。为了研究问题方便起见，再做出以下具体假定：

假设 1：各个投标人的成本分布函数是公共信息，但各投标人确切的成本估价只有自己知道。假设 $p_i$ 是投标人 $i$ 的报价，$c_i$ 是投标人 $i$ 的成本。各个投标人成本 $c_i$ 相互独立，并且对其他方而言，都是均匀分布在 $[c_l, c_h]$ 上的随机变量。

其中 $c_l$ 指投标人 $i$ 对投标人 $j$ 的可能最低成本 $c_j$ 的估计值，$c_h$ 是可能最高成本的估计值。

假设 2：假设投标者都是风险中性者，博弈参与各方追求自身利益最大化的经济人，其决策原则是实现期望收益最大化。

假设 3：投标人的报价 $p_i$ 是其测算成本 $c_i$ 的严格可微函数，即 $p_i = f(c)$。

### 11.3.1.3 投标报价博弈模型构建求解

《中华人民共和国招标投标法》第二十八条规定："投标人少于三个的，招标人应当依照本法重新招标。"从中可以看出，在实际招标工作中。只有两方投标的模式是不可能存在的，投标人最少也应为三个。因此本书建立多人参加投标的最优报价模型。

建立模型如下：

（1）行为空间：博弈方 $i(i=1,2,3,\cdots)$ 的行为或策略是递送一个标价 $p_i$。理论上博弈方 $i$ 可以选择任何非负数作为标价，但在投标人完全理性假设和合理低价中标的情况下，博弈方 $i$ 的报价 $p_i$ 不得低于其对成本的估价 $c_i$，故其行为空间 $A_i=(c_i,+\infty)$。

（2）类型空间：博弈方 $i$ 的类型就是他对工程成本的估价 $c_l$，由假设知 $c_i \in [c_l, c_h]$，故其类型空间 $T_i = [c_l, c_h]$。

（3）信念：各博弈方 $i$ 的估价是独立的，博弈双方都相信对方的估价是均匀地分布在 $[c_l, c_h]$ 上的随机变量。

（4）收益函数：在多人参加投标条件下，每个投标人 $i$ 的收益函数为

$$U_i = U_i(p_1 \cdots p_n, c_1 \cdots c_n) = \begin{cases} (p_i - c_i) & (p_i < p_j)i,j=1,2,3,\cdots,n,i \neq j \\ (p_i - c_i) & (p_i = p_j)i,j=1,2,3,\cdots,n,i \neq j \\ 0 & (p_i > p_j)i,j=1,2,3,\cdots,n,i \neq j \end{cases}$$

在建立博弈模型后，需推导出该博弈的贝叶斯纳什均衡，这就需要构建参与者的策略空间，策略空间是以行为空间和类型空间为基础的。根据贝叶斯纳什均衡定义，必须在确定了出价函数 $p_i(c_i)$ 的条件下，才能进一步求出贝叶斯纳什均衡，方便起见，这里将报价视为成本估价的线性函数，这是最简单的报价策略，即 $p_i(c_i) = h_i + T_i c_i$。

鉴于 $prob(p_i = p_j) = 0$，则上述收益函数的数学期望值为

$$E(U_i) = (p_i - c_i)\prod_{i=1,i \neq j}^n prob(p_i < p_j) = (p_i - c_i)\left[\frac{c_h T_j - p_i + h_j}{T_j(c_h - c_l)}\right]^{n-1}$$

对于上式求极大值，可得：$p_j = \dfrac{c_h - h_j + (n-1)c_i}{n}$。

由于博弈各方所处的地位相同，所采用的策略对称，因此可得 $T_1 = T_2 = \cdots = T_n$，$h_1 = h_2 = \cdots = h_n$，又因为 $p_i(c_i) = h_i + T_i c_i$，比较两式的系数可得：$h_i = \dfrac{c_h}{n}, T_i = \dfrac{n-1}{n}$，因此，参与投标的博弈各方最优报价模型为：

$$p_i = \frac{c_h}{n} + \frac{n-1}{n}c_i = c_i + \frac{c_h - c_i}{n}$$

这表明，最优投标价是其实际成本 $c_i$ 加上投标方的估计最高成本与其实际成本差值（$c_h - c_i$）的 $n$ 分之一。

### 11.3.1.4 合理最低价评标法的最优投标报价模型分析

（1）上述推导结果表明，投标方的最优报价与竞争者数目($n$)呈负相关，竞争者越多，投标方的报价会越接近其自身实际成本。在这种情况下，自身实际成本最低者最有可能中标，如此可使资源配置达到最优。

（2）由最优报价模型 $p_i = c_i + \dfrac{c_h - c_i}{n}$ 可以看出中标者的收益，即 $p_i - c_i = \dfrac{c_h - c_i}{n}$ 与投标人的数目(n)成反比，这意味着，如果将招标人视为消费者，则参与投标的竞争者越多，作为服务提供者的中标人的收益就越小，招标人的消费者剩余就越大。因此在招标时，竞标者必须达到一定的数量才能保证最终中标价足够低，且中标人的综合水平在行业内足够优秀，从而达到节省投资、保证生态水利项目质量的目的。

（3）充分掌握信息是中标的关键之一。上述对均衡报价模型的分析，前提是各投标人的成本分布函数是 $[c_l, c_h]$ 上的均匀分布，且是每个投标人都能获得的公共信息。但在实际的招投标过程中，投标人并不一定能充分获得其他竞标者的成本信息，即博弈各方可能存在信息不对称，导致实际成本最低者可能因为报价较高而无法中标，最终中标者的实际成本不一定是所有投标人中最低的，无法达到资源最优配置的目的。

（4）在招投标机制的设计中，保持一定数量的投标人对确定合理的中标价格非常关键。但是在招投标实践中，对投标人数量和质量进行适当控制也十分必要。在投标报价博弈模型中，博弈各方的决策行为是独立、非合作的，各投标方既不能产生垄断，又不存在相互勾结行为，并且为了中标，各投标方都倾向于选择低价投标。这个纳什均衡结果表明，在博弈规则下，各博弈方的行动趋向必然是低价投标，因此投标方可以从这个趋向出发，预测对手的报价行为，分析其他博弈方的博弈行为。虽然由最优报价模型看出投标人越多越好，但是投标人太多却会适得其反，因为此时很难保证投标人的质量，且过于激烈的竞争可能引发恶性竞争，各投标人会为了中标而盲目压低投标价，导致即使中标也无利可图甚至亏损。这种情况下，中标者为了谋利，很可能采取偷工减料、恶意欺诈等不法手段。因此，在招投标时必须保证投标人的数量在合理范围之内，这就要求在招投标开始之前，要对投标人的资质严格把关，把不合格者挡在门外，如此既能节省投资，又能保证项目质量。

总之，从价格博弈的角度分析项目投标报价的行为，为研究投标报价提供了一个新的思想方法。投标报价是一种不完全信息动态非合作博弈行为，投标结果达到一种均衡组合。

### 11.3.2 生态水利项目 PPP+C 模式下特许权期的博弈建模与仿真分析

在生态水利项目 PPP+C 模式下，项目公司考虑到将来在移交后可能采用委托经营方式继续合作，确定特许权期时，可以采用博弈模型进行分析。博弈论分析问题显示了项目不确定性和主体相互作用对生态水利项目 PPP+C 模式价值的重大影响，弥补了传统项目评价方法的缺陷。

（1）模型描述与模型假设。特许权期协议的关键问题在于确定一个合理的特许权期。特许权期在一定程度上代表了政府和项目公司间的利益分配，合理的特许权期要能兼顾双方的利益，即在满足项目公司盈利目的的同时，保证项目移交之后政府可以从中获益。特许权期太短，项目公司很难获得预期利润，甚至出现亏损，此时，项目公司很可能会采取非法手段降低建设成本，甚至在项目运行期间进行掠夺性经营，大大缩短项目的寿命周期，严重损害政府的利益。因此，适当延长特许权期对提高项目质量和保证项目寿命周期是十分必要的，但是过长的特许权期又无法保证政府的收益。所以，如何确定最优的特许权期是 PPP 项目谈判的关键。到目前为止，还没有一个规范的方法来科学地确定特许权期，不少学者纷纷从理论上探讨 PPP 特许权期的确定方法，为此，本书在借鉴吴孝灵（2011）观点的基础上，将有效运营期的一部分作为特许权期，建立生态水利项目 PPP+C 模式的特许权期和委托经营期的 Stackelberg 博弈模型，并通过理论分析和数值仿真研究考察项目特许权期的决定因素，通过模型求解获得生态水利项目 PPP+C 模式特许权期的最优激励策略。

（2）生态水利项目 PPP+C 项目有效运营期分析。首先给出两条基本假设：

假设 1：某水利项目（某厂）的水利供给或处理能力的年均值为常数。年均收入表示为 $R = p \cdot \int f(q)\mathrm{d}q$，其中 $\int f(q)\mathrm{d}q$ 为水利项目供给或处理能力的分布函数。

假设 2：理想的采用 PPP+C 模式的生态水利项目要符合以下特点：①项目准时完工且质量达标；②投资总额不能超过预期，即项目寿命期内无需追加投资；③项目运营期开始就可以达到设计产能；④从水的生产到使用不存在损耗。理想的运营环境包括：①国家政策稳定，法律规定明确；②价格、销量、成本、税率等市场因素稳定。在上述条件下，项目生命周期内的累计净现金流量以及单位时间内的净现金流量均稳定不变。

设 PPP 项目的特许权期为 $T$ 年（不包括建设期），建设成本为 $C$，且在 $t$ 时刻所需维护成本为 $V(C,t)$，则该项目在特许权期 $T$ 内的总成本可表示为

$$C_{\text{total}} = C_{\text{total}}(T) = C + \int_0^T V(C,t)\mathrm{d}t \tag{11-1}$$

其中 $V(C,t)$ 满足 $V(C,t) \geqslant V(C,0) = 0$，并且 $\frac{\partial V}{\partial C} < 0$，$\frac{\partial V}{\partial t} > 0$ 和 $\frac{\partial^2 V}{\partial t^2} > 0$。从理论分析，$\frac{\partial V}{\partial C} < 0$ 是因为一般情况下建设成本与项目质量呈正相关，项目质量会随着建设成本的下降而降低，从而需要更高的维护成本；而 $\frac{\partial V}{\partial t} > 0$ 和 $\frac{\partial^2 V}{\partial t^2} > 0$ 是因为项目运营时间越长需要的维护成本越高，且成本增加速度会越来越快。这样，易证总成本 $C_{\text{T}}$ 是关于特许权期 $T$ 的递增凹函数。

由于生态水利项目 PPP+C 模式预期现金流量在某种意义上是固定的，不妨设其未来年均收益为

$$R = p \cdot \int f(q)\mathrm{d}q \tag{11-2}$$

其中 $\int f(q)\mathrm{d}q$ 为水利项目（厂）处理能力的分布函数。

则项目在特许权期 $T$ 内的预期总利润可表示为

$$P = \int_0^T p \cdot \int f(q)\mathrm{d}q - C_{\text{total}} = RT - C_{\text{total}} \tag{11-3}$$

由式（11-3）最优化一阶条件，水利项目（厂）有效运营期 $T_{\text{M}}$ 必须满足

$$\frac{\partial P}{\partial T}\bigg|_{T=T_{\text{M}}} = 0 = V(c,T_{\text{M}}) = R.$$

通过分析表明，政府可以根据项目建设成本 $C$ 和未来收益 $R$ 的情况来规划其有效运营期。

（3）生态水利项目 PPP+C 模式下特许权期的博弈分析。假设项目公司对于项目建设投资有两种策略：$C_m$ 和 $C_M$，根据式（11-1），这两种建设投资对应的总成本曲线 $C_{\text{mtotal}}$ 和 $C_{\text{Mtotal}}$。这两种投资策略在特许权期 $T_0$ 内的利润相同，在此情况下，只有当特许权期 $T$ 大于 $T_0$ 时，项目公司才会选择投入较大建设成本 $C_M$。

项目公司的投资策略还会受到政府规定的项目运营年限的影响。假设项目公司对某 PPP 项目的期望投资为 $C_M$，项目有效运营期为 $T_M(C_M,R)$，政府规定的运营年限为 $T_1$，则项目公

司获得的特许权期 $T$ 与 $T_1$ 正相关，当 $T_1$ 小于 $T_M(C_M,R)$ 时，特许权期 $T$ 会小于预期，尤其在 $T_m < T < T_0$ 时，项目公司为了获得预期利益，必然会改变投资策略，选择较小的建设成本 $C_m$；当 $T_1$ 大于 $T_M(C_M,R)$ 时，特许权期 $T$ 又会过长，从而损害政府利益。

因此，为了最大化项目预期总利润，政府必须规定一个合理的运营年限，将有效运营期的一部分作为特许权期以激励项目公司投入尽可能多的建设成本，并将特许权期以后的期限统称为委托经营期 $C$，这里的 $C$ 又可分为 $C_1$、$C_2$、$C_3$、$\cdots$，本书生态水利项目 PPP+C 模式中的 "C" 只是委托经营期 $C$ 中的 $C_1$，是为研究及建模方便而采用的简称。

（4）特许权期 Stackelberg 博弈模型的假设与建立。政府与项目公司之间存在特许权期长短的冲突问题，下面用 Stackelberg 博弈来描述此问题。首先，由政府提出一个特许权期，并与项目公司签订协议确定下来，而后项目公司以此特许权期为基础，选择一个预期利润最大的建设投资策略。这里不考虑项目运营可能给政府和项目公司带来的间接收益，只考虑双方获得的直接收益，可以用如下二级规划表示此博弈问题：

$$\max_{T} W(T,C) = \int_{T}^{T_1} \left[ R - V(C,T) \right] \mathrm{d}t \tag{11-4}$$

$$s.t. U(T,C) = \int_{T}^{T_1} \left[ R - V(C,T) \right] \mathrm{d}t \geqslant E_T \tag{11-5}$$

$$\max_{T} U(T,C) = \int_{0}^{T_1} \left[ R - V(C,T) \right] \mathrm{d}t - C \tag{11-6}$$

其中 $U$ 和 $W$ 分别为项目公司和政府的目标函数，即表示 PPP 项目在特许权期内或移交后运营给合作双方各自带来的预期利润，$T_1$ 表示 PPP 项目的有效运营年限，$E_T$ 表示项目公司的机会收益（即项目公司"不接受协议时能得到的最大期望利润"，它由项目公司面临的其他市场机会决定），其余变量均如上两节所述。

在上述模型中，式（11-4）表示可以使政府利益最大化的最优特许权期；式（11-5）表示只有预期利润大于等于机会收益时，项目公司才会接受特许权协议；而式（11-6）表示项目公司为了使预期利润最大化，会根据特许权期选择适当的建设投资策略。

为了对上述模型进行求解和均衡分析，还需引入相关定义和假设如下：

定义 1：如果 PPP 项目在 $t$ 时刻的维护成本 $V(C,t)$ 不超过其年均收益 $R$，则称项目在 $t$ 时刻运营是有效率的。特别如果 $T_1$ 满足 $V(C,T_1) = R$，则称 $T_1$ 为 PPP 项目的有效运营期。

定义 2：如果特许权期 $T$ 是有效运营期 $T_1$ 的一部分，即 $T = \theta T_1$，则称 $T$ 为一个激励特许权期，其中 $\theta$ 称为激励系数；同时约定委托经营期为

$$T_2 = 30 - T \tag{11-7}$$

假设 1：PPP 项目的边际有效运营期关于建设成本递减，即 $\dfrac{\partial^2 T_1}{\partial C^2} < 0$；

假设 2：根据 $\dfrac{\partial V}{\partial C} < 0, \dfrac{\partial V}{\partial t} > 0$ 和 $\dfrac{\partial^2 T_1}{\partial t^2} > 0$，可设

$$V(C,t) = kC^{-\alpha} t\beta (k>0, \beta>\alpha>0) \tag{11-8}$$

通过式（11-3）和式（11-8）可以求得有效运营期关于激励系数 $\theta$ 的响应函数，也即

$$T_M = t = \left( \frac{1}{k} C^{\alpha} R \right)^{\frac{1}{\beta}} \tag{11-9}$$

（5）特许权期与成本的关系分析

1）特许权期与总成本的关系。根据式（11-1）、式（11-2）、式（11-8），设定参数取值如下：$\alpha = 0.3$，$\beta = 0.5$，$k = 3$，建设成本 $C = 50$，年均收益 $R = 6$，仿真结果如图 11-4 所示。

$R_{\text{total}}$ 表示收益曲线，$C_{\text{total}}$ 表示成本曲线，在 $t = T_{\text{m}}$ 时，两线相交，收益与成本相等，利润为 0；在 $t = T_{\text{M}}$ 时，累积利润达到最大，如图 11-5 所示。图 11-4 与图 11-5 表明，特许权期应设定在区间 $[T_{\text{m}}, T_{\text{M}}]$ 内。

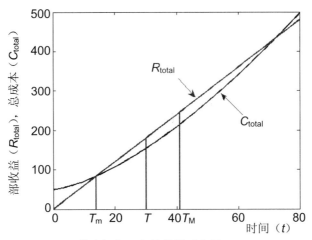

图 11-4　特许权期 $T$ 取值范围示意图 $(T_{\text{m}} < T < T_{\text{M}})$

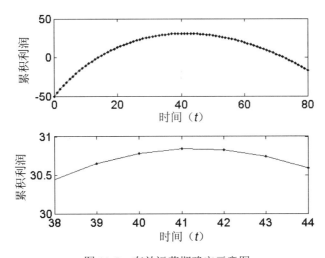

图 11-5　有效运营期确定示意图

本例中，$T_{\text{m}} = 14$，$T_{\text{M}} = 41$，从而激励系数 $\theta$ 的取值不应低于 14/41=0.3415，另一方面，考虑到特许权期的最高年限为 30 年，因而，本例中激励系数 $\theta$ 的取值不应高于 30/41=0.7317，这给出了激励系数 $\theta$ 取值的一个直观示例。

2）建设成本变动对特许权期的影响。取建设成本 $C = 35$ 与 $C = 50$ 两种情况，其他参数取值为 $\alpha = 0.3$，$\beta = 0.5$，$k = 3$，年均收益 $R = 6$，分析项目公司建设成本变动对特许权期取值范围的影响，仿真结果如图 11-6 所示。

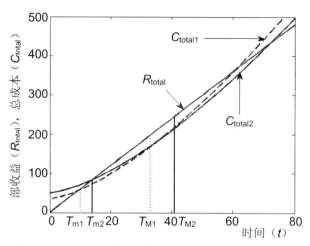

图 11-6　项目公司建设成本变动对特许权期取值区间的影响

图 11-6 表明，随着项目公司建设成本的增大，特许权期的取值区间向右平移。如政府规定的特许权期 $T$ 小于 $T_{m2}$，则项目公司为追求利润最大化，必然选择较低的建设成本投入。$C=35$ 时，特许权期取值范围 10～33 年；$C=50$ 时，特许权期取值范围为 14～41 年。

（6）特许权期博弈模型的求解与仿真分析。为便于研究，该特许权期的确定问题可用斯坦伯格博弈方法求解。

首先，政府制定最优特许权期确定方案（为便于针对多种情形下的统一研究，不妨用激励系数 $\theta$ 作为政府的决策变量，也即特许权期=激励系数 $\theta$ × 有效运营期，从而，激励系数 $\theta$ 的确定方案就对应着政府特许权期的决策方案）。

其次，项目公司根据政府的激励系数 $\theta$ 的确定方案，决策其建设成本投入，目标是获得最大化利润。

该问题可通过逆向求解获得最优决策方案。

第一步：计算项目公司最优建设成本投入 $C$ 关于激励系数 $\theta$ 的响应函数；

第二步：把项目公司最优建设成本投入 $C$ 关于激励系数 $\theta$ 的响应函数代入政府的累积利润函数中，求解激励系数 $\theta$ 取什么值时能够使政府的累积利润最大。

1）项目公司投资决策与特许权期的关系。

定理 1　项目公司对 PPP 项目建设的最优投资策略为

$$C = C_{\theta} = C(\theta, R) = [h(\theta)]^{\frac{\beta}{\beta-\alpha}} \overline{C}(R) \tag{11-10}$$

定理 1 表明激励特许权期和项目预期收益会影响项目公司的投资决策。项目公司的建设成本投入会随着激励系数 $\theta$ 的增加而增加，但是不可能超过 $\overline{C}(R)$，因为一般情况下项目有效运营期不可能全部交给项目公司。在这种情况下，以 BOO 模式（建设－拥有－经营）替代 PPP 模式下的 BOT 模式，可以使 PPP 项目建设成本达到最大。不过，项目公司在预期年均收益充分小时很可能放弃对 PPP 项目的投资，这说明项目公司的投资意愿与项目未来运营前景有很大关联。

项目公司最优建设成本 $C$ 关于激励系数 $\theta$ 的响应函数，其直观的响应曲线，如图 11-7 所示。由图 11-7 可见，项目公司最优建设成本投入 $C$ 随着激励系数 $\theta$ 的增大而单调递增，表明：

政府制定的特许权期越长，项目公司最优建设成本投入 $C$ 也越大，这与实际情况相符。

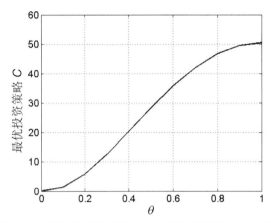

图 11-7 项目公司最优投资 $C$ 关于激励系数 $\theta$ 的响应曲线

有效运营期关于激励系数 $\theta$ 的响应函数可通过式（11-9）做出直观的响应曲线，如图 11-8 所示。图 11-8 表明，随着激励系数 $\theta$ 的增大（即特许权期的增大），有效运营期 $T_M$ 单调递增，特许权期的增大，引起了项目公司最优建设成本投入 $C$ 的增加，从而使得工程质量提高，进而有效运营期 $T_M$ 增大。

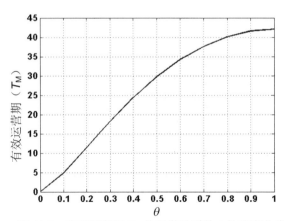

图 11-8 有效运营期 $T_M$ 关于激励系数 $\theta$ 的响应曲线

上述研究表明，激励系数 $\theta$（特许权期）会显著影响项目公司的建设投入。$\theta$ 取值越小（特许权期越短），项目公司就会投入更少的建设成本，在图 11-7 与图 11-8 中，若取 $\theta = 0$，则项目公司建设成本投入为 0，有效运营期也为 0，当然政府的利润也是 0。另一方面，若激励系数 $\theta$ 取值过大，也即特许权期过长，势必会损害政府的利益。因而，需要对特许权期的决策进行科学确定，也即确定激励系数 $\theta$ 的取值。

2）政府的决策模型及激励系数的确定。

政府可以从两方面改善 PPP 项目的预期收益状况。一方面，政府可以对项目收益进行担保，比如，保证一定时期一定范围内不再建设功能相似的项目，以减少项目不确定性。另一方面，政府可以从其他方面对项目公司进行补偿，比如项目周边的土地开发权等。

项目公司的建设成本投入可以由式（11-10）确定，此时，政府的决策模型为

$$\max_{\theta} W(\theta T_1(C_\theta), C_\theta) = \int_{\theta T_1(C_\theta)}^{T_1(C_\theta)} \left[ R - V(C_\theta, t) \right] \mathrm{d}t \tag{11-11}$$

$$s.t. U(\theta T_1(C_\theta), C_\theta) = \int_0^{\theta T_1(C_\theta)} \left[ R - V(C_\theta, t) \right] \mathrm{d}t - C_\theta \geqslant E_{\mathrm{T}} \tag{11-12}$$

激励系数 $\theta$ 的优化决策模型如式（11-11）与式（11-12），参数取值如下为 $\alpha = 0.3$，$\beta = 0.5$，$k = 3$，年均收益 $R = 6$，数值仿真结果如图 11-9 与图 11-10 所示。

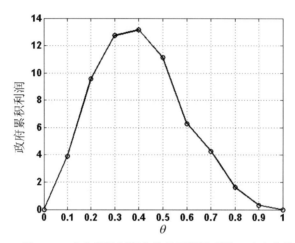

图 11-9　政府累积利润曲线关于激励系数 $\theta$ 响应曲线

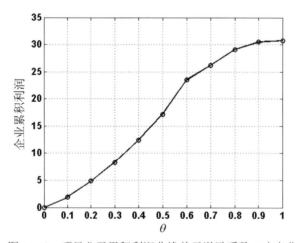

图 11-10　项目公司累积利润曲线关于激励系数 $\theta$ 响应曲线

图 11-9 表明，随着激励系数 $\theta$ 的增大，政府的累积利润先递增，后递减，在 $\theta = 0.4$ 时，政府的累积利润达到最大。图 11-10 表明，随着激励系数 $\theta$ 的增大，项目公司的累积利润单调递增。

通过图 11-10 可以看出，政府只需要在制定特许权期时按照下式确定：

特许权期=有效运营期×0.4

此时就能保证政府在 PPP 项目实施过程中获得最大化利润。

例如，在图 11-4 中，在参数取值为 $\alpha = 0.3$，$\beta = 0.5$，$k = 3$，建设成本 $C = 50$，年均收益 $R = 6$ 的情况下，计算所得项目的有效运营期为 $T_M = 41$ 年，项目公司的盈亏平衡点处 $T_m = 14$ 年。

按上述公式计算：特许权期=41×0.4=16.4（年）

因而，确定特许权期为 $T = 17$ 年，委托经营期为 13 年，政府经营 11 年，既兼顾了政府能获得最大化利润，又使项目公司能有部分利润可以赚取（$14 = T_m < T < T_M = 41$）。

上述确定特许权期的方法简单科学，便于在实践中实施和操作。考虑到参数 $\alpha$，$\beta$，$k$ 以及年均收益 $R$ 的波动，实践中把激励系数 $\theta$ 设定在 0.4 附近，且最终确定的特许权期不违背法律规定的上限 30 年即可。

### 11.3.3 生态水利项目 PPP+C 模式下价格补贴的讨价还价博弈分析

不同于一般的竞争性行业，生态水利项目大多出于公共服务目的，其产品和服务大多是准公共产品。在不确定的市场环境中，电价上涨、人工费提高、水利项目费收取不顺利等问题都会发生，但是水利企业却不能完全依据市场变化调整水价，因为政府监管部门往往会根据企业的实际成本对水价进行控制，过低的成本反而不利于上调水价，导致企业因低成本而损失利润，严重挫伤了企业降低成本的积极性，造成了资源浪费，因此这种价格管理模式也是制约水务市场化发展的一个因素。项目公司可以根据信息变化不断调整投资策略和思路，这使得项目公司与政府之间的关系变得更加复杂和微妙。

当经济环境的变化使项目公司认为不值得继续采用 PPP+C 模式的生态水利项目的建设或运营时，项目公司有两种选择：一是放弃该项目。但是这种情况是政府和项目公司双方都不愿看到的，因此，项目公司更倾向于第二种选择，即要求政府追加投资。收到请求后，政府会与项目公司进行谈判，决定是否追加投资及投资数额，当双方达成追加投资的一致意见时，项目公司会选择继续建设或运营 PPP 项目，这是典型的委托代理框架下的讨价还价博弈，图 11-11 显示了项目公司与政府之间的博弈过程。

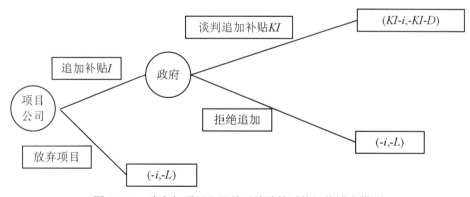

图 11-11　政府与项目公司关于补贴的讨价还价博弈模型

（1）价格补贴讨价还价博弈模型构建。图 11-11 中，$I$ 为项目公司开始提出的补贴；$i$ 是项目公司放弃采用 PPP+C 模式的生态水利项目的损失；$k$ 是政府同意追加补贴的比例；$L$ 是采用 PPP+C 模式的生态水利项目失败给政府带来的损失：包括政府给予采用 PPP+C 模式的生态水利项目的初始补贴以及政府因为采用 PPP+C 模式的生态水利项目失败招致批评的政治成本；$D$ 是政府继续支持采用 PPP+C 模式的生态水利项目带来的政治成本。

（2）三种情形分析。

情形一：项目公司放弃项目。当经济环境的变化使项目公司认为不值得继续采用 PPP+C 模式的生态水利项目的建设或运营时，项目公司如果做出放弃项目的决策，项目公司和政府的损益分别为 $(-i, -L)$，项目公司损失对该项目的股权投资。一般来说，项目公司的股权占比并不高，也就是说项目公司选择放弃的直接损失并不一定非常高，但它的间接损失或者说潜在损失会比较大，因为它有可能退出了一个行业的市场，并可能影响到整个企业未来的发展前景。对政府方面来讲，其损失 $L$ 代表放弃采用 PPP+C 模式的生态水利项目的机会成本，这个成本是十分高昂的。一方面，项目半途而废导致大量资源被浪费，严重增加了政府的财政负担，即使有其他企业愿意接手该项目，政府也不得不为此付出更大的交易成本。另一方面，项目失败会让公众质疑政府的决策能力，严重损害政府形象。

情形二：项目公司要求追加补贴 $I$，政府拒绝，采用 PPP+C 模式的生态水利项目被放弃。这种情形下，项目公司和政府的损益与情形一相同，仍为 $(-i, -L)$。这说明在面临不利环境时，项目公司会尝试向政府申请追加投资以继续项目，而不是直接放弃。

情形三：项目公司要求政府追加补贴 $I$，双方谈判，政府同意追加 $kI$。当项目公司认为继续建设或运营采用 PPP+C 模式的生态水利项目会因客观条件的变化而面临一定风险时，项目公司此时可向政府要求数量为 $I$ 的补贴，其补贴形式可以是财政直补，也可以采用变通的操作方式，如额外贷款、债务担保、延长经营期、税收减免等。如果政府决定按照比例 $k$ 进行补贴，项目公司和政府的支付则是 $(kI - i, -kI - D)$。新增补贴也会给政府带来政治成本，政治成本 $D$ 的大小与政府对新增补贴的处理方式有关。一般情况下政府会在比较情形二和情形三后，理性地作出对自己较为有利的选择，只有在 $-kI - D \geqslant -L$，即 $kI + D \leqslant L$ 时，政府才会接受项目公司的补贴申请并就具体金额进行谈判。

项目公司与政府之间的博弈存在一个纳什均衡：当 $-kI - D \geqslant -L$，即 $kI + D \leqslant -L$ 时，项目公司就追加补贴 $I$ 要求政府进行谈判，如果政府同意追加 $kI$，就会得到纳什均衡解，博弈结束。

博弈结局是博弈双方相互妥协的结果，两者根据不同情境的收益，理性选择策略并逐步达成一致。在这个博弈中，项目公司的理性选择就是要求政府追加补贴 $I$，而政府往往会同意追加 $kI$。通过以上三种情形的分析可以看出由于采用 PPP+C 模式的生态水利项目历时长、耗资大、开发过程复杂性等，使得项目公司常常要求政府在招投标、签订合约以及项目实施过程中有所作为。政府对项目公司提出补贴的要求都会经过反复讨价还价后最终敲定。因此，政府必须科学评估项目的可行性，充分理解项目的复杂程度，站在项目公司的角度考虑他们的利益诉求，精心遴选合适的项目公司，并对项目进行全过程监管。

### 11.3.4 生态水利项目 PPP+C 创新模式的实证研究——以某污水净化公司为例

#### 11.3.4.1 案例简介

河南省某市 A 水业有限公司污水净化分公司（以下简称 A 公司）成立于 2006 年 9 月，其前身为该市污水净化公司，始建于 1997 年，主要承担城市生活污水及部分工业污水的处理，是一家集水利项目、中水回用、污水管网管理及维护为一体的现代化企业。

A 公司总设计规模为日处理污水 16 万吨，一期工程日处理污水 8 万吨，总投资 12716 万元，1998 年底开工建设，2000 年 12 月投入运行；二期工程日处理污水 8 万吨，总投资 10786 万元，2008 年 3 月开工建设，2008 年底建成投入运行。工程由厂区工程、厂外泵站及主干管网两部分组成。厂区工程主要包括粗格栅、污水提升泵房、细格栅、沉砂池、配水配泥井、氧化沟、二沉池、回流污泥泵房、脱水机房、絮凝沉淀池、加药间、加氯间、接触池等一系列构筑物；厂外工程主要由铁西区、铁东区、东城区三条主干管网和两座提升泵组成。

该水利项目一期工程采用卡鲁塞尔氧化沟工艺，不设初沉池，沉砂池采用旋流式曝气沉砂池，二沉池采用国际上先进的周边进水、周边出水的辐流式沉淀池，剩余污泥的处理考虑到氧化沟工艺泥龄长，污泥已具有良好的稳定性，因此采用直接浓缩后脱水的污泥处理工艺。

水利项目二期工程采用奥贝尔氧化沟，二沉池包在氧化沟内，设外沟、中沟、内沟，分厌氧区、缺氧区、好氧区；二沉池采用周边进水、周边出水的辐流式沉淀池，污泥脱水前增设有污泥浓缩池，以提高污泥脱水的效率。

深度处理设有絮凝沉淀池、加药间、加氯间、接触池等。

工程自投入运行以来，设备运行良好，出水水质稳定达标。经环保部门监测，出水 COD $<50mg/L$，BOD $<10mg/L$，SS $<10mg/L$，NH3-N $<5mg/L$，达到了国家城镇水利项目（厂）污染物排放一级 A 标准（GB18918-2002）。由于管理科学、操作规范，公司被评为河南省先进单位，受到了国家、省市各有关部门的充分肯定。

11.3.4.2　A 公司特许权期的约定及理论计算分析

（1）特许权期的约定。

1）特许经营期限的协议约定。2007 年，地方政府与 A 公司签订了特许经营协议，协商约定特许权期为 30 年。目前在现代企业管理技术和服务理念下，实行市场化运作，企业化管理。

2）合同约定的权利与义务。企业权利：政府给予税收优惠、政府给予援助。

企业义务：设计方案应规范严谨并交由政府审查、筹措项目资金、妥善维护项目设施、特许权期期满后将功能良好的基础设施无偿移交给政府。

政府权利：审查项目建设方案、审查工程建设质量、监管项目的运营、特许权期期满后无偿获得功能良好的基础设施。

政府义务：提供施工需要的必要条件、解决涉及的公共设施问题、保证企业正常收取服务费用。

（2）按照生态水利项目 PPP+C 模式的理论计算。依据前文模型分析确定特许权期时，需要考虑到参数 $\alpha$、$\beta$、$k$ 以及年均收益 $R$ 的波动，实践中把激励系数 $\theta$ 设定在 0.4 附近，且最终确定的特许权期不违背法律规定的上限 30 年即可。

经调查估计，考虑项目当前情况和规划情况分别进行计算。

1）当前情况。在参数取值为 $\alpha=0.3$，$\beta=0.5$，$k=3$，建设成本 $C=23492$ 万元，年均收益 $R=6248.8$ 万元[按照理论水利项目满负荷运转日处理量 16t 及水利项目服务费标准（1.07 元/t 估计）]的情况下，计算所得项目的有效运营期为 $T_M=28$ 年，项目公司的盈亏平衡点处 $T_m=5.6$ 年。

特许权期 $=28\times0.4=11.2$（年），剩下的 17 年都可以作为委托经营期。

2）规划情况。考虑 A 公司规划未来到十二五规划末，水利项目产水量将达 22 万 t/日，估计年均收益 $R=8592.1$ 万元，$\alpha=0.3$，$\beta=0.5$，$k=3$ 的情况下，计算所得项目的有效运营期为 $T_M=54$ 年，如图 11-12、图 11-13 所示，项目公司的盈亏平衡点处 $T_m=3.4$ 年。

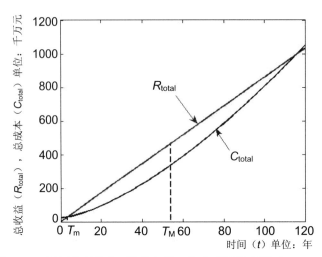

图 11-12　规划处理能力下特许权期 $T$ 取值范围示意图（$T_\mathrm{m}<T<T_\mathrm{M}$）

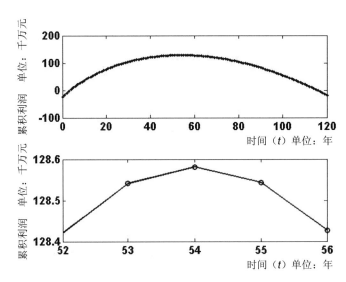

图 11-13　规划处理能力下有效运营期确定示意图

特许权期 $=54\times0.4=21.6$（年）

因而，确定特许权期为 $T=22$ 年，委托经营期为 8 年，政府经营 24 年。

通过分析可以看出，项目的有效运营期为 54 年，如果政府和 A 企业签署特许经营期时，仅依照法律的最大年限规定的 30 年来确定，是没有充分考虑收益问题的。如果采用生态水利项目 PPP+C 模式，其特许权期则为 $T=22$ 年，委托经营期为 8 年，此后政府仍可采用有效方式经营 24 年，这样的分析结果就较为合理，实现了政府与企业的双赢。随着 PPP 法律、规章及条例的出台，相信生态水利项目 PPP+C 模式也会得到不断地创新与完善。

11.3.4.3　生态水利项目 PPP+C 模式下 A 公司的价格补贴

（1）水利项目服务费与补贴。水利项目初始价格及调价公式的确定是采用 PPP+C 模式的生态水利项目进行特许权期谈判的核心，是投资者获得高收益并规避风险的最重要手段。该市的水利项目服务费征收标准为：居民用水 0.65 元/t，行政事业用水、工业生产用水、经营服务用水均为 0.8 元/t，特殊行业用水和单位自建供水设施取用地下水、地表水为 1.00 元/t。

在最初未确定水利项目价格的情况下，根据协议规定征收的水利项目费全额用于水利项目，不足部分实施定额补贴，补贴年限为 2 年。后经财政、物价、建设、环保等部门共同参与对水利项目服务费进行核定，并按核定价（1.07 元/t）按月拨付。按照协议规定在特许经营期内，水利项目费根据国家相关政策的调整，企业生产成本的变化，周边地区水价的调整及社会公众的承受能力的改变而调整，并按照规定的程序实施。在具体的实施过程中，存在因电费上涨而进行差额补贴的情况（这个在核定价格之前已经补贴过一次）；还有个别用户拒交或拖延上缴水费，甚至已超过两年的补贴期仍未补交。

（2）基于讨价还价博弈模型的分析。依照补贴的讨价还价博弈模型分析结果可知，政府和项目公司选择了理论分析的情形三,项目公司和政府经过理性谈判,在市场发生如电费上涨、收费不足等不确定性问题时，政府为保证项目公司的正常运营，会采用定额的方式进行补贴。项目公司提出追加补贴的要求后，政府会与项目公司进行讨价还价并最后商定具体方案，这样既是避免项目公司放弃项目的最好途径，同时也能降低政府的政治成本，保证公众受益。

## 11.4　生态水利项目 PPP+C 模式的实施策略研究

生态水利项目 PPP+C 模式是一个复杂的系统工程，其分为建设、运营、委托经营、移交四个阶段，每个阶段可形成一个复杂的子系统，本书分阶段对生态水利项目 PPP+C 模式的实际情况进行研究，并提出合理化的建议策略。

### 11.4.1　建设阶段的策略

#### 11.4.1.1　政府应努力营造良好的生态水利项目 PPP+C 模式运行环境

（1）建立和完善 PPP 法律法规。采用 PPP+C 模式的生态水利项目一般都是我国急需的基础设施项目，所需资金量大，建设和收回投资的周期长，因此，法律环境的完善是给予社会投资方信心的一个重要保障，生态水利项目 PPP+C 模式立法的出台会使生态水利项目 PPP+C 模式的运作更为正规、高效。生态水利项目 PPP+C 模式的有效运行需要良好的法律环境，而目前我国的相关法律尚不健全，给生态水利项目 PPP+C 模式的发展制造了障碍。生态水利项目 PPP+C 模式专项法规的出台和实施，可以有效保证投资者的权益，消除他们的后顾之忧，同时，让政府对生态水利项目 PPP+C 模式的管理有法可依，并在项目进行过程中可以免除许多纠纷。

（2）政府支持与担保。传统的基础设施建设都是由政府投资的，政府的管理贯穿了项目从初期规划到最后运营的全过程，在采用 PPP+C 模式的生态水利项目中，政府的干预同样贯穿始终。采用 PPP+C 模式的生态水利项目因其复杂性和长期性而具有较高风险，政府作为项目的购买者、使用者以及最后的拥有者，必须为项目提供足够的支持和担保，并承担部分风险。首先，提供后勤供应担保。后勤供应包括材料、人员、配套设施等。材料方面，政府应提供项目建设用地、价格合理的建筑材料以及相关器材；人员方面，政府应保证项目相关技术人员及劳动力的供应；配套设施方面，政府应提供项目需要的电力、交通及通信等配套设施。其次，提供价格担保。由于生态水利项目 PPP+C 模式周期长，远期物价难以准确估计，所以企业未来收益存在一定风险，政府应给予适当的价格担保，保证项目在特许权期内运营的最低项目收入；特许权期间对项目减免税，保证在通货膨胀情况下对价格进行合理的调整等。再次，对外商提供外汇平衡担保。当采用 PPP+C 模式的生态水利项目的合作者为外国投资者时，为消除其货币兑换方面的顾虑并方便其贷款，应保证外汇足额自由兑换和汇出。

（3）加强对生态水利项目 PPP+C 模式运作方式的灵活运用和创新。①根据进入市场的变化，选择合适的融资方式；②采取措施吸引外商将项目收益继续用在我国投资；③在融资时，为了满足项目建设对人民币和外币的需求，可以将我国民间资金与外国资金结合起来；④以往有很多采用生态水利项目 PPP+C 模式的中外合作工业项目长期无法展开，原因在于中外双方在"建设"上存在矛盾，所以，改变生态水利项目 PPP+C 模式，从 TOT（Transfer-Operate-Transfer）开始，努力找到双方的融合点，对盘活国有资产有很大作用。

（4）政府应认清其在生态水利项目 PPP+C 模式中的责任和权利。不同于一般企业，政府并不是一个简单的项目缔约人，因为它同时还是社会管理者。因此在采用 PPP+C 模式的生态水利项目中，政府一方面享有监督管理、终止合同、制裁权等社会管理者的权利，同时还负有授予专营权、外汇保证、价格担保等责任；另一方面，政府还享有项目所有权，以及特许权期期满后无偿获得项目经营权等缔约人权利，同时又提供项目相关配套设施，为项目正常运行提供必要支持等责任。通常情况下，生态水利项目 PPP+C 模式会涉及很多私人投资方无法解决的问题，比如征收建设用地、拆迁安置、交通保障、用水保障、电力供应等环境配套设施。这些工作若交由私人投资方处理，很可能产生纠纷进而影响到项目进展甚至政府形象，所以政府应当积极处理好项目前期工作，充分发挥自己社会管理者的职能，为投资方营造良好的生产条件，实现生态水利项目 PPP+C 模式的双赢。

**11.4.1.2　建设阶段风险的防范**

（1）遵循国际惯例，规范运作过程。在生态水利项目 PPP+C 模式下，政府、投资方、承包商等项目参与方的权责是由一系列合同确定下来的，这些合同的执行力度与各方的收益直接相关，因此，各方都必须严格遵守相关合同。在特许权期内，政府不能因项目利润高而违反合同规定强行收回项目；当出现应由项目公司承担的风险时，项目公司也不能要求延长特许权期或超标准收费等。

（2）切实加强政府信用观念和提高投资者素质。一方面，政府信誉对生态水利项目 PPP+C 模式的顺利进行至关重要。政府在签订生态水利项目 PPP+C 模式的合同时，不能仅追求短期利益最大化，过分追求短期利益可能导致后期费用大增，甚至超过政府财政承受能力，最终损害政府信誉。政府应该在充分考虑自身财政承受能力和项目投资收益的基础上，采用科学方法确定合理的特许权期，避免因变更特许权期而有损信用。另一方面，参与生态水利项目 PPP+C 模式的投资者素质良莠不齐，国家有关部门应建立其参与方资质的分类管理、等级管理制度，严格禁止低素质者进入生态水利项目 PPP+C 模式市场。

（3）慎重选择投资者或者经营者。生态水利项目 PPP+C 模式在水利项目产业领域尚属于新生事物，大多 PPP 投资企业在此领域还没有深入研究，行业规范、运行模式都还十分不成熟。于是不少资质低下的公司趁此机会进入水利项目行业，他们盲目压低价格，严重扰乱了市场，更有一些企业只是拿项目作为集资圈钱的由头，破坏了市场秩序甚至触犯了法律。

**11.4.1.3　利用生态水利项目 PPP+C 模式吸引国内外资金**

我国 PPP 行业的发展已具有一定规模，逐渐形成了有外国企业、上市公司、民营企业参与的局面，其中，外国企业主要在北京、上海等特大城市开展业务，业务主要集中在供水行业。

对于在中国投资的外国投资者，我国应采取措施提高外资待遇、放宽外商投资限制、提供外汇担保等，以加强生态水利项目 PPP+C 模式国际合作的实现。

### 11.4.2  运营阶段的策略

（1）形成有效的监管架构。生态水利项目 PPP+C 模式的招标只是成功的第一步，能否在 20～30 年的特许权期内按要求正常运营才是关键。因此，政府能否实行有效的监管就尤为重要。监管主要有三个方面，第一是监管价格，监管是否按政府的规定收费，价格是否确需按合同条件调整；第二是监管服务质量，监管运营是否切实达到合同的要求，对周围环境有没有造成影响等；第三是监管公共设施的安全性问题。公共设施是为广大公众服务的，其安全性对人们的生活乃至整个社会的稳定运转都有重大影响，因此，在特许权期运营商拥有设施所有权的情况下，保证公共设施的安全更为必要。

（2）保证项目的正常运转。采用 PPP+C 模式的生态水利项目投入使用后，政府应依照事先签订的协议对项目运营进行管理，只要项目公司的经营方式、经营内容符合合同规定，且不违反国家法律政策，政府就不能以行政手段随意干预项目运营，更不能以非合同理由干预投资者的正常经营。同时，如果在合同执行过程中发生了无法预知且不可控制的变故，政府和投资方应该平等协商、依法解决，双方应相互理解、相互支持，共同营造良好的行业氛围。

（3）分包经营风险的防范。在特许权期内，项目公司一般会把项目交给公司中某一经验丰富的股东来运营，并由其来进行归还贷款、缴纳税金以及股东分红等活动。但有些时候，项目公司的各股东都没有充足的运营经验，这时，项目公司很可能将项目运营权分包给其他专业公司。若项目公司选择将运营权分包出去，那么就需要慎重选择承包商。在选择承包商时，必须对其经验技术、硬件条件、信誉资质等进行综合评价对比，选择突出者作为承包商，如此才能保证项目高效低价运营，提高项目公司的利润。

（4）运营成本的精确核算。生态水利项目 PPP+C 模式的实施，虽在短期内缓解了政府的财政压力，但从长期来看，其代价并没有减少。政府与社会资本合作减少了对基础设施项目的初始投资，但社会资本投资项目的目的是为了追求利润，它会从项目的用户和政府财政上收回投资并取得一定的利润。因此，如何精准定价是生态水利项目 PPP+C 模式的一个核心问题。定价过低会导致项目利润过低甚至无利可图，难以吸引社会投资者；定价过高则加重了政府的财政负担，甚至存在政府违约风险。历史经验表明，不合理的定价会直接影响 PPP 项目的成败，因此科学定价是生态水利项目 PPP+C 模式的重中之重。

（5）考核框架的规范合理。一般情况下，在特许权期内项目由社会投资方进行运营，政府机构对项目的运营进行监督，政府对于社会投资方的运营管理应进行相应的考核。然而，采用 PPP+C 模式的生态水利项目都是系统庞大的工程项目，对其进行考核的内容比较繁琐，而考核的结果对合作双方的影响都比较大，其直接关系到社会投资方拥有项目运营权的长短甚至是整个项目的成败，因此，规范的考核内容框架及合理的考核方式显得非常重要。生态水利项目 PPP+C 模式的考核内容比一般的 PPP 项目更加全面，不仅包含了一般 PPP 项目的经济效益、环境效益、生态效益和社会效益，而且更加突出了对公众满意度的考核，并使其成为考核经营管理的重要指标；考核次数更加频繁，对项目的经营管理进行定期考核，不再只是在项目移交时才进行考核，这样能起到对项目的运营管理方的督促作用，保证项目的顺利运营；考核结果更加明显化，对考核结果进行等级划分，使考核的结果都有其相对应的划分等级，能够更加清晰地判断项目的运营结果，有利于合作双方依据考核结果对项目的后期运营进行适当的调整，保障项目顺利运营。

### 11.4.3　委托经营阶段的策略

（1）设备质量风险策略。生态水利项目PPP+C模式的特许权期一般会长达几十年，在这漫长的特许权期内，项目面临的风险是十分繁多且难以完全预料的，不过单就长期风险而言，可以通过投保来适当转移风险。PPP行业现行的特许经营协议并没有关于保险的硬性要求，政府可以通过立法对这部分加以改善，比如，在协议中规定项目经营者必须为项目设备质量购买保险，并详细规定保险的种类、额度等，一旦项目移交时设备质量不达标，就可以向保险公司索赔，从而达到减少政府长期风险的目的。为了进一步确保项目移交时的设备质量，政府还应对项目的设备检测工作进行监督指导，要求项目经营者加大检修力度，除了日常检查维护外，还要定期进行设备大检修，并且还要在账目中设立维修专项资金，年终进行专项费用检查。

（2）市场风险策略。目前，生态水利行业尚未形成规范的运行机制，因此，参与生态水利项目PPP+C模式的公司鱼龙混杂，恶意压价、非法竞争等现象普遍存在，这种混乱的市场秩序给正规公司的经营带来了很大风险。生态水利项目PPP+C模式的投资成本和投资回报率是以项目的预测使用量来估计的，如果在特许权期内，同一区域出现与该项目功能重叠的项目，则必然会产生竞争，导致投资方收益降低甚至无法收回成本。因此，一般需要政府提供不竞争保护的承诺，从而避免竞争性风险。

（3）委托经营收益策略。在委托经营过程中，要加大对水利项目费征收和使用的监管力度，切实履行好按时支付水利项目费的职责，还要做好对水利项目的运行监管职责。运营商要对生态水利项目PPP+C模式设施委托经营期间的运营和维护做出长期承诺，并通过运营维护合同确定下来。该合同要求运营商必须按行业标准来管理项目，如果因运营商违规操作而引发严重后果，政府有权取消其运营许可。对运营商来说，既要按标准维护设备，又要尽量控制成本，这将不可避免地产生冲突。所以还要在运营维护合同中对运营成本控制进行详细规定，并制定合理的奖惩制度，激励运营商做好项目的运营维护工作。

（4）加强委托经营期的监管。生态水利项目的移交是一个复杂的系统性问题。项目移交阶段出现的问题大多数是项目建设和运营阶段遗留下的问题。最直观的就是项目公司为了节省开支，在特许权期内对项目设施疏于维护，或者为了增加收入而超负荷运行，导致项目移交时性能达不到规定标准。所以，政府应加强对项目公司的全程监管，特别是委托经营期的监管，因为委托经营期结束后就要移交，道德风险会更大。有文献表明，政府在运营期采取处罚措施可以在一定程度上抑制项目公司的道德风险行为。因此，在项目公司出现道德风险行为后，政府可以适当加大处罚力度，采取行政处罚、罚款等方式抑制其道德风险行为。同时，政府要加强对自身的监督，严格约束政府监管人员，防范监管人员和运营商勾结，并引入外部约束机制。

### 11.4.4　移交阶段的策略

生态水利项目PPP+C模式在移交阶段主要涉及两个主体，即项目公司和政府。项目公司的主要任务是按特许权协议约定的日期将保质保量的项目移交给政府，保证项目可以继续良好地运营。政府的主要工作是对项目认真评估，符合标准才能验收，同时为项目的继续运营做好准备。由于政府与项目公司的信息不对称是项目移交阶段风险的主要成因，因此，要通过降低信息不对称程度、加大惩罚力度、加强监管等方法，减少项目公司的道德风险。

（1）引入有实力的中介机构对项目进行综合评价。生态水利项目 PPP+C 模式是一个典型的委托−代理问题。在生态水利项目 PPP+C 模式中，政府与项目公司之间的关系是通过特许权协议维系的一种特殊的委托代理关系。通常情况下，代理人会掌握更多的信息，且代理人很有可能为了利益最大化而隐瞒重要信息，导致委托人利益受损。在采用 PPP+C 模式的生态水利项目移交时，委托人是政府，代理人为项目公司。此时，政府的主要任务是对项目运营状况、设备质量等进行评估，按照标准验收项目，并为项目继续运营做好准备。同时，政府应该组织相关专家和人员对项目进行总结和评估，总结成功的经验和失败的教训，以备为今后类似的项目提供借鉴。

（2）提前介入，及时成立移交委员会。根据理性经济人假设，项目公司的最终目标是追求个人利益最大化。因此，当双方存在信息不对称情况时，项目公司很有可能采取不正当手段以追求更多利益，包括减少维护费用、降低维护水平、超负荷运营等，从而导致项目在移交时质量远远达不到移交标准，甚至已经无法正常运行，政府如果没有及时发现问题而接收项目，将会蒙受巨大的经济损失。有两个方面需要注意：一方面，在项目移交前，接收机构应至少提前一年组成移交委员会，提前熟悉项目的运营工作，对项目设备、功能等进行检验，为项目移交做好准备；另一方面，特许权协议应明确规定缺陷责任期，一般在一年以上，缺陷责任期内凡是非由接收机构造成的问题，仍由项目公司承担。

（3）引入风险保证金。双方在签订协议时，可以设置一个适当的过渡期，要求项目公司缴纳一定数目的保证金，过渡期顺利度过后归还保证金。如此可以有效避免项目公司采取掠夺性经营等短期行为，保证项目移交后可以正常运营。

（4）建立企业信用档案。政府可以建立一个 PPP 行业的企业信用档案，这对规范整个行业秩序都有很大作用。一旦项目公司存在失信行为，就可以将其列入黑名单并全行业通报，使其在 PPP 行业寸步难行。在这种严重后果的威慑下，项目公司必然会考虑其长远利益，不敢轻易弄虚作假，尽职尽责地做好项目的运营维护工作。

# 实证篇

# 第 12 章  许昌市生态水利项目 PPP 模式建设研究

2013 年 7 月，许昌市被水利部列为全国首批水生态文明城市建设试点，2017 年 4 月，通过国家水生态文明城市建设试点验收，成为河南省首个、全国第二个通过国家水生态文明城市建设试点验收的城市。许昌市生态水利项目是财政部第一批 PPP 入库项目，本章从该项目实施的背景、必要性、原则等分析入手，对其财政承受能力、物有所值评价、运营效果等进行系统阐释，研究目的和宗旨是探究许昌市生态水利 PPP 项目的经验，为国内和国外其他内陆缺水城市生态水利建设提供借鉴与参考。

## 12.1  许昌市生态水利项目 PPP 模式概述

### 12.1.1  实施背景

许昌市地处河南省中部，属淮河流域沙颍河水系，辖区总面积 4996km$^2$，人口 489 万，该市虽然分别于 1999 年 2 月和 2013 年 4 月被水利部、住建部授予"全国节水灌溉示范市""国家节水型城市"，但是其背景却是许昌市水资源严重匮乏。许昌市水资源总量不足，全市多年平均水资源量 9.35 亿 m$^3$，人均水资源占有量 210m$^3$，不足全省人均的一半，仅为全国人均的十分之一，资源型和工程型缺水问题长期并存。特别是随着经济社会的快速发展和人民群众生活水平的不断提高，群众生活、农业生产、企业发展、生态建设相互争水问题日益突出。"水问题"严重制约着许昌市经济社会可持续发展，制约着人民群众幸福指数的提升，解决好"水之源""水之清""水之活""水之灵""水之利"问题成为全市人民的强烈期盼。

党的十八大把生态文明建设纳入到国家"五位一体"的总体布局。2013 年 5 月，许昌市委、市政府审时度势，紧紧抓住水利部在全国开展水生态文明城市建设试点和南水北调中线工程即将建成通水这一历史机遇，结合实际，着眼长远，精心谋划了以水生态文明城市建设试点为引领，包含水系连通工程和 50 万亩高效节水灌溉项目在内的三大水利项目，本书将其统称为许昌市生态水利 PPP 项目。许昌市河流属淮河流域沙颍河水系，流域面积大于 1000km$^2$ 的河流有 5 条，分别是北汝河、颍河、双洎河、清潩河、清流河，流域面积大于 100km$^2$ 的河流有 19 条。许昌市境内主要河流状况见表 12-1。

表 12-1　许昌市境内主要河流状况

| 河流名称 | 河流与上下游关系 | 流域总面积/km² | 河流长度/km | | 年径流量/亿 m³ | | |
|---|---|---|---|---|---|---|---|
| | | | 全长 | 境内长 | 多年平均 | $P=50\%$ | $P=75\%$ |
| 北汝河 | 淮河二级支流 | 6080 | 250 | 许昌境内 46.9 | 8.94 | 7.69 | 4.56 |
| 颍河 | 淮河最大支流 | 7324 | 263 | 许昌境内 93 | 2.69 | 2.19 | 0.42 |
| 清潩河 | 颍河支流 | 2361.6 | 149 | 许昌市全长 51.2 | 0.27 | 0.16 | 0.09 |
| 双洎河 | 淮河支流 | 1758 | 181 | 许昌市全长 87.1 | 1 | — | 0.58 |
| 清流河 | 颍河支流 | 1393 | 49 | 许昌市全长 68.6 | | | |
| 清泥河 | 清潩河主要支流 | 210 | 30.95 | 城区内 13.6 | | | |

根据行政区划和供水系统的完整性，全市地表水被划分为 6 个区，进一步将各行政区域依照自然流域划分计算子流域，总共划分为 21 个子流域，如图 12-1 所示。其中：禹州市以颍河水系为主；襄城县以北汝河和颍河水系为主；长葛市以清潩河和双洎河水系为主；许昌县以清潩河水系为主；鄢陵县以双洎河水系和清潩河水系为主；魏都区以清潩河水系为主。

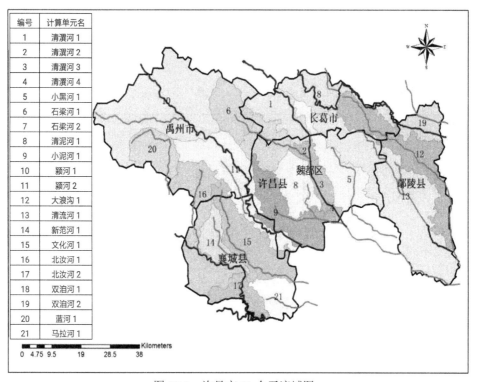

| 编号 | 计算单元名 |
|---|---|
| 1 | 清潩河 1 |
| 2 | 清潩河 2 |
| 3 | 清潩河 3 |
| 4 | 清潩河 4 |
| 5 | 小黑河 1 |
| 6 | 石梁河 1 |
| 7 | 石梁河 2 |
| 8 | 清泥河 1 |
| 9 | 小泥河 1 |
| 10 | 颍河 1 |
| 11 | 颍河 2 |
| 12 | 大浪沟 1 |
| 13 | 清流河 1 |
| 14 | 新范河 1 |
| 15 | 文化河 1 |
| 16 | 北汝河 1 |
| 17 | 北汝河 2 |
| 18 | 双洎河 1 |
| 19 | 双洎河 2 |
| 20 | 蓝河 1 |
| 21 | 马拉河 1 |

图 12-1　许昌市 21 个子流域图

## 12.1.2　许昌市生态水利项目 PPP 模式的必要性及意义

### 12.1.2.1　必要性

许昌市之所以将生态水利项目作为其"十二五"及未来发展的主要目标，究其原因：该市水资源严重匮乏，制约着该市农业、工业及居民的生活需要及发展。

（1）农业用水开发与利用现状。农业用水包括农田灌溉和林牧渔业用水。2011 年许昌市农业总用水量为 2.68 亿 m³，其中农田灌溉用水 2.51 亿 m³，占农业总用水量的 93.6%，农田亩均灌溉用水量为 72.1m³。比较近 10 年来农田亩均灌溉用水量和农业用水量如图 12-2 所示，许昌市亩均用水量和农业用水量均有一定幅度的下降，这与许昌市实行节水灌溉密切相关。

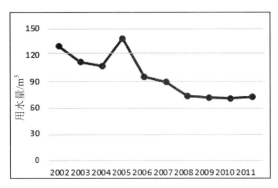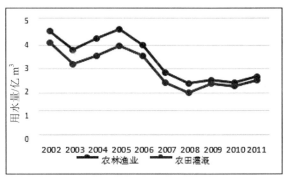

图 12-2　2002～2011 年许昌市农业灌溉亩均用水量及农业用水总量变化曲线

（2）工业用水的开发与利用现状。2011 年许昌市工业用水量为 3.04 亿 m³，占总用水量的 38.9%。比较近 10 年来工业万元 GDP 用水量和工业用水总量如图 12-3 所示，万元 GDP 用水量大幅下降，说明近 10 年来工业节水成效显著。但是在工业快速发展的背景下，工业用水量仍然呈现缓慢上升的趋势。

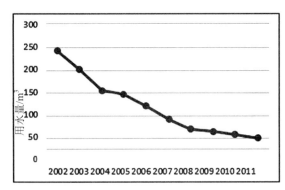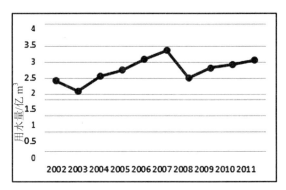

图 12-3　2002～2011 年许昌市工业万元 GDP 用水量及工业用水量变化曲线

（3）生活用水的开发与利用现状。2011 年全市人均用水量为 182.08m³，城镇人均生活用水量为 135.1L/（人·日），农村人均生活用水量（含牲畜用水）为 58.5L/（人·日）。其中魏都区年人均用水量为 232m³，其余各县（市）年人均用水量在 123.0～232.8m³ 之间。

（4）生态环境用水的开发与利用现状。根据《许昌市节水十二五规划》和许昌市各县（市）《高效节水规划报告》统计得到 2011 年生态环境用水量，见表 12-2。

表 12-2　2011 年许昌市生态环境用水量　　　　　　　　单位：10⁴m³/a

| 行政区 | 市区 | 许昌县 | 鄢陵县 | 禹州市 | 长葛市 | 合计 |
|---|---|---|---|---|---|---|
| 用水量 | 5797 | 72 | 488 | 1196 | 22 | 7631 |

综上所述，许昌市主要河流大多呈现水量少、水质差、水环境污染严重、区域水环境功能下降的现状。鉴于许昌市河流水环境的现状与发展趋势，许昌市水生态文明城市建设需要做好水生态文明体系规划，着力长远规划，分期实施。

#### 12.1.2.2　意义

许昌市水生态文明建设就是要落实"以水定产业、以水定规模、以水定布局、以水谋发展"的指导思想，形成以水为核心的城市总体发展布局，建设资源高效、环境友好、产业带动、生态自然、景观优美的可持续发展的新许昌，提升城市品位，打造林水相依、水文共荣、城水互动、人水和谐的水生态文明示范城市，让古老的许昌重新焕发青春和活力。许昌市生态水利项目采用 PPP 模式的意义概述如下。

（1）整合存量资产，缓解政府财政压力。有效整合存量资产，缓解许昌市政府财政压力，降低系统性风险价款，还能从生态水利项目附加项目经营活动中获取一定数量的税收收入。

（2）吸入社会资本。撬动社会资本，深化财政体制改革，扩大政府职能，项目采用 PPP 模式后政府所富余出的资金，可以更多用于政府的其他民生事业中，达到优化资源、扩大政府职能的目的。

（3）降低运行成本，促进资源优化配置。PPP 模式强调政府和社会资本方在项目全生命周期内的合作共赢，完善的河道综合治理工程 PPP 模式能基于项目公司前期工作的完整性以及后期的运营维护，将各种项目风险分配给应对能力最强的参与者，强调政府和社会资本方各尽所能，从而提高资源使用效率。资本方从维护成本和经济效率等因素考虑，往往会自主地提高项目的运行、维护质量，通过使用新技术、增强专业知识及优化投资方案等方式，以期将成本降至最低。

### 12.1.3　许昌市生态水利项目 PPP 模式的原则及基本情况

#### 12.1.3.1　基本原则

许昌市市区河道综合治理工程建设是许昌市推进水利基础设施建设的一项重要内容，采用 PPP 模式时应遵循以下原则。

（1）政府主导，社会参与。应妥善处理政府与市场及企业之间的关系，大力推进改革，引导社会资本积极参与公共服务领域的产品和服务供给，形成政府引导与市场运作协调发展的良好局面。

（2）多元投资，专业建设。鼓励各类市场主体共同参与公共服务领域 PPP 模式工作，建立政府引导、社会多元化投入的投融资机制，挑选实力强的专业公司参与公共服务设施和公用事业的建设、运营与管理，发挥各类社会主体的资金、管理和专业优势。

（3）风险共担，互利共赢。风险共担是在风险和收益对等的基础上，依据风险分配优化、风险可控及风险收益对等的原则，将风险分配给最有能力消除、降低或控制风险的参与方承担该风险。在《PPP 模式合同》中具体明确项目风险的分配，使政府和社会资本间合理分配项目风险。

（4）诚信合作，公开透明。在平等协商、依法合规的基础上，按照"权责明确、规范高效"的原则订立项目合同。依照政府相关法规确定投资人，建立有效的政府和社会共同监督机制，确保程序合法、阳光公开。

12.1.3.2 基本情况

（1）项目区位。本项目范围河流包含清潩河、清泥河、学院河饮马河等河流及其相应的支流流域，分布于许昌县、魏都区、东城区、经济技术开发区、许昌市城乡一体化示范区、中原电气谷等六县（区）境内，其中清潩河流域分布在许昌县、魏都区、东城区；清泥河流域分布在许昌县、魏都区、经济技术开发区；学院河饮马河流域分布在许昌县、魏都区、许昌市城乡一体化示范区、东城区、中原电气谷，三条河道全长约 77.33km。

（2）项目建设内容和规模。本项目建设内容主要包括防洪排涝工程、河道生态修复工程、滨水环境改善工程、水系连通工程、景观工程以及桥梁工程，占地面积约为 918 万 m²。本书由 3 个子项目组合而成，分别是许昌市清潩河综合治理工程项目、许昌市清泥河综合治理工程项目以及许昌市学院河饮马河综合治理项目，项目规模及各项技术指标如下。①清潩河治理总长度 20.23km，工程包括两岸堤防加高总长度 21.24km，帮宽总长 25.45km；堤顶道路修建 33.85km；河道清淤 20.23km，疏挖 16.03km；景观绿化 20.21km；新建小黄桥闸和祖师庙闸，拆除重建洪山庙闸河西湖公园引水闸；亮化提升 17 座交通桥、2 座人行景观桥与 1 座铁路桥的景观设计和新建 20 座人行景观桥。②清泥河工程包括清泥河 23.2km、灵沟河 2.7km、幸福渠 3.3km、运粮河 7.1km、连接渠 0.4km、幸福渠东支 1.4km、景观节点 1 处、市民休闲活动中心 6 处、桥梁 13 座、排水涵管 47 座、排水涵闸 12 座、穿堤箱涵 2 座、溢流堰 1 座、挡水闸 8 座。③学院河饮马河治理长度 19km，工程内容包括河道拓挖 19km、河道蓄水建筑物 12 座、水系连通工程 3 项、桥涵 22 座、景观绿化面积 175.07 万 m²、构建人工湿地 1 处和清水型生态系统 30.8 万 m²。

（3）建设工期。本项目于 2014 年 6 月 19 日签订 BT 项目投资合同，开工日期为 2014 年 6 月，约定完工日期 2016 年 6 月。

（4）项目总投资。本项目前期为 BT 项目，政府方与社会资本方签订 BT 项目投资合同，根据《许昌市清潩河综合治理工程 BT 项目投资合同书》《许昌市清泥河流域综合治理工程 BT 项目投资合同书》、《许昌市学院河饮马河综合治理工程 BT 项目投资合同书》可知，项目总规模为 50 亿元，其中清潩河 19 亿元、清泥河 13 亿元、学院河饮马河 18 亿元。

12.1.3.3 项目运作方式

由于《国务院关于加强地方政府性债务管理的意见》（国发〔2014〕43 号）明确规定：不得以回购（BT）等方式形成地方政府新的债务。为响应 43 号文件精神，2015 年 3 月许昌市人民政府将项目采用的 BT 模式转化为 PPP 模式，由许昌市人民政府与河南水利投资集团有限公司共同出资设立了许昌市水生态投资开发有限公司（以下简称"许昌市水生态公司"），并将其作为 PPP 项目公司，确保工程顺利进行。

项目采用"建设－运营－移交"模式，即"BOT"（Build-Operate-Transfer）形式的 PPP 运作模式。市水务局代表政府授权许昌市水生态公司负责项目的建设（委托代建），红线区域内的运营、维护管理，运营期 15 年（不含建设期），合作期内项目资产归项目公司所有。期满后项目公司将资产完好、无偿移交给政府或政府指定接收方，项目具体运作方式如图 12-4 所示。

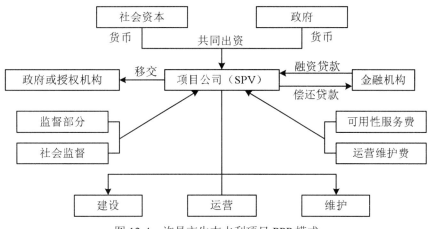

图 12-4　许昌市生态水利项目 PPP 模式

# 12.2　许昌市生态水利 PPP 项目的财政承受能力评价

### 12.2.1　财政支出责任分析

项目全生命周期过程中的财政支出责任，主要包括股权投资、运营补贴、风险承担、配套投入等。本章主要对本项目中的财政责任进行识别，梳理项目补贴周期内许昌市各区县财政应承担的相关责任。

#### 12.2.1.1　股权支出责任

（1）项目公司股权结构。许昌市水务建设投资开发有限公司代表政府出资人民币 4.5 亿元，持项目公司 45%股份；河南水利投资集团有限公司出资人民币 5.2 亿元，持项目公司 52%股份；建信资本管理有限责任公司出资人民币 0.3 亿元，持项目公司 3%股份，但建信资本管理有限责任公司持有的股权均委托河南水利投资集团有限公司进行管理；政府方参与项目公司重大决策，保留对重大事项的一票否决权，具体事项按项目公司章程规定。

（2）项目公司注册资本。项目公司注册资本 3.6333 亿元，其中许昌市水务建设投资开发有限公司代表政府出资人民币 1.5 亿元；河南水利投资集团有限公司出资人民币 1.8333 亿元；建信资本管理有限责任公司出资人民币 0.3 亿元。项目公司资本金比例应达到最低资本金要求，即项目总投资的 20%。

（3）政府参股的考虑。首先，政府参股可以加大对项目公司的把控力度，虽然按照协议，政府不能干涉项目公司的具体经营管理活动，但政府仍要牢牢把控项目的发展方向，防止风险的产生；其次，可以有效加强政府对项目公司的监管，政府参股之后，可以名正言顺地核查公司内部的详细财务数据，能够对项目公司的运营成本有较为清晰的了解，便于制定合理的补贴调整机制，同时也能检查公司是否有不正当利润。最后，政府与投资者共担风险且存在部分共同利益，有利于加强双方合作，营造良好的行业氛围。

（4）项目投融资结构设计。项目建设投资估算为 50 亿元，相关数据以此为计算基础，但具体投资规模和额度，初期以评审通过的规划设计方案和造价测算为准，最终以工程审计结论为准。其中：权益性投资 10 亿元，占总投资的 20%（初期成立项目公司资本金不足部分后期应由政府方与社会资本方进行补足）；项目公司进行债务性融资 40 亿元，以补充建设资金缺口，占项目总投资的 80%，该项负债由项目公司承担，但由社会资本和项目公司负责落实融资任务，具体资金来源及其比例详见表 12-3。

表 12-3 项目金来源及其比例

| 分类 | 权益性投资 | | 债务性融资 |
|---|---|---|---|
| | 政府 | 社会资本 | |
| 金额/亿元 | 4.5 | 5.5 | 40 |
| 占比/% | 20 | | 80 |

（5）投资回报机制。整个合作期内，由项目公司提供项目的运营、管理及维护工作。政府以支付项目可用性服务费及运营维护费的形式，给予合作社会资本提供可持续性服务所要求的投资回报。

### 12.2.1.2 运营补贴责任

运营补贴责任是指政府在项目运营期间的直接付费责任。依据不同模式的项目采取的付费方式不一样，政府担负的运营补贴责任也不相同。本项目属于政府付费项目，政府需要承担运营期间的全部补贴支出责任。

### 12.2.1.3 风险承担支出责任

风险承担支出责任是指在项目运营中，政府因承担风险而带来的财政或有支出责任。这类风险通常包括法律风险、政策风险、最低需求风险等。

根据能力风险对等原则、成本效率最优原则、风险收益匹配原则，本项目的责任及风险分担框架详见表 12-4。

表 12-4 政府与社会资本风险分担框架表

| 风险分类 | 风险内容 | 政府承担 | 社会资本承担 | 双方承担 |
|---|---|---|---|---|
| 政策风险 | 土地征用、审批延误等 | √ | | |
| 法律风险 | 重要法变更、合同文件冲突等 | √ | | |
| 配套及支持风险 | 前期动迁、道路、市政配套等 | √ | | |
| 支付风险 | 政府付费或补贴履行 | √ | | |
| 出资、融资风险 | 足额出资保证，承诺融资落实 | | √ | |
| 成本超支风险 | 建设成本运营成本超出预期 | | | √ |
| 财经风险 | 通货膨胀、利率变化、外汇风险等 | | | √ |
| 设计建设完工 | 设计变更、建设质量、完工时间等 | | | √ |
| 运营维护移交 | 运营安全、维护标准、移交履约等 | | √ | |
| 市场风险 | 价格、竞争、管理水平等 | | √ | |
| 不可抗力 | 不可预见、不可避免、不可控制 | | | √ |
| 应急风险 | 出于社会或公益或安全需要 | | | √ |
| 其他风险 | 双方未考虑到的未知风险 | | | √ |

#### 12.2.1.4 配套投入责任

配套投入责任是指政府为项目的建设和运营提供配套工程等投入责任，一般包括土地征收、建设项目部分配套设施、项目与已有基础设施的对接、投资补贴、贷款贴息等。

本项目范围外的配套投入，由许昌市其他水系连通工程项目承担，不在本项目财政投入范围内，政府不承担配套投入责任。

### 12.2.2 财政支出测算

#### 12.2.2.1 股权投资支出测算

根据前述项目公司占有 45%股份，项目公司资本金比例应达到最低资本金要求，即项目总投资的 20%（以经审计的竣工财务决算报告为准），当时政府方已投入资本金 3.165 亿元，社会资本方已投入资本金 4.1683 亿元，剩余不足部分应由政府方与社会资本方后续补齐，故许昌市政府仍承担股权投资支出责任。

股权投资支出＝项目总投资×权益性资本投资比例×政府出资比例-前期政府已经投入资金=500000×20%×45%-31650=13350 万元。第一年支付 3350 万元，第二年及第三年各支付 5000 万元。

#### 12.2.2.2 财政运营补贴支出测算

本项目采用政府付费模式，政府承担全部运营补贴支出责任。整个运营期内，由项目公司提供本项目的运营、管理及维护工作。政府以支付项目可用性服务费及运营维护服务费的形式，给予合作的社会资本因将来提供可持续性服务所要求的投资回报。

#### 12.2.2.3 可用性服务费测算

为购买项目可用性（符合验收标准的公共产品）而向项目公司（SPV）支付相关费用。可用性服务费的确定是根据项目的总投资额以及项目必要的合理回报等诸多因素，计算方法如下。

（1）控制内部收益率。①每年政府根据绩效考核情况向项目公司支付可用性服务费，即政府为购买项目可用性（符合验收标准的公共产品）而向项目公司支付相关费用。②内部收益率。据市场一般收益水平并结合本项目实际情况，确定本项目年化综合收益率为 9.5%，并随银行同期贷款利率上下浮动。

本项目系 BT 存量项目的转化，政府付费分阶段执行。

阶段一，项目竣工决算审计前，政府付费按以下方式计算：

可用性服务费=本金年还款额+年投资收益=本金年还款额+期初未支付总投资额×9.5%×实际占用天数/360

本金年还款额为债务本金，每半年支付 1 亿元。

阶段二，项目竣工决算审计后，政府付费按以下方式计算：

$$可用性服务费=资本金本期可用性服务费+债务融资本期可用性服务费$$
$$资本金本期可用性服务费=项目资本金/(P/A,i_1,n_1)$$

$(P/A,i_1,n_1)$ 为计算等额年金现值系数公式，其中：① $i_1$ =9.5%/2=4.75%；② $n_1$ =30-项目竣工决算审计前付费总期数

$$债务融资本期可用性服务费=|PMT(i_2,n_2,PV_j)|$$

$PMT(i_2, n_2, PV_j)$ 为计算等额年金公式，其中：① $i_2$ =[9.5%+(调价当年银行利率-4.9%)]/2；② $n_2$ 表示剩余债务融资额未支付总期数；③ $PV_j$ = 债务融资总额 $-\sum P_{j-1}$ $(j=1,2,3,\cdots,30)$

项目融资总额=项目总投资额-项目资本金

第 $j$ 期支付的本金 $P_j$ =第 $j$ 期支付的融资年可用性服务费-第 $(j-1)$ 期剩余债务融资本金余额 $P_{j-1}$ ×第 $j$ 年债务融资要求的内部报酬率 $i_j$，其中 $j=1,2,3,\cdots,30$。

$PV_j$：第 $j$ 年剩余债务融资本金，等于总债务融资额减去以前年度累计已经支付的债务融资本金。

（2）付款流程。项目的可用性服务费由各县区财政根据社会资本方在当地的投资额度并结合投资回报率计算得出，每半年支付一次。并由许昌市水务局为付费主体统一支付，如县（区）付费发生拖欠，由市财政局代扣，按照《PPP 项目合同》约定按期支付。

在测算本项目可用性服务费时，是假定本项目在运营期间满足项目设计的可用性进行测算的。可用性服务费测算见表 12-5。

即政府第 1 年（第 1 期加第 2 期）支付项目公司可用性服务费 67025 万元，其中资金回收额 20000 万元，收益 47025 万元；第 2 年（第 3 期加第 4 期）为 62697.76 万元，其中资金回收额 17503.83 万元，收益 45193.93 万元；第 3 年（第 5 期加第 6 期）为 62697.76 万元，其中资金回收额 19206.18 万元，收益 43491.58 万元；第 4 年（第 7 期加第 8 期）为 62697.76 万元，其中资金回收额 21074.11 万元，收益 41623.65 万元；第 5 年（第 9 期加第 10 期）62697.76 万元，其中资金回收额 23123.69 万元，收益 39574.07 万元；第 6 年（第 11 期加第 12 期）62697.76 万元，其中资金回收额 25372.62 万元，收益 37325.14 万元；第 7 年（第 13 期加第 14 期）为 62697.76 万元，其中资金回收额 27840.27 万元，收益 34857.49 万元；第 8 年（第 15 期加第 16 期）为 62697.76 万元，其中资金回收额 30547.90 万元，收益 32149.86 万元；第 9 年为（第 17 期加第 18 期）为 62697.76 万元，其中资金回收额 33518.88 万元，收益 29178.88 万元：第 10 年（第 19 期加第 20 期）为 62697.76 万元，其中资金回收额 36778.80 万元，收益 25918.96 万元；第 11 年（第 21 期加第 22 期）为 62697.76 万元，其中资金回收额 40355.77 万元，收益 22341.99 万元；第 12 年（第 23 期加第 24 期）为 62697.76 万元，其中资金回收额 44280.62 万元，收益 18417.14 万元；第 13 年（第 25 期加第 26 期）为 62697.76 万元，其中资金回收额 48587.18 万元，收益 14110.58 万元；第 14 年（第 27 期加第 28 期）为 62697.76 万元，其中资金回收额 53312.59 万元，收益 9385.17 万元：第 15 年（第 29 期加第 30 期）为 62697.75 万元，其中资金回收额 58497.58 万元，收益 4200.18 元，则运营期 15 年内政府支付给项目公司的可用性服务费累计为 944793.58 万元。

#### 12.2.2.4 运营维护费

（1）定价机制及付款流程。政府每年向项目公司支付的运营维护费应设置最高限定值，项目公司当年运营维护费高出定值时，超出部分由项目公司自己承担；当年运营维护费低于定值时，由政府按实际发生金额支付。各年度运营维护费用由市水务局支付，支付前对物业管理情况进行绩效考核，将绩效考核结果及当年运营维护费金额上报市政府审批付款。

（2）运营维护费测算。项目运营维护费用是项目建成后政府方需要向项目公司承担的重要支付内容，具体包括绿化养护、环境保洁、市政设施、秩序维护、水面保洁及灯光照明六个方面。许昌市河道综合治理工程 PPP 模式运营维护费见表 12-6。

表 12-5　可用性服务费测算一览表

| | 0 | 1 | 2 | 3 | 4 | 5 | 6 | 7 | 8 | 9 | 10 | 11 | 12 | 13 | 14 | 15 |
|---|---|---|---|---|---|---|---|---|---|---|---|---|---|---|---|---|
| （1）期初投资余额 | | 500000.00 | 490000.00 | 480000.00 | 471451.12 | 462495.17 | 453115.86 | 443289.99 | 432997.38 | 422215.88 | 410922.26 | 399092.19 | 386700.19 | 373719.57 | 350122.37 | 345879.31 |
| （1.1）资本金期初余额 | | 100000.00 | 100000.00 | 100000.00 | 98218.98 | 96353.37 | 94399.14 | 92352.08 | 90207.79 | 87961.64 | 85608.80 | 83144.21 | 80562.54 | 77858.24 | 75025.49 | 72058.19 |
| （1.2）债务融资期初余额 | | 400000.00 | 390000.00 | 380000.00 | 373232.14 | 366142.80 | 358716.72 | 350937.91 | 342789.60 | 334254.24 | 325313.45 | 315947.98 | 306137.65 | 295861.33 | 285095.88 | 273821.12 |
| （2）初始投资 | 500000.00 | | | | | | | | | | | | | | | |
| （3）全资本收益率 | | 9.50% | 9.50% | 9.50% | 9.50% | 9.50% | 9.50% | 9.50% | 9.50% | 9.50% | 9.50% | 9.50% | 9.50% | 9.50% | 9.50% | 9.50% |
| （3.1）资本金收益率 | | 9.50% | 9.50% | 9.50% | 9.50% | 9.50% | 9.50% | 9.50% | 9.50% | 9.50% | 9.50% | 9.50% | 9.50% | 9.50% | 9.50% | 9.50% |
| （3.2）债务融资成本 | | 9.50% | 9.50% | 9.50% | 9.50% | 9.50% | 9.50% | 9.50% | 9.50% | 9.50% | 9.50% | 9.50% | 9.50% | 9.50% | 9.50% | 9.50% |
| （4）可用性服务费 | | 33750.00 | 33275.00 | 31348.88 | 31348.88 | 31348.88 | 31348.88 | 31348.88 | 31348.88 | 31348.88 | 31348.88 | 31348.88 | 31348.88 | 31348.88 | 31348.88 | 31348.88 |
| （4.1）资本金本期可用性服务费 | | 4750.00 | 4750.00 | 6531.02 | 6531.02 | 6531.02 | 6531.02 | 6531.02 | 6531.02 | 6531.02 | 6531.02 | 6531.02 | 6531.02 | 6531.02 | 6531.02 | 6531.02 |
| （4.1.1）资本金本期资金回收额 | | | | 1781.02 | 1855.61 | 1954.23 | 2074.06 | 2144.29 | 2246.15 | 2352.84 | 2464.60 | 2581.67 | 2704.30 | 2832.75 | 2967.31 | 3108.25 |
| （4.1.2）资本金本期收益 | | 4750.00 | 4750.00 | 4750.00 | 4665.40 | 4576.79 | 4483.96 | 4386.72 | 4284.87 | 4178.18 | 4066.42 | 3949.35 | 3826.72 | 3698.27 | 3563.71 | 3422.76 |
| （4.2）债务融资本期可用性服务费 | | 29000.00 | 28525.00 | 24817.86 | 24817.86 | 24817.86 | 24817.86 | 24817.86 | 24817.86 | 24817.86 | 24817.86 | 24817.86 | 24817.86 | 24817.86 | 24817.86 | 24817.85 |
| （4.2.1）债务融资本期资金回收额 | | 10000.00 | 10000.00 | 6767.86 | 7089.34 | 7426.08 | 7778.82 | 8148.31 | 8535.36 | 8940.79 | 9355.47 | 9810.33 | 10276.32 | 10764.45 | 11275.76 | 11811.35 |
| （4.2.2）债务融资本期收益 | | 19000.00 | 18525.00 | 18050.00 | 17728.53 | 17391.78 | 17039.04 | 16669.55 | 16282.51 | 15877.08 | 15452.39 | 15007.53 | 14541.54 | 14053.41 | 13542.10 | 13006.50 |

续表

| 项目 | 16 | 17 | 18 | 19 | 20 | 21 | 22 | 23 | 24 | 25 | 26 | 27 | 28 | 29 | 30 |
|---|---|---|---|---|---|---|---|---|---|---|---|---|---|---|---|
| (1) 期初投资余额 | 330959.70 | 315331.40 | 298960.77 | 281812.53 | 263849.74 | 245033.73 | 225323.95 | 204677.96 | 183051.29 | 160397.35 | 136667.34 | 111810.16 | 85772.27 | 58497.57 | 29927.33 |
| (1.1) 资本金期初余额 | 68949.94 | 65694.04 | 62283.49 | 58710.94 | 54968.70 | 51048.69 | 46942.49 | 42641.24 | 38135.69 | 33416.11 | 28472.36 | 23293.78 | 17869.22 | 12186.99 | 6234.86 |
| (1.2) 债务融资期初余额 | 262009.76 | 249637.36 | 236677.27 | 223101.58 | 208881.05 | 193985.04 | 178381.46 | 162036.72 | 144915.60 | 126981.23 | 108194.98 | 88516.38 | 67903.05 | 46310.58 | 23692.47 |
| (2) 初始投资 | | | | | | | | | | | | | | | |
| (3) 全资本收益率 | 9.50% | 9.50% | 9.50% | 9.50% | 9.50% | 9.50% | 9.50% | 9.50% | 9.50% | 9.50% | 9.50% | 9.50% | 9.50% | 9.50% | 9.50% |
| (3.1) 资本金收益率 | 9.50% | 9.50% | 9.50% | 9.50% | 9.50% | 9.50% | 9.50% | 9.50% | 9.50% | 9.50% | 9.50% | 9.50% | 9.50% | 9.50% | 9.50% |
| (3.2) 债务融资成本 | 9.50% | 9.50% | 9.50% | 9.50% | 9.50% | 9.50% | 9.50% | 9.50% | 9.50% | 9.50% | 9.50% | 9.50% | 9.50% | 9.50% | 9.50% |
| (4) 可用性服务费 | 31348.88 | 31348.88 | 31348.88 | 31348.88 | 31348.88 | 31348.88 | 31348.88 | 31348.88 | 31348.88 | 31348.88 | 31348.88 | 31348.88 | 31348.88 | 31348.88 | 31348.88 |
| (4.1) 资本金本期可用性服务费 | 6531.02 | 6531.02 | 6531.02 | 6531.02 | 6531.02 | 6531.02 | 6531.02 | 6531.02 | 6531.02 | 6531.02 | 6531.02 | 6531.02 | 6531.02 | 6531.02 | 6531.02 |
| (4.1.1) 资本金本期资金回收额 | 3255.89 | 3410.55 | 3572.55 | 3742.25 | 3920.00 | 4106.20 | 4301.25 | 4505.56 | 4719.57 | 4943.75 | 5178.58 | 5424.56 | 5682.23 | 5952.13 | 6234.86 |
| (4.1.2) 资本金本期收益 | 3275.12 | 3120.47 | 2958.47 | 2788.77 | 2611.01 | 2424.81 | 2229.77 | 2025.46 | 1811.45 | 1587.27 | 1352.44 | 1106.45 | 848.79 | 578.88 | 296.16 |
| (4.2) 债务融资本期可用性服务费 | 24817.86 | 24817.86 | 24817.86 | 24817.86 | 24817.86 | 24817.86 | 24817.86 | 24817.86 | 24817.86 | 24817.86 | 24817.86 | 24817.86 | 24817.86 | 24817.86 | 24817.86 |
| (4.2.1) 债务融资本期资金回收额 | 12372.40 | 12960.09 | 13575.69 | 14220.54 | 14896.01 | 15603.57 | 16344.74 | 17121.12 | 17934.37 | 18786.25 | 19678.60 | 20613.33 | 21592.47 | 22618.11 | 23692.47 |
| (4.2.2) 债务融资本期收益 | 12445.46 | 11857.77 | 11242.17 | 10597.33 | 9921.85 | 9214.29 | 8473.12 | 7696.74 | 6883.49 | 6031.61 | 5139.26 | 4204.53 | 3225.39 | 2199.75 | 1125.39 |

表 12-6　许昌市河道综合治理工程 PPP 模式运营维护费

| 序号 | 类别 | 工作内容 | 单价/（元/m²·年） | 数量/m² | 费用/万元 | 取费依据 | 备注 |
|---|---|---|---|---|---|---|---|
| 1 | 综合维护类 | 详见综合维护类工作内容 | 8.5 | 7013537 | 5962 | 参照漯河市沙澧河景区 2015 年招标价格，并考虑许昌经济现状综合单价为 8.5 元/m² | |
| 2 | 水体保洁费 | 人工清除打捞漂浮物、清理水草等 | 1.8 | 2175400 | 3922 | 漯河 0.29 元/m²，结合本项目属内河，流速慢、易生长水草及漂浮物滞留的实际情况，综合考虑，取 1.8 元 | 具体工作要求及标准 详见 PPP 协议 |
| 3 | 灯光照明类 | 包含灯光维护保养、检查、光源更换 | 0.98 | 7013537 | 687 | 漯河标准为 0.82 元/m²，本项目定为 0.98；其中 0.6 元为集中养护费用、0.38 元为预留维修费 | |
| 4 | 小计 | | | 9188937 | 7040 | | |
| 5 | 项目法人单位管理费 | 对维保单位的日常管理、巡查、考核等 | 15 | 7040 | 1056 | 项目法人单位管理费按招标控制价的 15%计取：招标控制价为上述运营维护费用（1～3） | |
| 6 | 合计 | | | | 8096 | | |

注：1. 上述各项面积以项目竣工后实际测量具体面积为准。

　　2. 上述运营维护费用仅指支付给专业运营机构的费用。

　　3. 项目法人单位管理费按招标控制价的 15%计取。

　　4. 项目建设承包商在保质期内的维修、保养、更换义务应由相应建设承包商承担。

从表 12-6 可以看出，每年政府需支付给项目公司的运营维护服务费为 8096 万元，运营期 15 年，累计为 121440 万元。

（3）政府运营补贴支付测算。政府承担的运营补贴即是政府每年需支付项目公司的可用性服务费及运营维护服务费。

政府每年运营补贴=可用性服务费+运营维护服务费

本项目运营期为 15 年，政府运营补贴支出累计为 1066233.58 万元，每年在 70793.76 万元至 75121.00 万元之间，详见表 12-7。

表 12-7　政府支付运营补贴一览表　　　　　　　　　　单位：万元

| 年份 | 可用性服务费 | 运营维护服务费 | 合计 |
|---|---|---|---|
| 合计 | 944793.58 | 121440.00 | 1066233.58 |
| 第 1 年 | 67025.00 | 8096.00 | 75121.00 |
| 第 2 年 | 62697.76 | 8096.00 | 70793.76 |
| 第 3 年 | 62697.76 | 8096.00 | 70793.76 |
| 第 4 年 | 62697.76 | 8096.00 | 70793.76 |
| 第 5 年 | 62697.76 | 8096.00 | 70793.76 |

| 年份 | 可用性服务费 | 运营维护服务费 | 合计 |
|---|---|---|---|
| 第 6 年 | 62697.76 | 8096.00 | 70793.76 |
| 第 7 年 | 62697.76 | 8096.00 | 70793.76 |
| 第 8 年 | 62697.76 | 8096.00 | 70793.76 |
| 第 9 年 | 62697.76 | 8096.00 | 70793.76 |
| 第 10 年 | 62697.76 | 8096.00 | 70793.76 |
| 第 11 年 | 62697.76 | 8096.00 | 70793.76 |
| 第 12 年 | 62697.76 | 8096.00 | 70793.76 |
| 第 13 年 | 62697.76 | 8096.00 | 70793.76 |
| 第 14 年 | 62697.76 | 8096.00 | 70793.76 |
| 第 15 年 | 62697.76 | 8096.00 | 70793.76 |

#### 12.2.2.5　财政风险性支出

风险承担支出是指充分衡量项目中各类风险发生的概率导致的支出责任，一般采用比例法、概率法及情景分析法进行预测。

本项目选择比例法进行风险测算。根据表 12-5，考虑政府承担风险主要系法律、政策风险，此类风险发生概率较低，比照国外相关测算标准按本项目建设总投资的 0.3% 确定。经测算，本项目政府的风险承担费用为 1500 万元 / 年，运营期 15 年，合计为 2250 万元。

#### 12.2.2.6　财政配套支出测算

本项目范围外的配套投入，由许昌市其他属于水系连通工程项目承担，不在本项目财政投入范围内，政府不承担配套投入责任。财政配套支出为 0。

#### 12.2.2.7　财政支出汇总

根据上述分析结果，本项目财政支出分为三部分，股权支出、运营补贴支出和风险承担支出，则政府每年为本项目需支出数额见表 12-8。

表 12-8　财政运营期内支出一览表　　　　　　　　单位：万元

| 年份 | 股权支出 | 运营补贴支出 | 风险承担支出 | 配套性支出 | 合计 |
|---|---|---|---|---|---|
| 合计 | 13350.00 | 1066233.58 | 22500.00 | — | 1102083.58 |
| 第 1 年 | 3350.00 | 75121.00 | 1500.00 | | 79971.00 |
| 第 2 年 | 5000.00 | 70793.76 | 1500.00 | | 77293.76 |
| 第 3 年 | 5000.00 | 70793.76 | 1500.00 | | 77293.76 |
| 第 4 年 | | 70793.76 | 1500.00 | | 72293.76 |
| 第 5 年 | | 70793.76 | 1500.00 | | 72293.76 |
| 第 6 年 | | 70793.76 | 1500.00 | | 72293.76 |
| 第 7 年 | | 70793.76 | 1500.00 | | 72293.76 |
| 第 8 年 | | 70793.76 | 1500.00 | | 72293.76 |

| 年份 | 股权支出 | 运营补贴支出 | 风险承担支出 | 配套性支出 | 合计 |
|---|---|---|---|---|---|
| 第 9 年 | | 70793.76 | 1500.00 | | 72293.76 |
| 第 10 年 | | 70793.76 | 1500.00 | | 72293.76 |
| 第 11 年 | | 70793.76 | 1500.00 | | 72293.76 |
| 第 12 年 | | 70793.76 | 1500.00 | | 72293.76 |
| 第 13 年 | | 70793.76 | 1500.00 | | 72293.76 |
| 第 14 年 | | 70793.76 | 1500.00 | | 72293.76 |
| 第 15 年 | | 70793.76 | 1500.00 | | 72293.76 |

项目运营期 15 年内，政府财政支出累计为 1102083.58 万元，每年在 72293.76 万元至 79971.00 万元之间。

### 12.2.3 财政能力评估

根据本项目运作模式设计，其股权性支出由许昌市财政承担，财政运营补贴及风险性支出根据项目公司在许昌市各县（区）的投资额度比例进行分担。本项目在评估许昌市各级财政对此项目的承受能力时，将财政合并分析，评估时暂只考虑许昌市市本级财政和魏都区、许昌县财政近四年财政收支状况。

（1）许昌市市本级财政收支状况。2012 年度市本级公共财政收入预算 261220 万元，实际完成 267903 万元，调整后支出预算 443858 万元，实际支出 429463 万元；2013 年市本级公共财政预算收入为 303770 万元，实际完成 341087 万元，调整后支出预算 480749 万元，实际支出 475040 万元；2014 年市本级公共财政预算收入为 378610 万元，实际完成 398586 万元，调整后预算支出 546995 万元，实际支出 534626 万元；2015 年市本级实际完成收入 438895 万元，实际支出 645868 万元。

（2）魏都区财政收支状况。2012 年度公共财政预算收入 53400 万元，全年实际完成 55300 万元，支出预算为 77726 万元，实际支出为 77439 万元；2013 年度预算收入为 68000 万元，全年实际完成 70016 万元，预算支出为 74601 万元，执行中追加预算，实际支出为 90989 万元；2014 年度预算收入为 8120 万元，实际完成 82016 万元，全年支出预算为 104961 万元，实际支出为 103858 万元；2015 年度实际收入为 91969 万元，实际支出为 116290 万元。

（3）许昌县财政收支状况。2012 年度公共财政预算收入 60326 万元，实际完成 65036 万元，预算支出安排 135671 万元，因争取上级补助资金较多，实际支出 213900 万元；2013 年预算收入安排 76090 万元，实际完成 82076 万元，预算支出安排 161728 万元，因争取上级补助资金较多，实际支出 238726 万；2014 年预算收入安排 95200 万元，实际完成 100156 万元，预算支出安排 179405 万元，预算执行中由于上级追加、新增转移支付、结算补助等因素，实际支出 251232 万元；2015 年度预算收入安排 111170 万元，实际完成 113619 万元，预算支出安排 192160 万元，实际支出 293786 万元。综上，许昌市市本级及魏都区、许昌县财政收支汇总情况见表 12-9。

表 12-9　许昌市本级、魏都区、许昌县财政收支汇总表　　　单位：万元

| 年份 | 地区 | 预算收入 | 实际收入 | 预算支出 | 实际支出 |
|---|---|---|---|---|---|
| 2012 | 市本级 | 261220 | 267903 | 443858 | 429463 |
| | 魏都区 | 53400 | 55300 | 77726 | 77439 |
| | 许昌县 | 60326 | 65036 | 135671 | 213900 |
| | 年度合计 | 374946 | 388239 | 657255 | 720802 |
| 2013 | 市本级 | 303770 | 341087 | 480749 | 475040 |
| | 魏都区 | 68000 | 70016 | 74601 | 90989 |
| | 许昌县 | 76090 | 82076 | 161728 | 238726 |
| | 年度合计 | 447860 | 493179 | 717078 | 804755 |
| 2014 | 市本级 | 378610 | 398586 | 546995 | 534626 |
| | 魏都区 | 81200 | 82016 | 104961 | 103858 |
| | 许昌县 | 95200 | 100156 | 179405 | 251232 |
| | 年度合计 | 555010 | 580758 | 831361 | 889716 |
| 2015 | 市本级 | | 438895 | | 645868 |
| | 魏都区 | | 91969 | | 116290 |
| | 许昌县 | | 113619 | | 293786 |
| | 年度合计 | | 644483 | | 1055944 |

从财政预算收支情况来看，2013 年度比 2012 年度实际收入增长 27.03%，支出增长约 11.65%；2014 年度比 2013 年度实际收入增长 17.76%，支出增长约 10.56%；2015 年度比 2014 年度实际收入增长 10.97%，支出增长 18.68%。以 2015 年度财政支出为基数，按年增长率 10% 测算未来 15 年运营期财政支出能力见表 12-10。

表 12-10　许昌市生态水利项目各相关县区年度财政支出能力汇总表　　　单位：万元

| 根据许昌市及各相关县区近三年财政支出统计表数据显示，每年财政支出能力涨幅约为 10% | | | | |
|---|---|---|---|---|
| 序号 | 年份 | 市本级 | 魏都区 | 许昌县 | 合计 |
| 1 | 2016 | 710454.80 | 127919.00 | 323164.60 | 1161538.40 |
| 2 | 2017 | 781500.28 | 140710.90 | 355481.06 | 1277692.24 |
| 3 | 2018 | 859650.31 | 154781.99 | 391029.17 | 1405461.46 |
| 4 | 2019 | 945615.34 | 170260.19 | 430132.08 | 1546007.61 |
| 5 | 2020 | 1040176.87 | 187286.21 | 473145.29 | 1700608.37 |
| 6 | 2021 | 1144194.56 | 206014.83 | 520459.82 | 1870669.21 |
| 7 | 2022 | 1258614.02 | 226616.31 | 572505.80 | 2057736.13 |
| 8 | 2023 | 1384475.42 | 249277.94 | 629756.38 | 2263509.74 |
| 9 | 2024 | 1522922.96 | 274205.74 | 692732.02 | 2489860.72 |
| 10 | 2025 | 1675215.26 | 301626.31 | 762005.22 | 2738846.79 |

续表

| 序号 | 年份 | 市本级 | 魏都区 | 许昌县 | 合计 |
|------|------|--------|--------|--------|------|
| 11 | 2026 | 1842736.78 | 331788.94 | 838205.74 | 3012731.47 |
| 12 | 2027 | 2027010.46 | 364967.84 | 922026.32 | 3314004.61 |
| 13 | 2028 | 2229711.50 | 401464.62 | 1014228.95 | 3645405.08 |
| 14 | 2029 | 2452682.66 | 441611.08 | 1115651.85 | 4009945.58 |
| 15 | 2030 | 2697950.92 | 485772.19 | 1227217.03 | 4410940.14 |

根据财经〔2015〕21 号文的要求,年度 PPP 模式需从预算中安排的支出责任不得超过一般公共预算支出的 10%。此项目财政支出占当年财政一般公共预算支出比例见表 12-11。

表 12-11　本项目财政支出占当年财政一般公共预算支出比例

| 年份 | 预计当地财政一般公共性预算支出数/万元 | 本项目财政支出额/万元 | 占比 |
|------|--------------------------------------|----------------------|------|
| 第 1 年 | 1161538.40 | 79971.00 | 6.88% |
| 第 2 年 | 1277692.24 | 77293.76 | 6.05% |
| 第 3 年 | 1405461.46 | 77293.76 | 5.50% |
| 第 4 年 | 1546007.61 | 77293.76 | 4.68% |
| 第 5 年 | 1700608.37 | 77293.76 | 4.25% |
| 第 6 年 | 1870669.21 | 77293.76 | 3.86% |
| 第 7 年 | 2057736.13 | 77293.76 | 3.51% |
| 第 8 年 | 2263509.74 | 77293.76 | 3.19% |
| 第 9 年 | 2489860.72 | 77293.76 | 2.90% |
| 第 10 年 | 2738846.79 | 77293.76 | 2.64% |
| 第 11 年 | 3012731.47 | 77293.76 | 2.40% |
| 第 12 年 | 3314004.61 | 77293.76 | 2.18% |
| 第 13 年 | 3645405.08 | 77293.76 | 1.98% |
| 第 14 年 | 4009945.58 | 77293.76 | 1.80% |
| 第 15 年 | 4410940.14 | 77293.76 | 1.64% |

由上表 12-11 可知,本项目财政责任支出占许昌市各级财政一般公共预算支出的比例均不超过 6.88%。根据财政承受能力汇总表,年度最高支出占比为 6.88%,本项目财政支出在财政预算支出 10% 以内,可以通过 PPP 模式的财政承受能力论证。

## 12.3　许昌市生态水利 PPP 项目的物有所值评价

### 12.3.1　物有所值定性评价说明

"物有所值评价"(Value for Money,VFM)是一种国际流行的评价体系,它以最优化公共资源利用率为目的,评价某些公共产品或服务是否可由传统上的政府提供转变成政府与社会资本合作提供。"物有所值定性评价"是"物有所值评价"的一种,利用风险识别分配、可融资性、潜在竞争程度等指标评价一个项目是否可用 PPP 模式代替传统政府运营模式。

本项目使用物有所值定性评价方法,分为以下几个步骤:

(1)明确定性评价指标。参照财政部《PPP 模式物有所值评价指引(试行)》以及国内外相关资料,本项目的评价指标体系共包含九个评价内容,包括全生命周期整合程度、风险识别与分配、绩效导向与鼓励创新、潜在竞争程度、政府机构能力、可融资性、项目规模、全生命周期成本估算准确性、资产利用和收益,并结合专家意见为每项评价内容设置合理的权重。

(2)制定评分参考标准。本项目的评分参考标准是根据各项评价内容的自身特点及相关性制定的,并划分了五个等级,评价专家参照标准按百分制进行评价打分。

(3)定性分析评价。本项目的定性分析评价是根据各评价内容的权重对上一步评价专家给出的评分进行加权平均得出的最终得分。

(4)综合汇总分析。汇总定性分析评价的加权得分,对本项目采用政府与社会资本合作模式(PPP 模式)比政府传统采购模式是否具有优势进行综合分析(注:60 分即视为采用 PPP 模式较传统采购模式更具有优越性)。

(5)作出评价结论。PPP 专家根据综合汇总分析结果作出物有所值定性评价结论,明确本项目是否通过物有所值定性评价。

### 12.3.2　物有所值定性评分指标及参考标准

本项目物有所值定性评分指标及参考标准,详见表 12-12 和本书附件 5。

表 12-12　物有所值定性评分指标及权重设置

| 定性评估指标 | | 权重 |
| --- | --- | --- |
| 基本指标 | 生命周期整合 | 15% |
| | 风险识别与分配 | 15% |
| | 绩效导向与鼓励创新 | 15% |
| | 潜在竞争程度 | 10% |
| | 政府机构能力 | 10% |
| | 融资可获性 | 15% |
| | 基本指标小计 | 80% |
| 附加指标 | 项目规模 | 5% |
| | 全生命周期成本估算准确性 | 5% |
| | 资产利用和收益 | 10% |
| | 附加指标小计 | 20% |
| 合计 | | 100% |

### 12.3.3 物有所值定性分析综合评分表

物有所值定性分析综合评分表见表 12-13。

表 12-13　物有所值定性定性分析综合评分表

| 定性评估指标 | | 权重 | 综合评分 | 加权评分 |
|---|---|---|---|---|
| 基本指标 | 生命周期整合 | 15% | | |
| | 风险识别与分配 | 15% | | |
| | 绩效导向与鼓励创新 | 15% | | |
| | 潜在竞争程度 | 10% | | |
| | 政府机构能力 | 10% | | |
| | 融资可获性 | 15% | | |
| | 基本指标小计 | 80% | | |
| 附加指标 | 项目规模 | 5% | | |
| | 全生命周期成本估算准确性 | 5% | | |
| | 资产利用和收益 | 10% | | |
| | 附加指标小计 | 20% | | |
| 合计 | | 100% | | |

### 12.3.4 物有所值定性评价结论

根据物有所值定性评价标准，经专家论证后，本项目综合得分为 83.65 分。由此可见，本项目物有所值评价得分≥60 分，说明项目采用 PPP 模式在各方面均优于政府传统采购模式，引入社会资本能很好地分担政府风险，提升社会公共服务质量，提高社会基础设施运作效率，提升政府盈利能力等。本项目通过物有所值定性评价，适合采用 PPP 模式运作。

## 12.4　项目运营效果

### 12.4.1 项目建设高效推进，提前完成建设任务

（1）示范项目超额完成。投资 81 亿元，完成九大类 56 项示范工程建设任务。其中包括《许昌市水生态文明城市建设试点实施方案》规划建设的 55 项工程中的 53 项，新增东湖提升工程、清潩河下游提升工程（瑞贝卡大道—京港澳高速段）和清潩河祖师庙拦河闸工程 3 项。清潩河橡胶一坝旁流砾石床工程因两岸完成景观改造而取消，南水北调鄢陵供水工程因受南水北调中线工程供水情况影响将于 2017 年 10 月完成。

（2）中心城区河湖水系形成新格局。中心城区河湖水系连通工程是许昌市水生态文明城市建设核心组成部分，工程总投资 55.5 亿元，目前已全部完工，形成了以 82 公里环城河道、5 个城市湖泊、4 片滨水林海为主体的"五湖四海畔三川、两环一水润莲城"的水系格局。2014 年 7 月，项目拆迁清表工作正式启动，到 2015 年 5 月底累计拆迁建筑物面积达 95 万 m²，土

地清表面积 1.5 万亩；2014 年 11 月项目全面开工建设；2015 年 6 月底，完成了河道整治工程，具备通水条件，满足防洪排涝要求；2015 年 8 月底具备蓄水条件；2015 年 9 月 25 日完成蓄水，蓄水总量 1000 万 $m^3$。沿河共建成景观节点 23 处、雕塑 33 座、桥梁 126 座、亲水码头 8 处、亲水平台 95 处、沙滩及游乐场 5 处、滨水广场 54 处、木栈道 15.1km、滨河游园步道 136km，既突出了生态自然之美，又彰显了许昌丰厚历史文化底蕴，还满足了人们健身、休闲、观赏和娱乐之需。

（3）高效节水灌溉项目全面建成。许昌市 50 万亩高效节水灌溉项目分 3 年实施，项目涉及许昌县、长葛市 11 个乡镇。目前，项目共覆盖灌溉面积 50.7 万亩，耗资达 8.1 亿元，不但连片规模大，而且技术水平高，在满足灌溉需要的同时，还具有科研试验、培训推广等功能。为了保持项目长期发挥效益，许昌市还建立了市、县、乡、村、村民负责人的"五级管理"体系，各级管理单位各司其职、分工明确，项目管维工作做得井井有条。

### 12.4.2　各项考核指标圆满完成，实现全部达标

按照《许昌市水生态文明城市建设试点实施方案》的要求，许昌试点期水生态文明城市考核指标体系共有五大类 27 项指标，其中水资源体系 10 项，水生态体系 7 项，水景观体系 4 项，水工程体系 3 项，水管理体系 3 项。严格对照评价标准，27 项考核指标均圆满完成。

# 第 13 章　许昌市生态水利 PPP 项目参与式激励机制研究

PPP 模式的运管维问题已经成为理论和实践界关注的焦点。本书结合生态水利项目的属性和 PPP 模式推行的宗旨，对许昌市生态水利 PPP 项目的参与式激励机制进行系统、深入地研究，鼓励广大居民广泛参与该项目的管理与维护。

## 13.1　研究背景和意义

### 13.1.1　研究背景

生态水利项目以生态环境保护为目标，不仅追求经济利益，而且重视对周围生物活动、气候、地质的影响，是一种人与水和谐的水利项目。2016 年底，全国落实水利建设投资超过 6700 亿元，较上年增加 16%，2017 年，我国水利项目建设投资规模超过 9000 亿元，结合供给侧结构性改革，发展可持续水利项目、牢固树立绿色发展理念，在大力推进生态水利项目建设的同时，其管理体制也进一步引起了政府的重视，因此，在新的发展时期，如何对生态水利项目进行有效管理，做好水利设施的维护工作，是一个非常值得研究的命题。

20 世纪 90 年代，国际上开始推广"参与式灌溉管理"，经许多国家试验取得较好效果，1995 年我国成立第一个用水者协会，构建一套符合市场机制的供水和用水管理制度。1996 年之后，积极倡导在受益区组建用水合作组织，大力推广参与式灌溉管理，数据表明，截至 2014 年，我国各类农民用水合作者组织累计达到 8.34 万个，灌溉面积 2.94 亿亩，占全国灌溉面积的 29.7%（《全国水利发展统计公报》，2015）。在以上模式中，用水者亲自参与灌溉设施的管理维护事务，对灌溉管理体制的良好发展意义重大，但是在实际运作过程中，居民的参与意愿普遍不高，急需出台法律、政策与规范，形成有效的激励居民积极参与的保障机制。

本项目对许昌市居民参与生态水利 PPP 项目运管维的程度进行调查，发放问卷 220 份，有效问卷 211 份，调查涉及居民对生态水利项目参与式运管维的认知了解程度、参与程度以及未来的参与意愿等，其中，2.73% 的居民认为水利项目参与式运管维宣传频率较高，但对其了解程度并不高；10.9% 的居民对同社区其他居民参与情况比较了解；真正关注或参与过该项目运管维中的居民只有 31.2%。对于今后是否愿意参与生态水利项目的运管维，表示不知道的居民占很大一部分，但表示如果加大宣传、引导、教育力度，这些居民则很可能会选择参与。总之，数据统计结果显示：在生态水利项目运管维过程中，居民整体参与意识较差且参与程度不高。具体结果详见表 13-1。

近年来，为增强居民参与水利项目运管维意识，在研究我国运管维体制现状的同时，借鉴国际水利项目运管维先进经验，推广居民参与式模式。目前各地区针对参与式水利项目运管维纷纷采取措施，主要有四种形式：承包责任制、股份制、租赁制及用水者协会。以用水者协会为例，其成立使得用水者与水利项目公司的利益相统一，用水居民同水利项目息息相关，水利设施被人为破坏的现象大大减少，水利项目的运营效率显著提高。由此可见，参与式水利项目运管维拥有极大潜力,对水利项目的发展具有现实及长远意义。但同时,当前参与式运管维在实践过程中也存在诸多问题,其中激励机制缺失是其主要问题,就许昌市生态水利项目居民参与式运管维来说,由于其资金匮乏导致居民参与人数严重不足。哪些因素可以有效调动居民参与水利项目运管维的积极性,居民的参与决策受政府政策影响的程度,如何落实参与式水利项目运管维计划等问题都需要理论与实务界进行深入探究。

表 13-1 居民对参与式水利项目运管维的认知程度和参与程度

| 问题 | 有效样本 | 数据统计结果 | | | | |
| --- | --- | --- | --- | --- | --- | --- |
| 政府或社区组织是否对生态水利参与式运管维的相关知识进行宣传、引导和教育 | 211 | 频率很高 1(2.37%) | 频率较高 16(7.58%) | 一般 52(24.64%) | 频率较低 66(31.28%) | 频率很低 76(36.02%) |
| 对同社区其他居民参与水利项目运管维的情况了解吗 | 211 | 比较了解 23(10.90%) | 了解一些 83(39.34%) | 不了解 105(49.76%) | | |
| 作为居民,在水利项目运管维的过程中是否有参与 | 211 | 参与过 66(31.28%) | 从未参与 145(68.72%) | | | |

本书采用 Logistic 模型和动态演化博弈论等理论和方法,对许昌市生态水利项目参与式运管维的激励机制进行系统研究,为许昌市政府制定有关政策、措施等提供参考和帮助。

### 13.1.2 研究意义

本书从经济学、管理学、演化博弈等学科角度对居民参与生态水利项目运管维的激励机制进行设计,采用广义线性模型分析居民行为策略是如何受政府行为影响,从利益相关者(政府和居民)视角,运用动态演化博弈模型分析双方的利益关系,并对居民的参与行为、参与阻力进行深入分析,在此基础上提出居民参与式水利项目运管维激励机制。

## 13.2 利益均衡下许昌市生态水利 PPP 项目参与式运管维影响因素分析

运用 Logistic 模型对居民参与式水利项目运管维的影响因素进行识别与分析,为激励机制的设计奠定基础、指明方向。

### 13.2.1 问题描述

根据 211 份问卷调查数据显示,只有 31.3% 的居民参与过水利项目运管维,参与程度较低,68.7% 的居民表示从未参与过,这表明许昌市的很多居民对目前参与式水利项目运管维的情况缺乏认识。

导致许昌市参与式水利项目运管维居民参与度低的原因有很多,包括法律保障不足、体制不完善、没有合适的参与渠道以及居民个人素质等,但是哪些是主要原因还不清楚,有待后续研究。

经上述分析可知，目前我国大部分水利项目实施参与式运管维主要面临两个问题：第一，影响居民参与策略的因素复杂繁多；第二，政府应采取怎样的措施激励居民参与水利项目运管维工作，且在项目的不同阶段，激励措施应该怎样调整。本书运用许昌市范围内的实证调查数据，分析激励居民参与生态水利项目运管维各因素之间的关系及其激励效果。另外，以地方政府和居民作为博弈方，建立其演化博弈模型，用于研究政府激励措施的调整变化和博弈双方的动态行为特征，为居民有效参与水利项目运管维的激励机制设计做准备。

### 13.2.2　基于 R 语言的 Logistic 模型

Nelder 和 Wedderburn 最先提出了广义线性模型，并对线性模型进行了两个方面的推广：一是通过设定一个连接函数，将响应变量的期望与线性自变量相联系；二是对误差的分布给出一个误差函数。对于广义线性模型有以下三个概念：第一是线性自变量，它表明第 $i$ 个响应变量的期望值 $E(y_i)$ 只能通过线性自变量 $\beta^T x_i$ 而依赖于 $x_i$，其中，$\beta$ 是未知参数的 $(p+1)$ 维向量，可能包含截距；第二是连接函数，它说明线性自变量和 $E(y_i)$ 的关系，给出了线性模型的推广；第三是误差函数，它说明广义线性模型的最后一部分随机成分。

在二项分布中，Logistic 模型是最重要的。在某些回归问题中，响应变量是分类的，且或成功或失败。对于这些问题，正态线性模式显然不合适，因为正态误差不对应一个 0-1 响应，这种情况下，可以用 Logistic 模型。

对于响应变量 $Y$ 有 $p$ 个自变量（或称解释变量），记为 $X_1, X_2, \cdots, X_p$，在自变量的作用下出现成功的条件概率记为 $P = P\{Y=1 \mid X_1, X_2, \cdots, X_p\}$，那么 Logistic 模型为

$$P = \frac{\exp(\beta_0 + \beta_1 X_1 + \beta_2 + \cdots + \beta_p X_p)}{1 + \exp(\beta_0 + \beta_1 X_1 + \beta_2 + \cdots + \beta_p X_p)}$$

式中，$\beta_0$ 为常数项或截距；$\beta_1, \beta_2, \cdots, \beta_p$ 为 Logistic 回归模型系数。

从上式可以看出，Logistic 回归模型是一个非线性回归模型，自变量 $X_j(j=1,2,\cdots,p)$ 可以是连续变量，也可以是分类变量或哑变量。对于自变量 $X_j$ 任意取值，$\beta_0 + \beta_1 X_1 + \beta_2 + \cdots + \beta_p X_p$ 在 $-\infty$ 到 $+\infty$ 变化时，上式的比值总在 0 到 1 之间变化，这正是概率的取值区间。

作 Logit 变换，Logistic 回归模型可以变成下列线性形式

$$\text{Logit}(P) = \ln\left(\frac{P}{1-P}\right) = \beta_0 + \beta_1 X_1 + \beta_2 + \cdots + \beta_p X_p$$

可以看出，能够使用线性回归模型对参数进行估计。

### 13.2.3　居民参与激励效果指标体系的构建

开展研究工作的前提是建立居民参与激励效果的指标体系，为了确保研究结果的科学性、客观性，必须全面、科学的选择指标因素。本书利用 R 语言实现的 Logistic 模型分析居民参与水利项目运管维的影响因素的步骤如下。

第一步：通过整理文献发现，目前国内对居民参与小型水利项目运管维的激励机制的研

究多侧重于定性研究，例如产权、报酬设计等，对居民层面激励机制的研究较少，对其定量指标评价体系的研究更是屈指可数。本书设计的居民行为激励效果概念模型从居民角度出发，既注重居民的个人状况，又考虑了居民的心理感受和居民之间的互动与相互作用。根据彭贺、王永乐和周红云关于激励的相关研究和影响因素分析，假设如下指标体系，具体包括潜在变量和观察变量两部分，其中潜在变量有：

（1）个人及经济特征。个人及经济特征可具体细分为三个观察变量：①家庭收入。居民的家庭收入来源会在很大程度上影响居民参与式水利项目运管维决策，一般来说，居民的收入来源稳定且较高，对生态水利项目的参与积极性相对较高，这与人们的精神生活追求相匹配。②社区地位。居民的社区地位也会对居民参与式水利项目运管维决策有较大影响，如果居民的社区地位较高或者担任公共职务，那么居民很可能为了谋求更高地位而积极参与水利项目的运管维工作。③归属感知。居民对组织的归属感称为归属感知，归属感的强弱与居民参与水利项目运管维的积极性正相关。

（2）动力驱动。动力驱动可具体细分为两个观察变量：①参与诱导。居民参与水利项目运管维的动机称为参与诱导，参与动机直接影响到居民的参与积极性。②他人影响。指居民的参与决策受他人影响的程度，如果居民在决策时容易被他人的态度所影响，那么这个居民很可能做出与施加影响者相同的决策。

（3）居民间互动。居民间互动可具体细分为四个观察变量：①权威力量。社区中存在的如水利协会、环保协会、群众监督会等权威机构对居民的威慑力称为权威力量，如果威慑力足够大，居民就会积极参与生态水利项目的运管维工作。②他人惩罚。指居民对其他居民的错误行为实施惩罚的意愿，如果大部分居民的惩罚意愿比较强烈，也能以负激励的方式促使居民参与水利项目的运管维工作。③惩罚成本。惩罚成本与他人惩罚有关系，是指居民是否愿意承受惩罚他人所付出的代价，比如私人关系恶化等，如果居民不介意付出代价，就会采取惩罚措施从而对犯错居民产生负激励。④人际关系。这里的人际关系是指居民对自己与社区内其他人的人际关系的在意程度，比如是否在意被他人排挤、蔑视，如果居民比较在意他人的态度，就会积极参与运管维工作。

（4）社区特征。社区特征可具体细分为四个观察变量：①社区紧密度。指社区内居民之间人际关系的亲密程度，紧密度越高，居民越容易受他人影响。②信任度。即社区内居民之间的相互信任程度，信任度越高，居民亦容易产生相互影响。③趋同效应。指居民是否有"随大流"的心态，若居民作决策时没有主见，同样会受他人影响。④社会资本积累。指社会地位、声望、名誉等资本的积累，如果居民希望谋求更高的社会地位，那么就会积极参与运管维工作。

第二步：通过访谈相关专家以及查阅相关研究资料，我们对制约居民参与水利项目运管维的可能因素进行了严格筛选，选出其中 28 个作为研究指标，不过由于影响因素繁多且本团队的能力有限，在选取相关因素时可能不够全面或者存在误差，有待以后研究者继续完善。根据国内外研究理论和有关实证分析结论以及本书对指标的假设，构建的居民参与生态水利项目运管维行为激励效果的指标体系见表 13-2。

表 13-2　居民参与运管维激励效果评价指标体系

| 变量 | 缩写 | 变量 | 缩写 |
| --- | --- | --- | --- |
| 年龄 | X1 | 监督机制 | X15 |
| 学历 | X2 | 亲友影响 | X16 |
| 收入来源 | X3 | 社区影响 | X17 |
| 家庭收入 | X4 | 他人惩罚 | X18 |
| 社区地位 | X5 | 补偿程度 | X19 |
| 法律法规 | X6 | 参与成本 | X20 |
| 认知程度 | X7 | 人际关系 | X21 |
| 提升环境 | X8 | 社区紧密度 | X22 |
| 生态环境 | X9 | 信任度 | X23 |
| 生态生活 | X10 | 从众行为 | X24 |
| 水域水质 | X11 | 声誉地位 | X25 |
| 植被覆盖 | X12 | 参与行为 1 | X26 |
| 参与诱导 | X13 | 参与行为 2 | X27 |
| 机会主义 | X14 | 参与程度 | X28 |

### 13.2.4　样本的数据来源与预处理

#### 13.2.4.1　数据来源

本书的调查对象是许昌市范围内有水利项目运管维参与经历的部分居民，通过问卷调查的形式获得居民激励的相关数据，并采用多种方法对数据进行了详细分析。问卷内容涉及多个方面，包括个人及经济特征、生产特征、社区特征、投资力度、政策支持、动力驱动、居民间互动、参与管理效果和监督机制等，能够比较全面地反映居民参与水利项目运管维的激励影响因素。问卷共 28 个变量，部分（20 个变量）采用 1~5 级 Likert 量表量度，包括收入来源、家庭收入、法律法规、提升环境、生态环境、生态生活、水域水质、植被覆盖、亲友影响、社区影响、他人惩罚、补偿程度、人际关系、社区紧密度、信任度、从众行为、声誉地位、参与行为 1、参与行为 2、参与程度。其余 8 个变量为年龄、学历、社区地位、认知程度、参与诱导、是否机会主义、是否设置监督机制、是否考虑参与成本。

调查地点分布在许昌市饮马河、清泥河和清潩河三条水系周边居民，共发放调查问卷 220份，实际收回 211 份，回收率为 95.9%。

在模型拟合之前先对整体数据进行预处理和描述性统计分析。随后将数据分成两个部分，训练集（train）和测试集（test）。训练数据集可用于模型的拟合，而测试数据集则对此进行测试。

#### 13.2.4.2　数据预处理

R 语言数据分析前，数据预处理非常重要，数据处理一般是完整矩阵、向量和数据框，在处理收集的真实数据问题之前，需要先消除缺失数据，处理缺失值的步骤：识别缺失值、探索缺失值模式、检查导致缺失值缺失的原因、删除包含缺失值的实例或用合理的数值代替。

（1）识别缺失值。R 使用 NA（不可得）代表缺失值，NaN(不是一个数)代表不可能值。函数 is.na()、is.nan()和 is. Infinite 可分别用来识别缺失值、不可能值和无穷值。每个返回结果都是 TRUE 或 FALSE。这些函数返回的对象与其自身参数的个数相同。若每个元素的类型检验通过，则由 TRUE 替换，否则用 FALSE 替换。

函数 complete.cases()可以用来识别矩阵或数据框中没有缺失值的行。若每行都包含完整的实例，则返回 TRUE 的逻辑向量；若每行有一个或多个缺失值，则返回 FALSE。

输出结果显示 209 个实例为完整数据，2 个实例含一个或多个缺失值。函数 sum()和 mean()可获取关于缺失数据的有用信息。

结果表明变量"提升环境"有 2 个缺失值，0.95%的实例在此变量上有缺失值；变量 "信任度"有 1 个缺失值，0.47%的实例在此变量上有缺失值；变量"水域水质"有 1 个缺失值，0.47%的实例在此变量上有缺失值。另外，数据集中 0.95%的实例中包含一个或多个缺失值。

（2）探索缺失值模式。了解哪些变量有缺失值、数目有多少、是什么组合形式等相关信息，用图形探索缺失值，可视化数据集中缺失值模式。aggr()函数不仅绘制每个变量的缺失值数，还绘制每个变量组合的缺失值数。结果如图 13-1 所示。

**MISSing**

图 13-1　原始数据集及缺失值模式图形

由图 13-1 可以看到，缺失值为变量"提升环境""信任度"和"水域水质"。变量提升环境缺失值数为 2，信任度缺失值数为 1，水域水质缺失值数为 1，有 1 个实例缺失了提升环境和信任度的评分，另一个实例缺失了提升环境和水域水质的评分。

（3）检查导致缺失值缺失的原因。上述探究缺失数据的数目、分布和模式有两个目的：一是分析生成缺失数据的潜在机制；二是评价缺失数据对回答实质性问题的影响。具体来讲，已经弄清楚如下问题：缺失值数据的比例为 0.95%、0.47%，所占比例很小。

缺失数据在提升环境、信任度和水域水质三个变量上，并不广泛存在，集中在少数变量上。缺失数据是因调查对象忘记回答一个或多个问题，或者拒绝回答敏感问题。

（4）删除包含缺失值的实例或用合理的数值代替。由上述分析可知，缺失数据所占比重非常低，即使删除所有含有缺失值的实例，减少可用的样本，统计效力并不会降低，那么可以删除这些数据，然后再进行正常的数据分析。一般运用行删除法来处理缺失值，函数 complete.cases()用来存储没有缺失值的数据框或者矩阵形式的实例。

### 13.2.4.3 数据描述性分析

首先对变量进行描述性分析，数据描述性分析是数据分析的基本步骤，基本统计特征为：位置、分散程度和分布性状的度量。

函数str()可以快速浏览数据框的内容，观察值（在这种情况下表示受试者）的数量和变量的数量是209和28。这些非缺失值的数量、平均数、标准差、中位数、截尾均值、绝对中位数、最小值、最大值、值域、偏度、峰度和平均值的标准误见表13-3。

表13-3 变量的基本统计特征表

| 变量 | vars | n | mean | sd | median | trimmed | mad | min | max | range | skew | kurtosis | se |
|------|------|---|------|----|--------|---------|-----|-----|-----|-------|------|----------|-----|
| 年龄 | 1 | 209 | 2.52 | 1.29 | 2 | 2.40 | 1.48 | 1 | 5 | 4 | 0.63 | -0.72 | 0.09 |
| 学历 | 2 | 209 | 2.29 | 1.23 | 2 | 2.24 | 1.48 | 1 | 4 | 3 | 0.27 | -1.54 | 0.08 |
| 收入来源 | 3 | 209 | 3.79 | 1.49 | 5 | 3.98 | 0.00 | 1 | 5 | 4 | -0.82 | -0.92 | 0.10 |
| 家庭收入 | 4 | 209 | 1.98 | 0.97 | 2 | 1.87 | 1.48 | 1 | 5 | 4 | 0.98 | 0.85 | 0.07 |
| 社区地位 | 5 | 209 | 1.90 | 0.30 | 2 | 1.99 | 0.00 | 1 | 2 | 1 | -2.64 | 4.99 | 0.02 |
| 法律法规 | 6 | 209 | 2.06 | 0.95 | 2 | 1.99 | 1.48 | 1 | 5 | 4 | 0.44 | -0.70 | 0.07 |
| 认知程度 | 7 | 209 | 1.61 | 0.68 | 2 | 1.52 | 1.48 | 1 | 3 | 2 | 0.65 | -0.70 | 0.05 |
| 提升环境 | 8 | 209 | 3.02 | 1.09 | 3 | 3.09 | 1.48 | 1 | 5 | 4 | -0.35 | -0.90 | 0.08 |
| 生态环境 | 9 | 209 | 3.33 | 1.10 | 4 | 3.42 | 1.48 | 1 | 5 | 4 | -0.73 | -0.29 | 0.08 |
| 生态生活 | 10 | 209 | 3.00 | 1.07 | 3 | 3.08 | 1.48 | 1 | 5 | 4 | -0.42 | -0.81 | 0.07 |
| 水域水质 | 11 | 209 | 3.21 | 1.03 | 3 | 3.27 | 1.48 | 1 | 5 | 4 | -0.45 | -0.22 | 0.07 |
| 植被覆盖 | 12 | 209 | 3.21 | 1.02 | 3 | 3.32 | 1.48 | 1 | 5 | 4 | -0.76 | -0.02 | 0.07 |
| 参与诱导 | 13 | 209 | 3.09 | 1.57 | 3 | 3.11 | 2.97 | 1 | 5 | 4 | 0.11 | -1.62 | 0.11 |
| 机会主义 | 14 | 209 | 1.54 | 0.50 | 2 | 1.54 | 0.00 | 1 | 2 | 1 | -0.14 | -1.99 | 0.03 |
| 监督机制 | 15 | 209 | 1.48 | 0.50 | 1 | 1.48 | 0.00 | 1 | 2 | 1 | 0.07 | -2.01 | 0.03 |
| 亲友影响 | 16 | 209 | 2.87 | 1.24 | 3 | 2.84 | 1.48 | 1 | 5 | 4 | 0.14 | -1.13 | 0,09 |
| 社区影响 | 17 | 209 | 2.96 | 1.08 | 3 | 3.02 | 1.48 | 1 | 5 | 4 | -0.38 | -0.67 | 0.07 |
| 他人惩罚 | 18 | 209 | 3.27 | 1.19 | 4 | 3.34 | 1.48 | 1 | 5 | 4 | -0.50 | -0.70 | 0.08 |
| 补偿程度 | 19 | 209 | 3.25 | 1.22 | 3 | 3.29 | 1.48 | 1 | 5 | 4 | -0.08 | -0.97 | 0.08 |
| 参与成本 | 20 | 209 | 1.75 | 0.43 | 2 | 1.81 | 0.00 | 1 | 5 | 1 | -1.15 | -0.67 | 0.03 |
| 人际关系 | 21 | 209 | 2.91 | 1.25 | 3 | 2.91 | 1.48 | 1 | 5 | 4 | -0.19 | -1.07 | 0.09 |
| 社区紧密度 | 22 | 209 | 3.19 | 0.98 | 3 | 3.22 | 1.48 | 1 | 5 | 4 | -0.30 | -0.25 | 0.07 |
| 信任度 | 23 | 209 | 3.17 | 1.00 | 3 | 3.24 | 1.48 | 1 | 5 | 4 | -0.46 | -0.22 | 0.07 |
| 从众行为 | 24 | 209 | 2.94 | 1.03 | 3 | 2.98 | 1.48 | 1 | 5 | 4 | -0.16 | -0.57 | 0.07 |
| 声誉地位 | 25 | 209 | 3.39 | 0.99 | 4 | 3.41 | 1.48 | 1 | 5 | 4 | -0.48 | -0.43 | 0.07 |
| 参与行为1 | 26 | 209 | 2.44 | 1.08 | 2 | 2.39 | 1.48 | 1 | 5 | 4 | 0.19 | -0.83 | 0.07 |
| 参与行为2 | 27 | 209 | 2.36 | 1.08 | 2 | 2.30 | 1.48 | 1 | 5 | 4 | 0.42 | -0.70 | 0.07 |
| 参与程度 | 28 | 209 | 2.33 | 1.03 | 2 | 2.27 | 1.48 | 1 | 5 | 4 | 0.31 | -0.85 | 0.07 |

由表 13-3 可以看出，家庭收入和社区地位的峰度统计量均大于 0（默认的峰度值计算公式中正态分布峰度为 0），说明这些分布凸起程度大于标准正态分布。家庭收入偏度统计量大于 0，分布呈现右偏（偏度为+0.98），有较长的右拖尾现象；社区地位偏度统计量小于 0，说明数据分布呈现左偏（偏度为-2.64）。由标准差大小可看出，社区地位、机会主义、监督机制这些指标的变化较小，上述变量箱线图如图 13-2 所示。

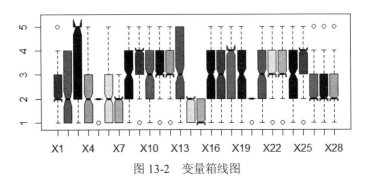

图 13-2　变量箱线图

由图 13-2 可以看出，28 个指标中，年龄、社区地位、生态环境、水域水质、植被覆盖、参与成本、社区紧密度、信任度、声誉地位、参与行为 1、参与行为 2、参与程度存在异常值，说明这些指标有波动。由异常值的位置可以判断出变量的分布，年龄、参与行为 1、参与行为 2、参与程度的异常值集中在较大值的一侧，分布呈现右偏态；社区地位、生态环境、水域水质、植被覆盖、参与成本、社区紧密度、信任度、声誉地位异常值集中在较小值一侧，则分布呈现左偏态。

对年龄、收入来源和是否参与变量之间的关系分析如图 13-3 所示。

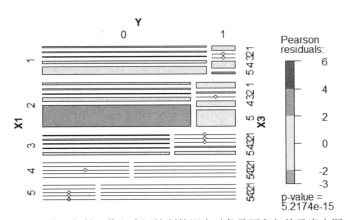

图 13-3　按照年龄、收入来源绘制的调查对象是否参与的马赛克图

马赛克图包含以下信息：①随着年龄的增长，参与率陡然提升；②大部分收入来源都是非农业收入来源，即收入大部分为非农收入；③26～35 岁之间的农民参与度一般，且大多数收入来源不依靠农业收入，劳动力流失。

### 13.2.5　基于 Logistic 模型的激励机制影响因素分析

根据构建的指标体系，基于 R 语言运用训练集数据（train<-data[1:169,]）建立二值型 Logistic

模型，首先识别影响居民参与式水利项目运管维的关键性因素，其次可得到预测变量在各个水平时对结果概率的影响。

建模步骤：第一步，确定响应变量。第二步，建立二值型 Logistic 模型。第三步，模型修正，变量筛选——step，重新拟合模型。第四步，检验模型拟合程度。第五步，解释模型参数。第六步，评估模型预测能力。其中，运用训练数据集(train<-data[1:169,])构建二值型 Logistic 模型，运用测试数据集(test<-data[170:209,])对此进行测试。

### 13.2.5.1 二值型 Logistic 模型

二值型 Logistic 模型建模的步骤是：第一步，构建模型响应变量，将是否参与转化为响应变量 $Y$，作为模型最终的被解释变量，其中 1 表示参与，0 表示未参与。第二步，将因变量与自变量代入二值型 Logistic 模型并得出结果。第三步，模型修正，变量筛选——step，重新拟合二值型 Logistic 模型。下面是尝试构建的行为激励效果 Logistic 模型，模型结果见表 13-4。

表 13-4　二值型 Logistic 模型的估计结果

| | Estimate | Std. Error | z value | Pr(>|z|) |
|---|---|---|---|---|
| (Intercept) | −13.657 | 4.232 | −3.227 | **0.001**\*\* |
| 年龄 | 0.487 | 0.276 | 2.852 | 0.216 |
| 学历 | 0.421 | 0.346 | 1.219 | 0.223 |
| 收入来源 | −0.317 | 0.278 | −1.138 | 0.255 |
| 家庭收入 | 0.019 | 0.344 | 0.056 | 0.955 |
| 社区地位 | −0.716 | 1.384 | −0.517 | 0.605 |
| 法律法规 | 0.861 | 0.418 | 2.058 | **0.040** \* |
| 认知程度 | 1.846 | 0.658 | 2.807 | **0.005**\*\* |
| 提升环境 | 0.287 | 0.350 | 0.820 | 0.412 |
| 生态环境 | 0.657 | 0.570 | 1.152 | 0.249 |
| 生态生活 | 0.808 | 0.382 | 2.116 | **0.034**\* |
| 水域水质 | −0.396 | 0.412 | −0.857 | 0.392 |
| 植被覆盖 | 0.520 | 0.604 | 0.862 | 0.389 |
| 参与诱导 | −0.372 | 0.224 | −1.658 | 0.397 |
| 机会主义 | −1.228 | 0.731 | −1.678 | **0.093** . |
| 监督机制 | 1.614 | 0.678 | 2.380 | **0.017**\* |
| 亲友影响 | 0.524 | 0.413 | 1.269 | 0.205 |
| 社区影响 | 0.211 | 0.364 | 0.579 | 0.563 |
| 他人惩罚 | −1.253 | 0.483 | −2.594 | **0.0095** \*\* |
| 补偿程度 | 0.933 | 0.361 | 2.583 | **0.0098** \*\* |
| 参与成本 | 2.710 | 0.969 | 2.796 | **0.005** \*\* |
| 人际关系 | 0.361 | 0.337 | 1.072 | 0.284 |
| 社区紧密度 | 0.699 | 0.439 | 1.595 | 0.111 |

续表

| | Estimate | Std. Error | z value | Pr(>\|z\|) |
|---|---|---|---|---|
| 信任度 | −0.577 | 0.506 | −1.141 | 0.254 |
| 从众行为 | −1.411 | 0.486 | −2.903 | **0.003 \*\*** |
| 声誉地位 | −0.274 | 0.405 | −0.677 | 0.498 |
| 参与行为1 | 0.746 | 0.661 | 1.130 | 0.239 |
| 参与行为2 | 0.118 | 0.570 | 0.207 | 0.836 |
| 参与程度 | 0.043 | 0.599 | 0.072 | 0.943 |

Signif. codes:　0.001 '\*\*' 0.01 '\*' 0.05 '.' 0.1 ' ' 1

从系数的 P 值（最后一栏）可以看到，年龄、学历、收入来源、家庭收入、社区地位、生态环境、水域水质、植被覆盖、参与诱导、亲友影响、社区影响、人际关系、社区紧密度、信任度、声誉地位、参与行为 1、参与行为 2、参与程度对模型贡献率都不显著。用 step()逐步回归作变量筛选，重新拟合模型，最终结果见表 13-5。

表 13-5　重新拟合的二值型 Logistic 模型的估计结果

| | Estimate | Std. Error | z value | Pr(>\|z\|) |
|---|---|---|---|---|
| (Intercept) | −10.741 | 2.112 | −5.085 | **3.67e−07\*\*\*** |
| 法律法规 | 0.535 | 0.312 | 1.713 | **0.0867 .** |
| 生态生活 | 0.578 | 0.304 | 1.900 | **0.0475 \*** |
| 机会主义 | −1.310 | 0.576 | −2.275 | **0.0229 \*** |
| 监督机制 | 1.469 | 0.555 | 2.648 | **0.0081\*\*** |
| 他人惩罚 | −0.641 | 0.316 | −2.026 | **0.0427 \*** |
| 补偿程度 | 0.650 | 0.293 | 2.216 | **0.0267 \*** |
| 参与成本 | 2.064 | 0.755 | 2.734 | **0.0063 \*\*** |
| 从众行为 | −0.979 | 0.330 | −2.976 | **0.0029\*\*** |

Signif. codes:　0 '\*\*\*' 0.001 '\*\*' 0.01 '\*' 0.05 '.' 0.1 ' ' 1

由上述结果可以看出，新模型的每个系数都显著（p<0.1）。其中影响非常显著（p<0.05）的因素包括生态生活（0.0475）、机会主义（0.0229）、监督机制（0.0081）、他人惩罚（0.0427）、补偿程度（0.0267）、参与成本（0.0063）、从众行为（0.0029），法律法规（0.0867）稍显著。

13.2.5.2　模型拟合

由于上述两模型嵌套，运用卡方检验对它们进行比较，结果见表 13-6。

anove()生成两拟合模型的方差分析表

```
>fit.full<-glm(是否参与~年龄+学历+收入来源+家庭收入+社区地位+法律法规+认知程度+提升环
境+生态环境+生态生活+水域水质+植被覆盖+参与诱导+机会主义+监督机制+亲友影响+社区影响
+他人惩罚+补偿程度+参与成本+人际关系+社区紧密度+信任度+从众行为+声誉地位+参与行为 1+
参与行为 2+参与程度,data=mydata1,family=binomial(link=Logistic))
> summary(fit.full)
```

```
#逐步回归筛选变量——step
> glm.new<-step(fit.full)
> summary(glm.new)
>anova(glm.new,fit.full,test="Chisq")
Analysis of Deviance Table
```

表 13-6　模型拟合度检验输出结果

| model | Resid. Df | Resid. Dev | Df | Deviance | Pr(>Chi) |
|---|---|---|---|---|---|
| glm.new | 157 | 112.78 | | | |
| fit.full | 140 | 95.97 | 17 | 16.81 | 0.46 |

结果的卡方检验不显著（p=0.46），表明 8 个变量的新模型与 28 个完整变量的模型拟合程度一样好。即年龄、学历、收入来源、家庭收入、社区地位、认知程度、提升环境、生态环境、水域水质、植被覆盖、参与诱导、亲友影响、社区影响、人际关系、社区紧密度、信任度、声誉地位、参与行为 1、参与行为 2、参与程度不会显著提高方程的精度，因此可以用更简单的模型进行解释。

### 13.2.5.3　解释模型结果

首先看回归系数，回归系数的含义是当其他条件不变时，一单位自变量的变化可引起的响应变量对数优势比的变化。由于对数优势比解释性差，对结果进行指数化，见表 13-7。

表 13-7　回归系数指数化

| | 法律法规 | 生态生活 | 机会主义 | 监督机制 | 他人惩罚 | 补偿程度 | 参与成本 | 从众行为 |
|---|---|---|---|---|---|---|---|---|
| 0.00002 | 1.707 | 1.783 | 0.270 | 4.346 | 0.527 | 1.914 | 7.877 | 0.376 |

由此可见，法律法规宣传增加一个程度，参与运管维的优势比将乘以 1.707（保持其他 7 个指标不变）；同理，生态生活增加一个程度，参与运管维的优势比将乘以 1.783；机会主义增加一个程度，参与运管维的优势比则乘以 0.270；监督机制增加一个程度，参与式运管维的优势比将乘以 4.346；他人惩罚增加一个程度，参与运管维的优势比则乘以 0.527；补偿程度增加一个程度，参与运管维的优势比将乘以 1.914；参与成本的衡量程度增加一个单位，参与运管维的优势比将乘以 7.877；从众行为增加一个程度，参与运管维的优势比则乘以 0.376。因此，随年龄、法律法规、认知程度、生态生活、监督机制、补偿程度、参与成本的增加与机会主义、他人惩罚、从众行为评分的降低，参与运管维的优势比将上升。

其次，结合描述性统计分析和显著性水平进行分析，结果如下。

（1）法律法规的宣传具有正向的影响。政府宣传水利法律法规和相关知识，引导、教育农民明确自身权利和义务，法律法规宣传频率的增加使得居民自身素质提高，更愿意参与水利项目运管维工作中去。

（2）生态生活具有正向的影响。生态水利项目促进生态环境和生态生活等各方面的改善，与农民的生产生活密切相关，生态生产的改善促进农民参与水利项目运管维，同时合理保存社会资源、提升公共道德评价。

（3）监督机制具有正向的影响。可以理解为如果政府建立了有效的监督机制，其他居民组织和集体就会在有效的监督机制下更有效地参与水利项目运管维工作。

（4）补偿程度具有正向的影响。相对其他阶层来说，居民收入会少很多，调查对象只有7.2%不在意，72.9%表示比较在意补偿程度，所以通过增加资金投入可很大程度上鼓励和提高居民参与水利项目运管维的积极性。

（5）参与成本具有正向的影响。74.7%的调查对象会衡量参与成本（额外付出的时间、人员、费用成本）和参与补助，若参与成本小于农民付出同样时间、精力做其他工作，那么农民会积极投入劳动力，参与水利项目运管维。

（6）机会主义、他人惩罚、从众行为具有反向的影响。机会主义表示居民心存侥幸心理，即自己不参加水利项目运管维，对水利项目运管维没有影响；从众行为越严重，越不愿意做领头人参与水利项目运管维，会随从大多数居民行为不参与水利项目运管维。

### 13.2.5.4 模型检验

做出的模型需要检验结果的好坏，需要进行样本外模型效果的检验，具体做法是将各解释变量的测试数据集代入二元 Logistic 模型中，得出每一个样本的响应变量取 1 的概率。每个样本取 $Y=1$ 的概率不同，概率区间位于[0,1]之间。本书需要确定一个临界值来确定参与管理是否发生，即分类结果，为了得到分类结果，在此处设定临界值为 0.5，当预测的概率值大于 0.5 时，$Y=1$。当预测的概率值小于 0.5 时，$Y=0$。

运用测试集数据进行验证模型，结果如下所示：

```
>mydata2<-read.csv("D:\\data1\\test.csv")
>fitted.results<-predict(glm.new,newdata=subset(mydata2,select=c(1,6,7,11,15,16,19,20,21,25)),type="response")
> fitted.results<-ifelse(fitted.results>0.5,1,0)
> mis<-mean(fitted.results!=mydata2$是否参与)
> mis
[1] 0.175
> print(paste('Accuracy',1-mis))
[1] "Accuracy 0.825"
```

结果显示精度为 0.825，说明模型拟合效果不错。

二元 Logistic 模型的表现还可以绘制 ROC 曲线，如图 13-4 所示，并计算 AUC（曲线下的面积），其中 ROC 越接近 1（1 是理想）模型预测能力越强。

```
> prf<-performance(pr,measure="tpr",x.measure="fpr")
> plot(prf)
> auc<-performance(pr,measure="auc")
> auc<-auc@y.values[[1]]
> auc
[1] 0.9366667
```

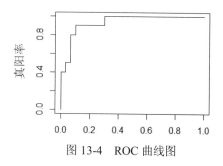

图 13-4　ROC 曲线图

综上可以得出精度为 0.825，模型拟合效果不错，预测能力相对理想。

总之，从居民角度出发，针对有可能影响居民的激励因素进行分析，结合许昌水系实际情况，基于 R 语言运用 Logistic 模型对影响居民参与水利项目运管维的因素进行了定量分析，最终识别选取出 8 个激励因素。研究结果表明：法律法规、生态生活、机会主义、监督机制、他人惩罚、补偿程度、参与成本、从众行为对居民有较显著的激励作用。另外，各激励因素在不同水平时对结果概率的影响不同，因此政府等相关组织可以根据识别出的各个激励因素，采取有针对性的行之有效的激励政策。通过 Logistic 模型的分析可知，政府的激励和监管是激励居民参与生态水利项目运管维的显著因素，加强政府的激励和监管等措施是改善许昌市居民参与水利项目运管维状况的最有效的方式之一，不过在此之前，政府首先要做的是结合上述居民参与水利项目运管维激励因素更深入了解居民行为，弄清当政府采取不同监管措施时，居民决策意愿的变化情况，以及居民参与决策的变化是如何影响政府决策的，进而了解双方决策行为的相互影响关系，最终找到能够使双方利益最大化的决策行为。所以下面采用非对称混合策略博弈模型对政府和居民的行为随时间进行演化稳定性分析，揭示政府有效激励居民参与水利项目运管维的内在机理，从而为政府制定相关激励政策和措施提供理论和现实依据。

## 13.3　利益均衡下生态水利项目参与式运管维的演化博弈分析

对政府和居民行为深入研究之后发现，在参与式水利项目运管维的不同阶段，政府的激励措施会逐渐演变，所以需要不断探究双方的决策策略。

### 13.3.1　问题描述

什么样的激励措施最能调动居民的积极性？居民对这些措施又会作何反应？政府的激励措施在项目的不同阶段是如何变化的？这些都是亟待解决的问题。本书以许昌生态水利项目为对象，利用演化博弈模型对以上问题深入分析，并给出相应建议。下面列出对地方政府和居民的调研结果。

（1）政府：通过调研及访问发现如下原因：①权、责、利不清晰，相互推诿、协调难度大。②法律法规宣传、引导不到位。③管制成本高，补偿、监督等工作需耗费大量时间、人力和财力。④不十分了解居民参与管理的行为。

地方政府对居民的行为可能采取两种策略：①监管。地方政府对主动参与运管维的居民进行适当的补助，对不参与的居民进行处罚，从而促使居民参与水利项目运管维。②不监管。地方政府对居民的行为不予干涉，听之任之。

（2）居民：通过调研发现居民参与到水利项目运管维工作的积极性较低，究其原因：①法律法规。很大一部分居民不了解参与式水利项目运管维专业知识及相关法律法规内容，导致居民不能充分掌握政府动态和政府工作。②机会主义。机会主义产生的最主要原因是政府与居民的信息不对称，导致部分居民不信任政府，漠视政府号召，而只在乎自身利益，存在"我不做自会有人做"的不利观念。③从众行为。居民存在较为严重的从众行为，不愿意独树一帜，而是跟随大多数人的选择不参与水利项目运管维工作。④参与成本。补偿程度、他人惩罚、从众行为等都体现了居民的利己本性，无论什么年龄阶层、个体特征都有自利特性，特别是监督和惩罚措施缺失的情况下，居民会更多地考虑个人利益，尽可能地将应付成本转移到他人身上。

因此，面对政府的激励政策，居民也可采取"参与"（参与水利项目运管维）、"不参与"（不参与水利项目运管维）两种策略。居民参与水利项目运管维需付出一定的成本（时间、人力、财力），政府需对居民这种参与行为给予相应的激励。若不参与水利项目运管维，将面临环境污染、生活质量下降和政府惩罚。综上所述，政府和居民之间关于参与水利项目运管维的博弈组合策略见表 13-8。

表 13-8　政府和居民的博弈组合策略

| 政府 | 居民 | |
|---|---|---|
| | 参与 | 不参与 |
| 监管 | （监管，参与） | （监管，不参与） |
| 不监管 | （不监管，参与） | （不监管，不参与） |

由于信息不充分、认知能力受限等原因，博弈中的双方都是有限理性的。此外，政府和居民之间的博弈完全吻合演化博弈模型，即研究对象的行为策略会随着时间变化而不断演化，所以此模型可以对政府和居民的演化过程进行深入分析。

### 13.3.2　演化博弈模型假设

（1）参与者。政府和居民；假设博弈双方都是有限理性。

（2）行为策略。政府的策略：①进行监督管理，简称"监管"。②不进行监督管理，简称"不监管"。居民的策略：①参与水利项目运管维，简称"参与"。②不参与水利项目运管维，简称"不参与"。其中"水利管理"是指居民参与生态水利项目的建设和运管维工作。

（3）概率。居民选择参与的概率为 $x$，居民选择不参与的概率为 $1-x$；政府选择监管的概率为 $y$，政府选择不监管的概率为 $1-y$。

（4）参数。具体参数及变量说明见表 13-9。

表 13-9　博弈模型中参数说明

| 博弈双方 | 符号 | 符号含义 |
|---|---|---|
| 居民 | $x$ | 居民参与水利项目运管维概率 |
| | $C$ | 居民参与水利项目运管维成本（额外付出的时间、人力、财力） |
| | $I$ | 居民参与水利项目运管维收益（农业收入、生态生活改善、自身素质提升） |
| | $C_0$ | 居民不参与水利项目运管维、机会主义时，政府运管维时对居民的惩罚（强制缴部分水费等强制性措施） |
| 政府 | $Y$ | 政府监管概率 |
| | $C_1$ | 政府监管成本（额外付出的时间、人力、行政等） |
| | $C_2$ | 政府不监管（或监管不成功）时造成的社会损失成本（对良好生态环境的评价、资源合理的保存、良好的公共秩序的补救措施） |
| | $T$ | 政府进行监管（或不监管居民主动参与）时获得的收益（良好生态环境的评价、资源合理的保存、良好的公共秩序） |
| | $R$ | 居民主动参与水利项目运管维时，政府给予居民的财政补贴（资金补贴） |

### 13.3.3 博弈模型的建立及求解

根据模型假设可知政府和居民之间的博弈收益矩阵，见表 13-10。

表 13-10 政府和居民的博弈收益矩阵

| 政府 | 居民 | |
|---|---|---|
| | 参与 | 不参与 |
| 监管 | $(-C_1+T-R, C+I+R)$ | $(-C_1-C_2+C_0+T-R, -C_0)$ |
| 不监管 | $(T, -C+I)$ | $(-C_2, 0)$ |

从表 13-10 中可以看出此博弈模型不存在纳什均衡，而在实际操作过程中，政府与居民一直处在不断重复博弈的进程中，且博弈双方的信息是不对称的，而且政府的行为策略也会随着时间的变化而不断演变。因此在不存在纳什均衡的情况下，动态演化博弈模型更符合政府与居民的实际博弈情况。

由 13.3.2 的模型假设以及表 13-10 的政府和居民之间的博弈收益矩阵可知，居民选择参与水利项目运管维的期望收益为 $U_{f1}$，选择不参与水利项目运管维的期望收益为 $U_{f2}$，平均收益（居民选择参与和不参与运管维的平均期望收益）为 $\overline{U_f}$：

$$U_{f1} = y(-C+I+R)+(1-y)(-C+I)=I-C+Y \bullet R$$
$$U_{f2} = y(-C_0) = -y \bullet C_0$$
$$\overline{U_f} = xU_{f1}+(1-x)U_{f2} = x(I-C+y \bullet C_0+Y \bullet R)-y \bullet C_0$$

复制动态方程分析，政府对居民是否参与水利项目运管维采取监管策略的比例数 $x$ 的复制动态方程为 $F(x)$

$$F(x)=\frac{dx}{dt}=x(U_{f1}-\overline{U_f})=x(1-x)(I-C+y \bullet C_0+Y \bullet R)$$

政府对居民参与水利项目运管维采取监管措施的期望收益为 $U_{g1}$，政府对居民参与水利项目运管维不采取监管措施的期望收益为 $U_{g2}$，平均收益（采取混合策略，即采取监管和不监管措施的平均期望收益）为 $\overline{U_g}$，复制动态方程 $F(y)$ 分别为：

$$U_{g1} = x(-C_1+T-R)+(1-x)(-C_1-C_2+C_0+T) = x(C_2-C_0-R)-C_1-C_2+C_0+S$$
$$U_{g2} = x \bullet T+(1-x)(-C_2) = x(C_2+T)-C_2$$

$$\overline{U_g} = y \bullet U_{g1}+(1-y)U_{g2} = -y(C_0+T+R)-y(C_1-C_0-T)+x(T+C_2)-C_2$$

同理可得居民群体中，居民采取参与水利管理策略的比例数 $y$ 的复制动态方程为 $F(y)$

$$F(y)=\frac{dy}{dt}=y(U_{g1}-\overline{U_g})=y(1-y)[C_0+T-C_1-x(C_0+T+R)]$$

动态系统的复制动态方程组为：

$$\begin{cases} F(x)=\dfrac{dx}{dt}=x(U_{f1}-\overline{U_f})=x(1-x)(I-C+y \bullet C_0+Y \bullet R) \\ F(y)=\dfrac{dy}{dt}=y(U_{g1}-\overline{U_g})=y(1-y)[C_0+T-C_1-x(C_0+T+R)] \end{cases}$$

### 13.3.4  演化博弈结果分析

#### 13.3.4.1  居民参与水利项目运管维的决策演化博弈稳定性分析

演化稳定策略要求其所处的状态对微小扰动具有稳定性，根据一阶微分方程稳定性理论，演化稳定策略要求这些稳定状态处于的导数必须小于 0，即 $F'(x^*) < 0$ 时，$x^*$ 对 $F(x)$ 是稳定的，其中 $x^*$ 是 $F(x) = 0$ 的解。

令 $F(x) = 0$，所得的解即为复制动态方程的稳定状态。

$$F(x) = x(U_{f1} - \overline{U_f}) = x(1-x)(I - C + y \bullet C_0 + Y \bullet R) = 0$$

解得：$x = 0, x = 1, y = (C - I)/(C_0 + R)$

$$F'(x) = (1 - 2x)(I - C + y \bullet C_0 + Y \bullet R)$$

接下来进行演化稳定性分析：

（1）当 $y = (C - I)/(C_0 + R)$ 时，$F(x) = 0$，对于所有的 $x$ 值都处于稳定状态。

（2）当 $y \neq (C - I)/(C_0 + R)$ 时，演化稳定策略需满足 $\begin{cases} F(x) = 0 \\ F'(x^*) < 0 \end{cases}$，令 $F(x) = 0$，可得 $x = 0$ 和 $x = 1$，所以 $x = 0$ 和 $x = 1$ 是 $x$ 的两个稳定状态，根据微分方程稳定性理论，$F'(x^*) < 0$ 时，$x^*$ 为稳定演化策略。

若 $C - I < 0$，即居民参与水利项目运管维的成本小于其参与获得的收益时，有 $y > (C - I)/(C_0 + R)$，其中 $F'(0) > 0, F'(1) < 0$，所以 $x = 1$ 是演化稳定策略。即 $C - I < 0$ 时，$x = 1$ 是演化稳定策略，有限理性的居民才会主动参与水利项目运管维中来，而不依赖于政府的监管策略。

若 $C - I > 0$，即居民参与水利项目运管维的成本大于其参与获得的收益时，出现了以下两种情况：① $y > (C - I)/(C_0 + R)$ 时，$F'(0) > 0, F'(1) < 0$，所以 $x = 1$ 是演化稳定策略，即有限理性的居民会参与水利项目运管维。② $y < (C - I)/(C_0 + R)$ 时，$F'(0) < 0, F'(1) > 0$，所以 $x = 0$ 是演化稳定策略，即有限理性的居民选择不参与水利项目运管维。

综上可知：当参与收益大于参与成本时，有限理性的居民不会考虑政府的策略选择，都会积极参与水利项目运管维；当参与收益小于参与成本时，有限理性的居民会根据政府策略做出选择，且政府监管的概率越大，居民越有可能选择参与水利项目运管维。

#### 13.3.4.2  政府决策策略的演化稳定性分析

同理，令 $F(y) = 0$，所得的解即为复制动态方程的稳定状态。解得：$y = 0, y = 1$，$x = (C_0 + T - C_1)/(C_0 + T + R)$

$$F'(y) = (1 - 2y)[C_0 + T - C_1 - x(C_0 + T + R)]$$

接下来进行演化稳定性分析：

（1）当 $x = (C_0 + T - C_1)/(C_0 + T + R)$ 时，$F(y) = 0$，对于所有的 $y$ 值都处于稳定状态。

（2）当 $x \neq (C_0 + T - C_1)/(C_0 + T + R)$ 时，演化稳定策略需满足 $\begin{cases} F(y) = 0 \\ F'(y^*) < 0 \end{cases}$，令 $F(y) = 0$，可得 $y = 0$ 和 $y = 1$，所以 $y = 0$ 和 $y = 1$ 是 $y$ 的两个稳定状态，根据微分方程稳定性理论，$F'(y^*) < 0$ 时，$y^*$ 为稳定演化策略。

若 $C_0 + T - C_1 < 0$，即政府的管制成本大于监管收益和对居民的强制处罚费用之和时，有 $x > (C_0 + T - C_1)/(C_0 + T + R)$，其中 $F'(0) < 0, F'(1) > 0$，所以 $y = 0$ 是演化稳定策略，这时政府不选择监管且策略不依赖于居民的策略选择。

若 $C_0 + T - C_1 > 0$，即政府的管制成本小于监管收益和对居民的强制处罚费用之和时，出现了以下两种情况：① $x > (C_0 + T - C_1)/(C_0 + T + R)$ 时，$F'(0) < 0, F'(1) > 0$，所以 $y = 0$ 是演化稳定策略，即有限理性的政府不会选择监管策略。② $x < (C_0 + T - C_1)/(C_0 + T + R)$ 时，$F'(0) > 0, F'(1) < 0$，所以 $y = 1$ 是演化稳定策略，即有限理性的政府选择监管策略。

综上可知：当监管成本大于监管收益和对居民的强制处罚费用之和时，有限理性的政府不会考虑居民的策略选择，会选择不监管的策略；当管制成本小于监管收益和对居民的强制处罚费用之和时，有限理性的政府会根据居民的策略做出选择，且居民选择参与水利项目运管维的概率越大，政府越有可能选择不监管。

### 13.3.4.3 政府和居民策略的演化稳定性分析

对于政府和居民的混合博弈演化，可以用复制动态方程组组成的系统来描述，令 $F(x) = \dfrac{dx}{dt} = 0, F(y) = \dfrac{dy}{dt} = 0$，可以得知该动态复制系统有以下均衡点，$E_1(0,0), E_2(0,1)$，$E_3(1,0), E_4(1,1)$，当且仅当 $0 < (C_0 + T - C_1)/(C_0 + T + R) < 1$，$0 < (C - I)/(C_0 + R) < 1$ 时，$E_5[(C_0 + T - C_1)/(C_0 + T + R),(C - I)/(C_0 + R)]$ 是系统的一个平衡点。但在实际运用时，均衡点的选择会根据实际情况有所不同，一方面要考虑各方博弈策略比例的初始状态，另一方面还要考虑特定区间内动态微分方程的正负情况。若某个比例经稳定性分析确认是稳定的，则该比例就对应于 ESS。根据演化均衡点的概念可知，可以通过分析雅可比矩阵的局部稳定性得出演化系统均衡点的稳定性，再分别对 $F(x)$ 和 $F(y)$ 求关于 $x$ 和 $y$ 的偏导数，可得雅克比矩阵为

$$\boldsymbol{J} = \begin{bmatrix} \partial F(x)/\partial x & \partial F(x)/\partial y \\ \partial F(y)/\partial x & \partial F(y)/\partial y \end{bmatrix} = \begin{bmatrix} (1-2x)(I-C+yR+yC_0) & x(1-x)(R+C_0) \\ -y(1-y)(C_0+T+R) & (1-2y)[C_0+T-C_1-x(C_0+T+R)] \end{bmatrix}$$

其中行列式的值 $\det j$ 和矩阵的迹的值 $trj$ 分别为

$\det j = (1-2x)(I-C+yR+yC_0)(1-2y)[C_0+T-C_1-x(C_0+T+R)] + xy(1-x)(R+C_0)(1-y)(C_0+T+R)$

$trj = (1-2x)(I-C+yR+yC_0) + (1-2y)[C_0+T-C_1-x(C_0+T+R)]$

当复制动态的均衡点是演化动态过程的任一局部渐进稳定不动点时，这个均衡点就是演化稳定策略(ESS)，同时满足雅克比矩阵对应的行列式的值 $\det j > 0$ 和矩阵的迹的值 $trj < 0$ 的不动点是渐进稳定的，它们分别对应着一个演化博弈。

通过计算上述 5 个均衡点的 $\det j$ 和 $trj$，利用 $\det j$ 和 $trj$ 的值对 5 个均衡点进行稳定性分析，分析结果见表 13-11。

表 13-11 均衡点稳定性分析

| 条件 | | 均衡点个数 | 均衡点 | J 行列式符号 | J 迹符号 | 结论 |
|---|---|---|---|---|---|---|
| 情形 1 | $I - C > 0$ $C_0 + T - C_1 > 0$ | 4 | $E_1$ | + | + | 不稳定 |
| | | | $E_2$ | - | 不确定 | 鞍点 |
| | | | $E_3$ | + | - | 稳定 |
| | | | $E_4$ | - | 不确定 | 鞍点 |

续表

| 条件 | | 均衡点个数 | 均衡点 | J 行列式符号 | J 迹符号 | 结论 |
|---|---|---|---|---|---|---|
| 情形 2 | $I-C>0$<br>$C_0+T-C_1<0$ | 4 | $E_1$ | - | 不确定 | 鞍点 |
| | | | $E_2$ | + | + | 不稳定 |
| | | | $E_3$ | + | - | 稳定 |
| | | | $E_4$ | - | 不确定 | 鞍点 |
| 情形 3 | $I-C<0$<br>$I-C+R+C_0>0$<br>$C_0+T-C_1<0$ | 4 | $E_1$ | + | - | 稳定 |
| | | | $E_2$ | + | + | 不稳定 |
| | | | $E_3$ | - | 不确定 | 鞍点 |
| | | | $E_4$ | - | 不确定 | 鞍点 |
| 情形 4 | $I-C<0$<br>$I-C+R+C_0<0$<br>$C_0+T-C_1<0$ | 4 | $E_1$ | + | - | 稳定 |
| | | | $E_2$ | - | 不确定 | 鞍点 |
| | | | $E_3$ | - | 不确定 | 鞍点 |
| | | | $E_4$ | | + | 不稳定 |
| 情形 5 | $I-C<0$<br>$I-C+R+C_0<0$<br>$C_0+T-C_1>0$ | 4 | $E_1$ | - | 不确定 | 鞍点 |
| | | | $E_2$ | + | - | 稳定 |
| | | | $E_3$ | | 不确定 | 鞍点 |
| | | | $E_4$ | + | + | 不稳定 |
| 情形 6 | $I-C<0$<br>$I-C+R+C_0>0$<br>$C_0+T-C_1>0$ | 5 | $E_1$ | - | 不确定 | 鞍点 |
| | | | $E_2$ | - | 不确定 | 鞍点 |
| | | | $E_3$ | - | 不确定 | 鞍点 |
| | | | $E_4$ | - | 不确定 | 鞍点 |
| | | | $E_5$ | + | 0 | 中心点 |

由表 13-11 可知，所有的均衡点都不是稳定策略（ESS），但是当

（1）$I-C>0$，$C_0+T-C_1>0$ 时，$E_3(1,0)$ 为稳定策略（ESS）。

（2）$I-C>0$，$C_0+T-C_1<0$ 时，$E_3(1,0)$ 为稳定策略（ESS）。

（3）$I-C<0$，$I-C+R+C_0>0$，$C_0+T-C_1<0$ 时，$E_1(0,0)$ 为稳定策略（ESS）。

（4）$I-C<0$，$I-C+R+C_0<0$，$C_0+T-C_1<0$ 时，$E_1(0,0)$ 为稳定策略（ESS）。

（5）$I-C<0$，$I-C+R+C_0<0$，$C_0+T-C_1>0$ 时，$E_2(0,1)$ 为稳定策略（ESS）。

（6）$I-C<0$，$I-C+R+C_0>0$，$C_0+T-C_1>0$ 时，$E_5$ 为中心。

**结论 1**

情形 1，即 $I-C>0$，$C_0+T-C_1>0$，居民的参与收益 $I$（居民收入、生态生活改善、自身素质提升）大于参与成本 $C$（额外付出的时间、人力、财力），政府的监管收益 $C_0+T$ 小于监管成本 $C_1$。由表 13-11 可知，系统有四个平衡点 $E_1 \sim E_4$，但只有 $E_3(1,0)$ 是演化稳定点，而 $E_2(0,1)$ 和 $E_4(1,1)$ 是鞍点，$E_1(0,0)$ 是不稳定平衡点。因此居民参与水利项目运管维、政府

不进行监管是稳定演化策略，根据系统演化动态，从任何初始状态出发，系统都将收敛到 $E_3(1,0)$ 点。

情形 2，即 $I-C>0$，$C_0+T-C_1<0$，居民的参与收益 $I$ 大于参与成本 $C$，政府的监管收益 $C_0+T$ 大于监管成本 $C_1$。由表 13-11 可知，系统有四个平衡点 $E_1 \sim E_4$，但只有 $E_3(1,0)$ 是演化稳定点，而 $E_1(0,0)$ 和 $E_4(1,1)$ 是鞍点，$E_2(0,1)$ 是不稳定平衡点。因此居民参与水利项目运管维、政府不进行监管是演化稳定策略，根据系统演化动态，从任何初始状态出发，系统都将收敛到 $E_3(1,0)$ 点。

由此可知，只有在居民参与收益 $I$ 大于参与成本 $C$ 时，居民会参与生态水利项目运管维，实现资源的合理利用和经济的可持续发展。政府生态水利项目的良性循环给居民带来很大程度的收入、生态生产改善时，即居民参与收益大于参与成本时，无论政府监管收益与监管成本有什么关系，居民都将采取参与水利项目运管维、政府采取不进行监管策略。由此可见，生态水利项目带来的良性循环（水资源可持续利用、生态生活改善）达到居民满意，即给居民带来收入增长、生态生产条件的改善及通过宣传教育居民自身素质的提高程度等方面的收益大于居民参与成本时，居民终会选择参与水利项目运管维策略。政府可以从居民用水、居民生态水产条件、居民素质方面提高居民参与水利项目运管维积极性。

**结论 2**

情形 3，$I-C<0$，$I-C+R+C_0>0$，$C_0+T-C_1<0$，居民的参与收益 $I$ 小于参与成本 $C$，政府的监管收益 $C_0+T$ 小于监管成本 $C_1$。由表 13-11 可知，系统有四个平衡点 $E_1 \sim E_4$，但只有 $E_1(0,0)$ 是演化稳定点，而 $E_3(1,0)$ 和 $E_4(1,1)$ 是鞍点，$E_2(0,1)$ 是不稳定平衡点。因此居民不参与水利项目运管维、政府不进行监管是演化稳定策略，根据系统演化动态，从任何初始状态出发，系统都将收敛到 $E_1(0,0)$ 点。

情形 4，$I-C<0$，$I-C+R+C_0<0$，$C_0+T-C_1<0$，居民的参与收益 $I$ 小于参与成本 $C$，政府的监管收益 $C_0+T$ 小于监管成本 $C_1$。由表 13-11 可知，系统有四个平衡点 $E_1 \sim E_4$，但只有 $E_1(0,0)$ 是演化稳定点，而 $E_2(0,1)$ 和 $E_3(1,0)$ 是鞍点，$E_4(1,1)$ 是不稳定平衡点。因此居民不参与水利项目运管维、政府不进行监管是演化稳定策略，根据系统演化动态，从任何初始状态出发，系统都将收敛到 $E_1(0,0)$ 点。

由此可知，居民的参与收益 $I$ 小于参与成本 $C$、在政府监管收益 $C_0+T$ 小于监管成本 $C_1$ 的情况下，居民采取不参与水利项目运管维策略、政府采取不进行监管策略，最终只能演化成居民不参与水利项目运管维、政府不监管居民不作为行为。由此可见，降低居民和政府成本或双方共享成本是促进生态水利项目走向良性、可持续发展、政府和居民充满生机活力的重要途径，同时也需提高政府监管职能和居民自身素养。

**结论 3**

情形 5，$I-C<0$，$I-C+R+C_0<0$，$C_0+T-C_1>0$，居民参与水利项目运管维时的总收益 $I+R$（农业收入和政府补贴等）小于参与成本 $C$，政府的监管收益 $C_0+T$ 大于监管成本 $C_1$。由表 13-11 可知，系统有四个平衡点 $E_1 \sim E_4$，但只有 $E_2(0,1)$ 是演化稳定点，而 $E_1(0,0)$ 和 $E_3(1,0)$ 是鞍点，$E_4(1,1)$ 是不稳定平衡点。因此居民不参与水利项目运管维、政府进行监管是演化稳定策略，根据系统演化动态，从任何初始状态出发，系统都将收敛到 $E_2(0,1)$ 点。

由此可知，居民参与成本大于居民收入和政府补贴、政府监管收益大于监管成本时，演化为居民采取不参与水利项目运管维策略、政府采取监管策略的局面。

**结论4**

情形6，$I-C<0$，$I-C+R+C_0>0$，$C_0+T-C_1>0$，居民参与成本$C$大于居民收入小于居民收入和政府补贴之和$I+R$，政府的监管收益$C_0+T$大于监管成本$C_1$。由表13-11可知，复制系统有五个平衡点$E_1 \sim E_5$，其中$E_5[(C_0+T-C_1)/(C_0+T+R),(C-I)/(C_0+R)]$为中心，$E_1 \sim E_4$为鞍点。

政府处罚$C_0$和政府补贴$R$与政府选择监管的概率$y$具有互补性。即政府选择监管的概率$(C-I)/(C_0+R)$会随着政府处罚$C_0$以及政府补贴$R$的增大而减小，会随着其减小而增大。

### 13.3.5 演化博弈结论

本书通过建立生态水利项目的演化博弈模型，探讨了博弈双方即政府和居民的策略选择的相互关系，为利益主体均衡下的生态水利项目参与式运管维激励机制设计做准备。在政府和居民都是有限理性的条件下，得出以下结论：

**结论一**

根据条件的不同，二者的演化博弈可以得到两个演化稳定策略。

（1）若$C-I<0$，即居民参与成本小于参与收益时，$x=1$是演化稳定策略，有限理性的居民才会主动参与水利项目运管维中来，而不依赖于政府的监管策略。

（2）若$C_0+T-C_1<0$，即当政府对居民的处罚和政府监管收益小于政府的管制成本时，$y=0$是演化稳定策略，在这种情况下，有限理性的政府不考虑居民的策略选择，会直接选择不监管的策略。

由（1）、（2）两个演化稳定策略可得下列启示。

1）博弈结果（1）表明：参与渠道的匮乏对居民有效参与水利项目运管维造成了阻碍。在上述分析中，当居民的参与收益大于参与成本时，居民会积极参与水利项目运管维，而不考虑政府的策略选择。但事实上，即使收益大于成本，主动参与水利项目运管维的居民也很少，这就是因为缺乏合适的参与渠道，居民即使想参与，也找不到参与途径。针对这种情形，政府应努力提高组织管理效率，同时设计更多简单便捷的参与渠道，打通居民和项目之间的路径障碍，让有参与意愿的居民可以顺利的参与到水利项目的运管维工作中。

2）博弈结果（2）表明：居民的策略选择主要取决于自身经济利益。当参与成本大于参与收益时，居民会根据政府的策略来选择参与策略，如果政府不选择监管，则居民不会主动参与运管维工作，在一定范围内，政府选择监管的概率增加，居民选择参与的可能性也增加，但是最高也不会超过$(C_0+T-C_1)/(C_0+T+R)$。所以参与报酬的高低直接影响了居民的参与积极性，针对这种情形，政府应制定科学的奖惩措施，要将奖励的激励效果发挥到最大，还要把握好惩罚的度。

**结论二**

政府和居民混合策略下，系统复制动态方程演化稳定策略见表13-11。

（1）情形1、情形2结果也显示居民参与水利管理受经济利益驱动。

（2）情形3、情形4结果显示：政府需采取措施降低监管成本。按照演化博弈模型，当政府监管成本大于监管收益和政府处罚之和时，政府会选择不进行监管，然而这显然是不现实的。因为水利项目一直依靠政府的财政和政策支持，是理应由政府提供的准公共产品，政府如果退出水利项目管理，势必会造成项目管理混乱，项目运营维护陷入瘫痪，所以政府不能选择不监管，只能采取措施降低监管成本。目前国内采用较多的方法是授权第三方组织进行管理，第三方组织形式有"用水者协会""承包经营"等，政府只需对第三方组织进行监管，由第三方组织负责水利项目的管理、组织与协调，这样可以在保证水利项目正常运行的条件下，有效降低政府的监管成本。

（3）情形 5 结果表明：一定程度的负激励可以提高居民参与水利项目运管维的积极性。在一定范围内，居民选择参与运管维的概率会随着政府处罚费用的增加而增加，因此采取适当的惩罚措施是很有必要的。但在实际操作过程中，政府对拒绝参与水利项目运管维的居民缺乏有效的惩罚措施，甚至完全没有惩罚，这不仅无法促使居民参与运管维，还会打击已参加运管维居民的积极性。

（4）情形 6 结果表明：在水利项目管理中，政府必须占据主导地位。复制动态方程的周期性演化说明，参与式水利项目运管维是一个长期过程，需要政府和居民通力合作，在此过程中，政府必须保持主导地位，并分析居民参与策略的变化，及时采取相应的调整措施，保证参与式水利项目管理的有序高效进行。近年来，由于投资收益低、居民参与度低等原因，参与式水利项目运管维发展缓慢，特别是税费制度的改革导致政府机会成本增大，政府对参与式水利项目运管维的投入力度每况愈下，政府主导地位严重缺失。造成这种局面的原因就在于参与机制不完善，政府与居民的"责、权、利"划分不清晰，并且缺乏有效的监督激励措施，导致居民参与流于形式，水利项目的效益大打折扣。因此，完善参与式水利项目运管维的运行机制，健全政府监管和激励机制，对水利项目运管维的有效运行和长远发展很有必要和意义。

## 13.4 生态水利项目参与式运管维的激励机制设计

对参与式水利项目运管维的利益主体提出明确的要求，并设计有效的参与运管维激励机制，避免"参与"成为口号。

### 13.4.1 依据演化博弈结果的激励类型划分

前文识别出影响居民参与水利管理的八个观察变量，在此基础上，建立了政府激励导向的地方政府和居民之间的动态演化博弈与合作模型，为有效设计居民参与水利项目运管维的激励机制做了充分准备。

分析演化博弈模型结果可以发现：从居民缺乏合适的、有效的参与途径结论可知，应从渠道建设着手构建参与式运管维实施体系；从居民受经济利益驱动性较强结论可知，应从报酬、奖励、荣誉等方面设计参与式水利项目运管维薪酬体系；从政府需授权第三方以降低监管成本、居民参与水利项目需要适当的负激励、政府的主导地位不能缺失三个结论可知，应从道德、自身价值观、监管效率等方面制定监管与制裁体系。

由此可见，根据演化博弈模型结果可总结出三种具体的激励模式：即构建参与式运管维实施体系、设计薪酬体系、制定监督和制裁体系。具体思路如图 13-5 所示。

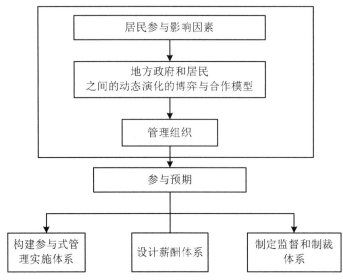

图 13-5　激励机制设计的理论路线

### 13.4.2　激励机制的设计主要事项

根据演化博弈理论建立的地方政府和居民间的动态演化博弈和合作模型，结合居民参与生态水利项目运管维过程中面临的实际问题，构建参与式运管维实施体系、薪酬体系、监督和制裁体系。

#### 13.4.2.1　参与式运管维实施体系

居民激励机制缺失的一个重要表现是部分居民想要参与，但是没有有效的参与渠道和实施路径体系。因此需构建居民参与生态水利项目参与式运管维实施体系，该实施体系包含以下几方面的内容：

在参与运管维组织中明确居民参与运管维的目标，使居民对自己的未来收益和所要达成的效果有一个清晰的准确的估计，比如水质改善对人健康的重要性、水生态环境改变能给许昌人民带来哪些收益等。制定完善的参与式运管维制度有利于增强组织的正规性和合法性，使得居民具有责任感和紧迫感。

塑造团队参与氛围可以使得居民对参与式运管维产生一种归属感和依附性，使得居民从势单力薄的角色转变为一个可以与政府谈判组织的一分子，使居民产生安全感，从而更好地参与生态水利项目的运管维。另外，构建参与式运管维文化体系可以很好地对居民产生有效的激励，使居民高效地参与水利项目运管维。

管理措施要根据居民的行为策略适时调整。根据上文的演化博弈模型，居民在不同阶段的行为策略会不断变化，同时居民的行为策略会影响政府的策略选择。当居民不愿意参与生态水利项目运管维时，就要宣传、引导参与式运管维给予他们的收益和用水保障；若居民愿意参与水利项目运管维，需要有效的参与渠道保证居民参与水利项目运管维工作中，激发起这部分居民参与运管维的强烈愿望和诉求。

从上述分析中得出：构建参与式运管维实施体系，了解居民的实际需求，可以使居民产生对参与式运管维的认同，对居民产生良好的激励效果。

#### 13.4.2.2　报酬体系

在许昌市生态水利项目调研中发现，居民参与水利项目运管维的合作意愿与相关机构的运管维状况有一定的相关性。相关合作机构的运管维状况是影响居民参与水利项目运管维意愿的重要因素，其状况越好周围居民对运管维现状的满意度越高，且居民运管维现状满意度与其今后的参与意愿成正相关关系。

生态水利项目当前的运管维状况至关重要，但从许昌市实地调研结果发现，只有少数居民参与水利项目运管维，为提高参与居民的积极性，应从最大化参与居民利益出发，对实际参与生态水利项目运管维组织的居民给予一定的薪酬激励。

薪酬设计运用委托代理理论，以用水者协会为分析对象。委托代理关系是一种契约关系，指委托人委托将自己需要完成的工作委托其他人（代理人），代理人根据委托人的利益和部分决策权保质保量完成工作，并获取收益。在用水者协会中，存在委托代理关系，将未参与运管维居民作为委托人，参与运管维居民作为代理人。委托代理关系假定如下：①委托人与代理人信息不对称；②委托人与代理人目标冲突；③代理结果不确定；④参与运管维居民利益最大化。

因为信息是不对称的，参与运管维居民的行为不是可直接观察到的或者去实际佐证，因此未参与运管维居民只能根据参与运管维居民公布的结果来推测他们的努力程度。但是代理结果不仅受到努力水平的影响，还受到不可控因素的影响，因此当代理结果很低时，无法判断代理人是偷懒还是不可控因素造成的，因此无法准确判断参与运管维居民的尽责程度和为他们支付合适的报酬，因此需要针对参与运管维居民的努力水平对上述函数进行优化设计。我们假设参与运管维居民的努力水平只有两种情况：高努力水平和低努力水平，对应付出不同的私人成本。我们通过契约的设计使参与运管维居民在高努力水平下的报酬大于在低努力水平下的报酬，从而使参与运管维居民选择高水平的付出。

与此同时，参与运管维居民的收益随着似然率的变化而变化。由于未参与运管维居民观测到的结果不确定，因此似然率有很大的波动，从而使参与运管维居民的收益也随之会出现很大的波动，因此在非对称信息下，参与运管维居民必须承担一定的风险。从上述分析中可知，由于未参与运管维居民无法准确观察或控制参与运管维居民的努力程度，因此有可能产生效率损失，即使满足了参与约束和激励相容约束也无法像信息对称情况下一样达到帕累托效率。

在不对称信息下对参与运管维居民进行激励的一个最大困境在于无法准确观测其努力程度，产生把参与运管维居民的努力程度和外生随机变量相混淆的问题。因此在设计激励机制时应该设立一个对参与运管维居民的监督机制。可以实施第三方监督，也可以在用水者协会内实施成员之间的相互监督。假设该监督机制已经存在，他们对参与运管维居民的工作情况进行监督，一旦参与运管维居民出现运管维不善、卸责、机会主义等行为并被监督者发现，将会受到惩罚。

在设立有效监督系统的条件下，支付给参与运管维居民的薪酬满足契约规定报酬大于不作为时惩罚后的报酬，就可以很好地激励参与运管维居民努力工作，避免卸责行为和机会主义行为的发生。从结论中可以发现，参与运管维居民不努力工作被监督者发现的概率越大，该支付条件就越容易实现，支付给参与运管维居民的报酬的下限就会越低，从而减少成本，因此监督体系的设立至关重要，只有层层设立有效的监督约束，才会实现高水平的合作。

#### 13.4.2.3　监督和制裁体系

从前文分析可知，监督和适当的负激励可以对居民产生激励作用。因此应该设计相应的监督和制裁体系，以激励居民有效参与生态水利项目运管维的积极性，如设立参与式运管维监督小组，该小组成员由部分居民组成，对参与水利项目运管维的居民行为进行监督。鼓励居民对其他居民的偷懒卸责行为进行匿名检举，并给与相应的奖励。对偷懒卸责者，例如不参与水利项目维护的用水者协会成员，轻则，对其实施点名批评，重则，强制他们退出用水者协会，撤销其会员资格等；对积极参与小型水利项目运管维各项事务的居民进行多种形式的激励，树立模范带头作用，可以对其委以重任，担任一些协会内的职务，也可以对其进行奖金奖励。

# 第 14 章　许昌市生态水利 PPP 项目综合管理信息平台研究

智慧水系是生态水利 PPP 项目的有效管理手段。本书以许昌市生态水利 PPP 项目为载体，首先对其综合管理信息平台开发的必要性、可行性、思路及步骤进行阐释，并对平台开发的目标、原则、应用技术等进行深入研究，在此基础上，构建符合许昌市生态水利 PPP 项目实际需求的平台功能模块，最后对平台运行的经济、社会、生态效益进行预测与分析。

## 14.1　许昌市生态水利 PPP 项目综合管理信息平台开发概述

### 14.1.1　平台开发背景

2013 年 7 月，许昌市被水利部列为全国首批水生态文明城市建设试点，2014 年 2 月，水利部审查通过《许昌市水生态文明城市建设试点实施方案》，2014 年 4 月，河南省政府正式批复该方案。试点以"节水优先、空间均衡、系统治理、两手发力"的新时期治水思路，坚持科学规划、高位推动、创新机制、合力攻坚等原则，确保试点期各项工作优质高效推进。从 2013 年开始，许昌市开始实施三大水利项目，建成了 82 公里环城河道、5 个城市湖泊、4 片滨水林海，并在 2016 年通过国家水生态文明城市试点验收。在许昌市城市生态水利建设取得引人瞩目成就的同时，如何有效地进行生态水利管理是重中之重的课题。

许昌市市政实业总公司负责许昌市生态水利 PPP 项目的管理、养护和维修等工作，但因许昌市生态水利项目的建设是由 BT 模式转化成 PPP 模式的，采用的是分区域建设形式，给后续运营、维护及管理埋下了诸多隐患。另外，许昌市市政实业总公司是许昌市生态水利 PPP 项目的委托运营单位，因此，以什么为抓手和载体进行有效管理，就成为需要破解的关键。建立一套较为完善且先进的生态水利管理信息平台，将许昌市生态水利健康评价、综合业务管理、公众参与等作为平台主要功能模块，形成运营、管理、维护一体化，监督、检查、评价一条龙，政府、社会、公众协同共治格局。

### 14.1.2　平台开发的必要性

#### 14.1.2.1　理论必要性

本书将政府与社会资本合作的 PPP 模式视为生态水利项目社会投资的创新模式，究其原因是：政府与社会资本合作的 PPP 模式，不仅打破了生态水利项目政府投资为主的观念，而且拉开了生态水利项目供给侧结构改革的序幕。本书将生态水利项目公益属性与 PPP 模式的特点有机结合，对该领域社会投资 PPP 模式的基本概念、必要性、可行性等进行界定，并对 PPP 模式应用于该领域的利益相关者、风险分担、特许权期、绩效评价等进行系统、深入分析，构建了生态水利项目社会投资 PPP 模式的基本理论体系。

本书针对生态水利项目 PPP 模式建设、运营、维护中社会资本、民间资本参与积极性不高、融资与再融资渠道单一、退出机制不健全等问题，提出并研究了 PPP+ABS 和 PPP+P2G

创新模式，前者侧重激励投融资的内生动力，后者侧重于激励投融资的外部动力，为社会资本退出提供了有效途径；为解决生态水利项目 PPP 模式建设、运营、维护中的管理问题，提出并研究了 PPP+APP（公众号）创新模式，以实现生态水利项目 PPP 模式的高效运营、维护及现代化管理目标；针对生态水利项目 PPP 模式特许权期决策问题，提出并研究了 PPP+C 创新模式，即将确定的特许经营期设定为弹性特许经营期，并设定不同的绩效考核阶段和考核标准，根据考核效果以委托经营方式延长或缩短特许经营期。

综上所述，无论是对生态水利项目 PPP 模式概念的界定及焦点问题研究，还是对提出的"PPP+"创新模式研究，其最终目标是采用何种手段或方式，将理论研究成果进行实践应用转化，促进生态水利 PPP 项目的健康、可持续发展。许昌市生态水利 PPP 项目综合信息管理平台的开发不仅汇集了本书研究的基本思想，而且将本书研究成果设计为平台模块，并运用现代信息技术手段提高项目的运管维质量与效率。

### 14.1.2.2 实践必要性

许昌市生态水利项目与本书主题高度吻合，是本书实证部分的载体。由于管理信息系统开发需要专业技术公司合作，课题组通过甄选，特聘郑州市家训信息技术有限公司联合开发了《许昌市生态水利 PPP 项目综合管理信息平台》，该平台的开发综合运用了本书的理论研究观点及模型，实现了理论与实践应用的有机结合。

许昌市生态水利项目综合管理信息平台建成后，辐射的服务人口 492 万、服务面积 4996km$^2$，通过该平台的整合联网，信息共享，实现生态水利监控、维护、客户服务、应急处理等业务信息的自动化，打造物联网智能生态水利；通过河流健康评估功能，随时可以了解许昌水系资源的健康状况；采用地理信息可视化方式有机整合，形成"许昌市生态水利智慧物联网"实时数据采集平台，做出相应的处理结果与辅助决策建议，以更加精细和动态的方式对整个许昌市生态水利的监控、监测和服务流程进行数字化管理；通过对监控数据的挖掘和分析，为科学调度和宏观决策提供必要的支持。

该平台是集物联网技术、大数据分析技术、GIS 技术、计算机技术、一体式传感器、水利模型为一体的综合性生态水利维护运营管理系统，实现城市生态水利的监控及定位，同时，兼具水网数据管理与分析、管网资产评估、水质模型构建、优化供水调度、水量预测、生态水利分区等功能，大大提高许昌市生态水利 PPP 项目的运营、维护效率。公司高层随时能得到最新、最全的信息数据，可以随时监控各类业务进展情况，不再被动地等待各部门上报的各种报表，不用担心数据是否准确、健全、被加工，不用再面对枯燥的数字，而是通过工单系统和统一调度平台，就可以对发现的问题及时作出响应和处理，提升生态水利项目的管理效率及水平。

### 14.1.3 平台开发的思路与步骤

许昌市生态水利 PPP 项目综合管理信息平台是将涉及生态水利管理的各种基础数据全部数字化，充分应用通信网络、数据库、GIS、GPS、物联网等先进技术，使信息化手段更为广泛、全面地应用在城市生态水利管理领域。许昌市生态水利综合管理信息平台是以地理信息系统为基础开发的，能够实现生态水利信息的可视化处理，不仅可以实时监测、模拟和分析生态水利信息，还具备在微观层次进行空间数据管理与分析的功能，从而有效降低管理成本。

目前，许昌市生态水利 PPP 项目综合管理信息平台已试运营且初具成效，其整体思路和构建步骤如图 14-1 和图 14-2 所示。

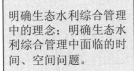

图 14-1　许昌市生态水利 PPP 项目综合管理信息平台设计的整体思路

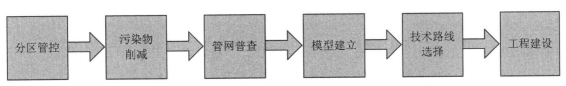

图 14-2　许昌市生态水利 PPP 项目综合管理信息平台的构建步骤

## 14.2　许昌市生态水利 PPP 项目综合管理信息平台的设计

### 14.2.1　平台设计的总体目标

本平台设计的总体目标是建设针对许昌市生态水利项目 PPP 模式的综合管理信息化平台，积极推动许昌市生态水利治理信息化的全面、科学、和谐及可持续发展，该平台设计的具体目标是以地理信息系统技术为核心，以计算机网络技术为基础，4G 技术、GPS 技术为传输载体，建立基于基本地形图的许昌市生态水利公共设施信息库，实现管理部门内部的信息共享、一体化办公，并在此基础上，紧密结合管理工作的业务流程，建立一体化的动态监测网络平台，全面监测、快速响应。同时，建立以三维为基础的评价模型，为许昌市生态水利管理工作提供科学的决策依据，使生态水利项目 PPP 模式的运管维更加科学化、规范化和自动化。

总之，许昌市生态水利 PPP 项目综合管理信息平台是在数字经济环境下，将大数据、物联网、移动通信技术等先进网络技术与生态水利管理系统有机结合的产物，这种模式也是传统企业突破发展瓶颈、把握未来发展趋势的必由之路。

### 14.2.2　系统的架构设计

本平台的设计与开发从整体和系统的角度考虑其角色和作用，并有效地利用最新的信息技术，如 GIS 技术、GPS 技术、WEB 技术、数据库技术等，实现信息与基础数据相结合，构造一个既相互独立、又相互匹配，信息共享、可自动统计与分析的集成化综合管理和决策支持平台。

在系统具有良好的运行环境保障下，根据系统建设的目标，其设计框架基于业界标准的体系结构——基础感知层、网络传输层、基础支撑层、应用系统层、用户层组成，这种体系结构既方便应用，又方便开发者进行调整，具有很强的灵活性，且对整个系统的业务逻辑和数据访问、共享等通过组件层进行封装，各个应用可以基于组件迅速搭建。

在系统架构设计中，坚持以提高平台的实用性、降低平台开发的成本和提高平台的生命周期为目的，充分研究和总结以往信息项目应用系统的开发思路和方法，然后根据许昌市生态水利 PPP 项目的需求，将本书研究观点及成果融入平台的设计中；在集成平台技术方面，采用信息获取、分析、应用一体化平台；在标准化方面，参照行业标准发展趋势，建立许昌市生态水利 PPP 项目地理数据标准化方案；在数据库管理方面，采用图形数据和属性数据存放于同一数据库中的技术。系统构架的具体设计流程为：首先，制定数据标准、设计数据库、建立入库（更新）流程；其次，建立基础组件库，提供调用、查询、统计、分析和表现等操作接口。

### 14.2.3 平台设计的原则

为保证许昌市生态水利 PPP 项目综合管理信息平台的科学规划和顺利实施，平台设计主要遵循以下八个主要原则。

（1）实用性。整个平台设计以易于管理为宗旨。用户界面必须简洁、丰富且易于操作，平台搭载的应用系统也应该流畅、简便。

（2）可靠性和稳定性。平台以成熟科学的体系结构为依托，选用稳定流畅的软件产品，对系统的质量严格把关，保证可以全天候运行。

（3）先进性。平台大量使用了大数据、云计算、物联网等先进技术，以使系统产品标准化，性能高质量。

（4）可扩展性。为了保证后续的扩展或移植，平台在设计时保留了良好的数据接口。许昌市生态水利 PPP 项目综合管理信息平台的建设立足于生态水利管理的应用，同时为未来技术的发展留有余地。

（5）统一性。本平台在建设过程中，对企业以往存在的各种信息系统进行了统一的整合，建立了统一的监控平台和数据平台，并统一使用和规范，为企业未来的信息化建设打下了坚实的基础。

（6）灵活性。在统一性的基础上，平台能与以后业务的变动相适应，灵活地实现系统的整合和扩展。业务流程和信息分类可自定义，当业务变动时，无需修改系统或只需极少修改即可。

（7）经济性。为了避免不必要的浪费，在平台设计以及选择支持软件时，既要保证系统的可靠性和稳定性，也要考虑经济性。为避免重复建设而增加成本，对现有的生态水利管理信息进行了充分利用，并将其科学地纳入新建系统，对系统涉猎的硬件设备要求通过政府采购形式购置。

（8）展示方式多样性。平台适应了目前无线互联网的发展趋势，在展示方式上采取了多种最为常见和流行的方式：微信公众号、APP 等。

### 14.2.4 平台设计和开发中应用的新技术

本平台在设计中大量应用了目前最流行和最先进的信息技术，其中主要有以下八个方面。

（1）云计算技术。云计算是基于互联网相关服务的增加、使用和交付模式，通常是以互联网来提供动态易扩展且经常是虚拟化的资源。云计算技术颠覆了传统行业的消费模式和服务模式，实现了从"购买软硬件产品"向"提供和购买 IT 服务"的转变，并通过互联网或集团内网自助式的获取和使用服务。许昌市生态水利 PPP 项目综合管理信息平台设计中，为了节约企业整体的信息化投入成本，建议企业不要自建 IT 系统，而是通过购买相关的云计算服务。具体云计算服务形式如图 14-3 所示。

图 14-3　云计算服务形式

（2）物联网技术。物联网是"信息化"时代的进一步发展，其仍然是以互联网为核心和基础，不过在互联网的基础上将用户端延伸和扩展到了任何物品与物品之间，进行信息交换和通信，也就是物物相息。物联网（IOT）革命势不可挡。大多数物联网传感器会进行无线部署，因为这是一种更廉价的连接形式，具有低功耗、大容量、高稳定性以及深覆盖等显著优势，将其应用于许昌市生态水利 PPP 项目综合管理信息平台中，大大引领并提升了项目管理的"智慧升级"。在许昌市生态水利 PPP 项目综合管理信息平台设计中，正是通过物联网技术，将分散在城市各处的河道健康评价、生态水利设施、多形式公众参与等进行实时的信息采集，对其位置、状态等进行监测和管理，及时发现并处理问题。物联网技术主要应用领域如图 14-4 所示。

图 14-4　物联技术主要应用领域

（3）大数据时代。大数据在本质上还是一个数据集合，不过不同于一般的数据集合，大数据具有海量、高增长率和多样化的特征，是一种宝贵的信息资产。大数据在一定时间内是无法用常规工具进行捕捉和处理的，必须使用先进的大数据处理技术才能深入发掘出数据隐含的信息，从而拥有"洞察先机"的能力。水务管理企业也应该把握住这个大数据时代，充分利用珍贵的数据资产，通过引入大数据技术强化企业的数据处理能力，将数据管理的重心从结构化向非结构化转移，进而在未来行业内形成核心竞争力。大数据技术的主要功能及应用如图14-5所示。

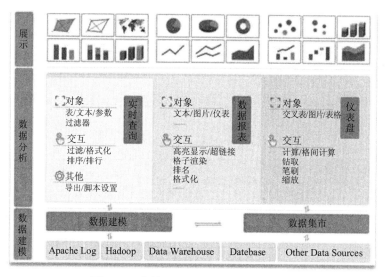

图 14-5　大数据技术的主要功能及应用

（4）移动互联网。利用移动互联网技术，将平台与通信软件、网站和手机 APP 等联系起来，以便实时提供用户需要的信息，比如可能发生的停水、漏失、污染等情况。未来的互动技术将在生态水利 PPP 项目运营、维护及管理中发挥更重要的作用，可用的解决方案会变得更加个性化。

（5）实时动态监测系统。许昌市生态水利 PPP 项目在给许昌人民带来水清湖美、生态文明的同时，水质污染问题也成为全民担忧并关注的焦点。一旦发生污染，将给中国老百姓的日常生活和生产造成严重的影响，因此，通过实时水质监测设备和软件可以主动管理和避免潜在的威胁，实现数据的自动采集和传输，进行水质信息的实时跟踪，提高企业水质监测的管理水平。

（6）GIS（地理信息系统）。GIS 又称为"地理信息系统"。这是一种特定的空间信息系统。它可以在计算机硬件和软件系统的支持下对整个或部分地球表层（包括大气层）空间中的有关地理分布数据进行采集、储存、管理、运算、分析、显示和描述的技术系统。通过 GIS 技术，企业就可以达到对生态水利的一些基础数据进行可视化和数字化管理，并且还可以把地图以及水面和地面的信息都融入这个管理系统之中，并且对项目的地下管线进行三维模拟，切实解决管理过程中的隐蔽性强、重叠交叉问题，充分体现出辅助决策的科学性和先进性。如公众通过随手拍等功能发布的照片，也将通过 GIS 系统加入地理位置信息实现定位和共享。

（7）人工智能（AI）。人工智能是一种新的技术科学，它主要对模拟、扩展和延伸人的智能的方法和技术以及理论进行研究和开发。人工智能也是计算机科学的一个分支，它对智能的实质是什么进行有益探索，并且生产出一种和人类的思维方式相类似的智能机器，包括智能机器人、图像识别系统、语音识别系统等。这些系统的共同点是都具有自学习和推理判断的能力，它们现在被应用到优化设计、智能检测和故障诊断等领域。人工智能在许昌市生态水利 PPP 项目管理中的应用，给企业的运营带来更多的改变。

（8）虚拟现实（VR）。虚拟现实系统是一种计算机仿真系统，它可以创建和体验虚拟世界，它的原理是利用计算机形成一个模拟的环境，将多种信息用交互和融合的方式动态地表现出来，形成三维系统仿真，并且使用户沉浸在该环境中。在许昌市生态水利 PPP 项目综合管理信息平台中，其美景、美照、美图等正是通过 VR 技术进行拍摄，使人在观看的同时陷入沉浸式的体验过程。

## 14.3　许昌市生态水利 PPP 项目综合管理信息平台的功能

许昌市生态水利 PPP 项目综合管理信息平台主要由以下三大管理系统组成，即生态水利健康状况评估系统、生态水利综合业务管理系统、生态水利公众感知系统。

生态水利健康评估系统是根据水利部下发的《河流健康评估指标体系》为基础，建立了动态实时的基础数据库，是实现生态水利智慧管理的基础。许昌市生态水利综合业务管理系统和生态水利健康评估系统密切结合，是生态水利业务单位在对各项健康指标监控的基础上，结合本单位的业务实际情况，对影响到生态水利健康状况的各种情况作出及时反应，保证生态水系的稳定运行。

生态水利公众感知系统也是整个系统重要的组成部分。生态水利的建设不仅仅是建设和使用单位的事情，也是当今社会生态文明的重要组成部分，它的服务对象是广大人民，所以公众参与是许昌市生态水利 PPP 项目综合管理系统必须具备的功能。

以上三个系统的子项、展示方式、具体内容及服务对象详见表 14-1，许昌市生态水利 PPP 项目综合管理信息平台首页示意如图 14-6 所示。

表 14-1　许昌市生态水利 PPP 项目综合管理信息平台的主要功能

| 名称 | 子项 | 展示方式 | 内容 | 服务对象 |
|---|---|---|---|---|
| 生态水利健康评估系统 | 生态水利健康评估系统（PC 端） | 服务器端 PC 端 | 以河流健康评估指标体系为基础，建立的动态实时的基础数据库 | 使用单位内部人员（系统操作人员、领导） |
| 生态水利综合业务管理系统 | 生态水利综合管理信息平台（PC 端） | 服务器端 PC 端 | 生态水利综合信息管理平台，实现综合业务管理和监控 | 使用单位内部人员（系统操作人员、领导） |
| | 生态水利综合管理信息平台（APP 版） | 手机 APP | 利用单独开发的手机 APP 用于企业内部管理信息发布，简单工作流程处理 | 使用单位内部人员（公司领导、一线员工） |
| 生态水利公众感知系统 | 公众感知平台（微信版） | 手机微信公众号平台 | 利用微信公众号发布生态水利相关信息，并实现各种便民功能，激发公众参与的积极性 | 广大群众 |
| | 公众感知平台（APP 版） | 手机 APP | 利用单独开发的手机 APP 发布生态水利相关信息 | 广大群众 |

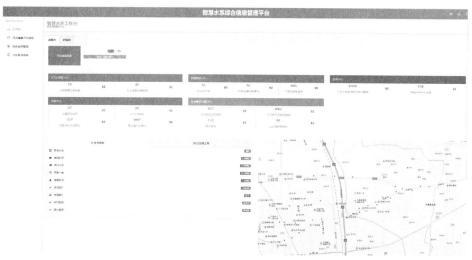

图 14-6　许昌市生态水利 PPP 项目综合管理信息平台首页示意

### 14.3.1　生态水利健康评估系统

生态水利健康评估系统是基于国家水利部下发的河流健康评估办法开发的，是对河流系统物理完整性（水文完整性和物理结构完整性）、生物完整性、化学完整性和服务功能完整性以及它们的相互协调性的评价。作为整个许昌市生态水利 PPP 项目管理的核心系统，河流健康评估的总体目标是要通过实际数据来了解河流的生态状况，通过数据分析来掌握河流的健康变化规律，为进一步生态水系治理提供指导依据。监测数据来源于水文站监测点按系统规定上报或由监测点设置的数据采集仪器自动采集上报。

河流健康评估指标设计：包括 1 个目标层、5 个准则层、15 个评估指标以及流域自选指标。详见表 14-2 水利部下发的河流健康评估指标体系。

表 14-2　河流健康评估指标体系

| 目标层 | 准则层 | 河流指标层 | 代码 | 指标选择 |
|---|---|---|---|---|
| 河流健康 | 水文水资源（HD） | 过程流量变异程度 | FD | 必选 |
| | | 生态流量保障程度 | EF | 必选 |
| | | 流域自选指标 | | |
| | 物理结构（PF） | 河岸带状况 | RS | 必选 |
| | | 河流连通阻隔情况 | RC | 必选 |
| | | 天然湿地保留率 | NWL | 必选 |
| | | 流域自选指标 | | |
| | 水质（WQ） | 水温变异情况 | WT | 必选 |
| | | DO 水质情况 | DO | 必选 |
| | | 耗氧有机污染情况 | OCP | 必选 |
| | | 重金属污染情况 | HMP | 必选 |
| | | 流域自选指标 | | |

续表

| 目标层 | 准则层 | 河流指标层 | 代码 | 指标选择 |
|---|---|---|---|---|
| 河流健康 | 生物（AL） | 大型无脊椎动物生物完整性指数 | BMIBI | 必选 |
| | | 鱼类生物损失指数 | FOE | 必选 |
| | | 流域自选指标 | | |
| | 社会服务功能（SS） | 水功能区达标指标 | WFZ | 必选 |
| | | 水资源开发利用指标 | WRU | 必选 |
| | | 防洪指标 | FLD | 必选 |
| | | 公众满意度指标 | PP | 必选 |
| | | 流域自选指标 | | |

许昌市生态水利 PPP 项目的健康评估系统正是依照上述指标体系，对监测采集和上报的数据，定期实时地反映河流的健康程度，以数字、Excel 表格、曲线图、饼状图等方式在平台中直观地呈现出来。同时在系统主页上，以不同颜色状况来显示河流的健康程度（参照了水利部河流健康评估办法中的指标要求），详见表 14-3。

表 14-3　河流的健康程度表示形式

| 等级 | 类型 | 颜色 | 分数范围 | 说明 |
|---|---|---|---|---|
| 1 | 理想状况 | 蓝 | 80～100 | 接近预期指标 |
| 2 | 健康 | 绿 | 60～80 | 距离预期较小差异 |
| 3 | 亚健康 | 黄 | 40～60 | 距离预期中度差异 |
| 4 | 不健康 | 橙 | 20～40 | 距离预期较大差异 |
| 5 | 病态 | 红 | 0～20 | 距离预期显著差异 |

#### 14.3.1.1　水文水资源（HD）

水文水资源是一种地理资源，主要指标详见表 14-4。

表 14-4　水文水资源主要指标

| 准则层 | 分指标层 | 代码 |
|---|---|---|
| 水文水资源（HD） | 过程流量变异程度 | FD |
| | 生态流量保障程度 | EF |

过程流量变异程度（FD）是指在现有的开发状态下，对河段的月径流年内实测数据和天然月径流过程之间的差异进行评估。对河段监测断面以上的流域内水资源的开发和利用以及河段内河流水文情势的影响程度进行反应和评估。该指标在平台中以曲线图的方式显示指标数值的变化，过程流量变异程度平台展示如图 14-7 所示。

说明：图 14-7 中，纵轴为数值，横轴为变化的时间段（72 小时变化曲线，水文站设置的数据采集器每 6 小时采集一次数据上传），系统可以清楚地显示在 72 小时内两个指数的变化程度和之间的差异程度，当超过预设的告警值时，系统将自动发送告警给相关人员处理。以后的图表除监测上报时间段不同外，显示方式均采取曲线图表方式。

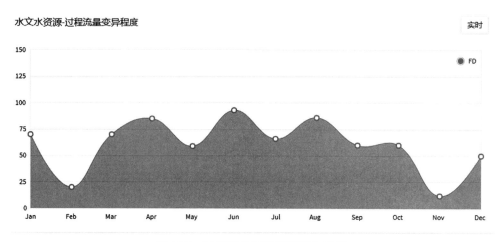

图 14-7　过程流量变异程度平台展示

河流生态流量（EF）是指为维持河流生态系统的不同程度生态系统结构、功能而必须维持的流量过程，采用最小生态流量进行表征。该指标在平台中以曲线图的方式显示指标数值的变化，河流生态流量平台展示如图 14-8 所示。

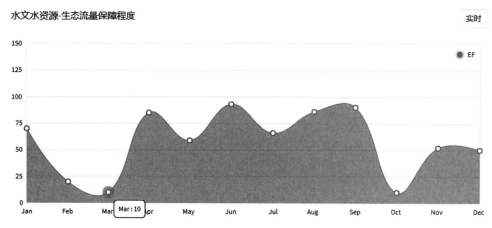

图 14-8　河流生态流量平台展示

#### 14.3.1.2　物理结构（PF）

物理结构反映河道的几何形态，直接影响到水体同河岸河道的交换能力、水生物栖息地、河道物理稳固及健康程度等，本书将其用河岸带状况、河流连通阻隔情况和天然湿地保留率等表示，详见表 14-5。

表 14-5　河道健康物理结构指标

| 准则层 | 分指标层 | 代码 |
| --- | --- | --- |
| | 河岸带状况 | RS |
| 物理结构（PF） | 河流连通阻隔情况 | RC |
| | 天然湿地保留率 | NWL |

河岸带状况（RS）指标包括三个分指标，分别为河岸稳定性、河岸带植被覆盖率、河岸带人工干扰程度，其赋分（RSr）采用以下公式计算：

$$RSr=BKSr \times BVSw+BVCr \times BVCw+RDr \times RDw$$

公式说明见表 14-6。

表 14-6 河岸带状况计算公式说明

| 指标（赋分） | 分指标（赋分） | 赋分范围 | 权重 | 建议权重 |
|---|---|---|---|---|
| 河岸带状况（RSr） | 河岸稳定性（BKSr） | 0～100 | BVSw | 0.25 |
| | 河岸带植被覆盖率（BVCr） | 0～100 | BVCw | 0.5 |
| | 河岸带人工干扰程度（RDr） | 0～100 | RDw | 0.25 |

该指标采用直接评估赋分法，在平台中以图 14-9 曲线图方式显示每月数值变化情况。

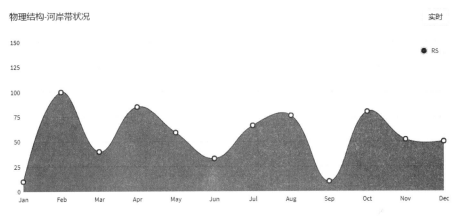

图 14-9 河岸带状况平台展示

河流连通阻隔情况（RC）主要调查评估河流对鱼类等生物物种迁徙及水流与营养物质传递阻断情况，重点调查监测断面以下河流河段的闸坝阻隔特征。该指标在平台中以图 14-10 曲线图的方式显示指标数值的变化。

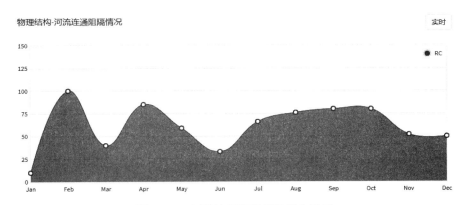

图 14-10 河道连通阻隔情况平台展示

天然湿地保留率（NWL）与河流有直接水利关系，天然湿地的形成、演变与河流系统的发展有密切关系。天然湿地保留率是指该湿地与历史（19 世纪 80 年代）状况湿地面积的比例。如果评估河段无湿地，则该指标不用做评估。指标赋分办法见表 14-7。

表 14-7　天然湿地保留率指标赋分办法

| 天然湿地保留率 | 赋分 | 说明 |
|---|---|---|
| 93% | 100 | 接近参考状况 |
| 86% | 75 | 与参考状况有较小差异 |
| 72% | 50 | 与参考状况有中度差异 |
| 44% | 25 | 与参考状况有较大差异 |
| 16% | 0 | 与参考状况有显著差异 |

天然湿地保留率在平台中以图 14-11 曲线图的方式显示指标数值的变化。

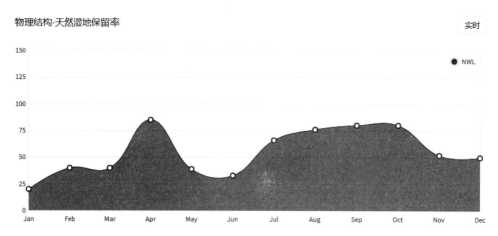

图 14-11　天然湿地保留率平台展示

### 14.3.1.3　水质（WQ）

WQ 是水体质量的简称，它标志着水体的物理（如色度、浊度、臭味等）、化学（无机物和有机物的含量）和生物（细菌、微生物、浮游生物、底栖生物）特性及其组成状况。水质为评价水体质量的状况，规定了一系列水质参数和水质标准，本书详见表 14-8。

表 14-8　水质指标

| 准则层 | 分指标层 | 代码 |
|---|---|---|
| 水质（WQ） | 水温变异情况 | WT |
| | DO 水质情况 | DO |
| | 耗氧有机污染情况 | OCP |
| | 重金属污染情况 | HMP |

水温变异情况（WT）是指现状水温月变化过程与多年平均水温月变化过程的变异程度，反应了河流开发活动对河流水温的影响。该指标在平台中以图 14-12 曲线图的方式显示指标数值的变化。

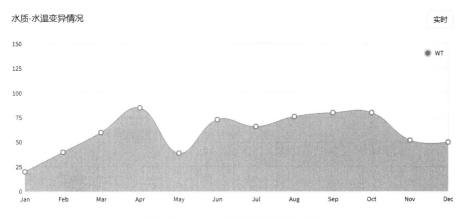

图 14-12　水文变异情况平台展示

DO 表示水质情况，DO 是水体中溶解氧浓度，单位 mg/L，溶解氧对水生植物十分重要。该指标在平台中以图 14-13 曲线图的方式显示指标数值的变化。

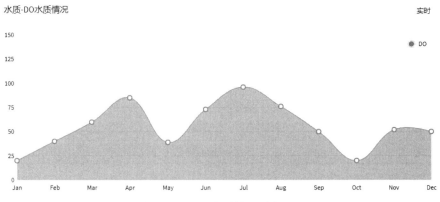

图 14-13　DO 水质情况平台展示

耗氧有机污染情况（OCP）是指导致水体中溶解氧浓度下降的有机污染物，取高锰酸盐指数、化学需氧量、五日生化需氧量、氨氮等四项指标对河流耗氧污染状况进行评估。该指标在平台中以图 14-14 曲线图的方式显示指标数值的变化。

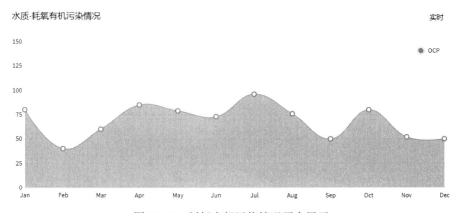

图 14-14　耗氧有机污染情况平台展示

　　重金属污染状况（HMP）是指含有生物毒性显著的重金属元素及其化合物对水的污染，选取砷、汞、镉、铬（六价）、铅等五项指标进行评估。该指标在平台中以图 14-15 曲线图的方式显示指标数值的变化。

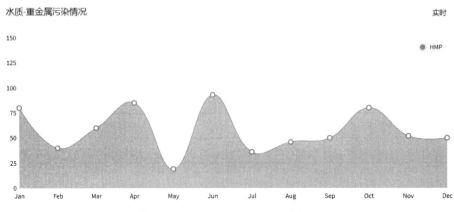

图 14-15　重金属污染情况平台展示

### 14.3.1.4　生物（AL）

　　水与生物（AL）的密切关系是指所有生物的生存都需要水。水是构成生物体的基础，又是生物新陈代谢的介质。水生物是判断河水是否受到污染的有效参照物，本书所指生物详见表 14-9。

表 14-9　生物指标构成

| 准则层 | 分指标层 | 代码 |
| --- | --- | --- |
| 生物（AL） | 大型无脊椎动物生物完整性指数 | BMIBI |
| | 鱼类生物损失指数 | FOE |

　　大型无脊椎动物生物完整性指数（BMIBI），生物完整性体现在各生物种群的完整性中，使用这个指数可以较为全面地对河流的水生态情况进行评估。该指标在平台中以图 14-16 曲线图的方式显示指标数值的变化。

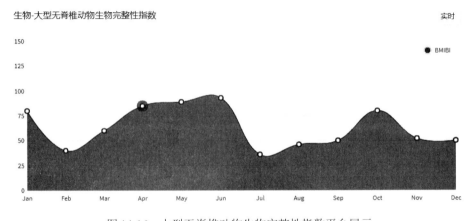

图 14-16　大型无脊椎动物生物完整性指数平台展示

鱼类生物损失指数（FOE），该指标反映流域开发后，河流生态平台中顶级物种受损失情况，其在平台中以图 14-17 曲线图的方式显示指标数值的变化。

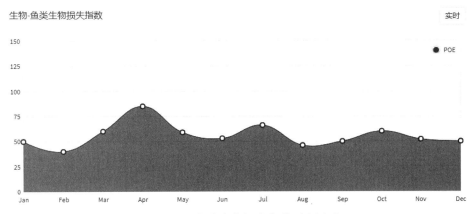

图 14-17  鱼类生物损失指数平台展示

### 14.3.1.5  社会服务功能（SS）

许昌市生态水利 PPP 项目中的主要河道为城市河道，是许昌市生存与发展必不可少的要素，在许昌市及周边地区经济发展和生态保护中有着十分重要的地位，其主要社会服务功能详见表 14-10。

表 14-10  社会服务功能指标

| 准则层 | 河流指标层 | 代码 |
|---|---|---|
| 社会服务功能（SS） | 水功能区达标指标 | WFZ |
| | 水资源开发利用指标 | WRU |
| | 防洪指标 | FLD |
| | 公众满意度指标 | PP |

水功能区达标指标（WFZ），该指标重点河流水质状况和水体规定功能，包括生态环境保护与资源利用等的适宜性。该指标在平台中以图 14-18 曲线图的方式显示指标数值的变化。

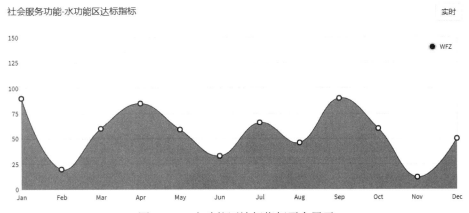

图 14-18  水功能区达标指标平台展示

水资源开发利用指标（WRU），是评估流域内开发利用的水资源和流域水资源总量的比例，反映了流域水资源的开发程度。该指标赋分办法详见表 14-11。

表 14-11　水资源开发利用指标赋分

| 水资源开发利用率 | 赋分 |
|---|---|
| 60%及以上 | 0 |
| 50% | 60 |
| 40% | 90 |
| 30% | 100 |
| 20% | 90 |
| 10% | 60 |
| 0% | 0 |

水资源开发利用指标在平台中以图 14-19 曲线图的方式显示指标数值的变化。

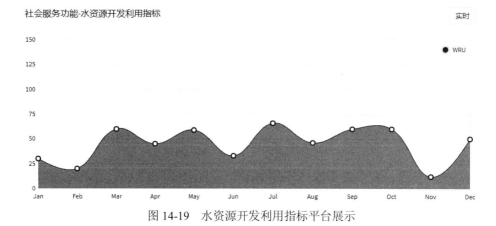

图 14-19　水资源开发利用指标平台展示

防洪指标（FLD），该指标评估河段的安全泄洪能力，在平台中以表 14-12 数值表示。防洪指标在平台中以图 14-20 曲线图的方式显示指标数值的变化。

表 14-12　防洪指标数值表示

| 防洪指标（FLD） | 赋分 |
|---|---|
| 95% | 100 |
| 90% | 75 |
| 85% | 50 |
| 70% | 25 |
| 50% | 0 |

公众满意度指标（PP），该指标反映了公众对评估河流景观、美学价值等的满意程度，并定期通过公众评价系统进行满意度评价采集，在平台中进行展示。该指标以本书附件 6 调查表为依据，以公众满意度为评分标准。

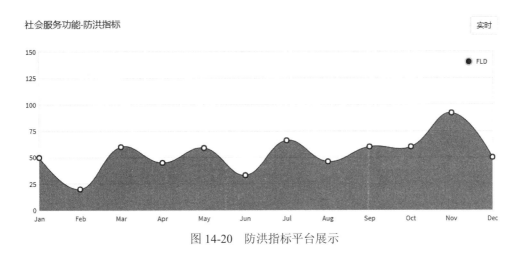

图 14-20　防洪指标平台展示

公众满意度指标在平台中以图 14-21 曲线图的方式显示指标数值的变化。

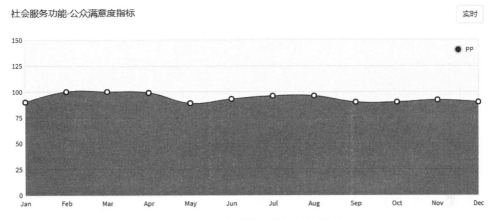

图 14-21　公众满意度指标平台展示

图 14-21 中，纵轴为数值，横轴为变化的时间段，根据公众感知系统进行评价采集到的数据，可以清楚地显示在一定时间段内指数的变化程度，反映了公众对水系治理的满意程度。

### 14.3.2　生态水利综合业务管理平台（PC 端和 APP 版本）

许昌市生态水利综合业务管理平台可实现对涉及生态水利及周边资产管理，通过生态水利健康评估平台中采集到的数据，对影响水质变化的事件作出及时处理。生态水利除了河流湖泊等水系资源外，平台还涵盖了其他的资产类型——水系周边管线、路灯、道路、水位等，这些资源也是生态水利构成的重要组成部分，而这正是以往水系治理中所忽视的。平台需要对这些资源加以提炼、分析，为相关部门的直接管理者提供及时准确的监控信息，为管理部门的决策者提供辅助决策的依据，从而保障生态水利管理健康、和谐、科学地运作。

许昌市生态水利综合业务管理平台可使管理部门全方位了解所有的水系健康状况和资产运营情况，及时发现各种问题。同时，借助强大的信息化技术系统，实现各级部门数据共享，达到事件和资产追踪管理的目标，实现一系列的监督管理职能，实现全范围内的事件管理和网上指挥调度。许昌市生态水利综合业务管理平台的子系统或者子功能如下。

### 14.3.2.1 资产管理系统

资产管理系统是实现对水系管理单位的资产管理与查询，资产状况的好坏决定了生态水利设施维护的质量。系统实现 Excel 方式查询相关的水利设施资产，如查询道路、桥梁、管线、泵站、路灯等信息。以仪表盘的方式直观地显示所有重要信息和代办事项。许昌市生态水利综合管理信息平台操作界面——系统仪表盘（综合信息图形化）展示如图 14-22 所示。

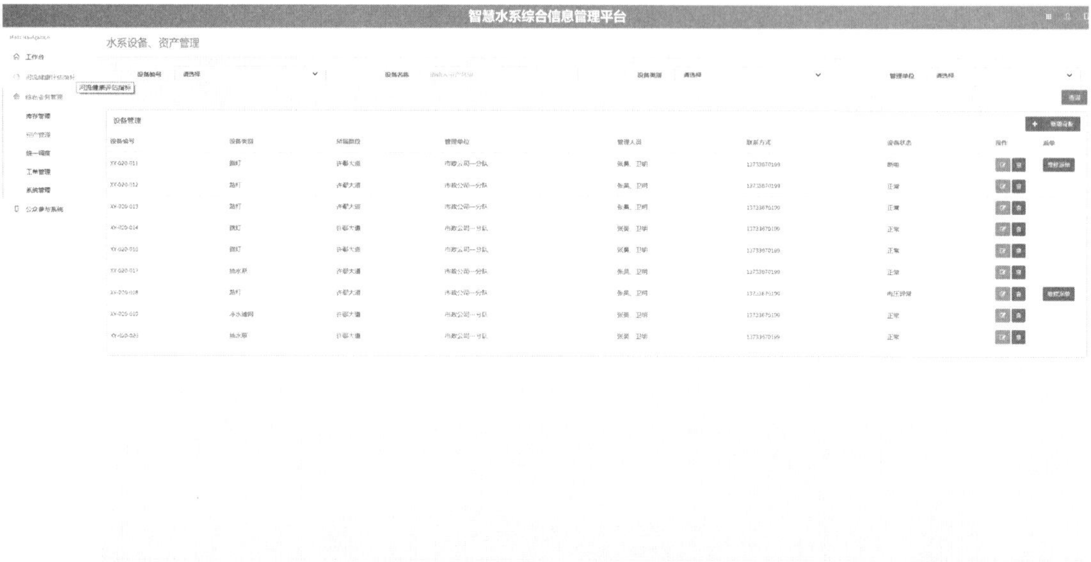

图 14-22　资产管理系统平台操作界面

许昌市生态水利综合管理信息平台操作界面——路灯设施资产信息查询页面如图 14-23 所示。

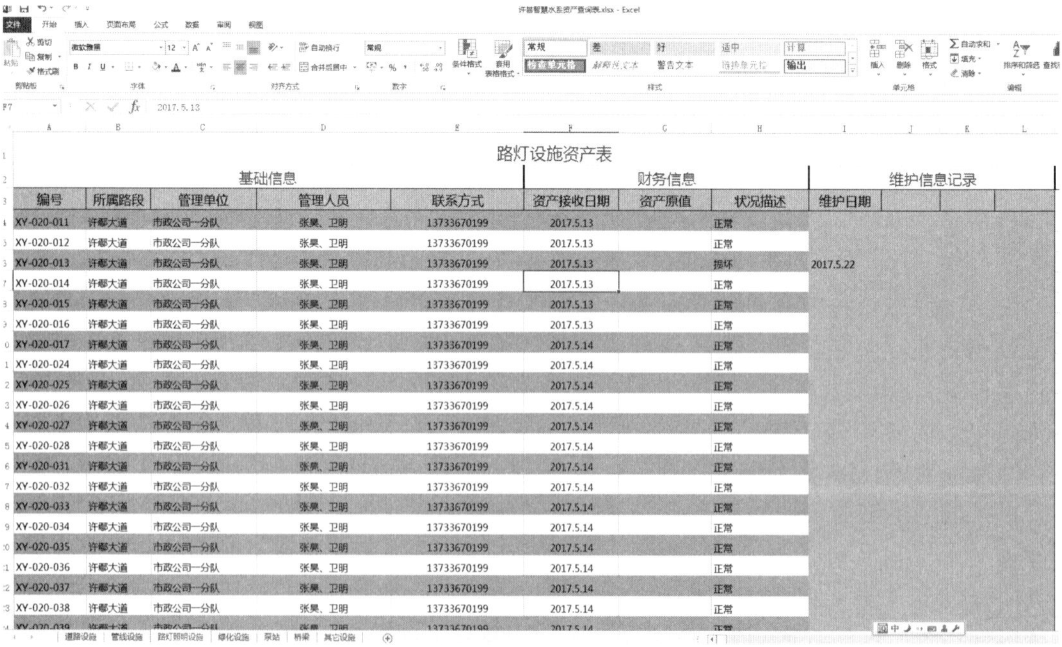

图 14-23　路灯设施资产信息查询平台界面

许昌市生态水利综合管理信息平台操作界面——管线设施库存信息查询页面如图 14-24 所示。

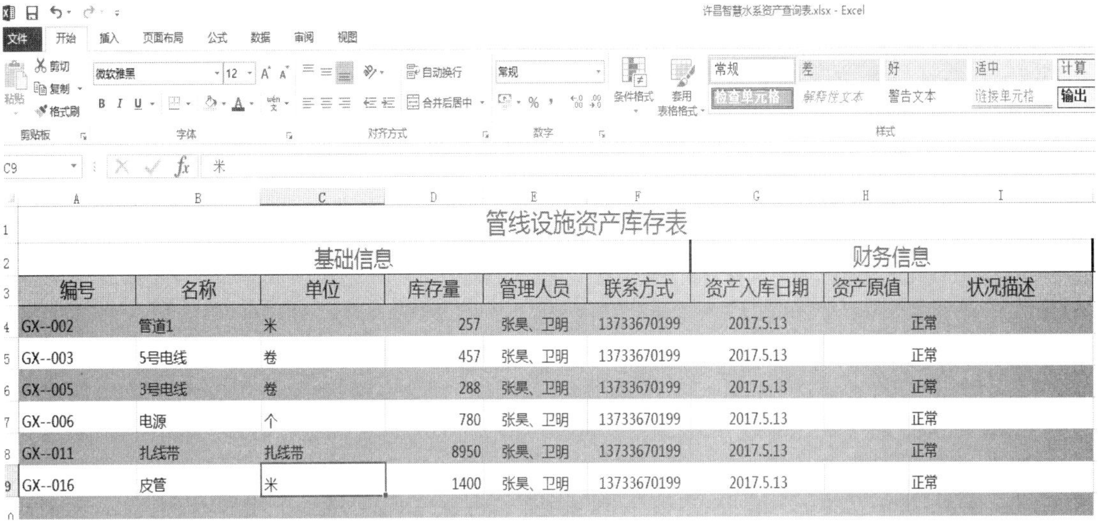

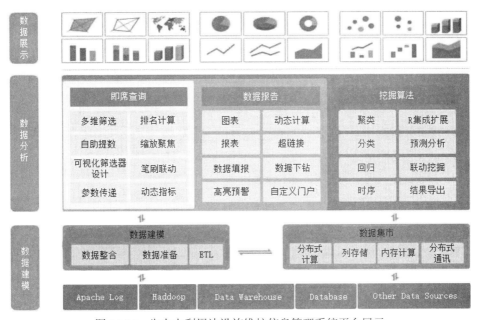

| | | | | | | | | | |
|---|---|---|---|---|---|---|---|---|---|
| | | | | 管线设施资产库存表 | | | | | |
| | 基础信息 | | | | | | 财务信息 | | |
| 编号 | 名称 | 单位 | 库存量 | 管理人员 | 联系方式 | 资产入库日期 | 资产原值 | 状况描述 | |
| GX--002 | 管道1 | 米 | 257 | 张昊、卫明 | 13733670199 | 2017.5.13 | | 正常 | |
| GX--003 | 5号电线 | 卷 | 457 | 张昊、卫明 | 13733670199 | 2017.5.13 | | 正常 | |
| GX--005 | 3号电线 | 卷 | 288 | 张昊、卫明 | 13733670199 | 2017.5.13 | | 正常 | |
| GX--006 | 电源 | 个 | 780 | 张昊、卫明 | 13733670199 | 2017.5.13 | | 正常 | |
| GX--011 | 扎线带 | 扎线带 | 8950 | 张昊、卫明 | 13733670199 | 2017.5.13 | | 正常 | |
| GX--016 | 皮管 | 米 | 1400 | 张昊、卫明 | 13733670199 | 2017.5.13 | | 正常 | |

图 14-24　管线设施库存信息查询平台界面

#### 14.3.2.2　生态水利周边设施维护信息管理系统

基于生态水利周边基础设施管理的需要，通过系统完成对设施数据采集和录入工作，实现设施数字化管理，为生态水利设施规划、建设和维护提供可靠依据，大幅提高管理的工作效率和管理水平。维护信息管理与资产管理不同，资产管理主要关注资产的状况（财务信息），维护信息管理主要侧重于设施的维护状态（维护人员、是否正常），为事件管理系统提供依据。许昌市生态水利综合管理信息平台操作界面——生态水利周边设施管理系统的页面如图 14-25 所示，是基于电子地图和 Excel 表格进行展现。

图 14-25　生态水利周边设施维护信息管理系统平台展示

### 14.3.2.3 事件管理系统

事件管理是针对在工作中例行或临时遇到的各种工作进行管理，可以处理全面详细的日常管理与维护作业请求。许昌市生态水利综合管理信息平台操作界面——维护工单管理页面如图 14-26 所示，当系统发现需要处理的故障信息，就会自动触发维护作业请求。

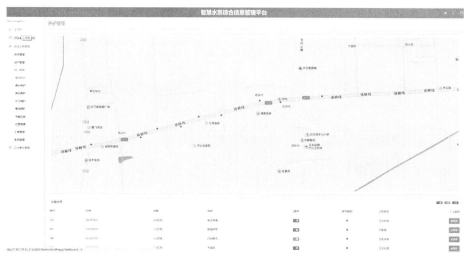

图 14-26　事件管理系统平台展示

### 14.3.2.4 综合调度系统（包括 PC 端和 APP 版本）

综合调度系统作为整个系统的指挥中枢，它是通过以上的维护设施信息管理系统和事件管理系统对现场维护信息进行快速采集，以各种信息采集器，对各种事件和部件信息实现高精度的快速定位，基于手机的 GIS 地图，确定城市地图网格化编码、事件编码等表单内容，并通过无线网络传输到监控中心，实现与监控中心之间的信息实时传递。系统通过对信息处理技术的充分应用，来提高工作人员快速反应的能力，使问题的上报时间和维护时间大大缩短，城市设施运行的可靠性也得到了保证，城市管理和服务水平得到了提高，信息系统也得以延伸到工作现场。主要包括巡查上报、案件接收、案件反馈、案件查询系统设置等功能。许昌市生态水利综合管理信息平台操作界面视频监控集成如图 14-27 所示，主要功能是对现场信息进行采集。

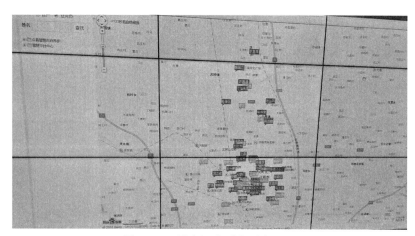

图 14-27　综合调度系统平台展示

许昌市生态水利综合管理信息平台（APP 版本）操作界面如图 14-28 所示，一线员工在手机 APP 端可以实时接收到指挥中心发来的相关信息，进行故障处理和其他工作。

图 14-28　许昌市生态水利综合管理信息平台展示

### 14.3.3　公众感知系统平台（微信公众号版本和 APP 版本）

公众感知系统作为项目开发的重要内容，是许昌市生态水利 PPP 项目运营、维护及全方位管理的社会功能体现，其最终目的是：采用多种手段调动广大民众参与到生态水利项目的运管维活动中，通过管理和治理为公众提供一个健康宜居的水生态文明环境。考虑到目前的公众的使用习惯，本书在技术实现上以微信公众号版本为主，APP 版本为辅助。微信公众号版本实现下述所有功能，APP 版本作为辅助进行信息发布，如图 14-29 和图 14-30 所示。

图 14-29　公共感知系统公众号版本　　　　图 14-30　公众感知系统 APP 版本

公众感知系统平台是许昌市生态水利 PPP 项目综合管理信息平台的重要组成部分，具体功能包括城市生态水利全景浏览、新闻实时发布、便民服务、随手拍、会员积分管理等子系统。

#### 14.3.3.1 城市生态水利全景浏览

采用 VR 技术，使用无人机拍摄城市水系全景图片，利用虚拟现实技术，再结合计算机技术可以实现对所观看的真实场景的全方位还原和展示。在播放插件的支持下，使用鼠标控制环视的方向，上下、远近、左右 360° 全方位观看，观众会感觉自己就处在现场的环境中，就好像自己处于一个窗口中去浏览外界的迷人风光，可以设身处地地感受到水系治理的效果，如图 14-31 所示。

图 14-31　城市生态水利全景浏览平台展示

#### 14.3.3.2 新闻实时发布

发布城市水系治理相关的规划、新闻及活动信息，使市民能第一时间了解城市生态水利建设情况，同时也可以发布实时的紧急通知等重要信息。平台展示如图 14-32 所示。

#### 14.3.3.3 便民服务

发布公交线路、景点、天气、船票预订等信息，方便市民出行查询。平台展示如图 14-33 所示。

图 14-32　新闻实时发布平台展示　　　　图 14-33　便民服务平台展示

14.3.3.4　随手拍

随手拍功能即提供拍照分享功能，鼓励市民通过随手拍的形式，以手机记录身边任何地方生态水利设施状态或损坏的情况，以及其他一些不文明的情况，并分享到随手拍吧中，激励广大市民积极参与城市生态水利的建设和维护。平台展示如图 14-34 所示。

14.3.3.5　会员积分管理

会员积分是鼓励市民积极参与生态水利建设与维护的有效手段，比如随手拍等模块中发送图片、评论、回复及提供合理化建议的市民不仅可以获得积分，并可通过积分换取对应礼品或者微信红包。平台展示如图 14-35 所示。

图 14-34　随手拍平台展示

图 14-35　会员积分管理平台展示

# 14.4　许昌市生态水利PPP项目综合管理信息平台开发的技术路线及过程

## 14.4.1　技术路线

基于.net core 技术标准，可以实现跨平台应用。.net core 技术提供了一个基于构件的方法来设计、开发、装配和部署企业级应用程序。J2EE 平台提供给的应用程序模型具有多层级结构，并且具有数据交互、灵活处理和控制事务以及重用构建的能力，也支持跨平台应用。

J2EE 支撑平台是基于层次框架模型开发的，因此一定要做到特别强的可扩展性，其框架层次也必须非常清晰，每一层之间都不能直接依赖，这样才能保证每一层的分布式部署和升级。

业务处理系统使用的是 B/A/S 的结构，人们只需要访问浏览器就可以看到系统的每一项具体功能，手机客户端上不需要下载和安装任何多余的插件。同时，系统也使用 RIA（Rich Interface Application）的界面方式，使界面效果丰富，更加容易使用。

目前多层级结构的应用非常流行，基于此，构件对象的开发技术也逐渐成熟。构件属于一种可以对多种复杂的业务逻辑进行集中处理的应用单元，软件的开发效率得到了极大提高，所以，它的独立性更强，也可以更好地支持软件的重用。而软件的重用不仅使软件的质量得到了提高，而且应用系统的质量和可靠性也得到了提升。

数据库和非结构化数据管理技术。本平台建设过程中会形成多种数据，比如水质数据、参与人员和设施维护等有关登记信息，以及养护资料和信息发布数据、检索信息数据等，这其中的一些数据是以非结构化数据为主的，而怎样才能将这些非结构化的信息提供高效地储存和维护以及查询管理服务，这是该平台的关键核心技术。传统的关系数据库只适合对结构化的关系数据进行管理，而不适合对于非结构化的文本数据进行管理。根据管理业务的实际需求，系统采用 Browser/Server 结构，主要包括以下两个部分：一是基于 B/S 结构的管理信息系统；二是基于 B/S 结构的公共信息发布系统，公共信息部分 B 端主要针对手机终端。前者针对管理部门业务管理人员使用，后者则面向社会公众用户，发布生态水利公共设施相关监控和维护信息。

### 14.4.2　平台开发过程

平台是以许昌市生态水利 PPP 项目的运营、维护和管理为样本，与该项目运管维执行单位许昌市政实业总公司紧密结合。在为期一年多的时间里，整个平台开发按照国际通用的项目管理办法，进行了详细科学的计划和实施。平台开发过程共分为前期咨询、规划设计、方案确定、系统开发、部署测试、维护服务六个阶段。各个阶段具体情况见本书附件 7。

## 14.5　许昌市生态水利 PPP 项目综合管理信息平台的应用效益

### 14.5.1　经济效益

（1）降低漏损、提高产销差。依靠先进的监测工具和运行的 DMA 漏损控制系统，可以有效地降低企业在生态水利 PPP 项目设施维护过程中的跑冒滴漏现象，降低企业运营成本。

（2）供水安全，降低损失。通过生态水利 PPP 项目综合管理信息平台的实施，建设全方位的物联网感知系统，对河道健康各指标及时进行检测，保证饮水安全及水生态健康，实现高效运营、及时养护、管理科学的目标。

（3）实现被动到主动。利用平台对河道水质和设备管线等进行监测，并利用流程业务实现自动化处理，不仅大大降低了人为、自然破坏事件的发生，而且通过系统预警防范措施，将被动发现问题后转变为主动发现问题，有效节约运营和维护成本。

（4）业务流程自动化。整合部门与部门之间的业务流程，利用先进、成熟的业务流程管理平台，实现业务流程的 100% 自动流转，提升生态水利 PPP 项目的管理水平。使用先进的移动办公终端解决 PC 终端带来的工作不方便性，可提高 90% 的办公效率。

（5）节约管理费用和库存成本。利用信息化系统自动作业代替人工工作，不仅可带来人员成本的节约和办公成本的节约，而且能有效降低并节约库存成本。

### 14.5.2　社会效益

（1）大大增强生态水利设施管理的方便性和安全性。

（2）提高管理企业的信誉度。企业能够以一种快捷、准确的方式为公众提供水质、水资源、周边生态的最新信息和服务要求，提高公众的参与度和满意度。

（3）增强管理企业的核心竞争力。为决策者提供有力数据支撑，增强决策的准确性、完整性和连续性，提高企业的管理水平及核心竞争力。

（4）增强管理企业对外合作能力。拥有先进的 IT 系统，可改善企业形象，使得企业与外部的合作地位加强。

（5）打造典型案例，为我国乃至其他国家生态水利 PPP 项目建设、运营、维护提供成功模板。

### 14.5.3　生态效益

（1）对许昌市生态水利 PPP 项目的贡献。2017 年 2 月许昌市入选国家重大市政工程领域 PPP 创新工作重点城市，2017 年 10 月被住建部命名为国家生态园林城市等荣誉称号的获得与许昌市生态水利 PPP 项目的建设密不可分，本书开发的综合管理信息平台将大大提升许昌市生态水利 PPP 项目的管理水平及效率，将成为许昌市对外宣传的美丽名片。

（2）对许昌市生态文明城市建设的贡献。许昌市 2015 年被命名为全国文明城市，2017 年许昌市经复查确认继续保留全国文明城市荣誉称号。许昌市生态水利 PPP 项目综合管理信息平台的开发与应用，将为智慧生态大美许昌的建设拉开序幕。

（3）对中国生态文明建设的贡献。许昌市是中国历史上的内陆缺水城市，缺水问题是制约该地区经济、社会、生态发展的主要瓶颈。据不完全统计中国有将近 400 个城市缺水，许昌市生态水利 PPP 项目综合管理信息平台的开发及成功应用，将为其他城市生态水利项目建设与管理提供有益的借鉴。

# 附件 1　第二批水利 PPP 项目归类汇总

| 省份（区） | 公布序号 | 整理序号 | 项目 | 领域 | 总投资/亿元 |
|---|---|---|---|---|---|
| 河北 | 15 | 1 | 廊坊市北运河香河段生态综合整治 | 水务 | 38.84 |
| 河北 | 16 | 2 | 石家庄市正定新区起步区河道治理和绿化工程 | 水务 | 9.11 |
| 河北 | 17 | 3 | 邢台市威县"建管服一体化"智慧节水灌溉与水权交易 | 水务 | 6.52 |
| 河北 | 18 | 4 | 承德市中心城区给排水 | 水务 | 13.87 |
| 山西 | 21 | 5 | 太原市晋阳污水处理厂及配套管网一期工程 | 水务 | 257.78 |
| 内蒙古 | 28 | 6 | 赤峰市三座店水利枢纽中心城区引供水工程 | 水务 | 5.37 |
| 内蒙古 | 29 | 7 | 科左后旗甘旗卡镇东区污水处理工程建设 | 水务 | 1.7 |
| 内蒙古 | 30 | 8 | 鄂尔多斯市哈头才当至康巴什新区供水工程 | 水务 | 16.15 |
| 辽宁 | 38 | 9 | 沈阳市新水源建设工程 | 水务 | 17.43 |
| 吉林 | 47 | 10 | 汪清县西大坡水库 | 水务 | 6.8 |
| 浙江 | 59 | 11 | 丽水盆地易涝区防洪排涝好溪堰水系整治三阶段工程 | 水务 | 2.89 |
| 浙江 | 60 | 12 | 丽阳溪水系综合整治工程 | 水务 | 1.51 |
| 浙江 | 61 | 13 | 玉环县玉坎河水系水环境综合整治 | 水务 | 6.5 |
| 浙江 | 62 | 14 | 遂昌县清水源综合水利枢纽工程 | 水务 | 5.37 |
| 安徽 | 71 | 15 | 铜陵市城市排水一体化 | 水务 | 7.9 |
| 安徽 | 72 | 16 | 宿州市汴北污水处理厂及配套管网工程 | 水务 | 3.2 |
| 福建 | 74 | 17 | 福鼎市前岐镇等9个乡镇及双岳工业园区污水处理厂及厂外配套污水收集管网工程 | 水务 | 2 |
| 山东 | 84 | 18 | 宁阳引汶工程 | 水务 | 13.13 |
| 河南 | 115 | 19 | 偃师洛河生态环境治理 | 水务 | 15.48 |
| 河南 | 116 | 20 | 洛阳市伊洛河水生态文明示范区 | 水务 | 54.63 |
| 河南 | 117 | 21 | 漯河市沙澧河开发二期工程建设 | 水务 | 26.65 |
| 河南 | 118 | 22 | 沁阳市水系建设 | 水务 | 9.54 |
| 河南 | 119 | 23 | 济源市西坪水库水利枢纽工程 | 水务 | 2.5 |
| 河南 | 120 | 24 | 洛阳市故县水库引水工程 | 水务 | 17.5 |
| 河南 | 121 | 25 | 潢川县城市污水处理 | 水务 | 2.6 |
| 河南 | 122 | 26 | 洛阳市城区污水处理及污泥处理 | 水务 | 14.4 |
| 河南 | 123 | 27 | 平顶山市污水处理厂 | 水务 | 7 |
| 河南 | 124 | 28 | 信阳市第一污水处理厂 | 水务 | 5.14 |
| 河南 | 125 | 29 | 长垣县污水、污泥处理设施 | 水务 | 3.25 |

| 省份（区） | 公布序号 | 整理序号 | 项目 | 领域 | 总投资/亿元 |
|---|---|---|---|---|---|
| 湖北 | 130 | 30 | 荆门市竹皮河流域水环境综合治理 | 水务 | 31.1 |
| 湖南 | 141 | 31 | 衡阳市污水处理工程 | 水务 | 8.86 |
| 广东 | 144 | 32 | 茂名市水东湾城区引罗供水工程 | 水务 | 11.37 |
| 广东 | 145 | 33 | 江门市区应急备用水源及供水设施工程 | 水务 | 2.75 |
| 广西 | 152 | 34 | 南宁市竹排江上游植物园段（那考河）流域治理 | 水务 | 10 |
| 海南 | 159 | 35 | 海口市南渡江引水工程 | 水务 | 32.23 |
| 海南 | 160 | 36 | 海南省临高县供水一体化 | 水务 | 8.78 |
| 海南 | 161 | 37 | 乐东县千家自来水供水工程 | 水务 | 0.86 |
| 四川 | 165 | 38 | 广安洁净水行动综合治理 | 水务 | 29.51 |
| 四川 | 166 | 39 | 成都市天府新区第一污水处理厂及成都科学城生态水环境综合整治 | 水务 | 26 |
| 贵州 | 174 | 40 | 贵阳市乌当区柏枝田水库工程 | 水务 | 1.08 |
| 贵州 | 175 | 41 | 贵安新区污水处理厂网一体化 | 水务 | 8.55 |
| 贵州 | 176 | 42 | 贵州省桐梓县 13 个污水处理 | 水务 | 1.04 |
| 云南 | 190 | 43 | 大理市洱海环湖截污工程 | 水务 | 34.68 |
| 云南 | 191 | 44 | 红河州建水县"一水两污"示范项目 | 水务 | 11.29 |
| 云南 | 192 | 45 | 红河州弥勒市"一水两污"示范项目 | 水务 | 9.28 |
| 云南 | 193 | 46 | 普洱市中心城区河道环境综合整治工程 | 水务 | 13.82 |
| 云南 | 194 | 47 | 红河州蒙开个地区河库连通工程 | 水务 | 13.61 |
| 青海 | 204 | 48 | 海东市乐都区污水处理厂 | 水务 | 1.4 |
| 宁夏 | 205 | 49 | 银川市宁东基地水资源综合利用 | 水务 | 11.77 |
| 小计 | | | | | 842.74 |

# 附件 2  第三批水利 PPP 项目分类汇总

单位：万元

| 序号 | 省、市（区） | 项目名称 | 投资额 | 一级行业 | 二级行业 |
|---|---|---|---|---|---|
| 1 | 河北省 | 河北省沧州市沧州渤海新区黄骅港综合港区防波堤延伸及码头建设项目 | 252100 | 交通运输 | 港口码头 |
| 2 | 山东省 | 山东省淄博市沂源经济开发区供水及道路基础建设PPP模式 | 79528 | 市政工程 | 市政道路 |
| 3 | 甘肃省 | 甘肃省武威市凉州区黄羊镇镇区道路及给排水扩建工程项目 | 53658 | 市政工程 | 市政道路 |
| 4 | 浙江省 | 浙江省温州市洞头区本岛海洋生态廊道整治修复工程 | 80000 | 生态建设和环境保护 | 其他 |
| 5 | 山东省 | 山东省临沂市中心城区水环境综合整治工程PPP模式 | 47373 | 生态建设和环境保护 | 其他 |
| 6 | 河南省 | 河南省开封市城乡一体化示范区水系综合治理项目 | 441810 | 生态建设和环境保护 | 其他 |
| 7 | 甘肃省 | 甘肃省甘南州黄河上游玛曲段生态治理工程PPP模式 | 22200 | 生态建设和环境保护 | 其他 |
| 8 | 北京市 | 北京市房山区琉璃河湿地公园PPP模式 | 217500 | 生态建设和环境保护 | 湿地保护 |
| 9 | 山东省 | 山东省济宁市汶上县莲花湖湿地公园及泉河河道治理项目 | 34600 | 生态建设和环境保护 | 湿地保护 |
| 10 | 广东省 | 大亚湾红树林城市湿地公园第二阶段一标段工程 | 9125 | 生态建设和环境保护 | 湿地保护 |
| 11 | 云南省 | 云南省大理州大理市环洱海流域湖滨缓冲带生态修复与湿地建设PPP模式 | 139815 | 生态建设和环境保护 | 湿地保护 |
| 12 | 河北省 | 河北省唐山市遵化市沙河水环境综合治理PPP模式 | 154949 | 生态建设和环境保护 | 综合治理 |
| 13 | 河北省 | 河北省承德市两河水系水环境保护与综合整治工程（一期）项目 | 326379 | 生态建设和环境保护 | 综合治理 |
| 14 | 山西省 | 汾河流域交城县磁窑河与瓦窑河生态修复治理PPP模式 | 92294 | 生态建设和环境保护 | 综合治理 |
| 15 | 内蒙古自治区 | 内蒙古自治区呼和浩特市清水河县城关镇北坡古村落改造、修缮、保护综合项目 | 55023 | 生态建设和环境保护 | 综合治理 |
| 16 | 内蒙古自治区 | 乌海市海勃湾区凤凰河（北河槽）综合治理工程项目 | 19823 | 生态建设和环境保护 | 综合治理 |
| 17 | 内蒙古自治区 | 内蒙古锡林郭勒盟锡林浩特市锡林湖、生态水系治理工程 | 115144 | 生态建设和环境保护 | 综合治理 |

| 序号 | 省、市（区） | 项目名称 | 投资额 | 一级行业 | 二级行业 |
|---|---|---|---|---|---|
| 18 | 吉林省 | 长春市伊通河城区段百里整治项目南溪湿地综合治理工程 | 137527 | 生态建设和环境保护 | 综合治理 |
| 19 | 安徽省 | 淮北市中湖矿山地质环境治理项目 | 221698 | 生态建设和环境保护 | 综合治理 |
| 20 | 安徽省 | 安庆市河湖连通、水环境治理 | 740560 | 生态建设和环境保护 | 综合治理 |
| 21 | 安徽省 | 安徽省阜阳市城区水系综合整治（含黑臭水体治理）PPP 模式 | 1432730 | 生态建设和环境保护 | 综合治理 |
| 22 | 安徽省 | 六安市城区黑臭水体整治工程 PPP 模式 | 84487 | 生态建设和环境保护 | 综合治理 |
| 23 | 安徽省 | 安徽省池州市海绵城市建设清溪河流域水环境综合整治 PPP 模式 | 108315 | 生态建设和环境保护 | 综合治理 |
| 24 | 福建省 | 福建省泉州市洛江区洛阳江流域洛江区河市段综合整治工程 PPP 模式 | 20116 | 生态建设和环境保护 | 综合治理 |
| 25 | 福建省 | 福建省漳州台商投资区水环境综合治理 PPP 模式 | 368927 | 生态建设和环境保护 | 综合治理 |
| 26 | 山东省 | 山东省济宁市任城区济北采煤塌陷地综合治理项目 | 237997 | 生态建设和环境保护 | 综合治理 |
| 27 | 山东省 | 嘉祥县水系综合整治工程（一期） | 91862 | 生态建设和环境保护 | 综合治理 |
| 28 | 山东省 | 山东省泰安市岱岳区天颐湖水生态环境综合治理项目 | 50131 | 生态建设和环境保护 | 综合治理 |
| 29 | 山东省 | 山东省临沂市中心城区水环境综合整治工程河道治理 PPP 模式 | 55050 | 生态建设和环境保护 | 综合治理 |
| 30 | 山东省 | 山东省菏泽市郓城县彭湖湿地生态区 PPP 模式 | 207493 | 生态建设和环境保护 | 综合治理 |
| 31 | 河南省 | 河南省漯河市城乡一体化示范区沙河沿岸综合整治项目 | 108000 | 生态建设和环境保护 | 综合治理 |
| 32 | 河南省 | 河南省三门峡市义马市涧河及石河生态综合整治工程 | 32132 | 生态建设和环境保护 | 综合治理 |
| 33 | 湖北省 | 武汉市江夏区"清水入江"投融资、策划（含规划、设计）、建设、运营一体化项目 | 511000 | 生态建设和环境保护 | 综合治理 |
| 34 | 湖南省 | 湖南省常德市临澧县城区安全饮水工程 PPP 模式 | 172584 | 生态建设和环境保护 | 综合治理 |
| 35 | 湖南省 | 湖南省益阳市中心城区黑臭水体整治工程 PPP 模式 | 161698 | 生态建设和环境保护 | 综合治理 |
| 36 | 广东省 | 郁南县整县生活污水处理捆绑 PPP 模式 | 50233 | 生态建设和环境保护 | 综合治理 |

| 序号 | 省、市（区） | 项目名称 | 投资额 | 一级行业 | 二级行业 |
|---|---|---|---|---|---|
| 37 | 四川省 | 四川省南充市阆中市古城水环境综合治理 PPP 模式建设项目 | 234700 | 生态建设和环境保护 | 综合治理 |
| 38 | 贵州省 | 贵州省贵阳市观山湖区小湾河环境综合整治工程 PPP 模式 | 113521 | 生态建设和环境保护 | 综合治理 |
| 39 | 贵州省 | 贵州省贵阳市白云区麦架河流域水环境综合治理项目 | 135882 | 生态建设和环境保护 | 综合治理 |
| 40 | 贵州省 | 贵州省贵阳市息烽县污水综合治理 PPP 模式 | 14886 | 生态建设和环境保护 | 综合治理 |
| 41 | 云南省 | 云南省大理州大理海东山地新城洱海保护水环境循环综合建设 PPP 模式 | 200023 | 生态建设和环境保护 | 综合治理 |
| 42 | 云南省 | 云南省大理州大理市洱海环湖截污二期 PPP 模式 | 208262 | 生态建设和环境保护 | 综合治理 |
| 43 | 云南省 | 云南省大理州洱源县（洱海流域）城镇及村落污水收集处理工程 | 222912 | 生态建设和环境保护 | 综合治理 |
| 44 | 云南省 | 云南省大理州剑川县澜沧江上游剑湖流域水环境综合治理 PPP 模式 | 156765 | 生态建设和环境保护 | 综合治理 |
| 45 | 陕西省 | 西安市常宁新区潏河湿地公园及相关工程建设 PPP 模式 | 117113 | 生态建设和环境保护 | 综合治理 |
| 46 | 陕西省 | 咸阳市礼泉县醴泉泥河生态治理项目 | 33000 | 生态建设和环境保护 | 综合治理 |
| 47 | 陕西省 | 西咸国际文化教育园沙河海绵型生态修复项目 | 80000 | 生态建设和环境保护 | 综合治理 |
| 48 | 甘肃省 | 甘肃省武威市民勤县石羊河国家湿地公园建设项目 | 17520 | 生态建设和环境保护 | 综合治理 |
| 49 | 新疆维吾尔自治区 | 青河县黑水沟综合治理 PPP 模式 | 22456 | 生态建设和环境保护 | 综合治理 |
| 50 | 内蒙古自治区 | 内蒙古自治区赤峰市中心城区防洪及环城水系治理工程 | 393069 | 水利建设 | 防洪 |
| 51 | 云南省 | 云南省楚雄州元谋县元谋大型灌区丙间片 11.4 万亩高效节水灌溉工程 | 30958 | 水利建设 | 灌溉 |
| 52 | 黑龙江省 | 黑龙江省穆棱市奋斗水库及供水工程 PPP 模式 | 240000 | 水利建设 | 其他 |
| 53 | 河南省 | 河南省洛阳市洛宁县洛河洛宁段生态治理工程项目 | 38894 | 水利建设 | 其他 |
| 54 | 云南省 | 云南省大理州大理市洱海主要入湖河道综合治理工程 PPP 模式 | 90224 | 水利建设 | 其他 |
| 55 | 陕西省 | 铜川市王益区王家河流域综合整治 PPP 模式 | 15229 | 水利建设 | 其他 |
| 56 | 福建省 | 福建省龙岩市连城县福地水库和永丰水库 PPP 模式 | 74900 | 水利建设 | 水库 |
| 57 | 江西省 | 江西省廖坊水利枢纽灌区二期工程 | 128972 | 水利建设 | 水库 |

续表

| 序号 | 省、市（区） | 项目名称 | 投资额 | 一级行业 | 二级行业 |
|---|---|---|---|---|---|
| 58 | 山东省 | 山东省聊城市临清市南水北调东线一期工程临清市续建配套工程 | 47150 | 水利建设 | 水库 |
| 59 | 河南省 | 河南省洛阳市伊川县故县水库引水工程 | 40000 | 水利建设 | 水库 |
| 60 | 湖南省 | 湖南省郴州市宜章县莽山水库 PPP 模式 | 189443 | 水利建设 | 水库 |
| 61 | 四川省 | 四川省资中县两河口水库建设项目 | 79865 | 水利建设 | 水库 |
| 62 | 新疆维吾尔自治区 | 奇台县白杨河水库 | 26129 | 水利建设 | 水库 |
| 63 | 广东省 | 广东省韩江高陂水利枢纽工程 | 615403 | 水利建设 | 水利枢纽 |
| 64 | 海南省 | 海南省北门江天角潭水利枢纽工程 | 452027 | 水利建设 | 水利枢纽 |
| 65 | 安徽省 | 淮水北调淮北市配水工程 | 119200 | 水利建设 | 引水 |
| 66 | 河南省 | 河南省安阳市引岳入安工程 PPP 模式 | 54377 | 水利建设 | 引水 |
| 67 | 北京市 | 北京市丰台区河西第三水厂 | 49700 | 市政工程 | 供水 |
| 68 | 河北省 | 河北省辛集市南水北调中线配套工程辛集城区水厂及配水管网（PPP 模式）项目 | 39988 | 市政工程 | 供水 |
| 69 | 河北省 | 河北省邢台市南水北调配套工程召马地表水厂项目 | 69802 | 市政工程 | 供水 |
| 70 | 河北省 | 河北省邢台市清河县城市供水项目 | 20000 | 市政工程 | 供水 |
| 71 | 河北省 | 河北省保定市涿州市南水北调地表水厂及配套管网项目 | 67839 | 市政工程 | 供水 |
| 72 | 山西省 | 山西省原平市循环经济示范区供水厂项目 | 8605 | 市政工程 | 供水 |
| 73 | 吉林省 | 公主岭市水务一体化项目 | 54300 | 市政工程 | 供水 |
| 74 | 江苏省 | 沛县供水项目 | 150400 | 市政工程 | 供水 |
| 75 | 江苏省 | 盐城新水源地及引水工程项目 | 386830 | 市政工程 | 供水 |
| 76 | 山东省 | 山东省济宁市金乡县城乡供水一体化建设工程 | 110928 | 市政工程 | 供水 |
| 77 | 山东省 | 山东省临沂市沂河河湾和袁家口子水源工程 PPP 模式 | 40424 | 市政工程 | 供水 |
| 78 | 河南省 | 清丰县水务供排一体化项目 | 56941 | 市政工程 | 供水 |
| 79 | 河南省 | 河南省固始县"引鲇入固"饮水工程 | 69966 | 市政工程 | 供水 |
| 80 | 海南省 | 儋州市滨海新区供水工程 | 22760 | 市政工程 | 供水 |
| 81 | 海南省 | 海南省屯昌县城乡供水一体化项目 | 17328 | 市政工程 | 供水 |
| 82 | 海南省 | 屯昌县县域村镇供水一体化工程 PPP 模式 | 28289 | 市政工程 | 供水 |
| 83 | 四川省 | 四川省绵竹市城乡供排水一体化 PPP 模式 | 56500 | 市政工程 | 供水 |
| 84 | 四川省 | 四川省宜宾市珙县县城城市供水运营项目 | 35000 | 市政工程 | 供水 |
| 85 | 贵州省 | 贵州省安顺市普定县水务一体化 PPP 模式 | 47337 | 市政工程 | 供水 |
| 86 | 贵州省 | 贵州省安龙县供水工程 PPP 模式 | 30252 | 市政工程 | 供水 |
| 87 | 贵州省 | 贵州省黔东南州凯里市城镇供排水 PPP 模式 | 30000 | 市政工程 | 供水 |
| 88 | 云南省 | 云南省红河州元阳县城镇综合供水改扩建项目 | 59908 | 市政工程 | 供水 |
| 89 | 新疆维吾尔自治区 | 哈密地区伊吾县淖毛湖区域综合水利项目 PPP 模式 | 54505 | 市政工程 | 供水 |

续表

| 序号 | 省、市（区） | 项目名称 | 投资额 | 一级行业 | 二级行业 |
|---|---|---|---|---|---|
| 90 | 新疆维吾尔自治区 | 呼图壁县工业园区二期供水 PPP 模式 | 18869 | 市政工程 | 供水 |
| 91 | 内蒙古自治区 | 内蒙古自治区赤峰市中心城区再生水利用配套管网工程 PPP 模式 | 31681 | 市政工程 | 排水 |
| 92 | 安徽省 | 马鞍山市中心城区水环境综合治理 PPP 模式 | 348000 | 市政工程 | 排水 |
| 93 | 安徽省 | 安徽颍东经济开发区——煤基新材料产业园区污水处理及再生水回用工程 | 14212 | 市政工程 | 排水 |
| 94 | 云南省 | 云南省玉溪市澄江县城镇供排水及垃圾收集处置 PPP 模式 | 39515 | 市政工程 | 排水 |
| 95 | 甘肃省 | 甘肃省武威市民勤县城东区给排水工程 PPP 模式 | 15350 | 市政工程 | 排水 |
| 96 | 河北省 | 河北省邢台市污水处理二厂一期工程 | 45524 | 市政工程 | 污水处理 |
| 97 | 河北省 | 河北省保定市污水处理 PPP 模式 | 52000 | 市政工程 | 污水处理 |
| 98 | 河北省 | 河北省衡水市武邑县城污水处理厂 TOT 项目 | 11000 | 市政工程 | 污水处理 |
| 99 | 山西省 | 山西省原平市循环经济示范区污水处理厂项目 | 12310 | 市政工程 | 污水处理 |
| 100 | 内蒙古自治区 | 内蒙古自治区乌海经济开发区海勃湾工业园 10000 吨污水处理及中水回用工程项目 | 18879 | 市政工程 | 污水处理 |
| 101 | 大连市 | 普湾新区松木岛污水处理厂 PPP 模式 | 30000 | 市政工程 | 污水处理 |
| 102 | 江苏省 | 新沂市污水处理厂改扩建项目 | 29567 | 市政工程 | 污水处理 |
| 103 | 江苏省 | 淮安市主城区控源截污项目 | 173224 | 市政工程 | 污水处理 |
| 104 | 江苏省 | 宿城区镇村生活污水治理项目 | 175800 | 市政工程 | 污水处理 |
| 105 | 浙江省 | 嘉兴市城东再生水厂工程 | 42732 | 市政工程 | 污水处理 |
| 106 | 福建省 | 福建省泉州市南安市城镇污水处理厂及其配套设施 | 50000 | 市政工程 | 污水处理 |
| 107 | 福建省 | 福建省龙岩市四个县（区）乡镇污水处理厂网一体化 PPP 模式 | 67200 | 市政工程 | 污水处理 |
| 108 | 福建省 | 福建省宁德市中心城区东区污水处理厂项目 | 12800 | 市政工程 | 污水处理 |
| 109 | 江西省 | 江西进贤经济开发区高新产业园污水处理厂 | 4992 | 市政工程 | 污水处理 |
| 110 | 江西省 | 进贤县温圳污水处理厂（一期）建设工程 PPP 模式 | 3902 | 市政工程 | 污水处理 |
| 111 | 山东省 | 山东省烟台招远市金都污水处理厂三期新建 PPP 模式 | 19000 | 市政工程 | 污水处理 |
| 112 | 河南省 | 河南省济源市污水处理厂项目 | 26229 | 市政工程 | 污水处理 |
| 113 | 湖北省 | 沙洋县乡镇污水处理厂 PPP 模式 | 11000 | 市政工程 | 污水处理 |
| 114 | 湖北省 | 大悟县污水处理设施项目 | 24925 | 市政工程 | 污水处理 |
| 115 | 湖北省 | 咸宁高新区污水处理厂 | 18000 | 市政工程 | 污水处理 |
| 116 | 湖南省 | 湖南省长沙市浏阳市污水处理厂网一体 PPP 模式 | 44235 | 市政工程 | 污水处理 |
| 117 | 湖南省 | 湖南省衡阳市松亭（城西）污水处理厂 | 73286 | 市政工程 | 污水处理 |
| 118 | 湖南省 | 湖南省岳阳市华容县污水处理设施厂网一体 PPP 模式 | 28000 | 市政工程 | 污水处理 |

| 序号 | 省、市（区） | 项目名称 | 投资额 | 一级行业 | 二级行业 |
|---|---|---|---|---|---|
| 119 | 湖南省 | 湖南省郴州市永兴县城乡安全引供水和"两区四园"污水处理 | 93137 | 市政工程 | 污水处理 |
| 120 | 广东省 | 潮南区峡山、两英污水处理厂二期厂网一体建设及一期提标改造 | 45104 | 市政工程 | 污水处理 |
| 121 | 广东省 | 汕头市 6 座污水处理厂（汕头市潮南区 3 座污水处理厂） | 67970 | 市政工程 | 污水处理 |
| 122 | 广东省 | 汕头市 6 座污水处理厂（汕头市潮阳区和平、铜盂、关埠 3 座污水处理厂） | 87755 | 市政工程 | 污水处理 |
| 123 | 海南省 | 儋州市滨海新区污水处理工程 | 23948 | 市政工程 | 污水处理 |
| 124 | 海南省 | 文昌市龙楼镇区及铜鼓岭旅游区污水处理工程 | 6500 | 市政工程 | 污水处理 |
| 125 | 海南省 | 琼中县富美乡村水环境治理项目（PPP 模式）模式 | 130900 | 市政工程 | 污水处理 |
| 126 | 四川省 | 四川省巴中市平昌县乡镇污水处理（厂）站 PPP 模式建设项目 | 79332 | 市政工程 | 污水处理 |
| 127 | 贵州省 | 贵州省安顺市惠水县水务一体化 PPP 模式 | 92162 | 市政工程 | 污水处理 |
| 128 | 云南省 | 云南省玉溪市江川区污水处理厂（厂网一体化）项目 | 23262 | 市政工程 | 污水处理 |
| 129 | 甘肃省 | 甘肃省武威市凉州区农村生活污水收集处理项目 | 13206 | 市政工程 | 污水处理 |
| 130 | 甘肃省 | 甘肃省武威市民勤县红沙岗镇生活污水处理工程及污水处理厂配套中水回用贮水池工程 PPP 模式 | 16577 | 市政工程 | 污水处理 |
| 131 | 青海省 | 海东工业园区平西经济区工业废水集中处理和回用工程 PPP 模式 | 5878 | 市政工程 | 污水处理 |
| 132 | 青海省 | 海东工业园区平北经济区工业污水集中处理及回用工程 PPP 模式 | 7838 | 市政工程 | 污水处理 |
| 133 | 新疆维吾尔自治区 | 新疆维吾尔自治区克拉玛依市第二污水处理厂 PPP 模式 | 60491 | 市政工程 | 污水处理 |
| 134 | 新疆维吾尔自治区 | 阜康市西部城区污水处理项目及配套管网项目 | 18453 | 市政工程 | 污水处理 |
| 135 | 新疆维吾尔自治区 | 莎车县县城供排水改扩建 | 66581 | 市政工程 | 污水处理 |
| 136 | 吉林省 | 四平市海绵城市建设 PPP 模式 | 539115 | 市政工程 | 海绵城市 |
| 137 | 安徽省 | 安徽省池州市海绵城市滨江区及天堂湖新区棚改基础设施 PPP 模式 | 123114 | 市政工程 | 海绵城市 |
| 138 | 江西省 | 萍乡市海绵城市建设 PPP 模式 | 285495 | 市政工程 | 海绵城市 |
| 139 | 湖南省 | 湖南省岳阳市海绵城市之中心城区湖泊河道综合整治系列工程 PPP 模式 | 940592 | 市政工程 | 海绵城市 |
| 140 | 湖南省 | 湖南省凤凰县海绵城市建设 PPP 模式 | 200723 | 市政工程 | 海绵城市 |
| 合计（投资额） | | | 17004708 | | |

# 附件3　A市B河综合治理工程项目现金流量表

单位：万元

| 序号 | 项目 | 建设期 | | 运营期 | | | | | | | | |
|---|---|---|---|---|---|---|---|---|---|---|---|---|
| | | 1 | 2 | 3 | 4 | 5 | 6 | 7 | 8 | 9 | 10 | 11 |
| 1 | 现金流入 | | | 14759.10 | 15201.87 | 15657.93 | 16127.67 | 16611.50 | 16169.47 | 15742.40 | 15329.87 | 14931.52 |
| 1.1 | 项目收益 | | | 14759.10 | 15201.87 | 15657.93 | 16127.67 | 16611.50 | 16169.47 | 15742.40 | 15329.87 | 14931.52 |
| 2 | 现金流出 | 73185.89 | 9630.53 | 7655.58 | 7433.80 | 7293.15 | 7140.44 | 6974.75 | 6570.96 | 6152.35 | 5717.76 | 5265.80 |
| 2.1 | 项目资本金 | 73185.89 | 9630.53 | | | | | | | | | |
| 2.2 | 借款利息偿还 | | | 4158.50 | 3845.22 | 3512.67 | 3159.67 | 2784.90 | 2387.08 | 1964.74 | 1516.48 | 1040.53 |
| 2.3 | 年运行费 | | | 1232.31 | 1232.31 | 1232.31 | 1232.31 | 1232.31 | 1232.31 | 1232.31 | 1232.31 | 1232.31 |
| 2.4 | 流动资金 | | | 123.23 | | | | | | | | |
| 2.5 | 营业税金及附加 | | | 88.55 | 91.21 | 93.95 | 96.77 | 99.67 | 97.02 | 94.45 | 91.98 | 89.59 |
| 2.6 | 所得税 | 0.00 | 0.00 | 2052.98 | 2265.05 | 2454.22 | 2651.69 | 2857.87 | 2854.55 | 2860.85 | 2877.00 | 2903.37 |
| 3 | 净现金流量 | -73185.89 | -9630.53 | 7103.52 | 7768.07 | 8364.78 | 8987.23 | 9636.75 | 9598.51 | 9590.05 | 9612.11 | 9665.72 |
| 4 | 累计净现金流量 | -73185.89 | -82816.42 | -75712.90 | -67944.82 | -59580.05 | -50592.82 | -40956.07 | -31357.56 | -21767.51 | -12155.41 | -2489.68 |

| 序号 | 项目 | 建设期 | | 运营期 | | | | | | | | |
|---|---|---|---|---|---|---|---|---|---|---|---|---|
| | | 12 | 13 | 14 | 15 | 16 | 17 | 18 | 19 | 20 | 21 | 22 |
| 1 | 现金流入 | 14546.96 | 1120.80 | 1154.42 | 1189.06 | 1224.73 | 1261.47 | 1299.31 | 1338.29 | 1378.44 | 1419.79 | 1462.39 |
| 1.1 | 项目收益 | 14546.96 | 1120.80 | 1154.42 | 1189.06 | 1224.73 | 1261.47 | 1299.31 | 1338.29 | 1378.44 | 1419.79 | 1462.39 |
| 2 | 现金流出 | 4795.25 | 1239.03 | 1239.24 | 1239.44 | 1239.66 | 1239.88 | 1240.11 | 1243.41 | 1252.99 | 1262.85 | 1273.01 |
| 2.1 | 项目资本金 | | | | | | | | | | | |
| 2.2 | 借款利息偿还 | 535.43 | | | | | | | | | | |
| 2.3 | 年运行费 | 1232.31 | 1232.31 | 1232.31 | 1232.31 | 1232.31 | 1232.31 | 1232.31 | 1232.31 | 1232.31 | 1232.31 | 1232.31 |
| 2.4 | 流动资金 | | | | | | | | | | | |
| 2.5 | 营业税金及附加 | 87.28 | 6.72 | 6.93 | 7.13 | 7.35 | 7.57 | 7.80 | 8.03 | 8.27 | 8.52 | 8.77 |
| 2.6 | 所得税 | 2940.23 | 0.00 | 0.00 | 0.00 | 0.00 | 0.00 | 0.00 | 3.07 | 12.41 | 22.02 | 31.93 |
| 3 | 净现金流量 | 9751.71 | -118.23 | -84.82 | -50.38 | -14.93 | 21.59 | 59.20 | 94.88 | 125.45 | 156.94 | 189.38 |
| 4 | 累计净现金流量 | 7262.03 | 7143.79 | 7058.97 | 7008.59 | 6993.66 | 7015.25 | 7074.46 | 7169.33 | 7294.78 | 7451.72 | 7641.10 |

续表

| 序号 | 项目 | 建设期 | | 运营期 | | | | | | | | |
|---|---|---|---|---|---|---|---|---|---|---|---|---|
| | | 23 | 24 | 25 | 26 | 27 | 28 | 29 | 30 | 31 | 32 | 33 |
| 1 | 现金流入 | 1506.26 | 1551.45 | 1597.99 | 1587.65 | 1582.82 | 1583.10 | 1588.10 | 1597.51 | 1611.02 | 1628.37 | |
| 1.1 | 项目收益 | 1506.26 | 1551.45 | 1597.99 | 1587.65 | 1582.82 | 1583.10 | 1588.10 | 1597.51 | 1611.02 | 1628.37 | |
| 2 | 现金流出 | 1283.48 | 1294.25 | 1305.35 | 1302.89 | 1301.74 | 1301.80 | 1302.99 | 1305.24 | 1308.46 | 1312.60 | |
| 2.1 | 项目资本金 | | | | | | | | | | | |
| 2.2 | 借款利息偿还 | | | | | | | | | | | |
| 2.3 | 年运行费 | 1232.31 | 1232.31 | 1232.31 | 1232.31 | 1232.31 | 1232.31 | 1232.31 | 1232.31 | 1232.31 | 1232.31 | |
| 2.4 | 流动资金 | | | | | | | | | | | |
| 2.5 | 营业税金及附加 | 9.04 | 9.31 | 9.59 | 9.53 | 9.50 | 9.50 | 9.53 | 9.59 | 9.67 | 9.77 | |
| 2.6 | 所得税 | 42.13 | 52.63 | 63.46 | 61.05 | 59.93 | 59.99 | 61.16 | 63.34 | 66.48 | 70.52 | |
| 3 | 净现金流量 | 222.78 | 257.20 | 292.64 | 284.76 | 281.08 | 281.30 | 285.11 | 292.27 | 302.56 | 315.77 | |
| 4 | 累计净现金流量 | 7863.88 | 8121.08 | 8413.71 | 8698.48 | 8979.56 | 9260.86 | 9545.97 | 9838.24 | 10140.80 | 10456.57 | |

# 附件4  我国资产证券化相关法律及政策出台时间表一览

| 年份 | 法律/法规 | 关键内容 |
|---|---|---|
| 2001 | 《信托法》 | 特定资产被设定为信托资产后，可实现与委托人和受托人的固定资产的风险隔离 |
| 2003 | 《证券公司客户资产管理业务试行办法》 | 规定了非金融类企业的ABS运作模式 |
| 2004 | 《国务院关于推进资本市场改革开放和稳定发展的若干意见》 | 提出"积极探索并开发资产证券化"意见 |
| 2005 | 《信贷资产证券化试点管理办法》 | 规定了银行金融行业的ABS运作模式 |
| 2005 | 《资产支持证券交易操作规则》 | 确定ABS支持的证券在银行间交易的运作规则 |
| 2005 | 《信贷资产证券化试点会计处理规定》 | 规定了信贷资产所有权的转移的条件 |
| 2005 | 《金融机构信贷资产证券化试点监督管理办法》 | 用于规范信贷ABS试点工作中的行为 |
| 2006 | 《关于信贷资产证券化有关税收政策问题的通知》 | 规范了信贷ABS产品的印花税、营业税和所得税 |
| 2006 | 《关于证券投资基金投资资产支持证券有关事项的通知》 | 标志基金投资资产证券化支持证券的正式开始 |
| 2007 | 中国人民银行公告〔2007〕第16号文件 | 就信贷资产证券化基础资产池信息披露有关事项公告进行了规范 |
| 2012 | 《关于进一步扩大信贷资产证券化试点有关事项的通知》 | 标志着信贷资产证券化再度重启 |
| 2013 | 《银监会8号文》 | 规范了银行理财资金投向非标债权资产 |
| 2014 | 《关于信贷资产证券化备案登记工作流程的通知》 | 信贷资产证券化业务将由审批制改为业务备案制，不再针对证券化产品发行进行逐笔审批 |
| 2015 | 《关于做好2015年农村金融服务工作的通知（银监办发〔2015〕30号）》 | 要求银行业金融机构大力支持农业现代化建设，优先开展涉农贷款的资产证券化 |
| 2015 | 《个人住房抵押贷款资产支持证券信息披露指引（试行）》及《个人汽车贷款资产支持证券信息披露指引（试行）》 | 规范和促进这两类基础资产的证券化项目发行 |
| 2016 | 《国务院关于深入推进新型城镇化建设的若干意见（国发〔2016〕8号）》 | 支持城市政府推行基础设施和租赁房资产证券化，提高城市基础设施项目直接融资比重 |
| 2016 | 《关于加大对新消费领域金融支持的指导意见》（银发〔2016〕92号） | 大力发展个人汽车、消费、信用卡等零售类贷款信贷资产证券化，盘活信贷存量 |
| 2016 | 《国务院关于积极稳妥降低企业杠杆率的意见（国发〔2016〕54号）》 | 按照"真实出售、破产隔离"原则，积极开展以企业应收账款、租赁债权等财产权利和基础设施等不动产财产或财产权益为基础资产的资产证券化 |

| 年份 | 法律/法规 | 关键内容 |
|---|---|---|
| 2016 | 《关于推进传统基础设施领域政府和社会资本合作（PPP）项目资产证券化相关工作的通知（发改投资〔2016〕2698 号）》 | 将 PPP 项目资产证券化首次独立作为一个命题提出，推动传统基础设施领域 PPP 项目资产证券化 |
| 2017 | 《国务院批转国家发展改革委关于 2017 年深化经济体制改革重点工作意见的通知（国发〔2017〕27 号）》 | 开展基础设施资产证券化试点 |
| 2017 | 《关于规范开展政府和社会资本合作项目资产证券化有关事宜的通知（财金〔2017〕55 号文）》 | 从分类、筛选、程序、监督四个方面完善和规范 PPP 资产证券化制度 |

# 附件 5　物有所值定性评分参考标准

| 编号 | 评价要素 | 权重 | 得分 | 加权得分 | 评分参考标准 |
|---|---|---|---|---|---|
| 1 | 全生命周期整合 | 15% | | | ●81-100=项目资料表明，设计、融资、建造和全部运营、维护等将整合到一个合同中；对于存量项目采用 PPP 模式，至少有融资和全部运营、维护将整合到一个合同中。 |
| | | | | | ●61-80=项目资料表明，设计、融资和建造以及核心服务或大部分非核心服务的运营、维护将整合到一个合同中；对于存量项目采用 PPP 模式，至少有融资和核心服务或大部分非核心服务的运营、维护将整合到一个合同中。 |
| | 评分理由： | | | | ●41-60=项目资料表明，设计、融资、建造和维护等将整合到一个合同中；或融资、建造、运营和维护等将整合到一个合同中，但不包括设计；对于存量项目采用 PPP 模式，仅运营和维护将整合到一个合同中。 |
| | | | | | ●21-40=项目资料表明，融资、建造和维护将整合到一个合同中，但不包括设计和运营。 |
| | | | | | ●0-20=项目资料表明，融资、建造和维护等三个或其中更少的环节将整合到一个合同中。 |
| 2 | 风险分配与识别 | 15% | | | ●81-100=项目资料表明，已进行较为深入的风险识别工作，预计其中的绝大部分风险或全部主要风险将在政府与社会资本合作方之间明确和合理分配。 |
| | | | | | ●61-80=项目资料表明，已进行较为深入的风险识别工作，预计其中的大部分主要风险可以在政府与社会资本合作方之间明确和合理分配。 |
| | 评分理由： | | | | ●41-60=项目资料表明，已进行初步的风险识别工作，预计这些风险可以在政府与社会资本合作方之间明确和合理分配。 |
| | | | | | ●21-40=项目资料表明，已进行初步的风险识别工作，预计这些风险难以在政府与社会资本合作方之间明确和合理分配。 |
| | | | | | ●0-20=项目资料表明，尚未开展风险识别工作，或没有清晰识别风险。 |
| 3 | 绩效导向与激励创新 | 15% | | | ●81-100=绝大部分绩效指标符合项目具体情况，全面合理，清晰明确。 |
| | | | | | ●61-80=大部分绩效指标比较符合项目具体情况，全面合理，清晰明确。 |
| | 评分理由： | | | | ●41-60=绩效指标符合项目具体情况，但不够全面和清晰明确，缺乏部分关键绩效指标。 |
| | | | | | ●21-40=已设置的绩效指标比较符合项目具体情况和明确，但主要关键绩效指标未设置。 |
| | | | | | ●0-20=未设置绩效指标，或绩效指标不符合项目具体情况，不合理、不明确。 |
| 4 | 潜在竞争程度 | 10% | | | ●81-100=项目将引起社会资本（或其联合体）之间竞争的潜力大且已存在明显的证据或迹象，例如参与项目推介会的行业领先的国内外企业数量较多。 |
| | | | | | ●61-80=项目将引起社会资本（或其联合体）之间竞争的潜力较大，预计后续通过采取措施可进一步提高竞争程度。 |
| | | | | | **●41-60=项目将引起社会资本（或其联合体）之间竞争的潜力一般，预计后续通过采取措施可提高竞争程度。** |
| | 评分理由： | | | | ●21-40=项目将引起社会资本（或其联合体）之间竞争的潜力较小，预计后续采取措施有可能提高竞争程度。 |
| | | | | | ●0-20=项目将引起社会资本（或其联合体）之间竞争的潜力小，预计后续不大可能提高竞争程度。 |
| 5 | 政府机构能力 | 10% | | | ●81-100=政府具备较为全面、清晰的 PPP 模式理念，且本课题相关政府部门及机构具有较强的 PPP 模式能力。 |
| | | | | | ●61-80=政府的 PPP 模式理念一般，但本课题相关政府部门及机构具有较强的 PPP 模式能力。 |
| | 评分理由： | | | | ●41-60=政府的 PPP 模式理念一般，且本课题相关政府部门及机构的 PPP 模式能力一般。 |
| | | | | | ●21-40=政府的 PPP 模式理念较欠缺，且本课题相关政府部门及机构的 PPP 模式能力较欠缺且不易较快获得。 |
| | | | | | ●0-20=政府的 PPP 模式理念欠缺，且本课题相关政府部门及机构的 PPP 模式能力欠缺且难以获得。 |
| 6 | 可融资性 | 15% | | | ●81-100=预计项目对金融机构的吸引力很高，或已有具备强劲实力的金融机构明确表达了对项目的兴趣。 |
| | | | | | ●61-80=预计项目对金融机构的吸引力较高。 |
| | 评分理由： | | | | ●41-60=预计项目对金融机构的吸引力一般，通过后续进一步准备，可提高吸引力。 |
| | | | | | ●21-40=预计项目对金融机构的吸引力较差，通过后续进一步准备，可提高吸引力。 |
| | | | | | ●0-20=预计项目对金融机构的吸引力很差。 |
| 7 | 项目规模 | 5% | | | ●81-100=新建项目的投资或存量项目的资产公允值在 10 亿元以上。 |
| | | | | | ●61-80=新建项目的投资或存量项目的资产公允值介于 2 亿元到 10 亿元之间。 |
| | 评分理由： | | | | ●41-60=新建项目的投资或存量项目的资产公允值介于 1 亿元到 2 亿元之间。 |
| | | | | | ●21-40=新建项目的投资或存量项目的资产公允值介于 5000 万元到 1 亿元之间。 |
| | | | | | ●0-20=新建项目的投资或存量项目的资产公允值小于 5000 万元。 |
| 8 | 全生命周期成本估计准确性 | 5% | | | ●81-100=项目相关信息表明，项目的全生命周期成本已被很好的理解和认识，并且被准确预估的可能性很大。 |
| | | | | | ●61-80=项目相关信息表明，项目的全生命周期成本已被较好的理解和认识，并且被准确预估的可能性较大。 |
| | 评分理由： | | | | ●41-60=项目相关信息表明，项目的全生命周期成本已被较好的理解和认识，但尚无法确定能否被准确预估。 |
| | | | | | ●21-40=项目相关信息表明，项目的全生命周期成本理解和认识还不够全面清晰。 |
| | | | | | ●0-20=项目相关信息表明，项目的全生命周期成本基本上没有得到理解和认识。 |
| 9 | 资产利用及收益 | 10% | | | ●81-100=预计社会资本在满足公共需求的前提下，非常有可能充分利用项目资产增加额外收入。 |
| | | | | | ●61-80=预计社会资本在满足公共需求的前提下，较有可能充分利用项目资产增加额外收入。 |
| | 评分理由： | | | | ●41-60=预计社会资本在满足公共需求的前提下，利用项目资产增加额外收入的可能性一般。 |
| | | | | | ●21-40=预计社会资本利用项目资产获得额外收入的可能性较小。 |
| | | | | | ●0-20=预计社会资本利用项目资产获得额外收入的可能性非常小。 |

# 附件6 河道健康评估公众满意度指标调查表

| 姓名 | | 性别 | | 年龄 | |
|---|---|---|---|---|---|
| 文化程度 | | 职业 | | 民族 | |
| 住址 | | 联系电话 | | | |
| 河流对个人生活的重要性 | | 沿河居民（河岸以外1km以内范围） | | | |
| 很重要 | | 与河流的关系 | 非沿河居民 | 河道管理者 | |
| 较重要 | | | | 河道周边从事生产活动 | |
| 一般 | | | | 旅游经常来河道 | |
| 不重要 | | | | 旅游偶尔来河道 | |
| 河流状况评估 | | | | | |
| 河流水量 | | 河流水质 | | 河滩地 | |
| 太少 | | 清洁 | 树草状况 | 河滩上的树草太多 | |
| 还可以 | | 一般 | | 河滩上树草数量还可以 | |
| 太多 | | 比较脏 | 垃圾堆放 | 无垃圾堆放 | |
| 不好判断 | | 太脏 | | 有垃圾堆放 | |
| 鱼类数量 | | 大鱼 | | 本地鱼类 | |
| 数量少很多 | | 重量小很多 | | 你知道的本地鱼类数量和名称 | |
| 数量不了一些 | | 重量小了一些 | | 以前有，现在完全没有了 | |
| 没有变化 | | 没有变化 | | 以前有，现在部分没有了 | |
| 数量多了 | | 重量大了 | | 没有变化 | |
| 河流适宜性状况 | | | | | |
| 河道景观 | 优美 | 与河流相关的历史及文化保护程序 | 历史古迹或文化名胜了解情况 | 不清楚 | |
| | 一般 | | | 知道一些 | |
| | 丑陋 | | | | |
| 近水难易程序 | 容易且安全 | | | 比较了解 | |
| | 难或不安全 | | 历史古迹或文化名胜保护与开发情况 | 没有保护 | |
| 散步与娱乐休闲活动 | 适宜 | | | 有保护，但不对外开放 | |
| | 不适宜 | | | 有保护，也对外开放 | |
| 对河流的满意程序调查 | | | | | |
| 总体评估赋分标准 | | 不满意的原因是什么？ | | 希望的河流状况是什么样的？ | |
| 很满意 | 100 | | | | |
| 满意 | 80 | | | | |
| 基本满意 | 60 | | | | |
| 不满意 | 30 | | | | |
| 很不满意 | 0 | | | | |
| 总体评估赋分 | | | | | |

# 附件7 许昌市生态水利PPP项目综合管理信息平台开发过程

| 阶段 | 分阶段 | 内容 | 时间 |
|---|---|---|---|
| 前期咨询 | 前期咨询 | 与许昌市政总公司进行前期的接洽沟通,详细了解了客户方的需求和许昌市生态水利 PPP 项目的建设现状,针对问题多次召开专题讨论会,初步确定了智慧平台设计思路 | 2016 年 9 月 12 日~2016 年 11 月 20 日 |
| 规划设计 | 系统规划设计第一版 | 确立了整体的开发思路和构架 | 2016 年 11 月 20 日~2016 年 11 月 29 日 |
| | 系统规划设计第二版 | 在第一版的基础上,增加了客户感知系统,并确定以微信公众号为主,APP 为辅 | 2016 年 11 月 30~2016 年 12 月 20 日 |
| | 系统规划设计第三版 | 在前两个版本基础上,最终确定了系统的架构,并对实际应用进行了流程的模拟对接 | 2016 年 12 月 21 日~2017 年 1 月 20 日 |
| 方案确定 | 第一次方案确定会议 | 将初步设计的方案进行演示,得到了许昌市实证总公司的认可,并根据实际工作提出了改进意见 | 2017 年 3 月 16 日 |
| | 第二次方案确定会议 | 在第一次会议的基础上,经过多次沟通,最终确定了整体的开发方案 | 2017 年 5 月 8 日 |
| 系统开发 | 平台原型及数据库开发 | 主要通过平台布局和页面效果,为后续开发作为基础 | 2017 年 5 月 25 日~2017 年 6 月 20 日 |
| | 基础模块开发 | 人员管理、权限管理、工作流程管理、信息发布等基础模块开发 | 2017 年 6 月 21 日~2017 年 7 月 30 日 |
| | 业务模块开发 | 水文水资源、资产管理等业务模块开发 | 2017 年 7 月 31 日~2017 年 9 月 29 日 |
| | 移动端开发 | 外部公众感知微信公众号、APP 和内部管理 APP 的开发 | 2017 年 9 月 29 日~2017 年 10 月 25 日 |
| 部署测试 | 系统部署测试 | 将系统部署到实际环境,并进行人员使用培训 | 2017 年 10 月 26 日~2017 年 12 月 30 日 |
| | 系统试运行 | 系统试运行,发现问题并及时处理,对系统进行优化 | 2018 年 1 月 1 日~2018 年 1 月 31 日 |
| 维护服务 | 正式进入系统维护期 | 对试运行期间发现的问题进行了整理归纳,技术问题及时快速地得到处理,新的业务需求进行了归总,作为系统未来扩容的依据。系统正式进入为期一年的维护阶段 | 2018 年 2 月 1 日— |

# 参考文献

[1] Arrowsmith S. Public private partnerships and the European procurement rules: EU policies in conflict?[J]. Common market law review, 2000, 37(03): 709-737.

[2] B H Seghs. 特立尼达北部的河流——鱼类保护研究[C]河流保护与管理. 宁远，沈承珠，谭炳卿，译. 北京: 中国科学技术出版社，1997.

[3] Daube D, Vollrath S, Alfen WH. A comparison of Project Finance and the Forfeiting Model as financing forms for PPP projects in Germany[J].International Journal of Project Management, 2008, 26 (04): 376-387.

[4] E.S.萨瓦斯. 民营化与公私部门的伙伴关系[M]. 周志忍，译. 北京: 中国人民大学出版社，2002.

[5] 雷薇，张超，周文龙，等. 贵州省水利建设、生态建设和石漠化治理的耦合性[J]. 水土保持通报，2015，35(04): 258-262.

[6] Engel E, Fisher R, Galetovic A. Least present value of revenue actions and highway franchising[J]. Journal of Political Economy. 2001, 109(05): 993-1020.

[7] Ibrahim Abu, S.Akramrabadi. Commercialization and public-private partnership in Jordan[J]. International Journal of Water Resources Development, 1984, 28(03): 1360-1648.

[8] Jin XH, Zhang GM. Modelling optimal risk allocation in PPP projects using artificial neural networks[J].International, Journal of project Management, 2011, 29(05): 591-603.

[9] Lee CH, Yu YH. Service delivery comparisons on household connections in Taiwan's sewer public-private-partnership (PPP) project[J]. International Journal of Project Management, 2011, 29 (08): 1033-1043.

[10] Lovett R. River on the run[J]. Nature, 2014, 511: 521-523.

[11] M Zalewski, Janauer G A. Jolankai G. Ecohydrology: A New Paradigm for the Sustainable Use of Aquatic Resource, Technical Documents in Hydrology[M]. Paris: UNESCO-IHP, 1997.

[12] M Zalewski. Ecohydrology-the Scientific Background to Use Ecosystem Properties as Management Tools toward Sustainability of Water Resource[J]. Ecological Engineering, 2000, (16): 1-8.

[13] Ng ST, Wong YMW, Wong JMW. Factors influencing the success of PPP at feasibility stage – A tripartite comparison study in Hong Kong[J].Habitat International, 2012, 36(04): 423-432.

[14] Nombela G, De Rus G. Flexible-term contracts for road franchising[J]. Transportation Research Part A: Policy and Practice, 2004, 38 (03): 163-179.

[15] O'Connor J E, Duda JJ, Grant G E. 1000dams down and counting[J]. Science, 2015, 346: 496-497.

[16] Qiu LD, Wang S.BOT projects: Incentives and efficiency[J]. Journal of Development

Economics, 2011, 94(01): 127-138.

[17] Rashid B, Al-Hmoud, Jeffrey E. Water poverty and private investment in the water and sanitation sector [J]. Water International, 1984, 28(03): 1641-1707.

[18] Schmitz PW. Allocating Control in Agency Problems with Limited Liability and Sequential Hidden Actions[J]. The Rand Journal of Economics, 2005, 36(02): 318- 336.

[19] Smyth H, Edkins A. Relationship management in the management of PFI/PPP projects in the UK[J]. International Journal of Project Management, 2007, 25(03): 232-240.

[20] Vorosmarty CJ, McIntyre PBGessner MO, et al. Global threats to human water security and river biodiversity[J]. Nature, 2010, 467: 555-561.

[21] 贝里克孜·亚森. 基于生态水利工程的河道设计[J]. 水利科技与经济，2016(05): 45-46.

[22] 陈红艳，蒲华. PFI：水利融资新机制[J]. 水利经济，2003，21(04): 23-25.

[23] 陈求稳. 生态水力学及其在水利工程生态环境效应模拟调控中的应用[J]. 水利学报，2016(03): 413-423.

[24] 陈然然，丰景春，张可，等. 基于灰色聚类的水利工程项目 PPP 模式适用性研究[J]. 工程管理学报，2016(06): 82-87.

[25] 陈通，吴正泓. 考虑隐性违约风险的 BOT 项目特许期决策模型研究[J]. 预测，2016(11): 69-74.

[26] 陈志丹. 生态水利工程设计中的问题及优化策略[J]. 河南水利与南水北调，2017(03): 8-9.

[27] 程飞. 应用生态工程原理解决水利施工中的环境问题[J]. 水利学报，2003(03): 55-63.

[28] 戴颖喆，彭林君. 城市生活污水处理厂 TOT 模式实践研究——以江西 78 家污水处理厂为例[J]. 山东社会科学，2015(S1): 243-245.

[29] 邓小鹏，李启明，熊伟，等. 城市基础设施建设 PPP 项目的关键风险研究[J].现代管理科学，2009(12): 55-57.

[30] 丁林，张新民，李元红，成自勇. 生态水利学研究进展[J]. 节水灌溉，2009(06): 32-35.

[31] 董哲仁. 试论生态水利工程的基本设计原则[J]. 水利学报，2004(10): 1-6.

[32] 方晨曦,陶娅娜. 我国引入 PFI 融资模式建设公共设施的建议[J]. 金融与经济,2014(07): 52-55.

[33] 冯尚友，梅亚东. 水资源生态经济复合系统及其持续发展[J]. 武汉水利电力大学学报，1995(06): 624-629.

[34] 冯燕. PPP 项目融资风险识别及量化研究[D]. 重庆：重庆大学，2007.

[35] 付洁，肖本林. 大型建设项目风险动态管理的组织模式研究[J]. 价值工程，2016(03): 56-58.

[36] 傅春，冯尚友. 水资源持续利用（生态水利）原理的探讨[J]. 水科学进展，2000，11(04): 436-440.

[37] 高艳艳. 试论水利工程的生态效应区域响应[J]. 山西水土保持科技，2016(02): 6-7.

[38] 郭华伦. 基础设施建设 PPP 运行模式选择研究[D]. 武汉：武汉理工大学，2008.

[39] 胡晓萍. 关于 BOT 中政府保证过度的实证分析[J]. 河海大学学报，2007，9(02): 47-49.

[40] 贾革续，王丽娜. 弹性特许期在 BOT 项目特许融资中的优势分析[J]. 价值工程，2011，

30(14): 76-78.

[41] 简迎辉，邱秋露，鲍莉荣. 外生不确定条件下水利 BOT 项目特许期决策研究[J].中国农村水利水电，2013(09): 173-177.

[42] 李海凌，史本山. PFI 项目融资模式风险研究[J]. 西华大学学报(自然科学版)，2010，29(04): 102-104.

[43] 李红兵，蒋彬，李红. 基于距离综合评价的 PPP 模式适用性分析[J]. 理论月刊，2008(07): 74-76.

[44] 李晶，王建平，孙宇飞. PPP 模式——一种基础设施建设模式的经验分析[J]水利发展研究，2012，12(05): 1-4.

[45] 李钦哲. 关于现代生态水利设计的研究[J]. 珠江水运，2017(01): 60-61.

[46] 李秀辉，张世英. PPP——一种新型的项目融资方式[J]. 中国软科学，2002(02): 51- 54.

[47] 李艳茹，卢小广. 基于 PPP 融资模式的农村饮水安全工程可持续性评价研究[J].生态经济，2015，31(04): 137-140.

[48] 刘昌明. 中国 21 世纪水供需分析: 生态水利研究[J]. 中国水利，1999(10): 18-20.

[49] 刘东,杨正坤. 基于 AHP 法的我国城镇供水 BOT 项目风险评价[J]. 东北农业大学学报，2005，36(02): 217-221.

[50] 刘汉桂. 北京市水利现状及展望[EB /OL]. http: //news.cau.edu.cn/，2000-12-19.

[51] 刘宏，孙浩. 基于 BSC-FANP 的高速公路 BOT 项目可行性评价[J]. 系统科学学报，2017(02): 108-113.

[52] 刘小峰，张成. 邻避型 PPP 项目的运营模式与居民环境行为研究[J]. 中国人口•资源与环境，2017(03): 99-106.

[53] 卢梅，杨毅峰. 基于贝叶斯网络的智慧养老项目 PFI 模式风险研究[J]. 财会通讯，2017(02): 109-112, 129.

[54] 鲁春霞，刘铭，曹学章，等. 中国水利工程的生态效应与生态调度研究[J].资源科学，2011(08): 1418-1421.

[55] 陆路，张慢慢，程春. 基于群组决策的 PFI 模式水电项目投资风险分析[J]. 水利经济，2015，33(03): 14-18.

[56] 亓霞,柯永建,王守清. 基于案例的中国 PPP 项目的主要风险因素分析[[J]. 中国软科学，2009(05): 107-113.

[57] 秦伟，何亚伯，孙蕾. 基于灰色 Euclid 理论的建筑垃圾 PFI 项目融资风险评价[J].武汉理工大学学报，2016，38(02): 201-204, 209.

[58] 沈俊鑫,王松江. 基于随机 Petri 网的 TOT 特许期风险分析模型[J]. 项目管理技术,2010，8(12): 87-91.

[59] 宋金波,靳璐璐,付亚楠. 高需求状态下交通 BOT 项目特许决策模型[J]. 管理评论,2016，28(05): 199-205.

[60] 宋金波，靳璐璐，付亚楠. 公路 BOT 项目收费价格和特许期的联动调整决策[J].系统工程理论与实践，2014，34(08): 2045-2053.

[61] 宋金波,宋丹荣,富怡雯,等. 基于风险分担的基础设施 BOT 项目特许期调整模型[J]. 系统工程理论与实践，2012，32(06): 1270-1277.

[62]  孙慧，范志清，孙尉添. 基于可能性理论和 ANP 方法的 BOT 项目投资机会评价研究[J]. 工业工程，2007(01): 126-129.

[63]  孙燕芳，鲁东昌. 污水处理 BOT 项目税收政策变动风险及应对措施[J]. 财会月刊，2017(04): 26-29。

[64]  孙悦，荀志远，高新育. 基于三叉树定价模型的 TOT 项目投资价值研究[J]. 工程经济，2016，26(06): 37-40.

[65]  孙宗凤. 生态水利的理论与实践[J]. 水利水电技术，2003，34(4): 53-55.

[66]  王东波，宋金波，韩首栋. BOT 项目特许期决策方法研究述评[J]. 预测，2009，28(03): 1-8.

[67]  王守清. PPP 合作期限由哪些因素决定[N]. 中国财经报，2016-03-24.

[68]  王守清. PPP 为何要强调物有所值？[N].中国财经报，2016-03-21.

[69]  王守清. 国际工程项目风险管理案例分析[J]. 施工企业管理，2008(02): 40-42.

[70]  王玉娟，杨胜天，曾红娟，等. 黄河大柳树水利枢纽工程区生态修复绿水资源消耗量定量模拟[J]. 干旱区地理，2011，34(02): 262-270.

[71]  王长峰，何涛. 基于权变多维动态特征分析方法的 NOKIA 通信设备工程项目风险管理研究[J].软科学，2010，24(06): 51-57.

[72]  夏贵菊，赵永全，何彤慧. 基于植物多样性的水利设施生态化评价研究——以银川平原为例[J]. 中国农村水利水电，2015(02): 22-26.

[73]  夏立明，王丝丝，张成宝. PPP 项目再谈判过程的影响因素内在逻辑研究——基于扎根理论[J]. 软科学，2017，31(01): 136-140.

[74]  叶晓甦，周春燕. PPP 项目动态集成化风险管理模式构建研究[J]. 科技管理研究，2010，30(03): 129-132.

[75]  殷美丽. PPP 环境下的投融资合作基本模式框架设计[J]. 山西财经大学学报，2017(05): 21-23.

[76]  尹贻林，赵华. 工程项目风险分担测量研究：模型构建、量表编制与效度检验[J].预测，2013，32(04): 8-14.

[77]  尹贻林，徐志超，邱燕. 公共项目中承包商机会主义行为应对的演化博弈研究[J].土木工程学报，2014，47(06): 138-144.

[78]  张曾莲，郝佳赫.PPP 项目风险分担方法研究[J]. 价格理论与实践，2017(01): 137-140.

[79]  张雅杰，邵庆军，李海彩，等. 农田水利护坡优化实验及生态效应评估[J]. 灌溉排水学报，2015，34(04): 70-74.

[80]  张琰,叶文辉. 近年来农田水利设施建设问题的研究——以云南为例[J]. 经济问题探索，2011(05): 180-185.

[81]  章昌裕. BOT 正向我们走来——介绍一种新的国际投资方式[J].管理现代化，1994(02): 61-63.

[82]  衷海燕，潘雪梅. 民国珠江三角洲的水利生态与沙田开发——以中山县平沙地区为中心[J]. 中国农史，2013，32(05): 89-98.

[83]  周林. 试论生态水利工程的规划设计原则[J]. 黑龙江科技信息，2016(18): 196.

[84]  周世春. 美国哥伦比亚河流域下游鱼类保护工程、拆坝之争及思考[J]. 水电站设计，2007，23(03): 21-26.

[85]  朱庆元，刘芹，方国华，等. 水利投融资体制改革的宏观背景分析及设想[J]. 水利经济，2006，24(02): 29-32.

[86]  左其亭，夏军. 陆面水量—水质—生态耦合系统模型研究[J]. 水利学报, 2002(02): 61-65.

[87]  王兴超. 基于生态水利的海绵城市设计原则[J]. 水土保持通报, 2017, 37(05): 250-254, 289.

[88]  Darinka Asenova, Matthias Beck. The UK Financial Sector and Risk Management in PFI Projects: A Survey[J]. Public Money & Management, 2010, 23(03): 195-202.

[89]  Weihe G. Public Private Partnerships and public Private value trade-offs[J]. Public Money and Management, 2010, 28(03): 153-158.

[90]  Woodward DG. Use of sensitivity analysis in build-own-operate-transfer project evaluation[J]. International Journal of Project Management, 1995, 13(04): 239-246.

[91]  左其亭，罗增良. 水生态文明定量评价方法及应用[J]. 水利水电技术，2016，47(05): 94-100.

[92]  程飞,吴清江,谢松光. 水文生态学研究进展及应用前景[J]. 长江流域资源与环境,2010, 19(01): 98-106.

[93]  姜翠玲，王俊. 我国生态水利研究进展[J]. 水利水电科技进展，2015，35(05): 168-175.

[94]  Cvn FF, Burger P. An Economic Analysis and Assessment of Public-Private Partnerships (PPPs)[J]. South African Journal of Economics, 2010, 68(04): 305-316.

[95]  Maskin E, Tirole J. Public-private partnerships and government spending limits [J]. International Journal of Industrial Organization, 2008, 26(02): 412-420.

[96]  谢春燕，规范高速公路 PPP 项目特许权的法律思考[J]. 价格理论与实践，2015(06): 103-105.

[97]  冯珂，王守清，伍迪，等. 基于案例的中国 PPP 项目特许权协议动态调节措施的研究[J]. 工程管理学报，2015，29(03): 77-80.

[98]  吴孝灵，周晶，王冀宁，等. 依赖特许收益的 PPP 项目补偿契约激励性与有效性[J]. 中国工程科学，2014（10）: 64-67.

[99]  吴丽萍，陈宝峰，张旺. 中国水利投资的发展路径分析[J]. 中国水利，2011(16): 27-30.

[100]  任静，陆迁. 基于拥挤效应的陕西省水利投资最优规模研究[J]. 中国人口•资源与环境，2014，24(04): 169-176.

[101]  郑重，朱玉春. 基于社会资本视角的农户参与农田水利投资意愿研究[J]. 中国农村水利水电，2014(11): 1-5.

[102]  桂丽. 云南省农田水利建设多元化投入机制研究[J]. 中国农村水利水电，2014(06): 5-8.

[103]  An M, Chen Y, Baker C J. A fuzzy reasoning and fuzzy-analytical hierarchy process based approach to the process of railway risk information: A railway risk management system[J]. Information Sciences, 2011, 181(18): 3946-3966.

[104]  Iyer K C, Sagheer M. Hierarchical Structuring of PPP Risks Using Interpretative Structural Modeling[J]. Journal of Construction Engineering & Management, 2010, 136(02): 151-159.

[105]  王守清，柯永建. 特许经营项目融资(BOT、PFI、PPP)[M]. 北京: 清华大学出版社，2008.

[106]  王守清，柯永建. 民营企业发展 BOT 项目的风险管理研究：基于某污泥处理项目的案

例分析[J]. 土木工程学报，2012，45(01): 142-147.

[107]  王晓姝, 范家瑛. 交通基础设施PPP项目中的关键性风险识别与度量[J]. 工程管理学报，2016，30(04): 57-62.

[108]  马毅鹏, 乔根平. 对运用 PPP 模式吸引社会资本投入水利工程的思考[J]. 水利经济，2016，34(01): 35-37, 45, 84.

[109]  余晖, 秦虹. 公私合作制的中国试验: 中国城市公用事业绿皮书[M]. 上海: 上海人民出版社，2005.

[110]  Seepersad G, Bisnath S. Challenges in Assessing PPP Performance[J]. Journal of Applied Geodesy, 2014, 8(03): 205-222.

[111]  Song J, Song D, Zhang X, et al. Risk identification for PPP waste-to-energy incineration projects in China[J]. Energy Policy, 2013, 61(09): 953-962.

[112]  Ke YJ, Wang SQ, Chan A C. Risk management practice in China's Public-Private Partnership projects[J]. Statyba, 2012, 18(05): 675-684.

[113]  Jensen R, Shen Q, Zwiggelaar R. Fuzzy-rough approaches for mammographic risk analysis[J]. Intelligent Data Analysis, 2010, 14(02): 225-244.

[114]  Ashuri B, Kashani H, Molenaar K R, et al. Risk-Neutral Pricing Approach for Evaluating BOT Highway Projects with Government Minimum Revenue Guarantee Options[J]. Journal of Construction Engineering & Management, 2012, 138(04): 545-557.

[115]  伍迪, 王守清. PPP 模式在中国的研究发展与趋势[J]. 工程管理学报. 2014, 28(06): 75-80.

[116]  周正祥, 张秀芳, 张平. 新常态下 PPP 模式应用存在的问题及对策[J]. 中国软科学，2015(09): 82, 95.

[117]  庞亚玲. 建设项目全过程造价控制要点分析[J]. 建筑经济，2013(08): 109-112.

[118]  胡韫频, 高崇博, 田靖民. 重大工程项目投资控制机制构建与评价[J]. 统计与决策，2011(17): 78-80.

[119]  李守泽, 余建军, 孙树栋. 风险管理的技术和最新发展趋势[J]. 中国制造业信息化，2010，39(09): 5-10, 16.

[120]  杨亚军, 杨兴龙, 孙芳城. 基于风险管理的地方政府债务会计系统构建[J].审计研究，2013(03): 94-101.

[121]  杜亚灵, 闫鹏. PPP 项目缔约风险控制框架研究——基于信任提升与维持的视角[J]. 武汉理工大学学报(社会科学版)，2013，26(06): 880-886.

[122]  胡振, 王秀婧, 张学. PPP 项目中信任与政府绩效相关性的理论模型[J]. 建筑经济，2014，35(06): 107-109.

[123]  罗红梅. 地铁PPP项目投资决策特点分析[J]. 中外企业家，2014(28): 136-138.

[124]  韩忆楠, 刘小茜, 彭建. 煤炭矿区生态风险识别研究[J]. 资源与产业，2013，15(03): 78-85.

[125]  万欣, 秦旋. 基于实证研究的绿色建筑项目风险识别与评估[J]. 建筑科学，2013，29(02): 54-61.

[126]  刘永胜, 王传阳. 基于风险识别的供应商选择[J]. 统计与决策，2012(13): 51-53.

[127]  王家远, 邹小伟, 张国敏. 建设项目生命周期的风险识别[J].科技进步与对策，2010，27(19): 56-59.

[128] 侯静,刘伊生,朱海龙. 国际工程承包风险管理之风险识别[J].建筑经济, 2013(07): 22-25.

[129] 何芳,王小川,肖森予,等. 基于 MIV-BP 型网络实验的房地产项目风险识别研究[J]. 运筹与管理, 2013, 22(02): 229-234.

[130] 顼志芬,尉胜伟,徐澄. 工程项目全过程风险管理模式探讨[J].管理工程学报, 2005(S1): 207-209.

[131] 王莉. PPP 项目风险因素与分担决策研究[J]. 时代金融, 2016(36): 232-233.

[132] 王文飞,黄介生. 水利水电项目风险管理浅析[J]. 中国农村水利水电, 2009(05): 82-84, 90.

[133] 白璐瑶,王春成. PPP 模式与地方公共财政负债管理[J].中国财政, 2014(14): 43-45.

[134] 郭霁月,唐美玲,景志卓,等. 交通类 PPP 项目社会风险影响因素分析与识别[J]. 土木工程与管理学报, 2016, 33(06): 88-93.

[135] 邓雪,李家铭,曾浩健,等. 层次分析法权重计算方法分析及其应用研究[J].数学的实践与认识, 2012, 42(07): 93-100.

[136] 孙秀玲,褚君达,马惠群,等. 物元可拓评价法的改进及其应用[J]. 水文, 2007(01): 4-7.

[137] 尚淑丽,顾正华,曹晓萌. 水利工程生态环境效应研究综述[J]. 水利水电科技进展, 2014, 34(01): 14-19, 48.

[138] 陈铭. 水利工程中的生态问题与生态水利工程探讨[J]. 科技创新与应用, 2012(05): 97.

[139] 刘汗,乔根平,徐波. 吸引社会资本参与准公益性水利项目投资——来自有的经验和启示[J]. 水利发展研究, 2013, 13(04): 18-21.

[140] Brookes A, Gregory KJ, Dawson FH. An assessment of river channelization in England and Wales[J]. Science of the Total Environment, 1983, 27(2-3): 97-111.

[141] E. 麦克纳, N. 比奇. 人力资源管理[M]. 丁凡,译. 纽约：美国西蒙与舒斯特干净出版公司, 1998.

[142] Kwandrans J, Eloranta P, Kawecka B, et al. Use of benthic diatom communities to evaluate water quality in rivers of southern Poland[J]. Journal of Applied Phycology, 1998, 10(02): 193-201.

[143] 董哲仁. 国外河流健康评估技术[J]. 水利水电技术, 2005(11): 15-19.

[144] 左其亭,张云,林平. 人水和谐评价指标及量化方法研究[J]. 水利学报, 2008(04): 440-447.

[145] 詹卫华,邵志忠,汪升华. 生态文明视角下的水生态文明建设[J]. 中国水利, 2013(04): 7-9.

[146] 易平涛,周莹,郭亚军. 带有奖惩作用的多指标动态综合评价方法及其应用[J]. 东北大学学报(自然科学版), 2014, 35(04): 597-599, 608.

[147] 胡其昌. 生态水利定量评价研究——以浙江省为例[J]. 中国农村水利水电, 2014(10): 19-23.

[148] 刘浩,唐清华,高强,等. 基于水质改善的白云湖生态水利工程建设思路与方案[J]. 水电能源科学, 2013, 32(09): 148-151.

[149] 邹家祥,翟红娟. 三峡工程对水环境与水生态的影响及保护对策[J]. 水资源保护, 2016, 32(05): 136-140.

[150] 佚名. 国家发展改革委关于开展政府和社会资本合作的指导意见[J]. 全面腐蚀控制,

2015(02): 7-9.

[151] 潘屹. 社会福利制度的效益与可持续——欧盟社会投资政策的解读与借鉴[J]. 社会科学，2013(12): 72-81.

[152] 张徽燕，李端凤，姚秦. 中国情境下高绩效工作系统与企业绩效关系的元分析[J]. 南开管理评论，2012，15(03): 139-149.

[153] 葛蕾蕾. 多元政府绩效评价主体的构建[J]. 山东社会科学，2011(06): 156-160.

[154] 杨浩，张国珍，杨晓妮，等. 基于模糊综合评判法的洮河水环境质量评价[J]. 环境科学与技术，2016，39(S1): 380-386, 392.

[155] 陈守煜，胡吉敏. 可变模糊评价法及在水资源承载能力评价中的应用[J]. 水利学报，2006(03): 264-271, 277.

[156] 王文川，徐冬梅，陈守煜，等. 可变模糊集理论研究进展及其在水科学中的应用[J]. 水利水电科技进展，2012，32(05): 89-94.

[157] 邹进，胡中峰. 工程项目管理绩效评价系统的构建及开发研究[J]. 市场论坛，2011(10): 97-99.

[158] 金永祥. 中国 PPP 示范项目报道[M]. 北京：经济日报出版社，2015.

[159] 王东波，宋金波，戴大双，等. 不确定收益下公路 BOT 项目特许期决策方法研究[J]. 预测，2010，29(02): 58-63.

[160] 白萱，杭省策. 基于博弈和模糊集理论解决 PPP 项目决策问题[J]. 哈尔滨商业大学学报（社会科学版），2011(02): 97-101.

[161] 宋金波，党伟，孙岩. 公共基础设施 BOT 项目弹性特许期决策模式——基于国外典型项目的多案例研究[J]. 土木工程学报，2013，46(04): 142-150.

[162] 施颖，刘佳. 基于 PPP 模式的城市基础设施特许经营期决策研究[J]. 当代经济管理，2015，37(06): 18-23.

[163] Ng ST, Xie J , Cheung YK, et al.A simulation model for optimizing the concession period of public-private-partnerships schemes[J]. International Journal of Project Management, 2007, 25(08): 791-798.

[164] Carbonara N, Costantino N, Pellegrino R. Concession period for PPPs : A win-win model for a fair risk sharing [J].International Journal of Project Management, 2014, 32(07): 1223-1232.

[165] 任志涛. PPP 项目合作治理及其互动机制研究[M]. 北京：化学工业出版社，2015.

[166] 王松江，王敏正. PPP 项目管理[M]. 昆明：云南科技出版社，2007.

[167] 刘宁，戴大双. PPP/BOT 项目实物期权决策方法研究[M]. 北京：科学技术文献出版社，2016.

[168] 刘继才. 实物期权与 PPP/PFI 项目风险管理[M]. 北京：科学出版社，2010.

[169] 柯永建. 特许经营项目融资（PPP）[M]. 北京：清华大学出版社，2011.

[170] Massoud MA, Elfadel M, Abdel M A. Assessment of public vs private MSW management: a case study[J]. Journal of Environmental Management, 2003, 69(01): 15-24.

[171] Akintoye A, Beck M, Hardcastle C. Public-private partnership: managing risks and opportunity[M]. UK: Blackwell Science, 2003.

[172] Yescombe E R. Public-private partnerships: principles of policy and finance[M]. Great

Britain: Butterworth-Heinemann, 2007.

[173] Shen L Y, Li H, Li Q M, Alternative concession model for build operate transfer contract projects[J]Journal of Construction Engineering and Management, 2002, 128(04): 326-330.

[174] Engel E, Fisher R, Galetovic A. Highway franchising: pitfalls and opportunities[J]. American Economic Review, 1997, 87(02): 68-72.

[175] 王灏. 加快 PPP 模式的研究与应用推动轨道交通市场化进程[J]. 宏观经济研究，2004(01): 47-49.

[176] 陈德强，郑思思. 公共租赁住房 PPP 融资模式及其定价机制研究[J]. 建筑经济，2011(04): 12-16.

[177] 叶建勋，李琼. 新型城镇化的 PPP 融资模式[J]. 中国金融，2014(12): 59-60.

[178] 汤薇，吴海龙. 基于政府角度的 PPP 项目融资效益研究——以 BOT 与 BOO 模式为例[J]. 科研管理，2014，35(01): 157-162.

[179] 张明凯. PPP 融资模式应用、问题及对策研究[J]. 中国商贸，2016(03): 80-82.

[180] 李启明，申立银. 基础设施 BOT 项目特许权期的决策模型[J]. 管理工程学报，2000，(01): 43-46, 1.

[181] 于国安. 基础设施特许经营中特许权期的决策分析[J]. 商业研究，2006(11): 52-56.

[182] 张继红. PPP 项目特许经营期影响因素分析[J]. 经济论坛，2015(09): 126-128.

[183] 宋金波，王东波，宋丹荣. 基于蒙特卡罗模拟的污水处理 BOT 项目特许期决策模型[J]. 管理工程学报，2010，24(04): 93-99.

[184] 简迎辉，梅明月，鲍莉荣. 考虑工期-投资相关性的 BOT 项目特许期决策研究[J]. 建筑经济，2014(03): 44-47.

[185] 吕俊娜，刘伟，邹庆，等. 轨道交通 SBOT 项目特许期的合作博弈模型研究[J].管理工程学报，2016，30(03): 209-215.

[186] Michael J G, Charles Y J C. Valuation techniques for infrastructure investment decisions[J]. Construction Management and Economics, 2003(22): 373-383.

[187] Cheah C Y J, Liu J. Valuing governmental support in infrastructure projects as real options using monte carlo simulation[J]. Construction Management and Economics, 2006, 24(5): 545-554.

[188] 杨春鹏. 实物期权及其应用[M]. 上海: 复旦大学出版社，2003.

[189] 赵国杰，何涛. 基于实物期权的 BOT 项目特许期决策模型研究[J]. 北京理工大学学报，2010，12(05): 27-30.

[190] 卢兴杰，向文彬. 实物期权二叉树方法在房地产投资决策中的应用[J]. 财会月刊，2010(24): 55-57.

[191] 季闯，程立，袁竞峰，等. 模糊实物期权方法在 PPP 项目价值评估中的应用[J].工业技术经济，2013，33(02): 49-55.

[192] 刘小静，邹涛，陈彦颖. 基于实物期权理论的企业设计创新投资时机研究[J].财经理论与实践，2015，36(01): 64-67.

[193] 左其亭，胡德胜，窦明，等. 基于人水和谐理念的最严格水资源管理制度研究框架及核心体系[J]. 资源科学，2014，36(05): 906-912.

[194] 钱文婧，贺灿飞. 中国水资源利用效率区域差异及影响因素研究[J]. 中国人口•资源与环境，2011，21(02): 54-60.

[195] Omezzine A, Zaibet L. Management of modern irrigation systems in oman: allocative vs. irrigation efficiency [J]. Agricultural Water Management, 1998, 37(02): 99-107.

[196] 王永乐. 激励与制衡：企业劳资合作系统及其效应研究[M]. 北京：经济科学出版社，2010.

[197] 陶鹏，薛澜. 论我国政府与社会组织应急管理合作伙伴关系的建构[J]. 国家行政学院学报，2013(03): 14-18.

[198] 韩青，袁学国. 参与式灌溉管理对居民用水行为的影响[J]. 中国人口•资源与环境，2011，21(04): 126-131.

[199] 赵翠萍. 参与式灌溉管理的国际经验与借鉴[J]. 世界农业，2012(02): 18-22.

[200] 万生新，李世平. 社会资本对非政府组织发展的影响研究——以农民用水户协会为例[J]. 理论探讨，2013(03): 165-167.

[201] 王毅杰，王春. 制度理性设计与基层实践逻辑——基于苏北农民用水户协会的调查思考[J]. 南京农业大学学报（社会科学版），2014，14(04): 85-93.

[202] 张宁，陆文聪，董宏纪. 中国农田水利管理效率及其农户参与性机制研究——基于随机前沿面的实证分析[J]. 自然资源学报，2012，27(03): 353-363.

[203] 周利平，翁贞林，邓群钊. 用水协会运行绩效及其影响因素分析——基于江西省 3949 个用水协会的实证研究[J]. 自然资源学报，2015，30(09): 1582-1593.

[204] 刘卫先. 对我国水权的反思与重构[J]. 中国地质大学学报（社会科学版），2014，14(02): 75-84.

[205] 周芳，马中，郭清斌. 中国水价政策实证研究——以合肥市为例[J]. 资源科学，2014，36(05): 885-894.

[206] 张维迎. 博弈论与信息经济学 [M]. 上海：上海人民出版社，2004.

[207] 张宁，吴春凤，刘聪. 居民参与式水利管理与政府声誉缺失——一个基于博弈框架的分析[J]. 技术经济与管理研究，2014(02): 8-12.

[208] Taylor P D, Jonker L B. Evolutionarily Stable Strategies and Game Dynamics[J]. Mathematical Biosciences, 2010, 40(1-2): 145-156.

[209] 董宏纪，张宁. 小型水利工程居民参与式管理的激励机制设计——理论模型与实证分析[J]. 中国农村水利水电，2008(10): 50-53.

[210] 仇天旸. 在水事纠纷视角下研究农村用水纠纷解决机制[J]. 江苏农业科学，2016，44(03): 484-486.

[211] 何文章，张宪彬. 利用 Logistic 模型预测耐用消费品社会拥有量[J]. 数理统计与管理，1994(01): 21-25.

[212] 谢桂生，朱绍涛. 基于 Logistic 模型的组织种群共生演化稳定性[J]. 北京工业大学学报，2016，42(02): 315-320.

[213] 方匡南，章贵军，张惠颖. 基于 Lasso-logistic 模型的个人信用风险预警方法[J]. 数量经济技术经济研究，2014(02): 125-136.

[214] 陈雨生，房瑞景，尹世久，等. 超市参与食品安全追溯体系的意愿及其影响因素——基

于有序 Logistic 模型的实证分析[J]. 中国农村经济，2014(12): 41-49, 68.

[215] 王元卓，于建业，邱雯，等. 网络群体行为的演化博弈模型与分析方法[J]. 计算机学报，2015，38(02): 282-300.

[216] 范如国，张应青，罗会军. 考虑公平偏好的产业集群复杂网络低碳演化博弈模型及其仿真分析[J]. 中国管理科学，2015，23(s1): 763-770.

[217] 郑君君，闫龙，张好雨，等. 基于演化博弈和优化理论的环境污染群体性事件处置机制[J]. 中国管理科学，2015，23(08): 168-176.

[218] 潘峰，西宝，王琳. 基于演化博弈的地方政府环境规制策略分析[J]. 系统工程理论与实践，2015，35(06): 1393-1404.

[219] 张宏娟，范如国. 基于复杂网络演化博弈的传统产业集群低碳演化模型研究[J]. 中国管理科学，2014，22(12): 41-47.

[220] 段永瑞，王浩儒，霍佳震. 基于协同效应和团队分享的员工激励机制设计[J]. 系统管理学报，2011，20(06): 641-647.

[221] 王丽杰，郑艳丽. 绿色供应链管理中对供应商激励机制的构建研究[J]. 管理世界，2014(08): 184-185.

# 后　　记

　　本书是国家社科基金一般项目"利益均衡下生态水利项目社会投资的模式创新研究"（项目编号：14BGL010），非常感谢项目组成员：何慧爽、王洁方、卢亚丽、黄伟、王雅华、朱涵钰、郭云霄等的鼎力相助与合作。

　　回想四年来的课题研究，有过"范进中举"式的兴奋与喜悦，也有过夜不能寐的痛苦与郁闷，但"五十知天命"的我感触最深的是拼搏和挑战，无数个寒暑假、周末、下班后的苦思冥想、孤身奋战，在结题和交稿之际都慢慢的沉静下来，心里不再是冲锋搏杀般的焦虑苦思，但也没有多少胜利后的轻松和喜悦，静静地闭上眼睛闪现在脑海中的仍是一幅幅孤灯下的寂寥，是大连理工大学胡祥培教授、迟国泰教授一遍遍的指导和修改，是课题组成员会议室、办公室的讨论场景，是家人声声的理解与关怀，是研究生与老师并肩作战的辛勤奋斗。在此对所有关心、支持和指导的领导和同仁们表示最真挚的谢意！

　　本书以利益均衡为思路，以社会投资模式创新为目标，以生态水利项目为载体，将我国2014年以来大力推行的 PPP 模式视为其社会投资的创新模式之一，并对其利益相关者、风险分担、绩效考评、特许权期等进行系统研究，在此基础上提出了四种"PPP+"创新模式，希望能为本领域的理论研究和实践贡献微薄的力量或启发，这是本书的初衷和心愿。但如何调动社会资本投资生态水利项目及其他公共服务项目，绝不是一两种创新模式能解决的问题，不仅需要国家层面的设计与规划，而且需要社会各界的共同努力，是一个动态的、不断发展的理论及实践研究命题。

　　由于水平有限，书稿中难免存在纰漏和缺憾，敬请读者给予批评和指正。